CMOS-Taschenbuch

Band 1

Standard-Bausteine

14. überarbeitete und erweiterte Auflage 2002

mitp

H. Kähler

Die Deutsche Bibliothek -
CIP-Einheitsaufnahme

Ein Titelsatz für diese Publikation ist
bei Der Deutschen Bibliothek erhältlich.

ISBN 3-8226-0877-1
14. überarbeitete und erweiterte Auflage

Printed in Germany

ein Geschäftsbereich
der verlag moderne industrie Buch AG & Co.KG/Landsberg

Druck: WB-Druck, Rieden a.F.

Vorwort

In der neubearbeiteten und stark erweiterten Auflage dieses Taschenbuches werden nun jedem Baustein 2 Seiten gewidmet. Im aufgeschlagenen Zustand des Buches sind damit auf einen Blick sämtliche für den jeweiligen Baustein relevanten Informationen zu sehen.

Die obere Seite enthält die Pinbelegung der DIL-Gehäuse, dann falls vorhanden, das Symbol nach der IEEE-Norm, die Pinbelegung der für die SMD-Technik wichtigen Flatpack-Gehäuse.

Die untere Seite zeigt die zugehörige **Wahrheitstabelle**, und dann wie gewohnt **Beschreibung**, **Betrieb**, **Anwendung, Daten** und **Hersteller.**

Bei den DIL-Gehäusen wurden auf Wunsch zahlreicher Leser die Symbole für das "Innenleben" dieser Gehäuse nach der früheren deutschen Norm beibehalten. Es ist sicher kein Nachteil, dass man mit diesen vertraut bleibt bzw. wird. Sie ähneln weitgehend der amerikanischen Norm und eine beträchtliche Anzahl von Veröffentlichen ist eben in englischer Sprache.

Nach der IEEE-Norm werden die Anschlüsse für Betriebsspannung und Masse mit VCC und GND bezeichnet. Das ist beim Vergleich mit den Bezeichnungen bei den DIL-Gehäusen für diese Anschlüsse zu beachten.

Inhalt

1. Numerisches Typenverzeichnis

2. Typenübersicht nach Funktionsgruppen

Analog-Schalter

Arithmetische Funktionen

Decoder

Allgemeine Decoder

Anzeige-Decoder/Treiber

Multiplexer/Datenselektoren

Puffer/Treiber

nicht-invertierend

invertierend

Register (Zwischenspeicher)

Schieberegister

Verschiedene Bausteine

3. Allgemeines über die CMOS-Serie

Eine ausführliche Beschreibung des Aufbaus von CMOS-Schaltungen ist in dem im selben Verlag erschienenen Buch von D. Lancaster "Das CMOS-Kochbuch" zu finden.
Es werden daher an dieser Stelle nur die wichtigsten Eigenschaften der CMOS-Schaltungen kurz aufgezählt und einige zusätzliche Informationen gegeben.
Die hier behandelten Bausteine bestehen aus einer komplementär-symmetrischen Anordnung eines P-Kanal- und eines N-Kanal-MOS-Transistors, wobei die Drain-Anschlüsse der beiden Transistoren miteinander verbunden sind.

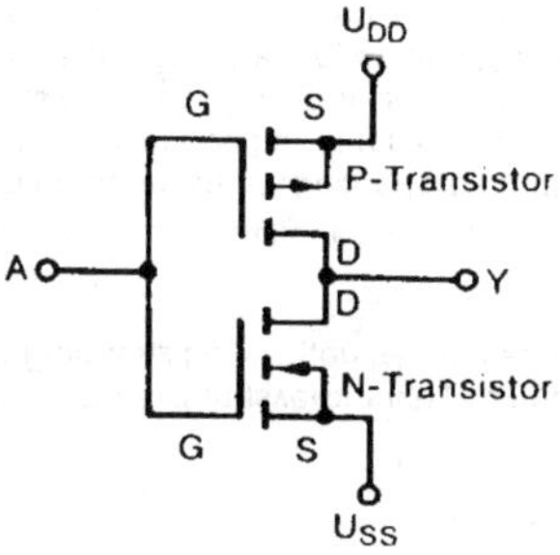

Bild 1: Grundlegender Aufbau eines CMOS-Inverters.

Diese Anordnung gestattet den Betrieb an einer einzelnen (unsymmetrischen) Speisespannung. Da in den beiden logischen Zuständen nur jeweils ein MOS-Transistor leitend und der andere gesperrt ist, ergibt sich eine außerordentlich niedrige Ruhe-Verlustleistung, die typisch bei 10nW je Gatter liegt. Durch die niedrige Leistungsaufnahme, zusammen mit dem großen Bereich der möglichen Betriebsspannung (3 bis 15V), resultieren geringe Anforderungen an die Stromversorgung, was zu weiteren günstigen Kosten führt.
Häufig wird jedoch die Stromaufnahme bei steigender Arbeitsfrequenz unterschätzt. Bild 2 zeigt, wie rasch die Leistungsaufnahme eines CMOS-Bausteines ansteigt und sogar die Leistungsaufnahme von ECL-Bausteinen übersteigen kann, die für ihre hohe Stromaufnahme bekannt sind.

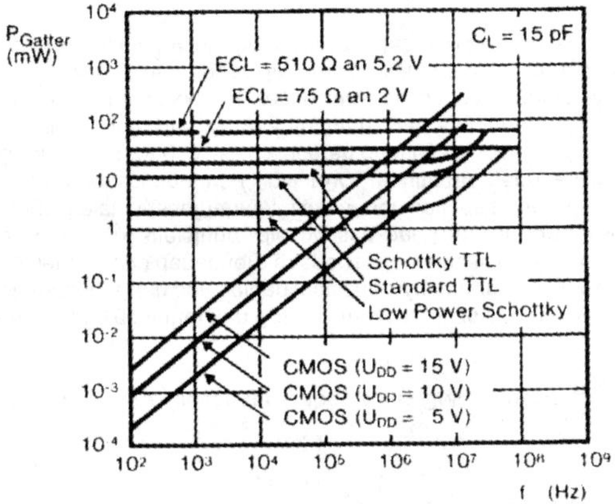

Bild 2: Typischer Leistungsverbrauch je Gatter in Abhängigkeit von der Frequenz bei einigen bekannten Logik-Familien.

Glücklicherweise arbeiten in den meisten CMOS-Systemen nur einige wenige Bausteine mit höheren Frequenzen (insbesondere Eingangs- oder Ausgangsstufen), so dass der größte Strombedarf durch diese Stufen entsteht.
Bei zahlreichen Baustein-Beschreibungen ist die Stromaufnahme für eine bestimmte Frequenz (meist 1 MHz) angegeben. Daraus lässt sich leicht der Strombedarf für andere Arbeitsfrequenzen ermitteln (siehe auch "CMOS-Kochbuch"). Die Angaben über die Durchlauf-Verzögerung sind Mittelwerte und gelten für eine kapazitive Belastung von ca. 50pF.
Die Abhängigkeit der Durchlauf-Verzögerung von der Lastkapazität zeigt Bild 3, wobei bei gepufferten Ausgängen keine wesentlichen Unterschiede zwischen der Durchlauf-Verzögerung t_{PHL} (Laufzeit High Low) und t_{PLH} (Laufzeit Low High) bestehen. Daher wird in den Baustein-Daten auch zwischen diesen beiden Verzögerungszeiten nicht unterschieden. Diese Angaben sind ohnedies nur als annähernde Richtwerte zu betrachten, da sich die Verzögerungszeiten der Bausteine verschiedener Hersteller sehr stark voneinander (bis 1:5) unterscheiden.
Besonders schnell ist die von Valvo hergestellte LOCMOS-Reihe HEF4xxx. Der CD 40174 von RCA besitzt z.B. bei einer Betriebsspannung von 10V eine maximale Taktfrequenz von 6 MHz, wogegen der HEF 40174 von Valvo 30 MHz schafft.

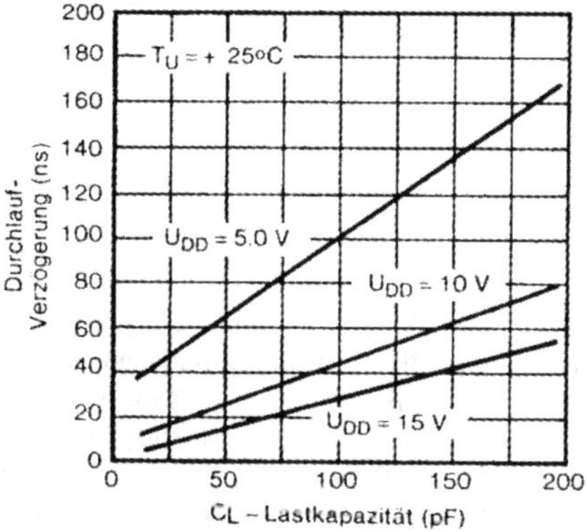

Bild 3: Abhängigkeit der Durchlauf-Verzögerung von der Lastkapazität.

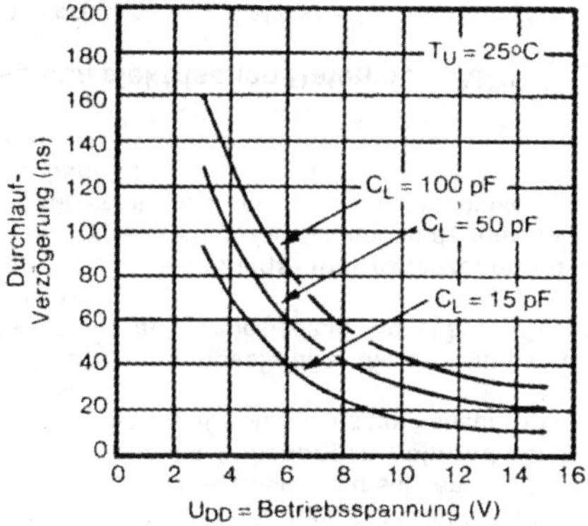

Bild 4: Abhängigkeit der Durchlauf-Verzögerung von der Betriebsspannung.

Wie Bild 4 zeigt, nimmt die Durchlauf-Verzögerung beim Übergang von einer BV-Betriebsspannung auf 10V am stärksten ab (und damit die maximale Arbeitsfrequenz zu), etwa um den Faktor 2. Die Verbesserung von 10 V auf 15 V ist nur mehr sehr geringfügig. Man findet daher in den meisten CMOS-Systemen eine Betriebsspannung von 10—12 V, außer bei batteriebetriebenen Systemen, die meist mit Betriebsspannungen unter 10 V arbeiten.
Fragen der Störsicherheit, Interface zu anderen Logikpegeln u.a. werden im „CMOS-Kochbuch“ Kapitel 1 ausführlich behandelt.

Die wichtigsten Regeln für die Anwendung von CMOS-Schaltungen sind nochmals nachstehend zusammengefasst:

¤ **Alle Eingänge müssen irgendwo angeschlossen sein.** Eine ordnungsgemäße Verbindung zu einem Eingangssignal, zu $+U_{DD}$ oder an Masse muss für alle Eingänge vorgesehen sein, speziell bei Versuchsaufbauten.

¤ **Schützen Sie die Schutzschaltung.** Vermeiden Sie unter allen Umständen, dass die Eingangs-Schutzdioden leiten. Müssen Sie trotzdem Diodenstrom verwenden, so begrenzen Sie diesen Strom auf 10 mA oder weniger. Beachten Sie die Einflüsse der Dioden auf Zeitkonstanten und Impulsformer-Schaltungen.

¤ **Verwenden Sie Test-Eingänge mit hoher Impedanz.** Wenn Sie die Stromversorgung entfernen, ohne "hohe" Eingangssignale abzutrennen, können Sie die Eingangs-Schutzschaltung beschädigen oder ein "Latch up" (unerwünschtes Sperren) des Bausteins verursachen.

¤ **Vermeiden Sie statische Aufladungen während der Arbeit mit dem Baustein.** Bewahren Sie die ICs in leitendem Schaumstoff oder auf einer metallischen Unterlage auf.

¤ **Bereiten Sie alle Eingangssignale, die zu einer getakteten Logik gehen, entsprechend auf.** Drucktasten, Schalter und Tastaturkontakte müssen entprellt sein.

¤ **Verwenden Sie kurze Anstiegs- und Abfallzeiten für den Takt.** Die Anstiegs- und Abfallzeiten an den Takteingängen der getakteten Logikschaltungen müssen kürzer als 5µs sein. Andernfalls könnte sich eine falsche Arbeitsweise ergeben.

Die gemeinsamen elektrischen Daten der CMOS-Serie sind:

Absolute Grenzwerte: (bei U_{SS} = Masse = 0)

Max. Bereich der Betriebsspannung:	U_{DD}	=	–0.5...+18V
Max. Bereich der Eingangsspannung:	U_I	=	0.5..(U_{DD}+0.5)V
Max. Eingangsstrom:	I_I	=	10 mA
Max. negativer Eingangsstrom:	$-I_I$	=	10 mA
Max. Gesamtverlust-Leistung	P_{tot}	=	400 mW
Max. Bereich der Umgebungs-Temperatur	T_U	=	–40 ... +85°C
Max. Bereich der Lager-Temperatur	T_S	=	–65...+150°C

4. Bezeichnung der CMOS-Bausteine

In den Tabellen "Numerisches Typenverzeichnis", "Typenübersicht nach Funktionsgruppen" und den Einzelbeschreibungen sind die CMOS-Bausteine nur mit ihrer Nummer, bestehend aus einer zusammenhängenden Gruppe von 4 oder 5 Ziffern gekennzeichnet.
An sich sollte jeder Baustein eine individuelle, einmalige Typennummer besitzen. Die Abstimmung zwischen den Firmen funktioniert jedoch nicht immer. So ist z.B. der 4737 bei Valvo ein vierstelliger Dekadenzähler und bei Fairchild ein 7-stufiger Zähler.
Die einzelnen Firmen identifizieren ihre Produkte durch Buchstaben und gegebenenfalls durch zusätzliche Ziffern, die der Seriennummer vorangestellt werden. Diese Firmenbezeichnungen sind anschließend beschrieben.

Fairchild (FA) verwendet keine zusätzlichen Buchstaben oder Ziffern vor der Typennummer (also XXXX). Manchmal (seltener) findet man ein F vor der Typennummer

Hitachi (HIT) setzt die Buchstaben HD vor die Typennummer (also HD XXXX).

Mitel (MIT) setzt die Buchstaben MD oder MT vor die Typennummer (also MD XXXX oder MT XXXX).

Motorola (MOT) setzt die Buchstaben MC und die Ziffer 1 vor die Typennummer (also MC 1 XXX).

National Semiconductor (NS) verwendet die Buchstaben CD (ebenso wie RCA) vor den Typennummern (also CD XXXX).

Plessey (PLE) setzt die Buchstaben MV vor die Typennummer (also MV XXXX).

RCA (RCA) setzt die Buchstaben CD (ebenso wie National Semiconductor) vor die Typennummern (also CDXXXX).

SGS-Ates (SGS) setzt die Buchstabengruppe HCF für Bausteine im mittleren Temperaturbereich (–40 bis +85°C), und HCC für Bausteine im erweiterten Temperaturbereich (–55 bis +125°C) vor die Typennummer (also HCF XXXX oder HCC XXXX).

Solitron (SOL) verwendet die Buchstaben CM vor der Typennummer (also TC XXXX).

Solid State Scientific (SSS) setzt die Buchstabengruppe SCL vor die Typennummer (also SCLXXXX).

Toshiba (TOS) verwendet die Buchstaben TC vor der Typennummer (also TC XXXX) und erzeugt außerdem eine CMOS-Serie 5XXX.

Valvo (VA) bezeichnet seine "LOCMOS"-Serie mit HEF (also HEFXXXX).

5. Hersteller-Verzeichnis

Es werden nur die Haupt-Niederlassungen der einzelnen Firmen angeführt. Eine Aufzählung aller Distributoren wäre zu umfangreich und ist gegebenenfalls den entsprechenden Datenbüchern oder anderen Quellen zu entnehmen.

Fairchild Semiconductor GmbH
D-82256 Fürstenfeldbruck
Tel. 08141-61029
Fax 08141-6102100
www.fairchildsemi.com

Hitachi Europe GmbH.
D-85622 Feldkirchen
Tel. 089-991800
Fax 089-9293000
www.halsp.hitachi.com

Mitel Corp.

Motorola GmbH
D-65232 Taunusstein
Tel. 06128-70-0
Fax 06128-70-49-00
www.mot-sps.com

National Semiconductor GmbH.
D-82256 Fürstenfeldbruck
Tel. 08141-103-1
Fax 08141-103-554
www.national.com

Plessey Inc.
GB

RCA Corporation
(Harris Semiconductor)
US Palm Bay, FL 32905
Tel. 407/729-4984
Fax 407/724-7240
www.semi.harris.com

SGS-Thomson Microelectronics GmbH
D-8563 Grasbrunn
Tel. 089-460060
Fax 089-4605454
www.st.com

Solitron Devices
USA

Solid State Scientific Inc.
USA

Toshiba Electronics Europe GmbH
D-40549 Düsseldorf
Tel. 0211-52960
Fax 0211-5296400
www.toshiba.com

Valvo (Philips Semiconductor)
D-20097 Hamburg
Tel. 040-235360
Fax 040-23536300
www-eu2.semiconductors.com

6. Zeichenerklärung

Alle Angaben beziehen sich auf integrierte CMOS-Schaltungen im Dual-in-Line-Gehäuse (Plastik), die für den industriellen Temperaturbereich von 0° bis 70°C spezifiziert sind. Für die integrierten Bausteine mit anderen Gehäuseformen und für andere Temperaturbereiche sind die Daten den Unterlagen der jeweiligen Hersteller zu entnehmen. Die Anschlussbelegung der Bausteine sind in der Draufsicht zu verstehen.

Pegelbezeichnungen

H = High (High level):	Bedeutet eine Spannung, die positiver als jene Spannung ist, die mit Low bezeichnet wird (= logisch 1 bei positiver Logik)
L = Low (Low level):	Bedeutet eine Spannung, die negativer als jene Spannung ist, die mit High bezeichnet wird (= logisch 0 bei positiver Logik).
LH-Übergang:	Ein Übergang des Pegels von Low auf High (positive oder ansteigende Flanke eines Impulses).
HL-Übergang:	Ein Übergang eines Pegels von High auf Low (negative oder abfallende Flanke eines Impulses).

Symbole und Abkürzungen

⊥	=	Masse
⊕—	=	positive Betriebsspannung (+3 bis +15 V)
NC	=	dieser Pin ist nicht intern verbunden (Not Connected) und kann daher als Lötpunkt verwendet werden.
A	=	Adressen-Eingang
C	=	Übertrag (Carry)
CI	=	Übertrags-Eingang (Carry Input)
CO	=	Übertrags-Ausgang (Carry Output)
Clear	=	Löschen
Clock	=	Takt
En	=	Freigabe (Enable)
J,K,D	=	Dateneingänge für speichernde Elemente
Load	=	Lade-Eingang
P	=	Parallele Daten
Preset	=	Voreinstell-Eingang
Q	=	Ausgang
Reset	=	Rücksetzen
Shift	=	Schiebe-Eingang
TS	=	Tristate (hochohmiger Zustand)

Die übrigen Anschluss-Bezeichnungen entnehmen Sie bitte dem zugehörigen Text. Trotz einer gewissen Vereinheitlichung der Anschluss-Bezeichnungen wurde so weit wie möglich auf die vom jeweiligen Hersteller verwendeten Bezeichnungen Rücksicht genommen. Dann ist bei einem eventuellen Nachschlagen in den zugehörigen Datenbüchern kein kompliziertes Umdenken erforderlich.

Wahrheitstabellen

L	=	Low
H	=	High
X	=	beliebig
Z	=	hochohmig (Tristate)
⌠	=	LH-Übergang (positive Flanke)
⌡	=	HL-Übergang (negative Flanke)
⎍	=	positiver Impuls (L → H → L)
⊓	=	negativer Impuls (H → L → H)

7. Beschreibung der Bausteine

4000 – 40257

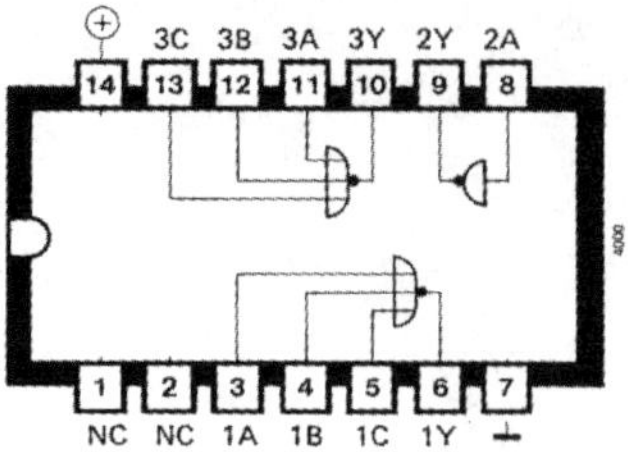

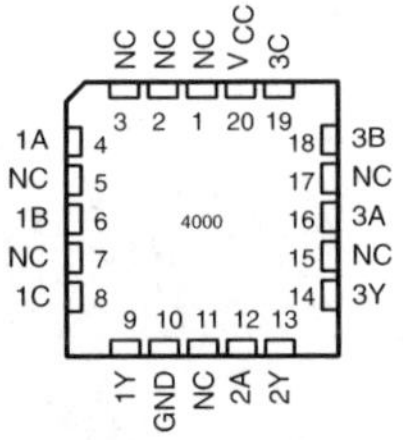

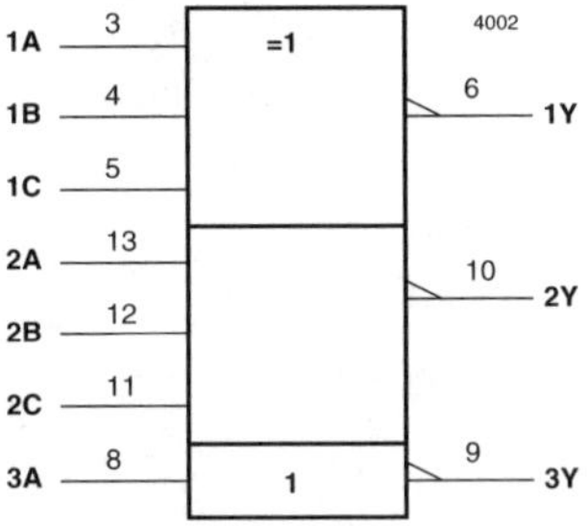

4000 | **Zwei NOR-Gatter mit je 3 Eingängen plus Inverter**

Fortsetzung :

Eingänge A	B	C	Ausgang Y
H	X	X	L
X	H	X	L
X	X	H	L
L	L	L	H

Eingang	Ausgang
A	Y
H	L
L	H

Beschreibung:
Der Baustein enthält zwei NOR-Gatter mit je 3 Eingängen und einen Inverter. Sie können getrennt verwendet werden.

Betrieb:
Ein Low am Eingang bringt den Ausgang des Inverters auf High, und umgekehrt. Bei den NOR-Gattern bringt jeder High-Eingang den Ausgang auf Low. Alle Eingänge auf Low bringen den Ausgang auf High.
Die ungepufferte Ausführung 4000UB wird vor allem in linearen und in Oszillatorschaltungen eingesetzt.

Anwendung:
Realisierung von NOR-, ODER- und Inverter-Funktionen

Daten:	5V	10V	
Durchlauf-Verzögerung	60	25	ns
Stromaufnahme bei 1M Hz	0.3	0.6	mA

Hersteller:
MOT, NS, RCA, SGS, SOL, SSS, TOS, VA

4000 — Zwei NOR-Gatter mit je 3 Eingängen plus Inverter

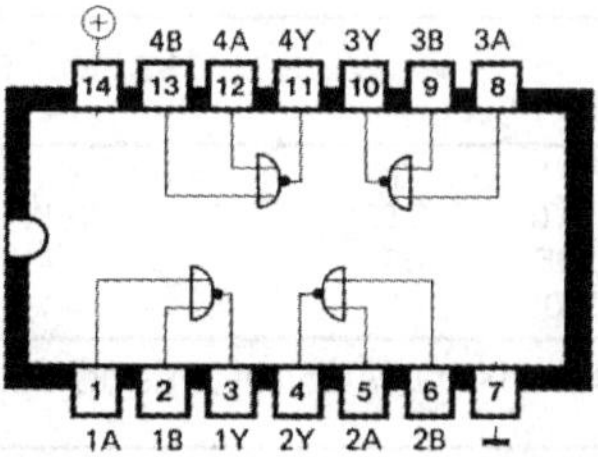

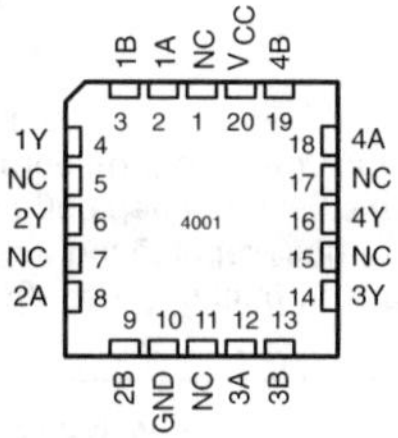

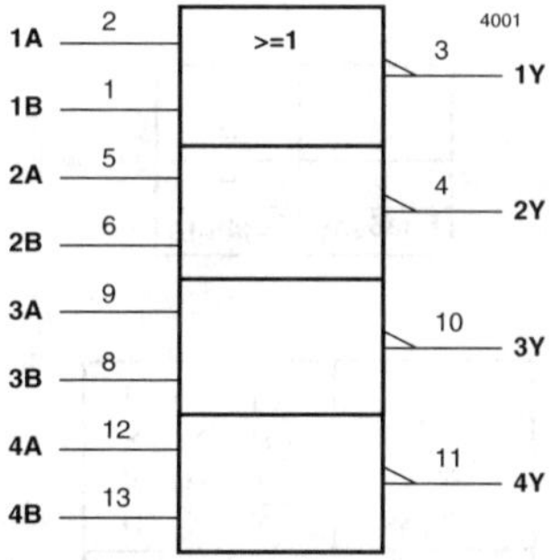

4001 | **Vier NOR-Gatter mit je 2 Eingängen**

Fortsetzung :

Eingänge A	Eingänge B	Ausgang Y
H	X	L
X	H	L
L	L	H

Beschreibung:
Der Baustein enthält vier getrennte NOR-Gatter mit je 2 Eingängen.

Betrieb:
Alle vier NOR-Gatter mit positiver Logik können unabhängig voneinander verwendet werden. Bei jedem Gatter wird der Ausgang auf Low sein, wenn einer oder beide Eingänge High sind. Sind beide Eingänge Low, so ist der Ausgang High. Die nicht gepufferte Ausführung 4001 UB wird vor allem in linearen und Oszillatorschaltungen eingesetzt.

Anwendung:
Realisierung von NOR-Funktionen

Daten:	5V	10V	
Durchlauf-Verzögerung	60	25	ns
Stromaufnahme bei 1 MHz	0.4	0.8	mA

Hersteller:
FA, HIT, MOT, NS, RCA, SGS, SOL, SSS, TOS, VA

4001 Vier NOR-Gatter mit je 2 Eingängen

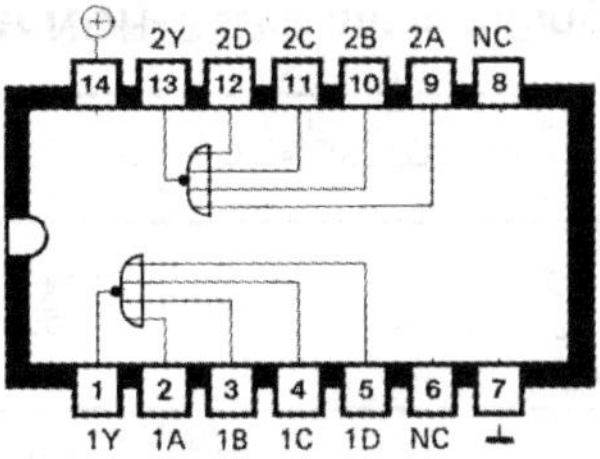

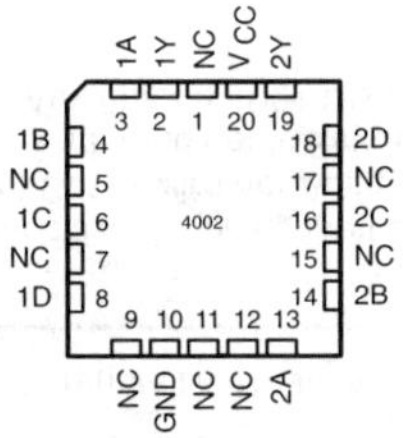

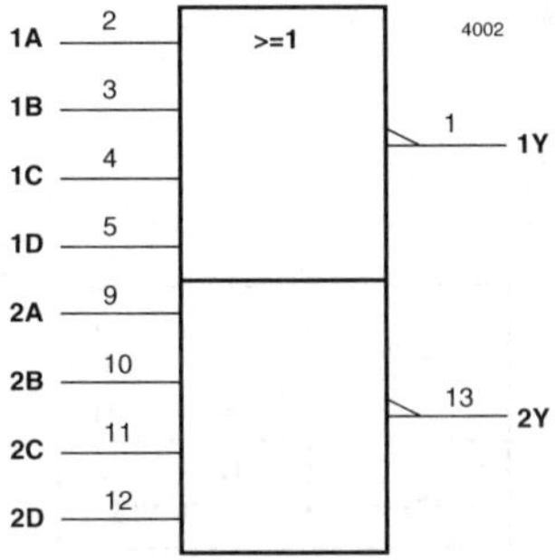

4002 | Zwei NOR-Gatter mit je 4 Eingängen

Fortsetzung :

Eingänge A	B	C	D	Ausgang Y
H	X	X	X	L
X	H	X	X	L
X	X	H	X	L
X	X	X	H	L
L	L	L	L	H

Beschreibung:
Der Baustein enthält zwei getrennte NOR-Gatter mit je 4 Eingängen.

Betrieb:
Beide NOR-Gatter mit positiver Logik können unabhängig voneinander verwendet werden. Bei jedem Gatter ergibt ein High an einem oder mehreren Eingängen einen Ausgang mit Low. Wenn alle 4 Eingänge Low sind, wird der Ausgang auf High gehen.
Die ungepufferte Ausführung 4002UB wird vor allem in linearen und Oszillatorschaltungen eingesetzt.

Anwendung:
Realisierung von NOR-Funktionen

Daten:	5V	10V	
Durchlauf-Verzögerung	60	25	ns
Stromaufnahme bei 1 MHz	0.4	0.8	mA

Hersteller:
FA, HIT, MOT, NS, RCA, SGS, SOL, SSS, TOS, VA

4002 Zwei NOR-Gatter mit je 4 Eingängen

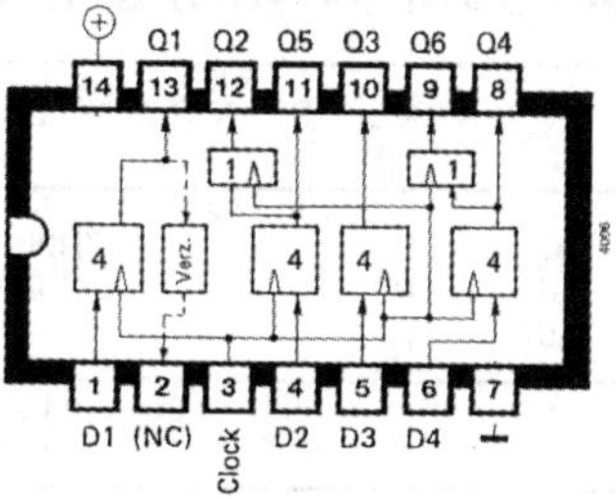

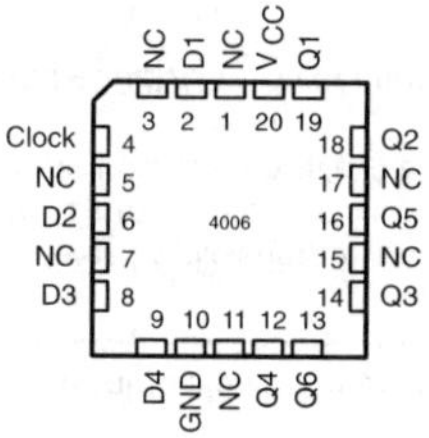

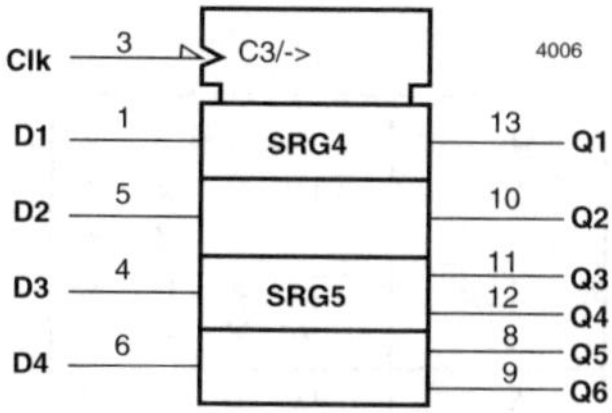

4006 Schieberegister mit variabler Länge (bis 18 Stufen) (Seriell-ein/seriell-aus)

Fortsetzung :

Eingänge		Ausgänge	
Clock	Di	Qn+4	Qn+5
4x˥	L	L	?
4x˥	H	H	?
8x˥	L	?	L
8x˥	H	?	H
L	X	?	?
H	X	?	?
I	X	?	?

Beschreibung:
Dieser Baustein enthält 4 getrennte Schieberegister. Zwei von ihnen sind vier Stufen lang. Die beiden übrigen können entweder als vierstufige oder fünfstufige Register verwendet werden.

Betrieb:
Bei jedem einzelnen Register werden die dem Eingang zugeführten Daten intern bei der negativen Flanke des gemeinsamen Taktes gespeichert und erscheinen am Ausgang in einer seriell-ein/seriell-aus-Form vier oder fünf Taktzyklen später, unabhängig von der Registerlänge. Die Daten werden nicht invertiert. Ein positiver Eingangspegel erscheint als ein positiver Ausgangspegel vier oder fünf Taktzyklen später.
Die Register können in Serie für Gesamtlängen von 4, 5, 8, 9, 10, 12, 13, 14, 16, 17 oder 18 Stufen geschaltet werden. Bei größeren Registerlängen sind einige, jedoch nicht alle, Zwischen-Ausgänge verfügbar.
Versuchen Sie nicht, Daten bei Pin 11 oder Pin 8 einzugeben.
Bei den Bausteinen der Firmen FA und SGS kann man an Pin 2 zum Erleichtern des Kaskadierens mehrerer Stufen, wenn die Takt-Anstiegs- und Abfallflanken nicht sehr steil sind, ein um einen halben Taktzyklus (gegenüber dem Ausgang Pin 13) verzögertes Signal entnehmen.

Anwendung:
Serielle Schieberegister, Frequenzteiler, Zeitverzögerungs-Schaltungen

Daten:	5V	10V	
Maximale Taktfrequenz	2.5	5	MHz
	(Valvo,RCA	10	MHz)
Stromaufnahme bei 1 MHz	0.8	1.6	mA

Hersteller:
FA, HIT, MOT, NS, RCA, SGS, SOL, SSS, TOS, VA

4006 Schieberegister mit variabler Länge (bis 18 Stufen) (Seriell-ein/seriell-aus)

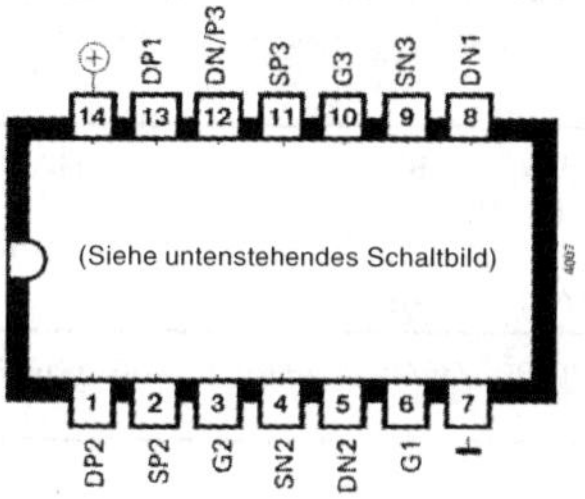

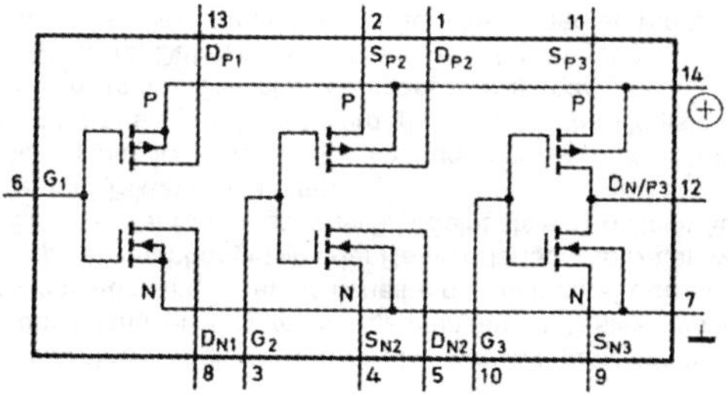

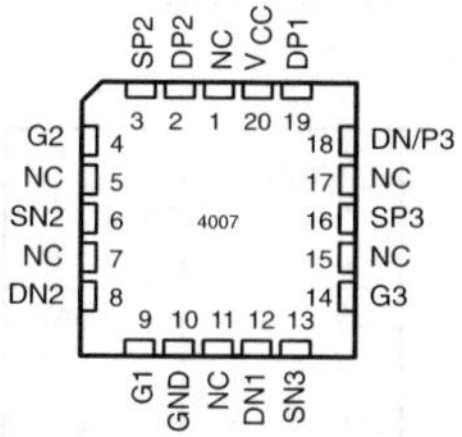

4007	**Zwei komplementäre CMOS-Transistor-Paare plus Inverter**

Fortsetzung :

Keine Wahrheitstabelle verfügbar

Beschreibung:
Der Baustein enthält zwei getrennte CMOS-Transistor-Paare und einen Inverter.

Betrieb:
Der Baustein enthält 3 N-Kanal- und 3 P-Kanal-MOS-Transistoren, die gemäß dem Schaltbild miteinander verbunden sind. Da über die Gehäuse-Anschlüsse ein Zugriff auf die einzelnen Transistor-Elemente möglich ist, erhält man eine grundlegende "Do-it-your-self'-Anordnung von CMOS-Transistoren. Sie können sie für einfache Logik, Transmissions-Gatter, Puffer, Treiber, variable CMOS-Widerstände, Entlade-Transistoren für Kondensatoren, Analog/Digital-Konverter, Pegel-Umsetzer, Oszillatoren, etc. verwenden.
Sorgen Sie dafür, dass die Spannung an jedem Pin nicht die Spannung an Pin 14 überschreitet. Sorgen Sie ferner dafür, dass die Spannung an jedem Pin nicht unter die Spannung an Pin 7 geht.

Anwendung:
Universell verwendbar für Verstärker mit extrem hoher Eingangs-Impedanz, Puffer, Treiber, Oszillatoren etc.

Daten:	5V	10V	
Durchlauf- Verzögerung	35	20	ns
Stromaufnahme bei 1 MHz	0.7	1.4	mA

Hersteller:
FA, HIT, MOT, NS, RCA, SGS, SOL, SSS, TOS, VA

4007 Zwei komplementäre CMOS-Transistor-Paare plus Inverter

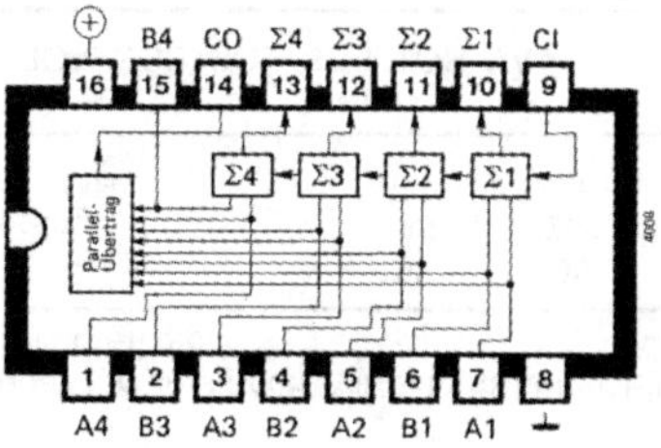

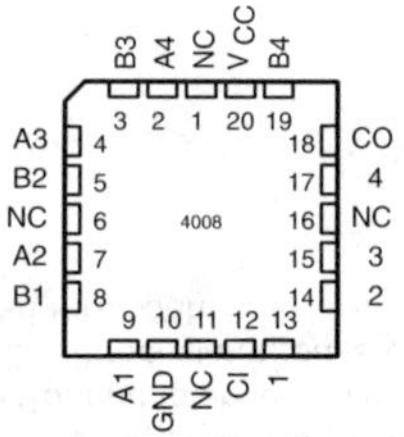

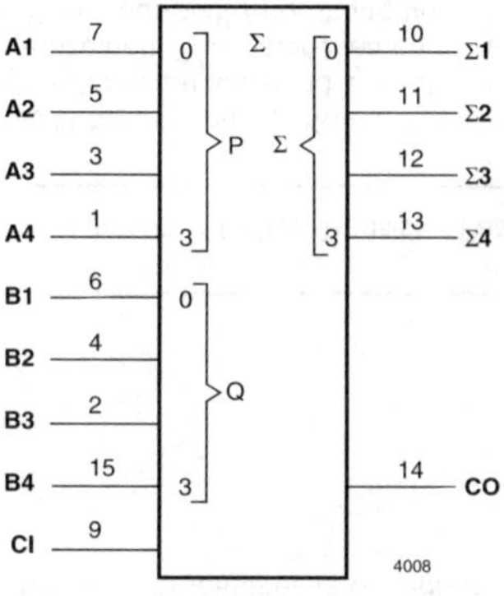

4008 4-Bit-Volladdierer

Fortsetzung :

CI	A	B	CO	Σ
L	L	L	L	L
L	L	H	L	H
L	H	L	L	H
L	H	H	H	L
H	L	L	L	H
H	L	H	H	L
H	H	L	H	L
H	H	H	H	H

Gilt für *einen* Addierer

Beschreibung:
Dies ist eine arithmetische Einheit, die die Summe zweier 4-Bit-Binärzahlen in positiver Logik liefert. Die Bausteine können für mehr Bits in Serie kaskadiert werden.

Betrieb:
Das Eingangswort A wird den A-Eingängen mit den Gewichten A1=1, A2=2, A3=4 und A4=8 zugeführt. Das Eingangswort B wird den B-Eingängen mit den Gewichten B1=1, B2=2, B3=4 und B4=8 zugeführt. Die Binärsumme in positiver Logik der beiden Eingangsworte erscheint an den Σ-Ausgängen, mit der Gewichtung Σ1 = 1, Σ2=2, Σ3=4 und Σ4=8.
Sollte sich ein Übertrag ergeben, so wird dieser am Anschluss CO (Carry Out = Übertrags-Ausgang) mit einer Gewichtung von 16 erscheinen.
Der Übertrags-Eingang sollte bei dem IC an Masse gelegt werden, der mit den vier niedrigstwertigen Bits einer Binärsumme arbeitet. Der Anschluss CO dieses ICs sollte zum Eingang CI (Carry In = Übertrags-Eingang) des ICs geführt werden, der mit den nächsten vier höchstwertigen Bits arbeitet, usw. Intern wird ein "Look-ahead"-Übertrag ausgeführt, um die Arbeitsgeschwindigkeit zu erhöhen.

Anwendung:
Ausführung von Binär-Additionen

Daten:	5V	10V	
Additionszeit	900	325	ns
Stromaufnahme bei 1 MHz Wortrate	1.6	3.2	mA

Hersteller:
FA, HIT, MOT, NS, RCA, SGS, SOL, SSS, TOS, VA

4008 — 4-Bit-Volladdierer

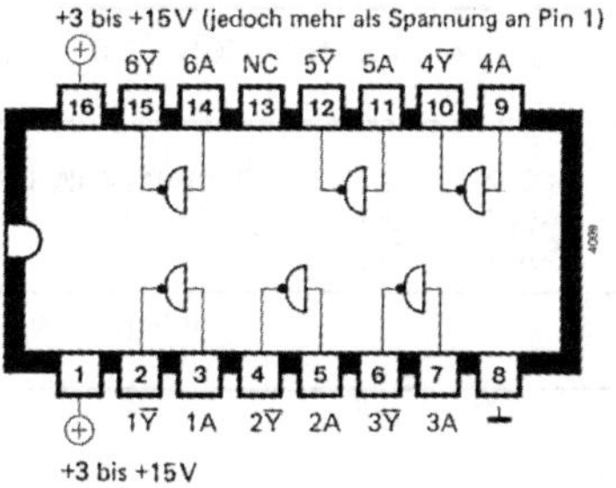

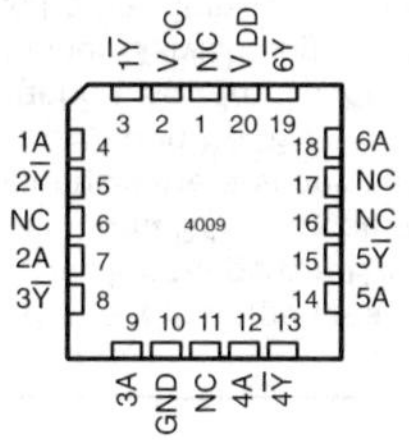

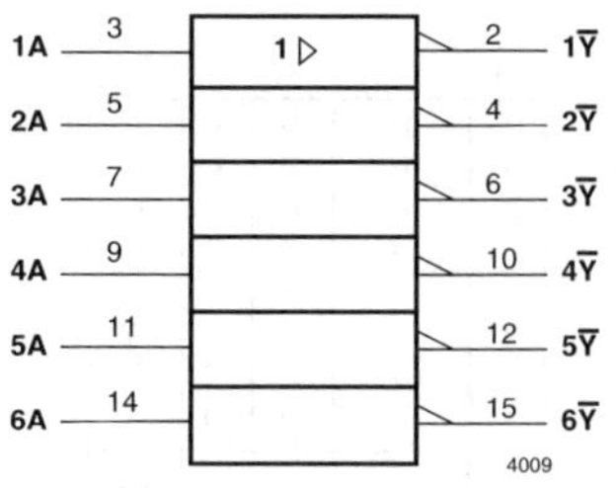

4009 Sechs invertierende Puffer

Fortsetzung :

Eingang	Ausgang
A	$\overline{Y}$
H	L
L	H

Beschreibung:
Dieser Baustein enthält sechs getrennte invertierende Puffer.

Betrieb:
Dieser Baustein sollte nicht für Neu-Entwicklungen verwendet werden. Verwenden Sie stattdessen den 4049.
Der 4009 wird zerstört, wenn die Betriebsspannungen in der falschen Reihenfolge angelegt werden. Die Spannung an Pin 1 muss immer gleich oder kleiner als die Spannung an Pin 16 sein.

Anwendung:
Puffer, Treiber, Pegelwandler

Daten:	5V	10V	
Durchlauf-Verzögerung	120	90	ns
Maximaler Ausgangsstrom (RCA)	4	10	mA
Fan-Out	2 TTL		

Hersteller:
MOT, NS, RCA, SOL, SSS, TOS

4009 Sechs invertierende Puffer

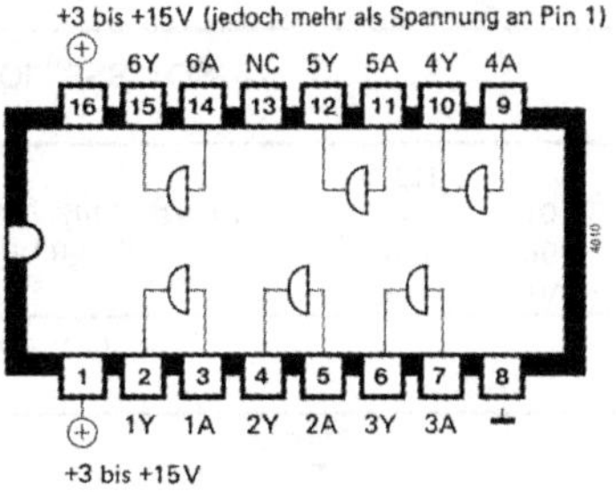

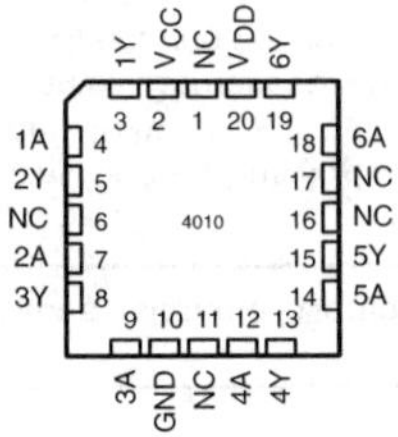

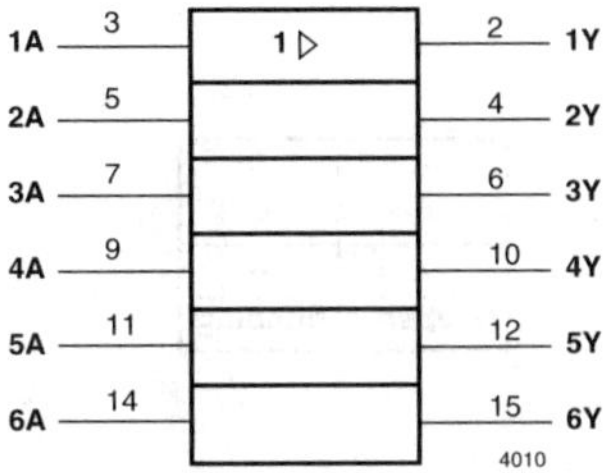

4010	**Sechs nicht-invertierende Puffer**

Fortsetzung :

Eingang	Ausgang
A	Y
H	H
L	L

Beschreibung:
Dieser Baustein enthält sechs getrennte nicht-invertierende Puffer.

Betrieb:
Dieser Baustein sollte nicht für Neu-Entwicklungen verwendet werden. Verwenden Sie stattdessen den 4050.
Der 4010 wird leicht zerstört, wenn Betriebsspannungen in der falschen Reihenfolge angelegt werden. Die Spannung an Pin 1 muss immer gleich oder kleiner als die Spannung an Pin 16 sein.

Anwendung:
Puffer, Treiber, Pegelwandler

Daten:	5V	10V	
Durchlauf-Verzögerung	120	90	ns
Maximaler Ausgangsstrom (RCA)	4	10	mA
Fan-Out	2 TTL		

Hersteller:
MOT, NS, RCA, SOL, SSS, TOS

4010 Sechs nicht-invertierende Puffer

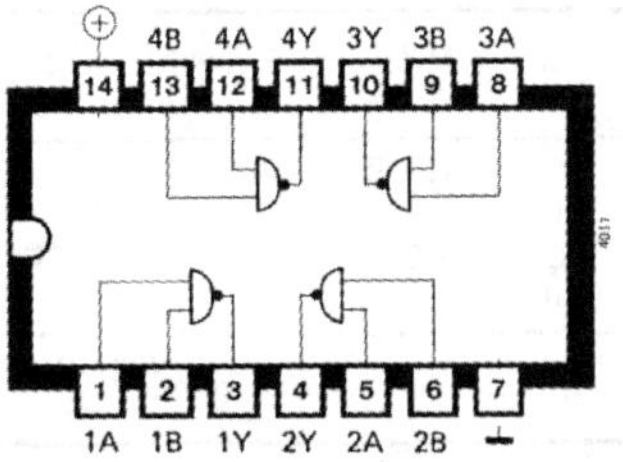

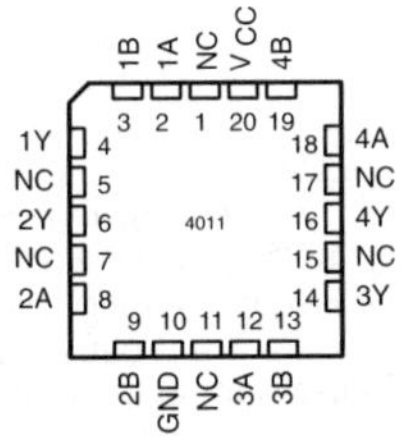

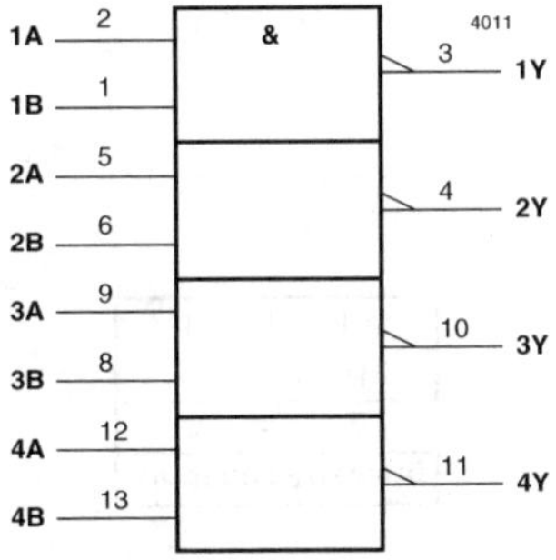

4011	Vier NAND-Gatter mit je 2 Eingängen

Fortsetzung :

Eingänge A	Eingänge B	Ausgang Y
L	X	H
X	L	H
H	H	L

Beschreibung:
Dieser Baustein enthält vier getrennte NAND-Gatter mit je 2 Eingängen.

Betrieb:
Alle vier NAND-Gatter mit positiver Logik können unabhängig voneinander verwendet werden.
Bei jedem Gatter wird mit einem oder beiden Eingängen auf Low der Ausgang High sein.
Sind beide Eingänge High, wird der Ausgang Low sein.

Anwendung:
Realisierung von NAND-, UND- und Inverter-Funktionen, Oszillatoren

Daten:	5V	10V	
Durchlauf-Verzögerung	60	25	ns
Stromaufnahme bei 1 MHz	0.4	0.8	mA

Hersteller:
FA, HIT, MOT, NS, RCA, SGS, SOL, SSS, TOS, VA

4011 Vier NAND-Gatter mit je 2 Eingängen

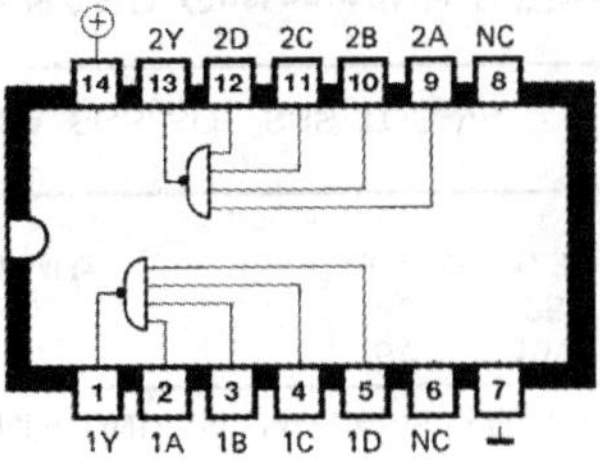

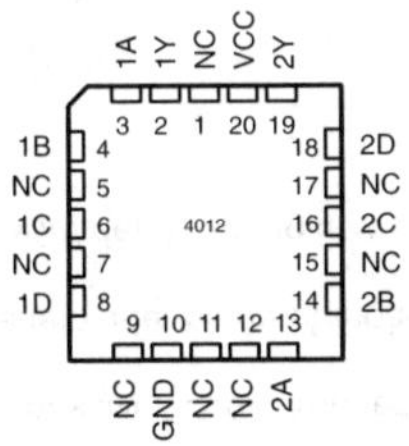

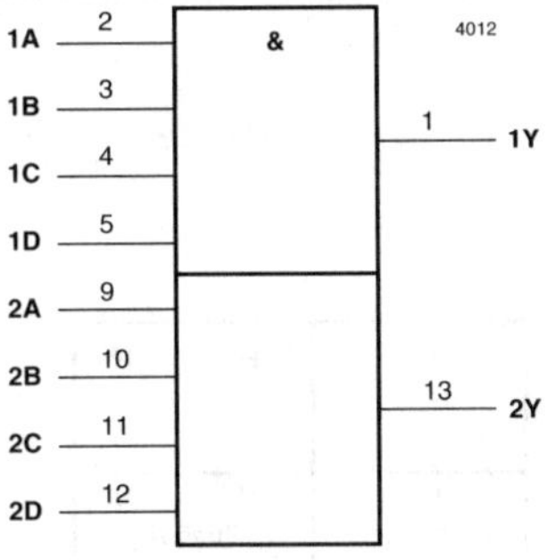

4012 Zwei NAND-Gatter mit je 4 Eingängen

Fortsetzung :

Eingänge				Ausgang
A	B	C	D	Y
L	X	X	X	H
X	L	X	X	H
X	X	L	X	H
X	X	X	L	H
H	H	H	H	L

Beschreibung:
Dieser Baustein enthält zwei getrennte NAND-Gatter mit je 4 Eingängen.

Betrieb:
Beide NAND-Gatter mit positiver Logik können unabhängig voneinander verwendet werden.
Bei jedem Gatter ergibt ein Low an einem oder mehreren Eingängen einen Ausgang mit High. Wenn alle vier Eingänge High sind, wird der Ausgang Low sein.

Anwendung:
Realisierung von NAND-, UND- und Inverter-Funktionen

Daten:

	5V	10V	
Durchlauf-Verzögerung	60	25	ns
Stromaufnahme bei 1 MHz	0.4	0.8	mA

Hersteller:
FA, HIT, MOT, NS, RCA, SGS, SOL, SSS, TOS, VA

4012 Zwei NAND-Gatter mit je 4 Eingängen

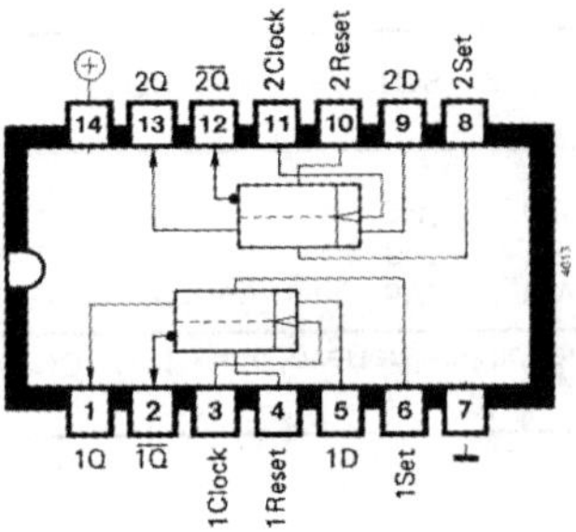

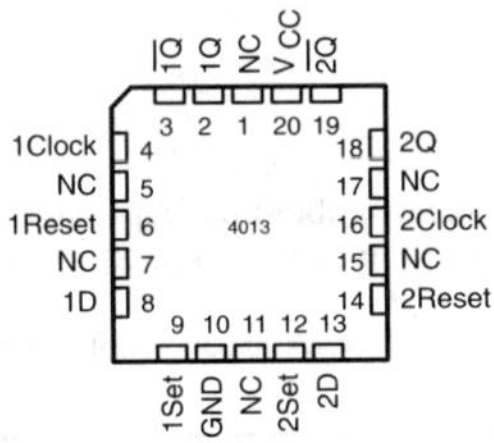

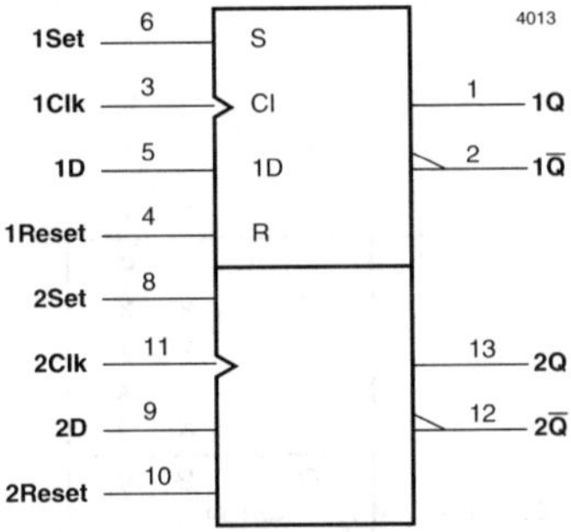

4013 Zwei D-Flipflops

Fortsetzung :

Eingänge				Ausgänge	
Set	Reset	Clock	D	Q	$\overline{Q}$
H	L	X	X	H	L
L	H	X	X	L	H
H	H	X	X	H	H
L	L	_/‾	L	L	H
L	L	_/‾	H	H	L
L	L	‾_	X	keine Änderung	

Beschreibung:
Dieser Baustein enthält zwei getrennte D-Flipflops.

Betrieb:
Jedes Flipflop kann unabhängig verwendet werden. Es gibt zwei Betriebsarten, direkt und getaktet.
In der direkten Betriebsart bringt ein positiver Set-Eingang Q auf High und $\overline{Q}$ auf Low. Ein positiver Reset-Eingang bringt Q auf Low und $\overline{Q}$ auf High. Sollten sowohl der Set- wie der Reset-Eingang gleichzeitig positiv sein, werden sowohl Q wie $\overline{Q}$ auf High gehen. Dies ist normalerweise ein unerlaubter Zustand. Der letzte direkte Eingang, der gegen Masse geht, wird den endgültigen Zustand der Q- und $\overline{Q}$-Ausgänge bestimmen. Die direkten Eingangssignale überlagern die getakteten Eingänge.
In der getakteten Betriebsart müssen die direkten Set- und Reset-Eingänge an Masse liegen. Die Eingaben auf der D-Leitung entscheiden, wohin das Flipflop kippen wird. Die tatsächliche Operation läuft jedoch erst ab, wenn die positive Flanke (LH-Übergang) des Taktes auftritt.
Wenn D positiv ist, macht das Takten den Q-Ausgang High und bringt $\overline{Q}$ auf Low. Wenn D an Masse liegt, macht das Takten den Q-Ausgang Low und $\overline{Q}$ High.
Jedes Flipflop kann für eine binäre Teilung verwendet werden, indem der $\overline{Q}$-Ausgang mit dem D-Eingang verbunden wird.

Anwendung:
Register, Zähler, Steuerschaltungen

Daten:	5V	10V	
Maximale Taktfrequenz	4	10	MHz
	(Valvo,SSS	16	MHz)
Stromaufnahme bei 1 MHz	0.8	1.6	mA

Hersteller:
FA, HIT, MOT, NS, RCA, SGS, SOL, SSS, TOS, VA

4013 Zwei D-Flipflops

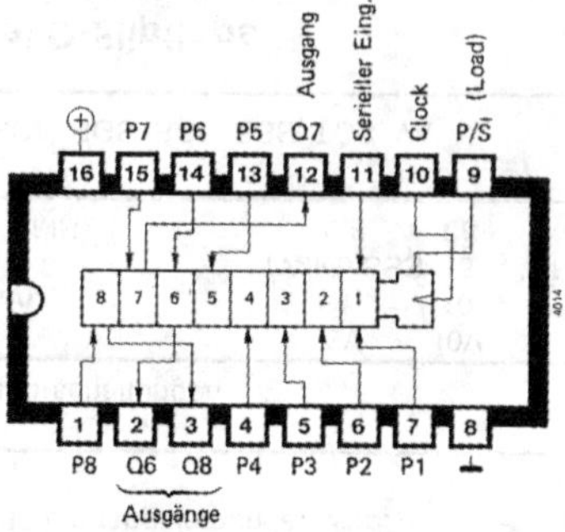

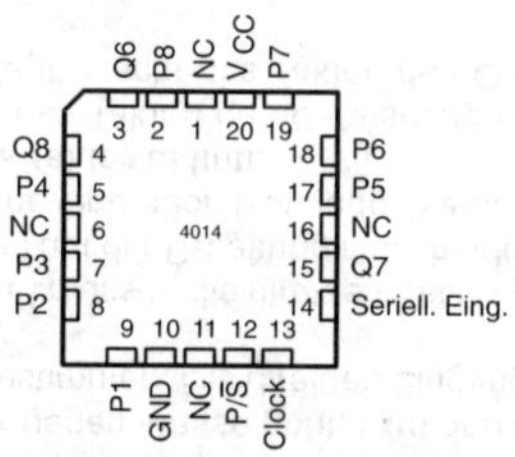

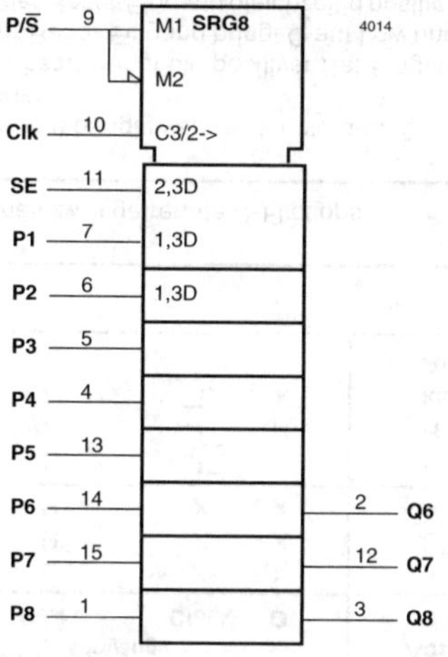

4014 Schieberegister, 8-stufig (parallel-ein/seriell-aus,seriell-ein/seriell-aus)

Fortsetzung :

Eing nge								Ausgang
t=	Clock	Ser.Ein	$P/\overline{S}$	P2	Q6	Q7	Q8	
n	↑	L	L	X	L	?	?	Verschiebung
n+1	↑	H	L	X	H	L	?	
n+2	↑	L	L	X	L	H	L	
n+3	↑	H	L	X	H	L	H	
	↓	X	L	X	Q6	Q7	Q8	keine Änderung
	↑	X	H	L	L	L	H	paralleles Laden
	↑	X	H	H	H	H	H	

Beschreibung:
Dieser Baustein kann als ein 6-, 7- oder 8-stufiges Schieberegister verwendet werden, entweder als seriell-ein/seriell-aus oder als parallel-ein/seriell-aus. Mehrere Stufen können für größere Längen miteinander verbunden werden.

Betrieb:
Als ein Register seriell-ein/seriell-aus-sollte der Load-Eingang $P/\overline{S}$ an Masse liegen. Die dem seriellen Eingang zugeführten Daten werden in die erste Stufe bei einem LH-Übergang (positive Flanke) des Takt-Einganges geschoben. Nach sechs aufeinanderfolgenden Takten erscheinen diese Daten am Ausgang Q6, bei einem weiteren Takt-Übergang am Ausgang Q7 und nochmals bei einem weiteren an Q8. Bei weiteren Takten geht dieses Datenbit verloren, außer es werden mehrere Stufen kaskadiert oder die Daten zirkulär zurückgeführt.
Um Daten parallel zu laden, wird ein 8-Bit-Wort an die Anschlüsse P1—P8 gelegt, wobei das P1-Bit am nächsten zum Eingang des Registers liegt und das P8-Bit am nächsten zum Ausgang. Der Anschluss $P/\overline{S}$ wird positiv gemacht. Der High-Zustand des Anschlusses $P/\overline{S}$ muss den Takt-Übergang überlappen. Das parallele Wort wird synchron in das Register bei der positiven Taktflanke geladen. Der Anschluss $P/\overline{S}$ muss dann auf Masse zurückkehren und dort für den normalen Register-Betrieb verbleiben.
Der 4021 ist ein ähnliches Register mit unmittelbarem Laden.

Anwendung:
Universal-Register, Umwandlung von parallelen in serielle Daten

Daten:	5V	10V	
Maximale Taktfrequenz	2.5	5	MHz
	(Valvo	14	MHz)
Stromaufnahme bei 1 MHz	2	4	mA

Hersteller:
FA, HIT, MOT, NS, RCA, SGS, SOL, SSS, TOS, VA

4014 — Schieberegister, 8-stufig (parallel-ein/seriell-aus,seriell-ein/seriell-aus)

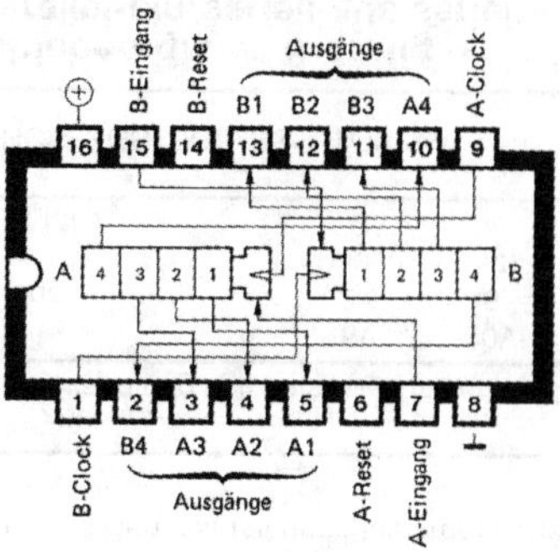

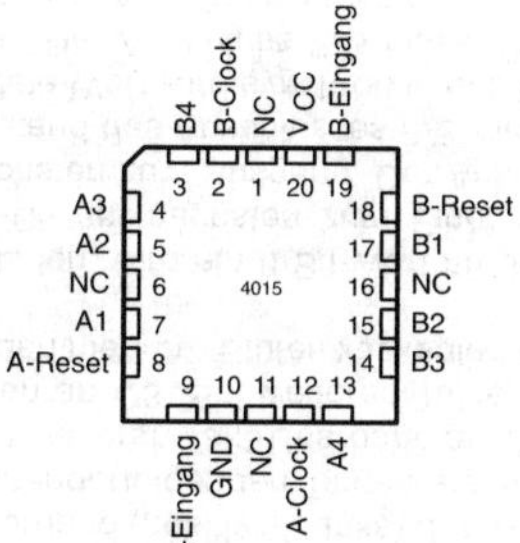

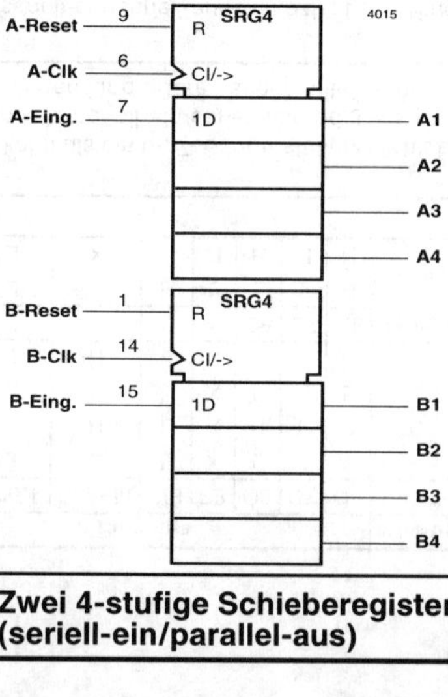

4015 Zwei 4-stufige Schieberegister (seriell-ein/parallel-aus)

Fortsetzung :

n	Eingänge Clock	 Daten-Eingang	 Reset	Ausgänge 1	 2	 3	 4
1	↑	D1	L	D1	X	X	X
2	↑	D2	L	D2	D1	X	X
3	↑	D3	L	D3	D2	D1	X
4	↑	D4	L	D4	D3	D2	D1
	↓	X	L	keine Änderung			
	X	X	H	L	L	L	L

Dn = entweder H oder L
n = Anzahl der positiven Taktflanken

Beschreibung:
Dieser Baustein enthält zwei vollständig getrennte 4-stufige Schieberegister, die in der Betriebsart seriell-ein/parallel-aus betrieben werden können. Jedes Register besitzt Anschlüsse für seinen eigenen Takt und für Reset. Die Register können für größere Längen zusammengeschaltet werden.

Betrieb:
Bei jedem Register werden die dem zugehörigen Eingang zugeführten Daten übernommen und erscheinen am Ausgang 1 bei der positiven Flanke (LH-Übergang) des Taktes. Ein zweiter Takt transferiert die Daten zum Ausgang 2, ein dritter zum Ausgang 3 und schließlich ein vierter zum Ausgang 4. Der Reset-Eingang muss während des normalen Betriebes an Masse liegen.
Wird der Reset-Eingang auf High gelegt, gehen alle Ausgänge auf Low und verbleiben hier, bis der Reset-Eingang auf Low zurückkehrt.

Anwendung:
Universal-Register, Umwandlung von seriellen in parallele Daten

Daten:	5V	10V	
Maximale Taktfrequenz	2.5	5	MHz
	(Valvo	14	MHz)
Stromaufnahme bei 1 MHz	2	5	mA

Hersteller:
FA, HIT, MOT, NS, RCA, SGS, SOL, SSS, TOS, VA

4015 Zwei 4-stufige Schieberegister (seriell-ein/parallel-aus)

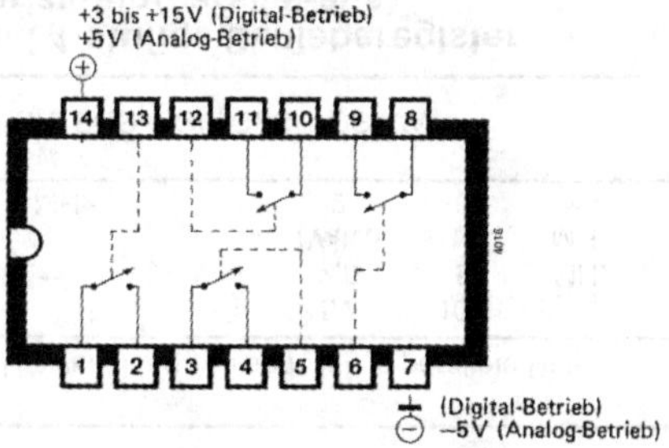

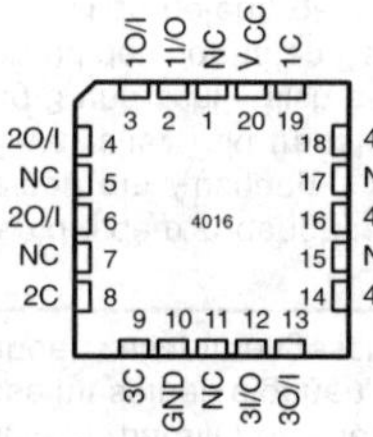

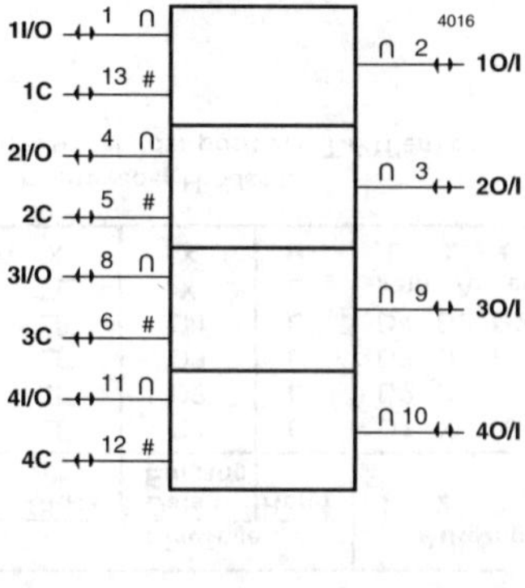

4016 | **Vier digitale oder analoge Schalter (4x1 Schließer)**

Fortsetzung :

Steuer-Eingang	Schalter
L	Aus
H	Ein

Beschreibung:
Dieser Baustein enthält vier getrennte bilaterale Schalter für stromrichtungsunabhängige Schaltanwendungen (4 Schließer).

Betrieb:
Alle vier Schalter können getrennt oder kombiniert verwendet werden.
Wenn die Steuerspannung gleich der Spannung an Pin 7 ist, verbleibt jeder Schalter auf AUS und verhält sich wie eine sehr hohe Impedanz. Wenn die Steuerspannung gleich der Spannung an Pin 14 ist, so geht der Schalter auf EIN und verhält sich wie ein nahezu linearer, bilateraler Widerstand mit 300 Ohm.
Signale, die über den Schalter geführt werden, können digital oder analog sein, dürfen jedoch niemals die Spannung an Pin 14 überschreiten oder die Spannung an Pin 7 unterschreiten.
Die Schalter können auf jede beliebige Weise zusammengeschlossen werden, und es besteht kein Unterschied zwischen dem Eingangs- und Ausgangs-Anschluss jedes Schalters. Wenn zum Beispiel alle vier Schalter mit einem Anschluss verbunden werden, kann der Baustein als ein 1-aus-4-Datenwähler, ein 1-aus-4-Datenverteiler, ein 1-aus-4-Analog-Umschalter oder ein 1-aus-4-Analog-Multiplexer verwendet werden.
Wenn mehr als ein Schalter mit einem gemeinsamen Punkt verbunden wird, muss die externe Logik normalerweise garantieren, dass nur ein Schalter zur selben Zeit eingeschaltet ist.
Der 4066 ist eine verbesserte Version mit niedrigerem Ein-Widerstand.

Anwendung:
Schalten oder Multiplexen von analogen oder digitalen Signalen, Ausführung von CMOS-Logikfunktionen (z.B. Inverter), A/D- und D/A-Wandler, digitale Steuerung von Frequenz, Impedanz, Phase oder Verstärkung von Analogsignalen

Daten:	5V	10V	
Maximale Schaltfrequenz	5	10	MHz
Übersprechen zwischen den Schaltern bei 1 MHz		<-80	dB
Max. Strom je Schalter	10	10	mA
Ruhestromaufnahme	0.25	0.5	µA

Hersteller:
FA, HIT, MOT, NS, RCA, SGS, SOL, SSS, TOS, VA

4016 Vier digitale oder analoge Schalter (4x1 Schließer)

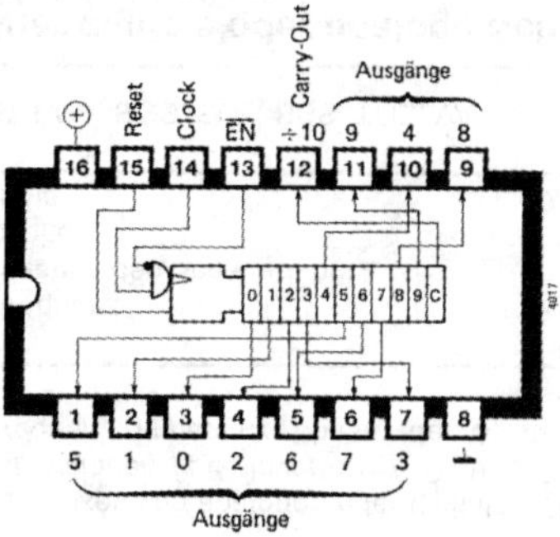

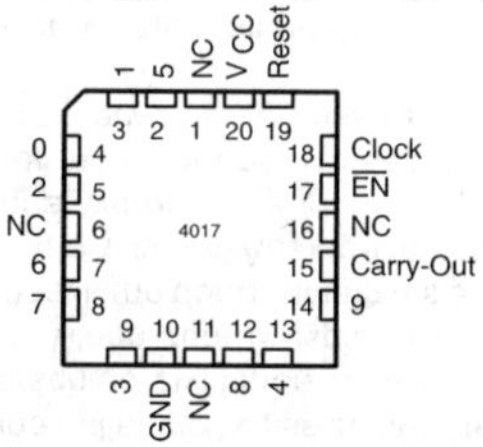

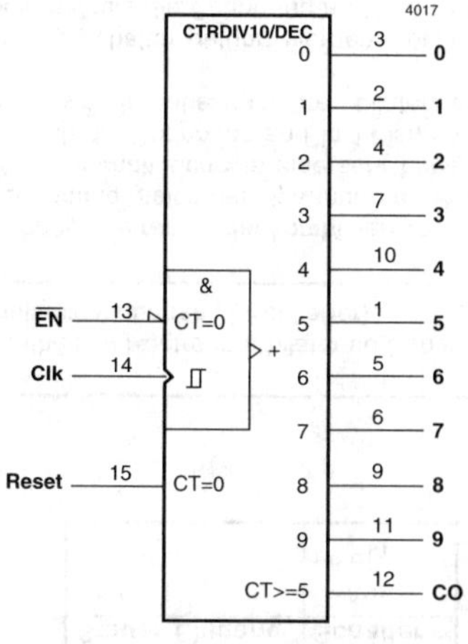

4017

Dezimalzähler mit 10 decodierten Ausgängen (Synchron)

Fortsetzung :

Clock	$\overline{EN}$	Reset	Funktion
L	X	L	keine Änderung
X	H	L	keine Änderung
X	X	H	Zähler löschen (Ausgang 0 = H, 1–9 = L)
↑	L	L	geht zum nächsten Zustand weiter
↓	X	L	keine Änderung
X	↑	L	keine Änderung
H	↓	L	geht zum nächsten Zustand weiter

Carry-Out = H für Ausgang 0,1,2,3 0der 4 = H
=L für alle anderen Fälle

Beschreibung:
Es handelt sich bei diesem Baustein um einen voll synchronen dekadischen Zähler oder Teiler durch 10. Er kann verwendet werden, um decodierte 1-aus-10-Ausgänge zu liefern oder um eine Rechteckspannung mit einem Zehntel der Eingangsfrequenz zu bekommen.

Betrieb:
Für normale Arbeitsweise sollten die Pins für Clock-Enable ($\overline{EN}$ = Takt-Freigabe) und Reset auf Low liegen. Der Zähler schreitet um eine Zählung bei der positiven Flanke (LH-Übergang) des Taktes weiter. Der Takteingang (Pin 14) besitzt eine Schmitt-Trigger-Funktion, so dass auch Taktsignale mit flachen Anstiegsflanken verwendet werden können. Bei jeder Zählung geht der zugehörige decodierte Ausgang auf High, die übrigen bleiben auf Low. Der CARRY-OUT-Anschluss ist High für Zählungen von 0 bis 4 und Low für Zählungen von 5 bis 9.
Wird der Reset-Eingang High gemacht, so kehrt der Zähler zur Zahl 0 zurück. In diesem Zustand sind der “0“-Ausgang und der OUT-Anschluss High, die übrigen Ausgänge liegen auf Low. Der Reset-Anschluss muss auf Low zurückkehren, damit die Zählung fortgesetzt werden kann. Eine positive Spannung am Anschluss Clock-Enable wird den Taktbetrieb sperren (das Fortschreiten des Zählers verhindern). Ein externes Gatter würde eine Division durch 1 bis 10 ermöglichen.

Anwendung:
Dekadischer Zähler und Teiler, Frequenzteiler, Teilung durch N, Ablaufsteuerung für Frequenzmesser und Zähler

Daten:	5V	10V	
Maximale Taktfrequenz	2.5	5	MHz
	(Valvo	10	MHz)
Stromaufnahme bei 1 MHz	0.4	0.8	mA

Hersteller:
FA, HIT, MOT, NS, RCA, SGS, SOL, SSS, TOS, VA

4017 Dezimalzähler mit 10 decodierten Ausgängen (Synchron)

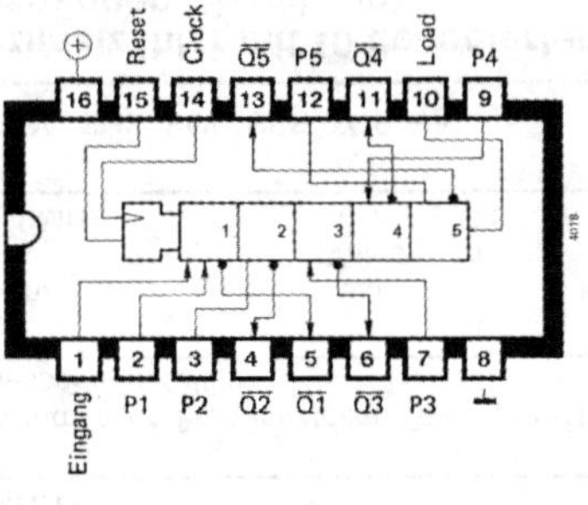

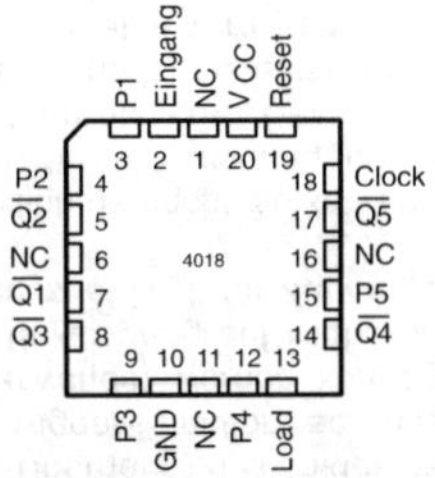

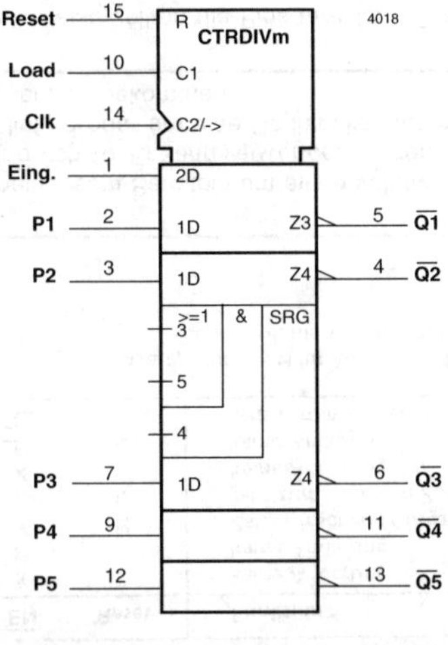

4018 Programmierbarer Zähler/Teiler für n = 2... 10 (Synchron)

Fortsetzung :

Eingänge				Ausgänge
Clock	Reset	Load	Eingang	$\overline{Q}n$
X	L	H	L	H
X	L	H	H	L
X	H	X	X	H
┐	L	L	X	Qn
┌	L	L	X	Z hlung

Mode	Verbindung
Teilung durch	Eingang zu
10	$\overline{Q}5$
8	$\overline{Q}4$
6	$\overline{Q}3$
4	$\overline{Q}2$
2	$\overline{Q}1$
9	$\overline{Q}4$ $\overline{Q}5$
7	$\overline{Q}3$ $\overline{Q}4$
5	$\overline{Q}2$ $\overline{Q}3$
3	$\overline{Q}1$ $\overline{Q}2$

Beschreibung:
Es handelt sich um einen speziellen synchronen Ringzähler. Er kann auf die Teilung eines Eingangs-Taktes durch 2 bis 10 eingestellt werden. Das Ausgangssignal ist rechteckförmig für geradzahlige Teiler-Verhältnisse. Infolge des Ringteiler-Codes ist eine Decodierung der Zwischen-Zustände nicht einfach.

Betrieb:
Um diesen Zähler zu programmieren, muss eine Rückkopplung vorgesehen werden. Bei normalem Betrieb werden Reset und Load auf Low gehalten und der Zähler schreitet um eine Zählung bei jedem LH-Übergang (positive Flanke) des Taktes fort. Der Takteingang (Pin 14) besitzt eine Schmitt-Triggerfunktion, so dass auch Taktsignale mit flachen Anstiegsflanken verwendet werden können.

Die Rückkopplung geschieht wie folgt:

$\overline{Q5}$ an Pin 1 teilt durch 10
$\overline{Q4}$ an Pin 1 teilt durch 8
$\overline{Q3}$ an Pin 1 teilt durch 6
$\overline{Q2}$ an Pin 1 teilt durch 4
$\overline{Q1}$ an Pin 1 teilt durch 2

$\overline{Q4}$ UND $\overline{Q5}$ an Pin 1 teilt durch 9*
$\overline{Q3}$ UND $\overline{Q4}$ an Pin 1 teilt durch 7*
$\overline{Q2}$ UND $\overline{Q3}$ an Pin 1 teilt durch 5*
$\overline{Q1}$ UND $\overline{Q2}$ an Pin 1 teilt durch 3*

*externes Gatter erforderlich

Die Rückkopplungs-Leitung bildet den herabgeteilten Ausgang. Der Zähler wird auf 0 zurückgesetzt, indem Reset High gemacht wird. Es ist auch möglich, den Zähler parallel über die Eingänge P1 – P5 zu laden, indem der Load-Eingang High gemacht wird. Beachten Sie, dass dies ein spezieller Code ist.
Dieser Baustein ist ideal für die Anwendung bei digitalen Sinus-Generatoren.

Anwendung:
Einstellbarer Dekadenzähler, Frequenzteiler, Zähler mit festem oder einstellbarem Teilerverhältnis von 2 bis 10, digitale Sinusgeneratoren

Daten:	5V	10V	
Maximale Taktfrequenz	2.5	5	MHz
	(Valvo, RCA	10	MHz)
Stromaufnahme bei 1 MHz	0.4	0.8	mA

Hersteller:
FA, HIT, MOT, NS, RCA, SGS, SOL, SSS, TOS, VA

4018 Programmierbarer Zähler/Teiler für n = 2... 10 (Synchron)

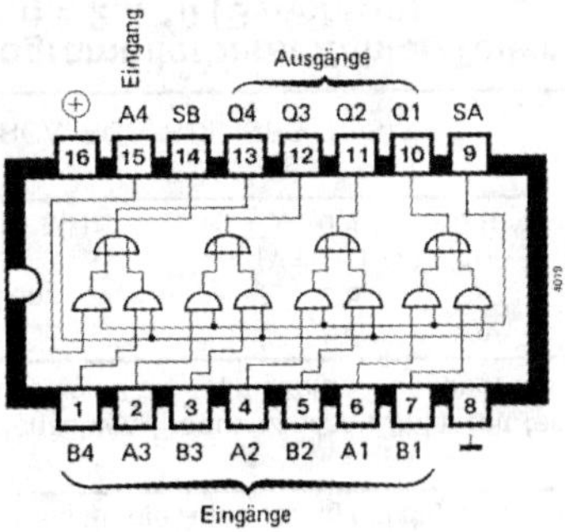

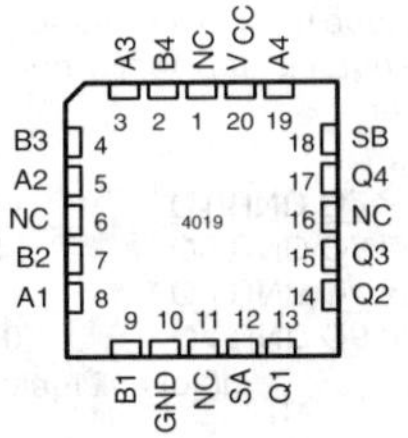

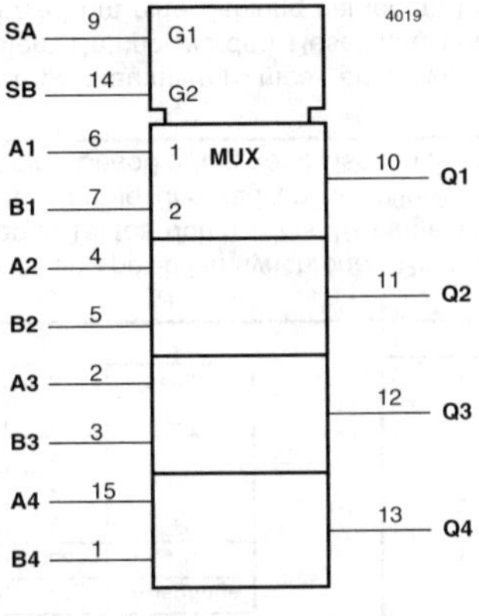

4019 Multiplexer, 4 x 2 Bit, gemeinsam adressierbar

Fortsetzung :

Auswahl		Eingänge		Ausgang
SA	SB	An	Bn	Qn
L	L	X	X	L
H	L	L	X	L
H	L	H	X	H
L	H	X	L	L
L	H	X	H	H
H	H	H	X	H
H	H	X	H	H
H	H	L	L	L

Beschreibung:
Dieser Baustein enthält vier UND/ODER-Auswahlgatter mit gemeinsamer Auswahl-Logik. Er wird gewöhnlich als ein 4-poliger Umschalter oder Datenwähler verwendet.

Betrieb:
Die vier Ausgänge werden über die Eingänge Select A (SA) und Select B (SB) gesteuert.
Wenn SA und SB auf Low liegen, verbleiben alle vier Q-Ausgänge auf Low.
Wenn SA High und SB Low ist, folgen alle vier Ausgänge den A-Eingängen.
Wenn SA Low und SB High ist, folgen alle vier Ausgänge den B-Eingängen.
Wenn SA und SB High sind, ergeben die vier Ausgänge eine logische ODER-Funktion der Eingangssignale. Bei dieser Betriebsart, wenn entweder A1 oder B1 High ist, wird der Ausgang Q1 High sein. Wenn sowohl A1 wie B1 auf Low liegen, wird der Ausgang Q1 auf Low liegen.
Beachten Sie, dass es sich hier nur um einen Datenwähler handelt. Er kann nicht als Daten-Verteiler (distributor) verwendet werden.
Der 4519 ist ein ähnlicher Baustein, mit der Ausnahme, dass ein Exklusiv-ODER der Eingangssignale entsteht, wenn SA und SB High sind.

Anwendung:
UND/ODER-Auswahlgatter,Rechts/Links-Schieberegister, Wahl Komplement -Auswahl,UND/ODER/Exklusiv-ODER-Auswahl

Daten:	5V	10V	
Durchlauf-Verzögerung	200	85	ns
Stromaufnahme	1.6	3.2	mA

Hersteller:
FA, NS, RCA, SGS, SOL, SSS, TOS, VA

4019 Multiplexer, 4 x 2 Bit, gemeinsam adressierbar

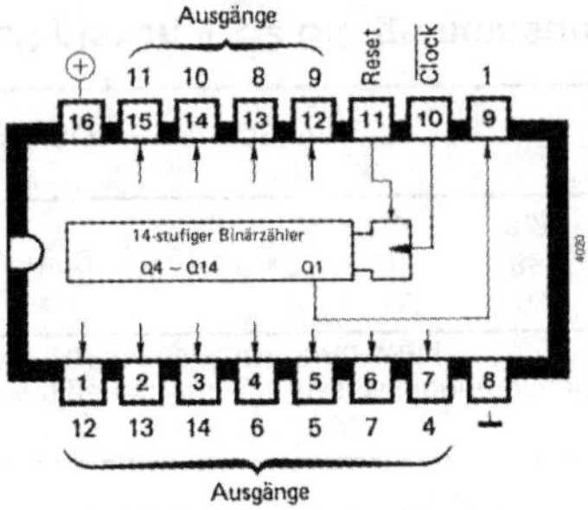

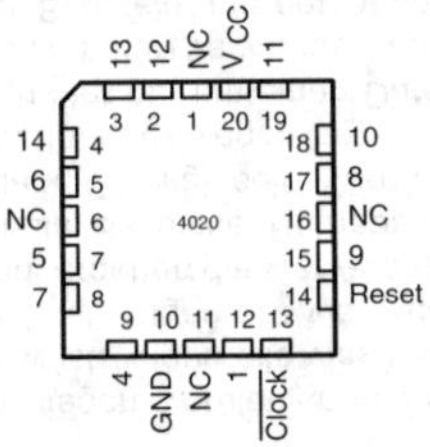

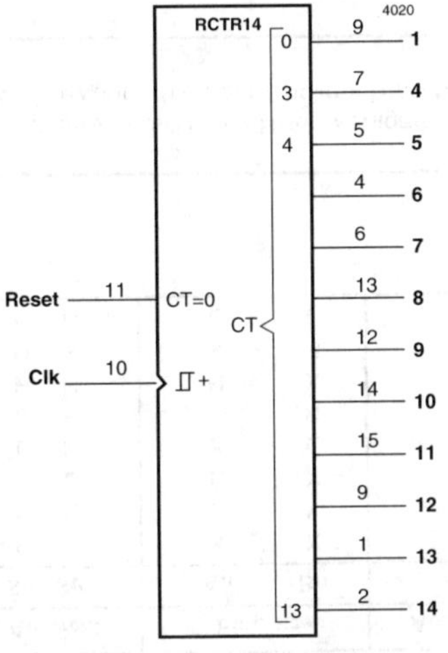

4020 Binärzähler, 14-stufig, (÷16384)

Fortsetzung :

$\overline{\text{Clock}}$	Reset	Ausgänge
↑	L	keine Änderung
↓	L	schreitet zum nächsten Zustand weiter
X	H	alle Ausgänge L

Beschreibung:
Es handelt sich bei diesem Baustein um einen Binärzähler, der in die Aufwärts-Richtung asynchron zählt.

Betrieb:
Der Reset-Eingang wird normalerweise auf Low gelegt. Jedesmal, wenn der Takt-Eingang sich von High auf Low ändert (negative Flanke), schreitet der Zähler um eine Zählung vorwärts.
Der 1-Ausgang teilt den Eingangstakt durch 2^1 =2. Der Ausgang 4 teilt den Eingangstakt durch 2^4 =16, bis zum Ausgang 14, der durch 2^{14} = 16384 teilt. Für die zweite und dritte Stufe gibt es keine Ausgänge.
Wird der Reset-Eingang High gemacht, gehen alle Ausgänge auf Low und verbleiben dort, bis Reset wieder auf Low zurückkehrt. Das Löschen erfolgt asynchron, d.h. unabhängig vom logischen Zustand des Takteinganges.
Da es sich um einen Binär (Ripple)-Zähler handelt, ändern sich die Ausgänge in sequentieller Reihenfolge. Während der Einstellzeit werden sich kurzzeitig falsche Zählungen ergeben.
Der 4060 ist ein langsamerer Baustein mit internem Oszillator und Takt-Aufbereitung.

Anwendung:
Zähler-Steuerungen, Zeitgeber, Frequenzteiler, Zeitverzögerungs-Schaltungen

Daten:

	5V	10V	
Maximale Eingangsfrequenz	2.5	7	MHz
	(Valvo, RCA	15	MHz)
Stromaufnahme bei 1 MHz	0.2	0.4	mA.

Hersteller:
FA, HIT, MOT, NS, RCA, SGS, SOL, SSS, TOS, VA

4020 Binärzähler, 14-stufig, (÷16384)

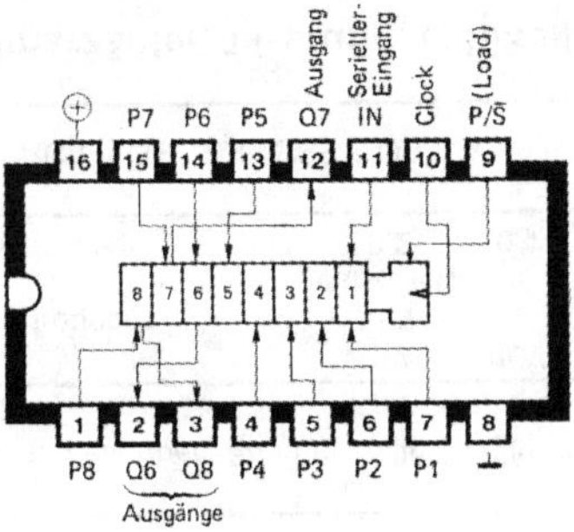

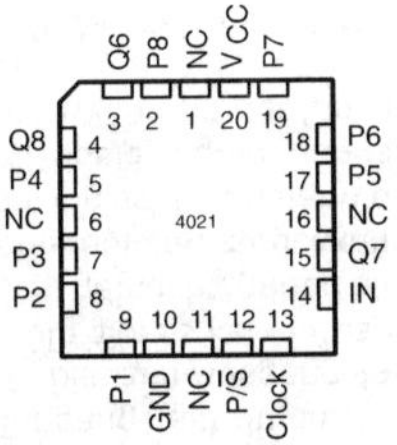

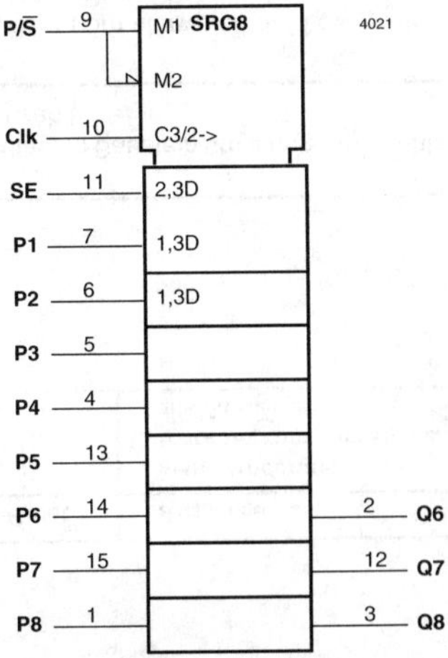

4021 8-stufiges Schieberegister (parallel/seriell-ein, seriell-aus)

Fortsetzung :

Eingänge								Ausgang
t=	Clock	Ser.Ein	P/$\overline{S}$	P2	Q6	Q7	Q8	
n	⎍	L	L	X	L	?	?	Verschiebung
n+1	⎍	H	L	X	H	L	?	
n+2	⎍	L	L	X	L	H	L	
n+3	⎍	H	L	X	H	L	H	
	⎍ (negativ)	X	L	X	Q6	Q7	Q8	keine Änderung
	⎍	X	H	L	L	L	?	paralles Laden
	⎍	X	H	H	H	H	H	

Beschreibung:
Dieser Baustein kann als ein 6-, 7- oder 8-stufiges Rechts-Schieberegister verwendet werden, entweder für synchron seriell-ein/seriell-aus oder für asynchron parallel-ein/seriell-aus. Für größere Längen können mehrere Stufen verbunden werden.

Betrieb:
Als Register für seriell-ein/seriell-aus sollte der Load-Eingang (P/$\overline{S}$) auf Low liegen. Die Daten, die dem IN-Terminal zugeführt werden, werden in die erste Stufe bei einem LH-Übergang (positive Flanke) des Taktes geschoben. Nach sechs aufeinanderfolgenden Takten erscheinen diese Daten am Ausgang Q6. Ein weiterer Takt transferiert sie zum Ausgang Q7 und ein abermals weiterer zu Q8. Zusätzliche Taktsignale bewirken, dass dieses Datenbit verlorengeht, außer es werden mehrere Stufen kaskadiert oder die Daten rezirkuliert.
Um Daten parallel zu laden, ist ein 8-Bit-Wort den Anschlüssen P1—P8 zuzuführen, wobei das P1-Bit dem Eingang des Registers und das P8-Bit dem Ausgang am nächsten liegt. Der Load-Eingang (P/$\overline{S}$) wird High gemacht und die Daten werden unmittelbar (asynchron) in das Register geladen. Der Load-Anschluss muss für normale Register-Arbeitsweise auf Low zurückkehren und dort verbleiben.
Der 4014 ist ein ähnliches Schieberegister mit synchronem, parallelem Laden.

Anwendung:
Universal-Register, Umwandlung von parallelen in serielle Daten

Daten:	5V	10V	
Maximale Taktfrequenz	2.5	5	MHz
	(Valvo	18	MHz)
Stromaufnahme bei 1 MHz	2	5	mA

Hersteller:
FA, HIT, MOT, NS, RCA, SGS, SOL, SSS, TOS, VA

4021 | 8-stufiges Schieberegister (parallel/seriell-ein, seriell-aus)

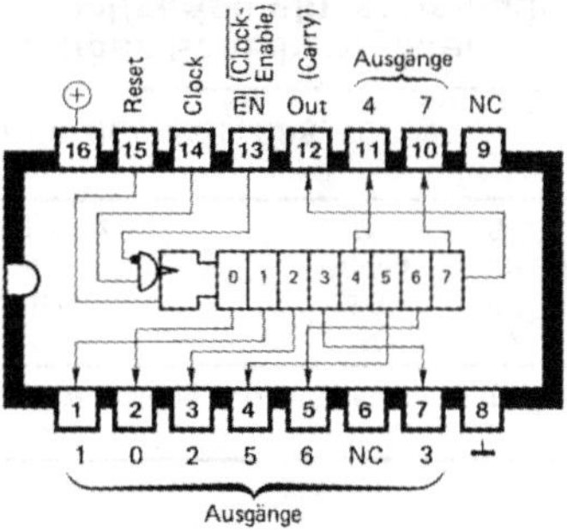

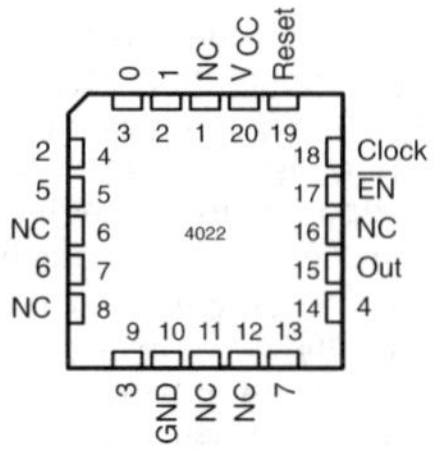

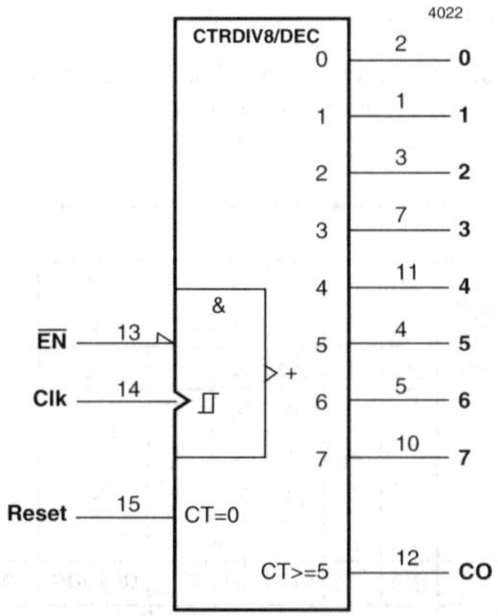

4022 Oktalzähler mit 8 decodierten Ausgängen (synchron)

Fortsetzung :

Clock	$\overline{EN}$	Reset	Ausgänge
X	X	H	Q0 = $\overline{Q4-7}$ = H, Q1–Q7 = L
↑	L	L	schreitet zum nächsten Zustand weiter
H	↓	L	schreitet zum nächsten Zustand weiter
L	X	L	keine Änderung
X	H	L	keine Änderung
H	↑	L	keine Änderung
↓	L	L	keine Änderung

Beschreibung:

Es handelt sich bei diesem Baustein um einen voll synchronen, oktalen Zähler (oder Teiler-durch-8). Er kann für die Bildung eines 1-aus-8-decodierten Ausganges, oder für ein rechteckförmiges Ausgangssignal mit einem Achtel der Eingangsfrequenz verwendet werden.

Betrieb:

Für normalen Betrieb sollten die Anschlüsse $\overline{\text{Clock-Enable}}$ (Takt-Freigabe) und Reset auf Low liegen. Der Zähler schreitet um eine Zählung bei der positiven Flanke (LH-Übergang) des Taktes fort. Der Takteingang besitzt eine Schmitt-Triggerfunktion, so dass auch Taktsignale mit langsam ansteigenden Flanken verwendet werden können. Bei jeder Zählung wird der entsprechende decodierte Ausgang High, die übrigen verbleiben auf Low. Der OUT-Anschluss ist High für die Zählungen 0 bis 3 und Low für die Zählungen 4 bis 7. Macht man den Reset-Ausgang High, kehrt der Zähler zur Zahl 0 zurück. In diesem Zustand sind der 0-Ausgang und der OUT-Anschluss High, die anderen Ausgänge liegen auf Low. Reset muss wieder Low sein, um eine Fortsetzung der Zählung zu ermöglichen. Ein High am Anschluss $\overline{\text{Clock-Enable}}$, ($\overline{EN}$), wird die Arbeitsweise des Taktes sperren und ein Fortschreiten des Zählers verhindern.

Ein externes Gatter gestattet die Möglichkeit einer Teilung durch 1 bis 8. Der 4017 ist ein ähnlicher dekadischer Zähler.

Anwendung:

Binärer Zähler/Decoder, Frequenzteiler, Teiler durch N

Daten:	5V	10V	
Maximale Taktfrequenz	2.5	5	MHz
	(Valvo	10	MHz)
Stromaufnahme bei 1 MHz	0.4	0.8	mA

Hersteller:

FA, HIT, MOT, MS, RCA, SGS, SOL, SSS, TOS, VA

4022 — Oktalzähler mit 8 decodierten Ausgängen (synchron)

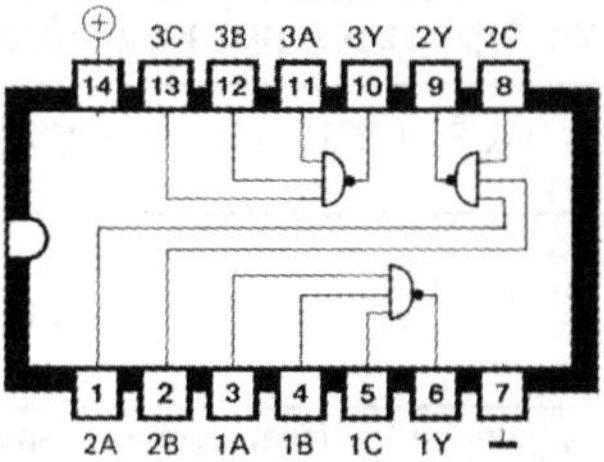

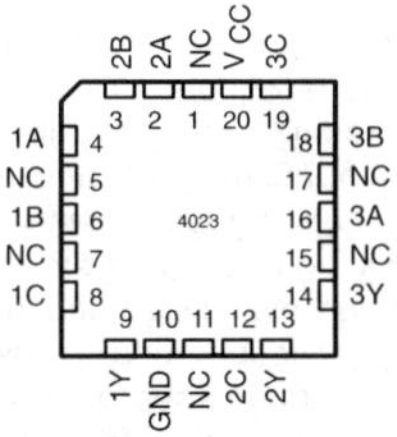

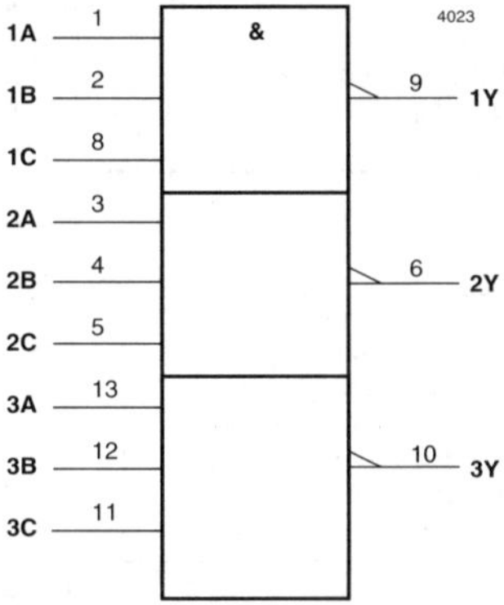

4023 Drei NAND-Gatter mit je 3 Eingängen

Fortsetzung :

Eingänge			Ausgang
A	B	C	Y
L	X	X	H
X	L	X	H
X	X	L	H
H	H	H	L

Beschreibung:
Dieser Baustein enthält drei getrennte NAND-Gatter mit je 3 Eingängen.

Betrieb:
Alle drei NAND-Gatter für positive Logik können unabhängig voneinander verwendet werden.
Bei jedem Gatter wird mit einem oder mehreren Eingängen auf Low der Ausgang High sein. Mit allen Eingängen auf High wird der Ausgang Low sein.

Anwendung:
Realisierung von NAND-, UND- und Inverter-Funktionen

Daten:	5V	10V	
Durchlauf-Verzögerung	60	25	ns
Stromaufnahme bei 1 MHz	0.6	1.2	mA

Hersteller:
FA, HIT, MOT, NS, RCA, SGS, SOL, SSS, TOS, VA

4023 Drei NAND-Gatter mit je 3 Eingängen

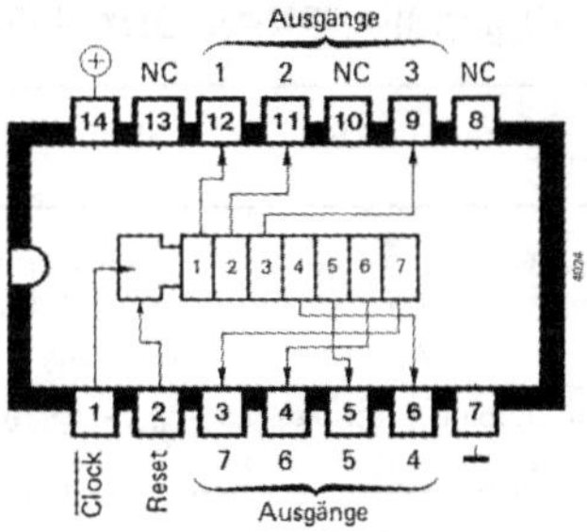

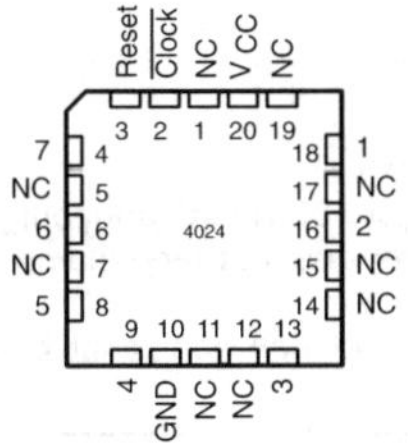

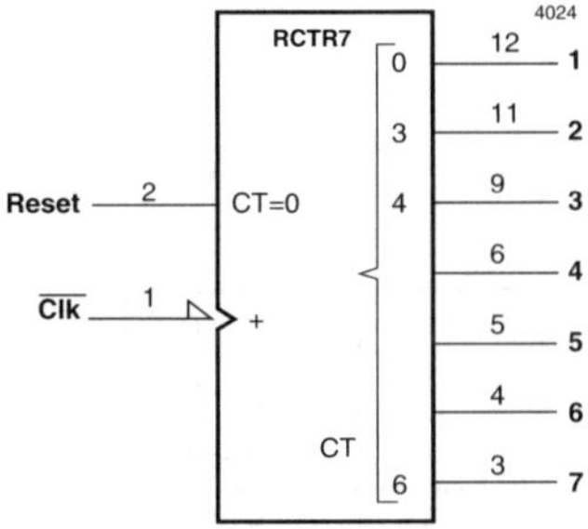

4024 | **Binärzähler, 7-stufig (÷128), asynchron**

Fortsetzung :

$\overline{Clock}$	Reset	Ausgangszustand
↑	L	Keine Änderung
↓	L	Schreitet zum nächsten Zustand weiter
X	H	Alle Ausgänge = L

Beschreibung:
Es handelt sich hier um einen Binärzähler, der unter Verwendung positiver Logik aufwärts zählt.

Betrieb:
Der Reset-Eingang wird normalerweise auf Low gelegt. Jedesmal, wenn das Taktsignal von High auf Low geht (negative Flanke), wird der Zähler um eine Zählung weitergestellt. Der Ausgang 1 teilt den Eingangstakt durch $2^1 = 2$. Der Ausgang 2 teilt den Eingangstakt durch $2^2 = 4$ bis zum Ausgang 7, der durch $2^7 = 128$ teilt.
Wird der Reset-Eingang High gemacht, so gehen alle Ausgänge auf Low und bleiben dort, bis Reset auf Low zurückgeht.
Da es sich um einen binären“Ripple“-Zähler handelt, ändern sich die Ausgänge in sequentieller Reihenfolge. Während der Einstellzeit werden sich kurzzeitig falsche Zählungen ergeben.
Der Takt-Eingang besitzt eine Schmitt-Trigger-Funktion, so dass auch Signale mit flachen oder verrauschten Flanken verarbeitet werden können.

Anwendung:
Zähler-Steuerungen, Zeitgeber, Frequenzteiler, Zeitverzögerungs-Schaltungen

Daten:	5V	10V	
Maximale Taktfrequenz	2.5	8	MHz
	(Valvo	30	MHz)
	(RCA	16	MHz)
Stromaufnahme bei 1 MHz	0.2	0.4	mA

Hersteller:
FA, HIT, MOT, NS, RCA, SGS, SOL, SSS, TOS, VA

4024 Binärzähler, 7-stufig (÷128), asynchron

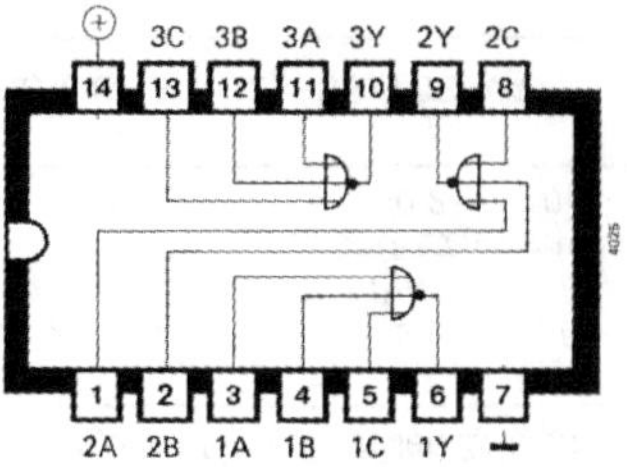

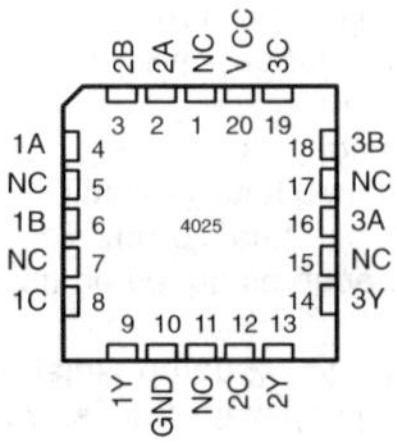

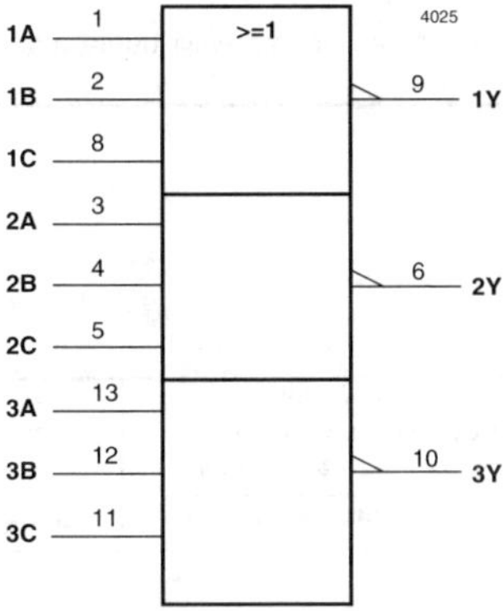

4025 | Drei NOR-Gatter mit je 3 Eingängen

Fortsetzung :

Eingänge A	B	C	Ausgang Y
H	X	X	L
X	H	X	L
X	X	H	L
L	L	L	H

Beschreibung:
Dieser Baustein enthält drei getrennte NOR-Gatter mit je 3 Eingängen.

Betrieb:
Alle drei NOR-Gatter für positive Logik können unabhängig voneinander verwendet werden.
Bei jedem Gatter wird mit einem oder mehreren Eingängen auf High der Ausgang Low sein. Sind alle drei Eingänge Low, so ist der Ausgang High.

Anwendung:
Realisierung von NOR-, ODER- oder Inverter-Funktionen

Daten:

	5V	10V	
Durchlauf-Verzögerung	60	25	ns
Stromaufnahme bei 1 MHz	1.2	2.4	mA

Hersteller:
FA, HIT, MOT, NS, RCA, SGS, SOL, SSS, TOS, VA

4025 Drei NOR-Gatter mit je 3 Eingängen

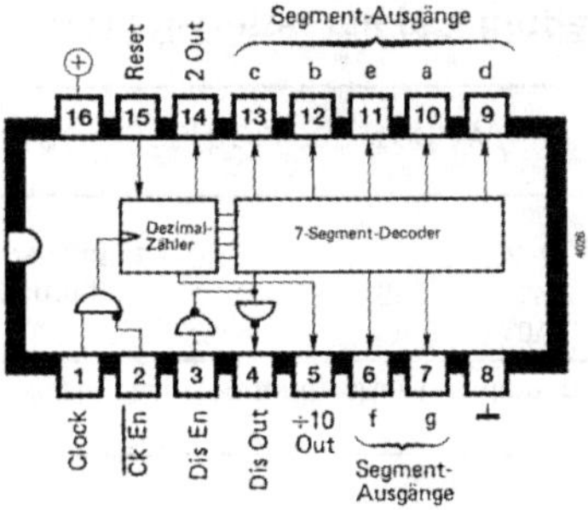

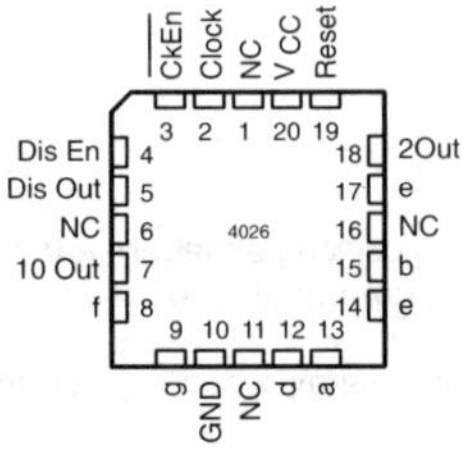

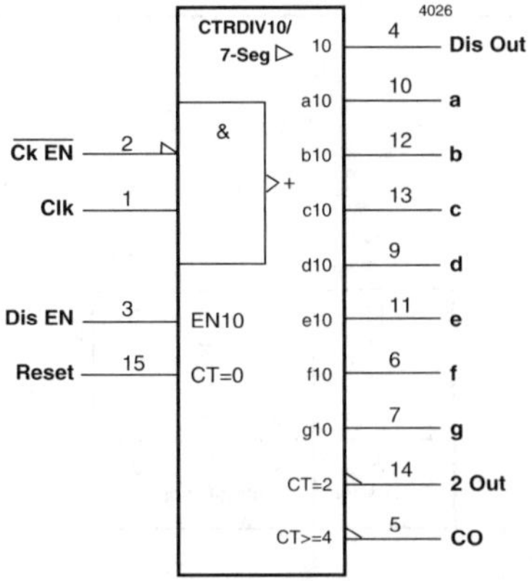

4026	**Dezimalzähler (÷10) mit decodierten 7-Segment-Ausgängen (synchron)**

Fortsetzung :

Eingänge				Funktion
Reset	$\overline{\text{CkEn}}$	DisEn	Clock	
H	X	X	X	Reset
H	‾|_	L	H	Z hlung, DisOut=H
H	‾|_	H	H	Z hlung und Anzeige, DisOut= H
L	L	L	_|‾	Z hlung. DisOut=L
L	L	H	_|‾	Z hlung und Anzeige, DisOut=H
L	H	X	2x _|‾	Z hlung, 2Out=L
L	H	X	nx_|‾	Z hlung, ÷10Out=H für n=0 bis 4

Beschreibung:

Dieser synchrone dekadische Zähler oder Teiler durch 10, liefert interne Decodierung zur Steuerung einer 7-Segment-Anzeige. Er besitzt weder einen internen Speicher für die Zählung, noch liefert er genügend Ausgangsstrom, um Anzeigen mit höherem Strom direkt zu treiben.

Betrieb:

Bei normalem Betrieb werden Reset und $\overline{\text{Clock-Enable}}$ $\overline{\text{CkEn}}$ (Takt-Freigabe) auf Low und der Anschluss Display-Enable (Anzeige-Freigabe) auf High gelegt. Der Zähler-schreitet um eine Zählung bei jedem LH-Übergang (positive Flanke) des Takt-Einganges (Clock) fort.
Legt man den Anschluss Clock auf High, so kann man den Zähler mit negativen Taktflanken an $\overline{\text{CkEn}}$ betreiben.
Es gibt zwei Arten von Ausgängen. Beim Ausgang ÷10 ergibt sich eine Rechteckspannung, die für die Zahlen 0 bis 4 High und für die Zahlen 5 bis 9 Low ist. Bei den Ausgängen a bis g wird ein High-Zustand erzeugt. Wenn ein Anzeige-Segment einzuschalten ist, wird der entsprechende Ausgang (a—g) High gemacht. Beachten Sie, dass der Ausgang “6“ das Segment a und der Ausgang “9“ das Segment d beinhalten. Der Anschluss “2 Out“ geht nur bei Zählung 2 auf Low.
Fluoreszenz-Anzeigen und neuere LED-Anzeigen können direkt von den Ausgängen betrieben werden. Licht-emittierende Dioden mit hohem Strom und Neon-Anzeigen benötigen externe Treiber. Flüssigkristall-Anzeigen benötigen externe Wechselspannungs-Steuerung.
Der Zähler wird auf Null zurückgesetzt, indem der Reset-Anschlus kurzzeitig auf High gebracht wird. Ein High an $\overline{\text{CkEn}}$ sperrt den Taktbetrieb. Ein Low an DisEn schaltet die Anzeige ab. Dies kann zum Sparen von Leistung für die Anzeige verwendet werden, oder um eine Helligkeits-Steuerung über eine Impulsbreiten-Modulation zu erreichen. Ein etwas verzögertes Dis Out folgt auch dem Dis En-Eingang.

Anwendung:

Dekadisches Zählen oder Teilen, mit 7-Segment-Anzeige

Daten:	5V	10V	
Maximale Zählfrequenz	2.5	6	MHz
Stromaufnahme bei 1 MHz			
(mit unbelasteten Ausgängen)	0.4	0.8	mA
Maximaler Ausgangsstrom	1.2	4	mA

Hersteller:

RCA, SGS, SOL,SSS

4026 Dezimalzähler (÷10) mit decodierten 7-Segment-Ausgängen (synchron)

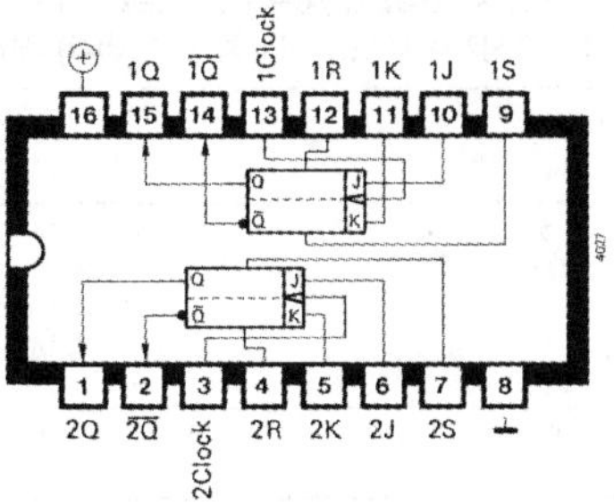

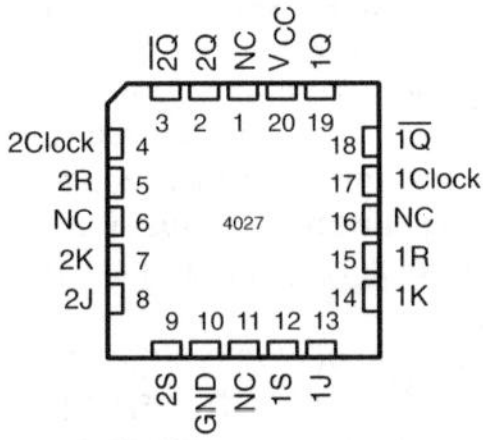

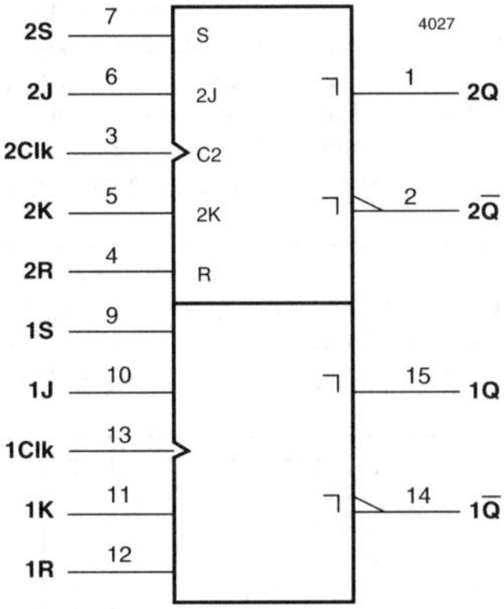

4027	**Zwei JK-Flipflops**

Fortsetzung :

Getaktet

S	R	Clock	J	K	Q(n+1)	$\overline{Q}$(n+1)
		Eingänge			**Ausgänge**	
L	L	_⌐	L	L	keine Änderung	
L	L	_⌐	H	L	H	L
L	L	_⌐	L	H	L	H
L	L	_⌐	H	H	Qn	Q

Direkt

S	R	Clock	J	K	Q	$\overline{Q}$
		Eingänge			**Ausgänge**	
H	L	X	X	X	H	L
L	H	X	X	X	L	H
H	H	X	X	X	H	H

Beschreibung:
Der Baustein enthält zwei getrennte JK-Flipflops.

Betrieb:
Jedes Flipflop kann unabhängig verwendet werden. Es gibt zwei Betriebsarten, getaktet und direkt.
In der getakteten Betriebsart müssen die direkten Set- und Reset-Eingänge auf Low verbleiben. Die Eingänge zu den J- und K-Leitungen entscheiden, wohin das Flipflop kippen wird. Die tatsächliche Operation erfolgt jedoch erst, wenn eine positive Flanke (LH-Übergang) des Taktes auftritt.
Wenn J und K auf Low liegen, bringt das Takten keine Änderung von Q und $\overline{Q}$. Wenn J auf Low und K auf High liegt, bringt das Takten Q auf Low und $\overline{Q}$ auf High. Wenn sowohl J als auch K High sind, wechselt das Takten die Zustände von Q und $\overline{Q}$. In der direkten Betriebsart bringt ein positiver Set-Eingang Q auf High und $\overline{Q}$ auf Low.
Ein positiver Reset-Eingang bringt Q auf Low und $\overline{Q}$ auf High. Sollten sowohl Set als auch Reset gleichzeitig auf High gehen, gehen auch Q und $\overline{Q}$ auf High. Dies ist gewöhnlich ein unerlaubter Zustand. Der letzte direkte Eingang, der auf Low geht, wird den endgültigen Zustand der Ausgänge Q und $\overline{Q}$ bestimmen. Das direkte Eingangssignal überschreibt die getakteten Eingänge.

Anwendung:
Register, Zähler, Steuerschaltungen

Daten:	5V	10V	
Maximale Taktfrequenz	3	8	MHz
	(Valvo	16	MHz)
Stromaufnahme bei 1 MHz	0.4	0.8	mA

Hersteller:
FA, HIT, MOT, NS, RCA, SGS, SOL, TOS, VA

4027 Zwei JK-Flipflops

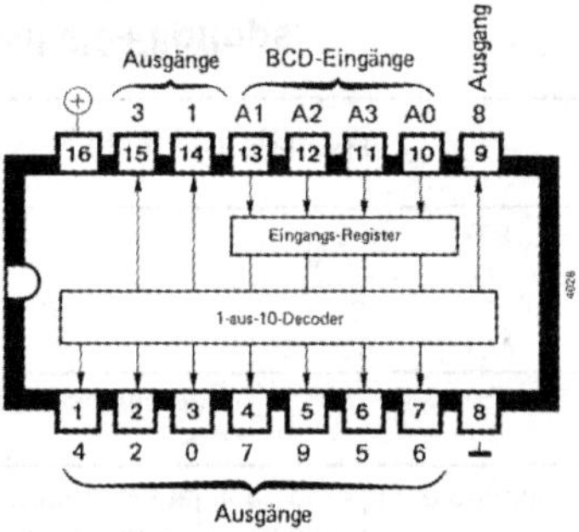

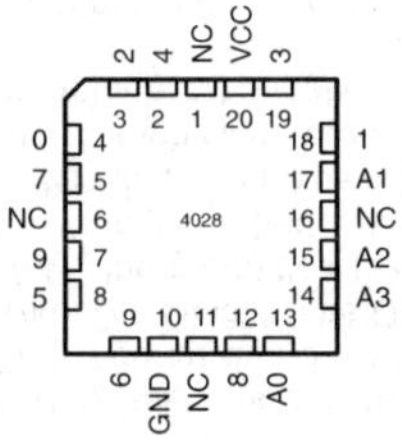

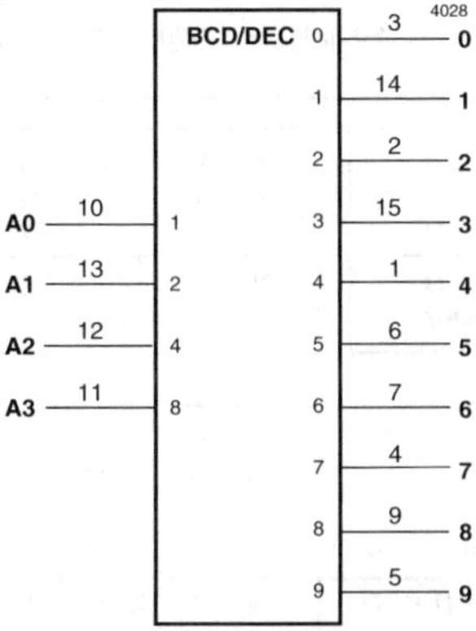

4028 BCD-zu-Dezimal-Decoder (1-aus-10)

Fortsetzung :

Eingänge				Ausgänge									
A3	A2	A1	A0	Q0	Q1	Q2	Q3	Q4	Q5	Q6	Q7	Q8	Q9
L	L	L	L	H	L	L	L	L	L	L	L	L	L
L	L	L	H	L	H	L	L	L	L	L	L	L	L
L	L	H	L	L	L	H	L	L	L	L	L	L	L
L	L	H	H	L	L	L	H	L	L	L	L	L	L
L	H	L	L	L	L	L	L	H	L	L	L	L	L
L	H	L	H	L	L	L	L	L	H	L	L	L	L
L	H	H	L	L	L	L	L	L	L	H	L	L	L
L	H	H	H	L	L	L	L	L	L	L	H	L	L
H	L	L	L	L	L	L	L	L	L	L	L	H	L
H	L	L	H	L	L	L	L	L	L	L	L	L	H
H	L	H	L	L	L	L	L	L	L	L	L	L	L
H	L	H	H	L	L	L	L	L	L	L	L	L	L
H	H	L	L	L	L	L	L	L	L	L	L	L	L
H	H	L	H	L	L	L	L	L	L	L	L	L	L
H	H	H	L	L	L	L	L	L	L	L	L	L	L
H	H	H	H	L	L	L	L	L	L	L	L	L	L

Beschreibung:
Dieser Baustein decodiert einen Standard-BCD-Code mit 4 Bits, indem er einen aus 10 Ausgängen auswählt. Er kann auch jeden 3-Bit-Code in 1-aus-8-Ausgänge umwandeln.

Betrieb:
Der BCD-Code wird an den Anschlüssen 10 bis 13 eingegeben, mit dem niedrigstwertigen Bit $2^0 = 1$ an A0, dem Bit $2^1 = 2$ an A1, dem Bit $2^2 = 4$ an A2 und dem Bit $2^3 = 8$ an A3.
Für ein gegebenes Eingangssignal geht ein Ausgangauf High, die anderen neun verbleiben auf Low. Der verfügbare Ausgangsstrom beträgt 1 mA bei 5V und 2mA bei 10V.
Wenn beispielsweise A0 = 1, A1 = 1, A2 = 1 und A3 = 0, geht der Ausgang 7 auf High und der Rest verbleibt auf Low. Alle Ausgänge verbleiben auf Low, wenn ein ungültiger BCD-Code (größer als 1001) zugeführt wird. Beachten Sie, dass frühere RCA-Versionen dieses Bausteins einen Ausgang von “8“ bei den ungültigen Zuständen “10“, “12“ und “14“ erzeugten und einen Ausgang “9“ bei den ungültigen Zuständen “11“, “13“ und “15“.
Wird der Baustein als 1-aus-8-Decoder verwendet, so wird der Eingang A3 auf Low gelegt. Jeder den Eingängen A0, A1 und A2 zugeführte 3-Bit-Code wird einen der Ausgänge auf High setzen, während der Rest auf Low bleibt. Die Ausgangs-Numerierung wird jedoch nur für einen normlen binären Eingangscode richtig sein. Die Ausgänge werden einfach für jeden anderen Code umbenannt.

Anwendung:
Code-Umwandlung, Adressen-Decodierung, Speicher-Auswahlsteuerung

Daten:	5V	10V	
Durchlauf-Verzögerung	250	100	ns
Stromaufnahme bei 1 MHz (Wortrate) und unbelasteten Ausgängen	0.25	0.5	mA

Hersteller:
FA, HIT, MOT, NS, RCA, SGS, SOL, SSS, TOS, VA

4028 BCD-zu-Dezimal-Decoder (1-aus-10)

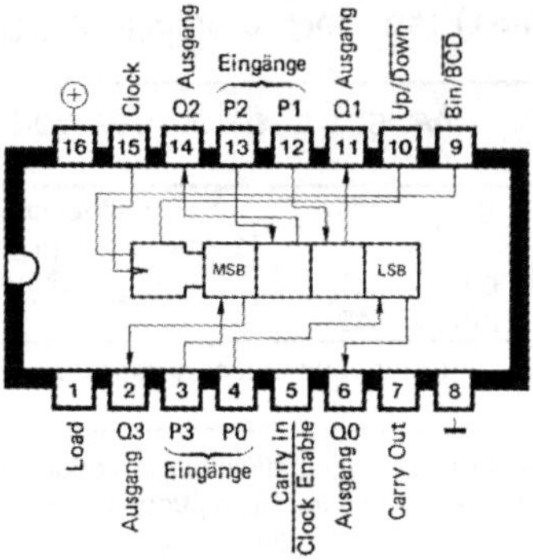

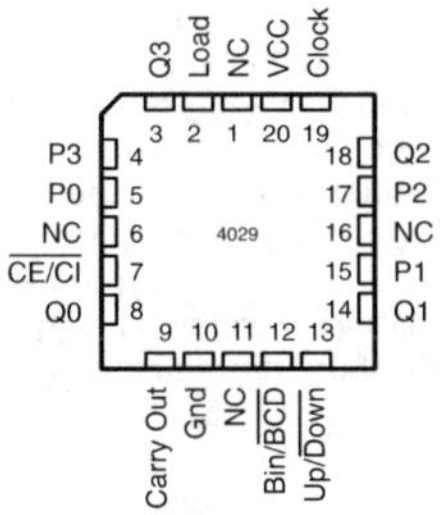

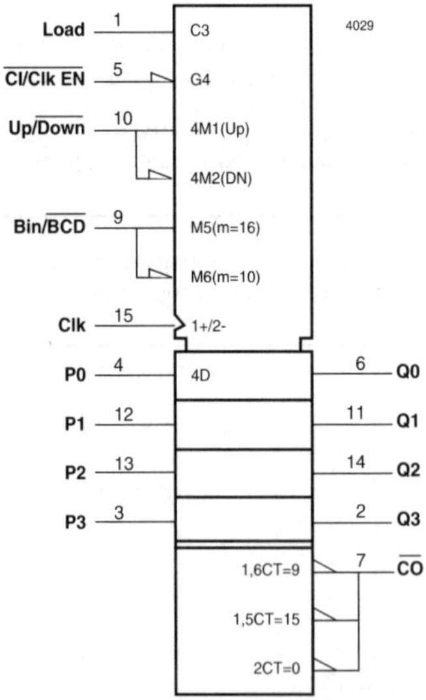

4029 Aufwärts/Abwärts-Zähler, Teilung durch 10 oder Teilung durch 16 (synchron)

Fortsetzung :

Eingänge					Funktion
$\overline{\text{ClkEn}}$	Up/$\overline{\text{Down}}$	Load	Bin/$\overline{\text{BCD}}$	Clock	
H	X	L	X	↑	keine
L	H	L	L	↑	Aufw rtsz hlung (dezimal)
L	L	L	L	↑	Abw rtsz hlung (dezimal)
L	H	L	H	↑	Aufw rtsz hlung (bin r)
L	L	L	H	↑	Abw rtsz hlung (bin r)
X	X	H	X	H	Voreinstellung (Preset)

Beschreibung:
Dieser Baustein enthält einen programmierbaren Aufwärts/Abwärts-Zähler, der dekadisch oder binär zählen oder teilen kann.

Betrieb:
Dieser Baustein muss programmiert werden, um als dekadischer (Teilung durch 10) oder hexadezimaler (Teilung durch 16) einstellbarer Aufwärts/Abwärts-Zähler zu arbeiten. Bei normalem Betrieb werden Load und $\overline{\text{CE/CI}}$ ($\overline{\text{Clock Enable/Carry In}}$) auf Low gehalten.
Wenn Pin 9 auf Low liegt, zählt der Baustein im Dezimalsystem. Wenn Pin 9 High ist, zählt der Baustein im Hexadezimalsystem. Wenn Pin 10 High ist, zählt der Baustein "vorwärts" oder aufwärts. Wenn Pin 10 auf Low liegt, zählt der Baustein "rückwärts" oder abwärts.
Der Baustein schreitet um eine Zählung fort oder verringert um eine Zählung bei einem LH-Übergang (positive Flanke) des Taktes. Die Ausgänge sind gewichtet. Q0 = 1, Q1 =2, Q2 = 4 und Q3 = 8, entweder im Hexadezimal- oder BCD-Code. Der Anschluss $\overline{\text{Carry-Out}}$ liefert ein Low bei Zählung 9 (BCD) oder Zählung 15 (Binär-Betrieb).
Der $\overline{\text{CE/CI}}$-Eingang (Pin 5) auf Low gibt die Zählung frei. Bei mehrstelligen Zählern wird sich durch Verbinden des Anschlusses $\overline{\text{Carry-Out}}$ der ersten Dekade mit dem $\overline{\text{CE/CI}}$-Anschluss der zweiten Dekade und Steuern der Zähler durch einen gemeinsamen Takt eine voll synchrone Zählung ergeben.
Der Zähler kann parallel geladen werden, indem ein Wort mit der Gewichtung P0 = 1, P1 = 2, P2 = 4 und P3 = 8 den Voreinstell-Eingängen (Preset Inputs) P0—P3 zugeführt und der Anschluss Load auf High gelegt wird. Wenn zum Beispiel P0 = P1 = P2 = P3 = Low, wird ein Zustand 0000 eingegeben, wodurch der Zähler zurückgesetzt wird. Beachten Sie, dass es keinen separaten Reset-Anschluss gibt. Das Reset (Löschen) geschieht durch paralleles Laden von 0000. Die Aufwärts/Abwärts-Steuerung kann nur geändert werden, wenn der Takt positiv ist.

Anwendung:
Programmierbare binäre oder dekadische Zählung oder Frequenzteilung für Frequenz-Synthesizer mit BCD-Ausgang, A/D- und D/A-Wandler, binäre und dekadische Aufwärts/Abwärts-Zählung, Differenz-Zählung

Daten:	5V	10V	
Maximale Taktfrequenz	2.5	5	MHz
	(Valvo	25	MHz)
Stromaufnahme bei 1 MHz	0.4	0.8	mA

Hersteller:
FA, MOT, NS, RCA, SGS, SOL, TOS, VA

4029 Aufwärts/Abwärts-Zähler, Teilung durch 10 oder Teilung durch 16 (synchron)

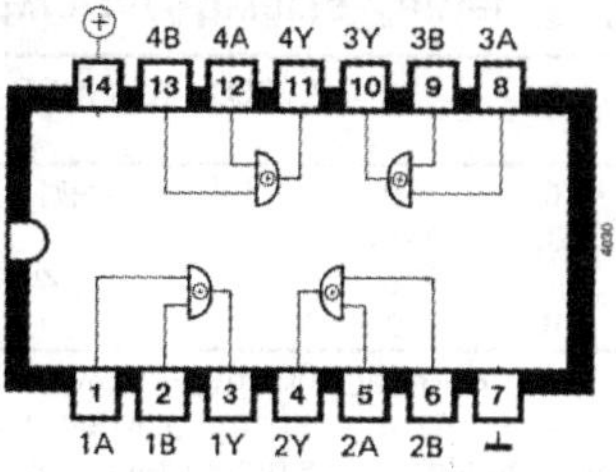

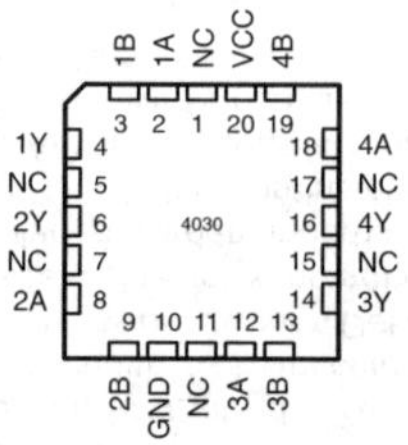

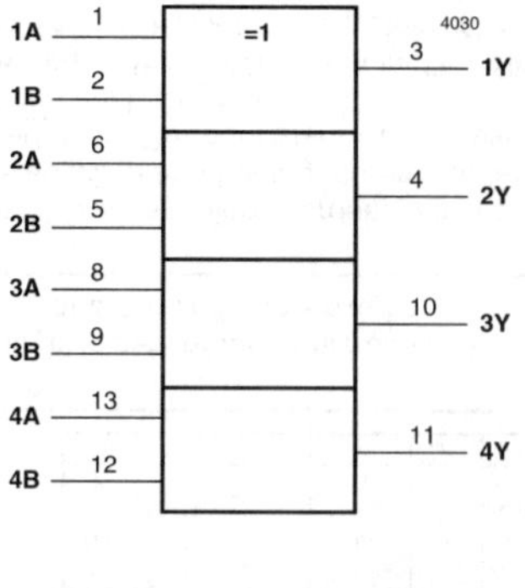

4030	**Vier Exklusiv-ODER-Gatter mit je 2 Eingängen**

Fortsetzung :

Eingänge A	Eingänge B	Ausgang Y
L	L	L
L	H	H
H	L	H
H	H	L

Beschreibung:
Dieser Baustein enthält vier getrennte Exklusiv-ODER-Gatter mit je 2 Eingängen.

Betrieb:
Bei jedem Gatter ist, wenn nur ein Eingang High ist, der Ausgang High. Wenn beide Eingänge High oder beide Eingänge Low sind, wird der Ausgang Low sein. Frühere Versionen dieses Bausteins besitzen eine sehr niedrige Eingangs-impedanz und haben daher in Impulsschaltungen häufig Fehler ergeben. Verwenden Sie stattdessen den 4070 oder 4507.

Anwendung:
Realisierung von Exklusiv-ODER-Funktionen, Erzeugung und Prüfung von gerader und ungerader Parität, Addierer/Subtrahierer, logische Komparatoren

Daten:	5V	10V	
Durchlauf-Verzögerung	140	65	ns
Stromaufnahme bei 1 MHz	0.2	0.4	mA

Hersteller:
FA, NS, RCA, SGS, SOL, SSS, TOS, VA

4030 Vier Exklusiv-ODER-Gatter mit je 2 Eingängen

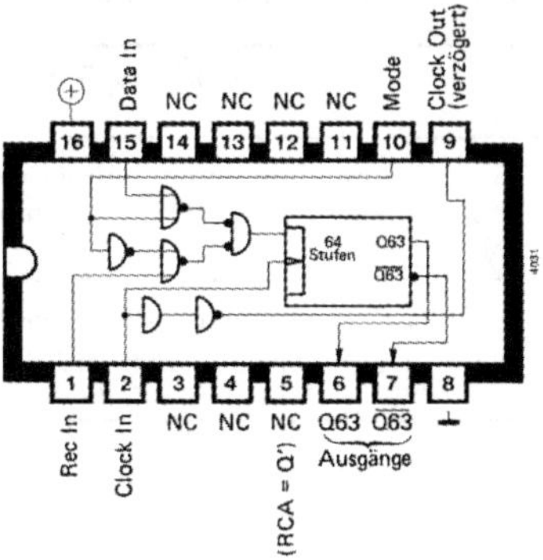

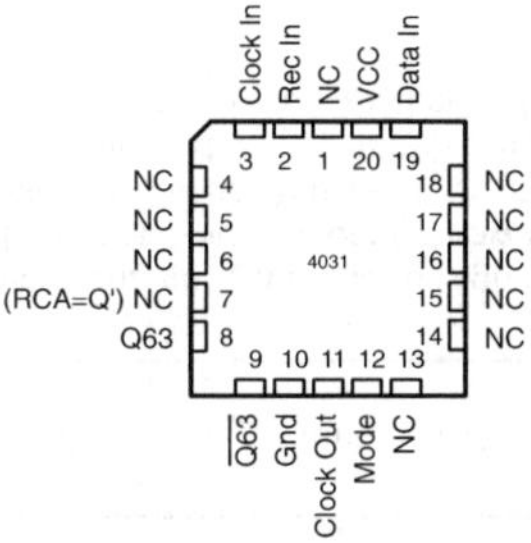

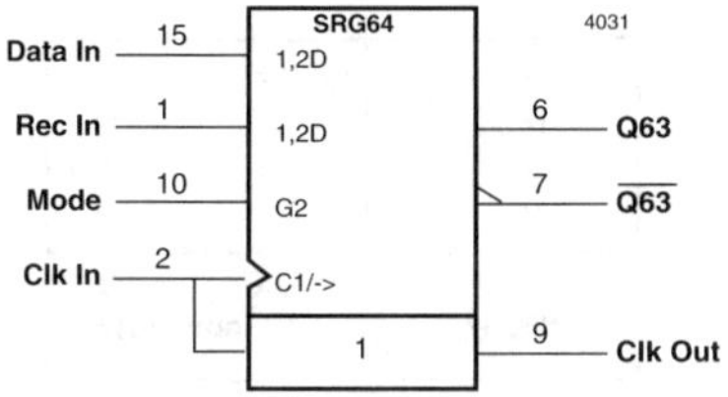

4031	**64-stufiges statisches Schieberegister (Seriell-ein/seriell-aus mit Rezirkulation)**

Fortsetzung :

Eingänge				Funktion
DataIn	RecIn	Mode	Clock	
H	X	L	↑	Verschiebung, erste Stufe = H
L	X	L	↑	Verschiebung, erste Stufe = L
X	H	H	↑	Verschiebung, erste Stufe = H
X	L	H	↑	Verschiebung, erste Stufe = L

Beschreibung:

Es handelt sich um ein vollstatisches Schieberegister mit der Möglichkeit, Daten zu rezirkulieren. Es ist in 64 Seriell-ein/seriell-aus-Stufen angeordnet.

Betrieb:

Bei normalem Betrieb werden die zu speichernden Daten an den Anschluss "Data In" geführt und der Anschluss "Mode" (Betriebsart) wird auf Low gelegt. Die Daten werden in das Register beim LH-Übergang (positive Flanke) des Taktes geladen.

Nach 64 aufeinanderfolgenden Takt-Impulsen werden die Daten als Ausgang an Pin 6 und deren Komplement an Pin 7 erscheinen. Der normale Ausgang (Pin 6) kann als Eingang zu einem folgenden Register geführt werden, wodurch man Stufen in ganzzahligen Vielfachen von 64 kaskadieren kann. Pin 6 und 7 können jeder eine TTL-Last treiben. Wenn der Mode-Eingang High gemacht wird, werden die Daten am Anschluss Rec In beim nächsten positiven Takt eingegeben. Für eine Rezirkulation kann der Anschluss Rec In mit Pin 6 dieses Registers oder eines kaskadierten Registers verbunden werden, um den Datenstrom an Pin 1 auszuwählen (Mode High) oder an Pin 15 (Mode auf Low).

Anders als bei den meisten CMOS-Schaltungen besitzt der Takteingang eine sehr hohe Kapazität von 60pF, die mit einer Anstiegszeit von 1 µs oder weniger getrieben werden muss. Was auch immer zum Treiben verwendet wird, der Takt muss einen Mindest-Source-und Sinkstrom von 1 mA besitzen, um diese Kapazität zu treiben. Wenn Bausteine mit einem gemeinsamen Takt kaskadiert werden, addiert sich die Takt-Kapazität entsprechend und der erforderliche Eingangs-Treiberstrom steigt proportional an.

Eine leicht verzögerte Wiedergabe des Taktes, die zum Treiben eines weiteren Registers verwendet werden kann, erscheint am Anschluss 9. Das "Verketten" des Taktes wie hier, bringt einige Probleme bei der Rezirkulation. Eine weitere Kaskadier-Option besitzen die Bausteine der Firma RCA mit dem Q'-Ausgang (Pin 5), an dem ein Signal beim nächsten HL-Übergang (negative Flanke) des Taktes auftritt. Dieser verzögerte Ausgang wird bei Taktsignalen verwendet, die schlechte Anstiegs- und Abfallzeiten besitzen. Siehe Datenblätter der Hersteller für entsprechende Information.

Anwendung:

Serielle Schieberegister, Zeitverzögerungs-Schaltungen

Daten:	5V	10V	
Maximale Taktfrequenz	2	4	MHz
	(Valvo, RCA	14	MHz)
Stromaufnahme bei 1 MHz	1.2	2.4	mA

Hersteller:

FA, NS, RCA, SGS, VA

4031 — 64-stufiges statisches Schieberegister (Seriell-ein/seriell-aus mit Rezirkulation)

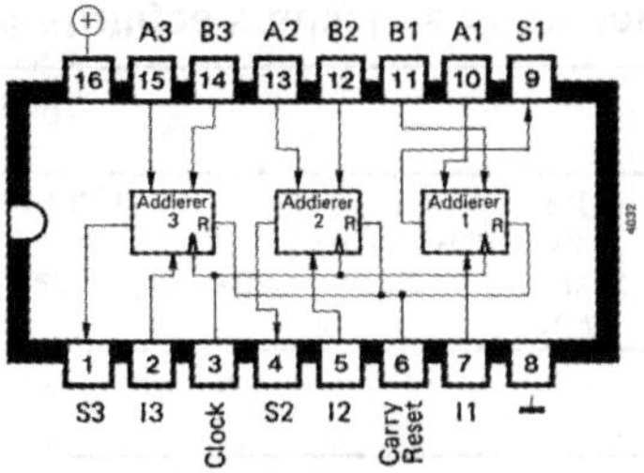

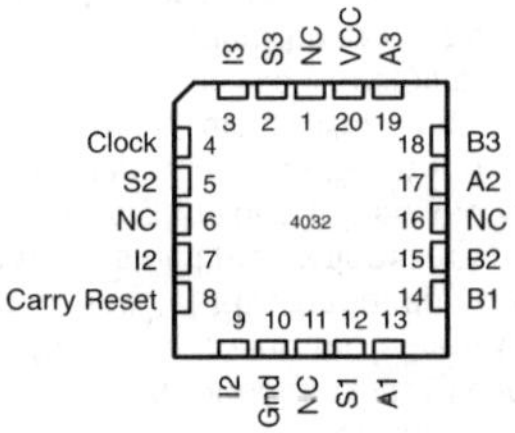

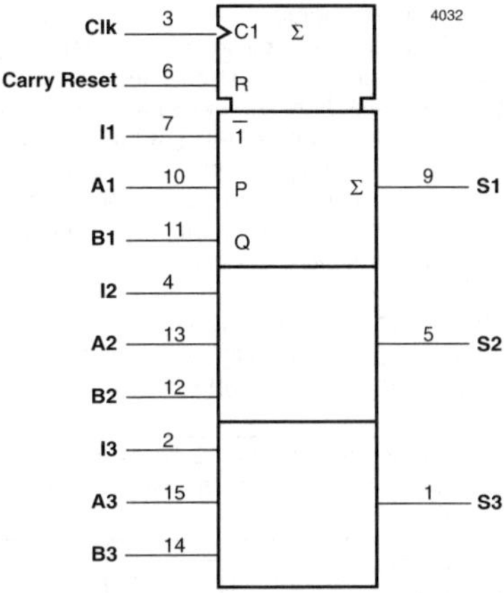

4032 Dreifacher serieller Addierer (Positive Logik)

Fortsetzung :

Eingänge		Funktion
Clock	Carry Reset	
⌠	H	Übertrag löschen
⌠	L	Summe und Übertrag
H	X	keine
L	X	keine

Beschreibung:

Dieser Baustein enthält drei getrennte Addierer, die eine binäre Addition sequentieller Worte jeder Länge ausführen. Alle drei Addierer müssen in einem gemeinsamen System verwendet werden, da sie einen gemeinsamen Takt und ein gemeinsames Übertrags-Reset besitzen. Es wird positive Logik verwendet (High = 1, Low = 0).

Betrieb:

Bei normaler Betriebsweise werden die Eingänge Invert (I) auf Low gehalten. Dann wird der Eingang Carry Reset kurz High gemacht, währenddessen der Takt einen Übergang von Low auf High liefert. Sowohl Takt (Clock) als auch Reset muss dann auf Low zurückkehren. Diese Operation löscht jede Übertragsinformation, die von einer früheren Addition zurückgeblieben sein könnte.
Die Datenworte A und B, die man von einem Schieberegister oder einem Speicher mit sequentiellen Zugriff erhält, werden dem Addierer Bit-für-Bit zugeführt. Die Bit-für-Bit- Summe von A und B erscheint am Ausgang S. Ein Takt muss jede Bit-für-Bit-Summe begleiten. Die den A- und B-Eingängen zugeführten Worte müssen mit dem niedrigstwertigen Bit zuerst ankommen, wobei ein Vorzeichen-Bit dem höchstwertigen Bit folgt.
Nehmen Sie an, dass der erste Addierer zwei 4-Bit-Worte verarbeiten soll. Der Übertrag von einer vorhergehenden Addition wird gelöscht. Dann wird das niedrigstwertige Bit von A1 und B1 dem Addierer zugeführt. Die Summe dieser zwei Bits wird an der positiven Taktflanke berechnet und jeder Übertrag intern gespeichert. Die nächsten beiden signifikanten Bits werden dann mit einem eventuellen Übertrag kombiniert, die Summe wird berechnet und dem S-Ausgang zugeführt, wobei ein interner Übertrag gespeichert wird. Dieser Vorgang wird für das dritte, vierte und das Vorzeichen-Bit fortgesetzt. Die Worte können beliebig lang sein, müssen jedoch die gleiche Länge besitzen. Je länger das Wort, desto mehr Taktzyklen werden für eine vollständige Addition benötigt. Eingangsdaten müssen sich unmittelbar nach dem Takten ändern. Andernfalls können sich Spannungsspitzen am Ausgang ergeben.
Die I (Invert)-Eingänge können unabhängig verwendet werden, um die Ausgangsdaten zu invertieren, falls ein komplementäres Ausgangssignal erforderlich ist.
Ein ähnlicher Baustein mit negativer Logik ist der 4038.

Anwendung:

Serielle arithmetische Einheiten, digitale Korrelatoren, digitale Steuerungen und Servo-systeme

Daten:	5V	10V	
Additionszeit pro Bit	800	250	ns
Stromaufnahme bei 1 MHz	0.5	1.6	mA

Hersteller:

HIT, MOT, RCA, SGS, SOL, TOS

4032 Dreifacher serieller Addierer (Positive Logik)

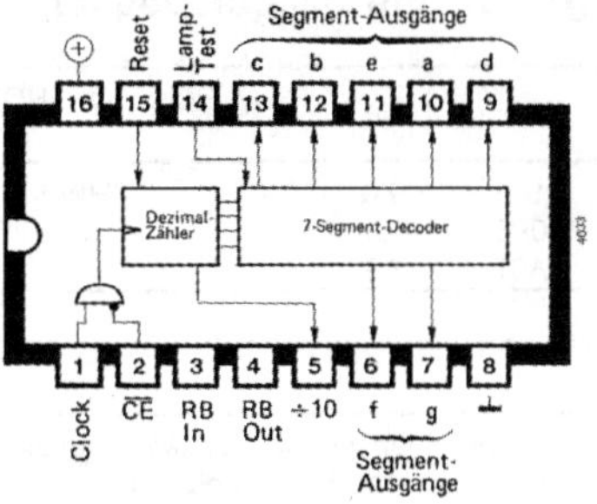

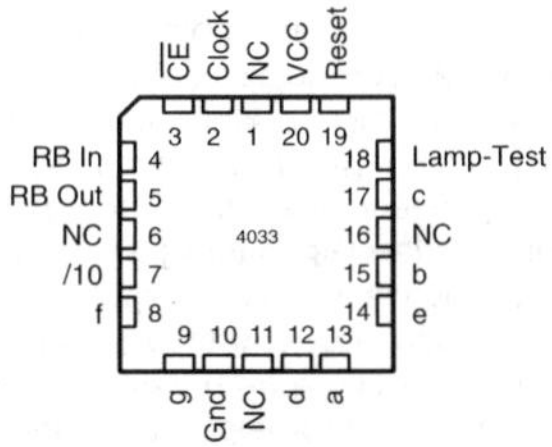

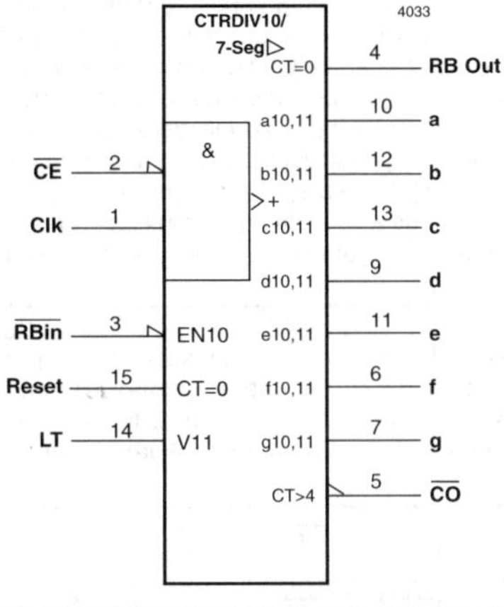

4033	**Dezimalzähler (÷10) mit 7-Segment-Decoder (Synchron)**

Fortsetzung :

Eingänge					Funktion
Reset	$\overline{CE}$	RBIn	LT	Clock	
H	X	X	X	X	L schen
L	H	X	L	ʃ	Z hlen und Anzeigen
L	H	X	H	X	Lampentest, a bis g = H
L	H	X	X	nx ʃ	Z hlen, :10 = H f r n = 0 bis 4
L	H	L	X	ʃ	Voreilende Nullen gel scht, RBOut = L

Beschreibung:

Dieser synchrone, dekadische Zähler oder Teiler durch 10 liefert interne Decodierung zur Steuerung einer 7-Segment-Anzeige. Er besitzt weder interne Speicherung, noch liefert er genügend Ausgangsstron zum direkten Treiben von Anzeigen mit hohem Strombedarf. Eine rechteckförmige Spannung mit einem Zehntel der Eingangsfrequenz ist ebenfalls verfügbar.

Betrieb:

Bei normalem Betrieb werden die Anschlüsse Reset und $\overline{CE}$ ($\overline{\text{Clock Enable}}$ = Takt-Freigabe) auf Low gehalten und der Eingang RB In (Ripple Blanking) wird mit Low oder einer höherwertigen Zählstufe verbunden. Der Zähler schreitet um eine Zählung bei jedem LH-Übergang (positive Flanke) des Taktes fort.

Es gibt zwei Arten von Ausgängen. Am Ausgang ÷10 erscheint eine rechteckförmige Spannung, die High für die Zahlen 0 bis 4 und Low für die Zahlen 5 bis 9 ist. An den Ausgängen a bis g wird ein High-Zustand erzeugt, wenn ein Anzeige-Segment einzuschalten ist. Beachten Sie, dass die 6 das Segment a beinhaltet und die 9 das Segment d.

Fluoreszenz-Anzeigen und neuere LED-Anzeigen mit gemeinsamer Kathode können direkt von den Ausgängen getrieben werden. Licht-emittierende Dioden mit hohen Strömen und Neon-Anzeigen benötigen externe Treiber. Flüssigkristall-Anzeigen benötigen externe Wechselspannungs-Steuerung. Beachten Sie, dass die Ausgänge auf High gehen, wenn das Segment einzuschalten ist.

Der Zähler wird auf Null zurückgesetzt, indem der Reset-Anschluss High gemacht wird. Dies ergibt Low von a-b-c-d-e-f, zusammen mit einem High am Ausgang ÷10. Der Reseteingang muss auf Low zurückgelegt werden, wenn die Zählung fortgesetzt werden soll. Ein High am Test-Eingang bringt alle Ausgänge für Lampen- oder Anzeige-Tests auf High.

Um alle voreilenden Nullen zu löschen, ist der Anschluss RB In der höchstwertigen Stelle auf Low zu legen und sein RB Out mit dem RB In der nächsten niederwertigen Stelle zu verbinden, usw. Das Austasten der Nullen wird durch ein High an allen RB In-Anschlüssen zunichte gemacht.

Anwendung:

Dekadisches Zählen oder Teilen mit 7-Segment-Anzeige

Daten:	5V	10V	
Maximale Zählfrequenz	2.5	5	MHz
Stromaufnahme bei 1 MHz (mit unbelasteten Ausgängen)	0.4	0.8	mA

Hersteller:

RCA, SGS, SOL, SSS

4033 Dezimalzähler (÷10) mit 7-Segment-Decoder (Synchron)

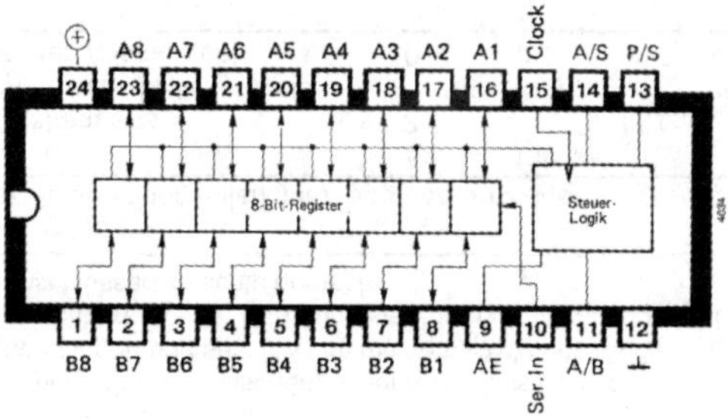

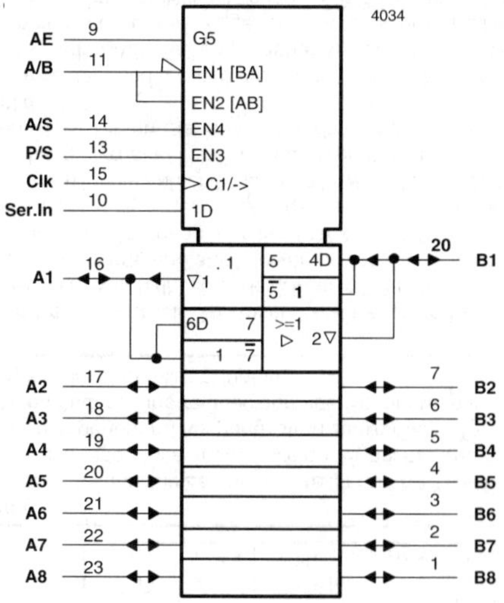

4034 Bidirektionales Bus-Register, 8 Bit

Fortsetzung :

AE	P/S	A/B	A/S	Betriebsart	Operation
L	L	L	X	seriell	Synchr. serielle Dateneingabe. Parall. Datenausgänge A und B gesperrt.
L	L	H	X	seriell	Synchr. serielle Dateneingabe. Parall. Daten an B-Ausgängen.
L	H	L	L	parallel	Synchr. parallele Dateneingabe an B, parall. Datenausgänge A gesperrt.
L	H	L	H	parallel	Asynchr. parallele Dateneingabe an B, parall. Datenausgänge A gesperrt.
L	H	H	L	parallel	Parallele Dateneingänge A gesperrt, parallele Datenausgabe an B.
L	H	H	H	parallel	Parallele Dateneingänge A gesperrt, parallele Datenausgabe an B.
H	L	L	X	seriell	Syncrone serielle Dateneingabe, parallele Datenausgabe an A.
H	L	H	X	seriell	Synchrone serielle Dateneingabe, parallele Datenausgabe an B.
H	H	L	L	parallel	Synchrone parallele Dateneingabe an B, parallele Datenausgabe an A.
H	H	L	H	parallel	Asynchrone parall. Dateneingabe an B, parallele Datenausgabe an A.
H	H	H	L	parallel	Synchrone parallele Dateneingabe an A, parallele Datenausgabe an B.
H	H	H	H	parallel	Asynchrone parallele Dateneingabe an A, parallele Datenausgabe an B.

Beschreibung:
Es handelt sich hier um einen vielseitigen Interface-Baustein, mit dem Sie 8 Datenbits zwischen zwei Bus-Systemen transferieren können. Er ist auch ein universelles 8-Bit-Schieberegister. Beachten Sie das 24-polige Gehäuse.

Betrieb:
Es gibt vier Steuerleitungen, die entscheiden, was der Baustein auszuführen hat.
AE (A Enable) — High gibt die Datenleitungen an Bus A frei.
A/B — steuert die Richtung des Datenflusses. High: Daten von Bus A zu Bus B. Low: Daten von Bus B zu Bus A.
P/S (Parallel/Seriell) — High: Daten werden beim LH-Übergang des Taktes parallel zum Register transferiert (synchron oder asynchron). Low: Daten werden in das Register seriell beim LH-Übergang des Taktes eingegeben (nur synchron).
A/S (Asynchron/Synchron) — High: Daten werden unabhängig vom Takt transferiert. Low: Daten werden synchron mit dem Takt transferiert.

Anwendung:
Register für parallele Eingabe/parallele Ausgabe, parallele Eingabe/serielle Ausgabe, serielle Eingabe/parallele Ausgabe, serielle Eingabe/serielle Ausgabe, Rechts/Links-Schieberegister, Adressen-Register, Puffer-Register, Bus-System-Register, Aufwärts/Abwärts-Johnson oder Ringzähler, Pseudo-Zufalls-Generatoren, Sample-and-Hold-Register, Frequenz- und Phasen-Komparator

Daten:	5V	10V	
Maximale Taktfrequenz	4	10	MHz
Stromaufnahme bei 1 MHz	2	4	mA

Hersteller:
FA, HIT, MOT, NS, RCA, SGS, SOL, SSS, TOS

4034 Bidirektionales Bus-Register, 8 Bit

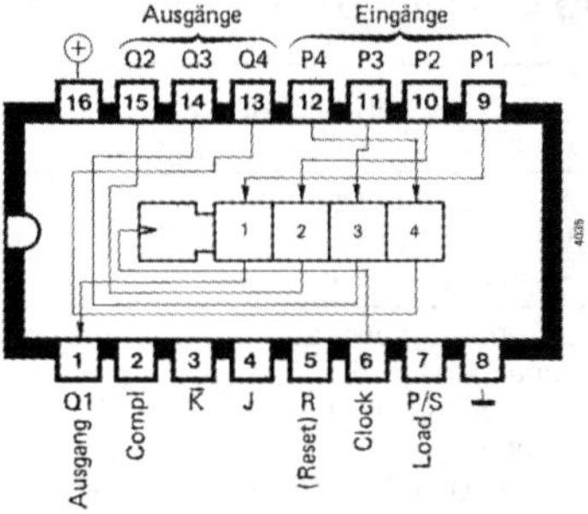

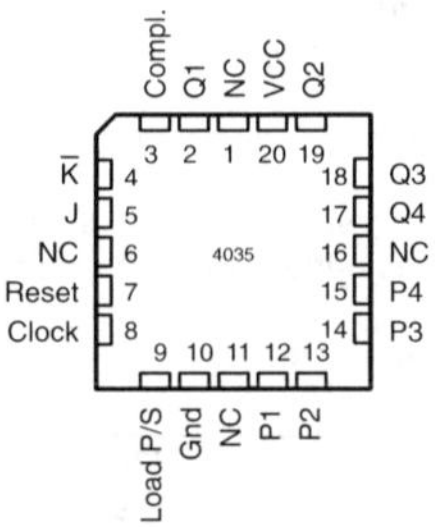

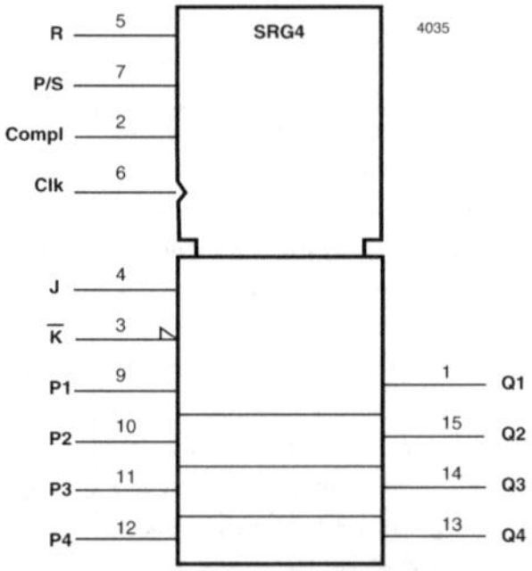

4035	**4-stufiges Schieberegister (Parallel-ein/ parallel-aus)**

Fortsetzung :

Eingänge						Funktion
Clock	J	$\overline{K}$	R	P/S	Compl	
↑	L	L	L	L	L	Q1 = H
↑	L	L	L	L	H	Q1 = L
↑	L	H	L	L	L	Qn+1 = Qn
↑	L	H	L	L	H	Qn+1 = Qn
↑	H	L	L	L	L	Qn+1 = Qn
↑	H	L	L	L	H	Qn+1 = Qn
↑	H	H	L	L	L	Q1 = L
↑	H	H	L	L	H	Q1 = H
↑	X	X	X	H	L	Qn = Pn
↑	X	X	X	H	H	Qn = Pn
X	X	X	H	X	L	Q1 = Q2 = Q3 = Q4 = H
X	X	X	H	X	H	Q1 = Q2 = Q3 = Q4 = L

Beschreibung:

Es handelt sich hier um ein sehr flexibles 4-stufiges Schieberegister. Es kann für jede Anwendung mit Rechts-Verschiebung verwendet werden, die von seriell-ein/seriell-aus bis parallel-ein/parallel-aus reicht. Paralleles Laden wird getaktet.

Betrieb:

Um ein Register seriell-ein/seriell-aus oder seriell-ein/parallel-aus aufzubauen, verbinden Sie J und $\overline{K}$ miteinander und legen Compl., R und Load auf Low. Die Eingangsdaten, die den J- und $\overline{K}$-Eingängen zugeführt werden, gelangen in die erste Stufe und erscheinen am Ausgang Q1 nach einem LH-Übergang (positive Flanke) des Taktes. Ein zweites Takten transferiert diese Daten zu Ausgang Q2, ein drittes zu Q3 und ein viertes zu Q4.

Um Daten parallel zu laden, werden die Informationen den Eingängen P1-P4 zugeführt, mit P1 am nächsten dem Eingang und P4 dem Ausgang. Der Load-Eingang (P/S) wird als nächstes auf High gebracht. Beim folgenden LH-Übergang (positive Flanke) des Taktes werden die parallelen Informationen in das Register geladen. Load muss High nach dem Takten bleiben, dann abfallen.

Wenn der R-Eingang High gemacht wird, gehen alle Stufen unmittelbar mit ihren Ausgängen in den Low-Zustand. Der R-Eingang muss auf Low zurückkehren, bevor das Takten fortgesetzt werden kann. Der Compl.-Eingang wird alle Ausgänge komplementieren, wenn er High ist, wodurch sich das Komplement der Daten im Register ergibt. Wenn der J-Eingang High und der $\overline{K}$-Eingang Low gemacht wird, wird das Takten nur das erste Bit des Registers ändern oder komplementieren, während die Informationen auf die gewöhnliche Weise weitergeschoben werden. Diese ungewöhnliche Verbindung ist manchmal in Sequenz-Generatoren nützlich.

Anwendung:

Zähler, Register für arithmetische Einheiten, Links/Rechts-Schieberegister, Seriell/parallel- und Parallel/seriell-Umwandlung, Steuerschaltungen, Code-Umwandlungen, Sequenz-Generatoren

Daten:	5V	10V	
Durchlauf-Verzögerung	250	100	ns
Maximale Taktfrequenz	1.5	3	MHz
	(Valvo	15	MHz)
Stromaufnahme bei 1 MHz	2	4	mA

Hersteller:

FA, HIT, MOT, NS, RCA, SGS, SOL, SSS, TOS, VA

4035 — 4-stufiges Schieberegister (Parallel-ein/parallel-aus)

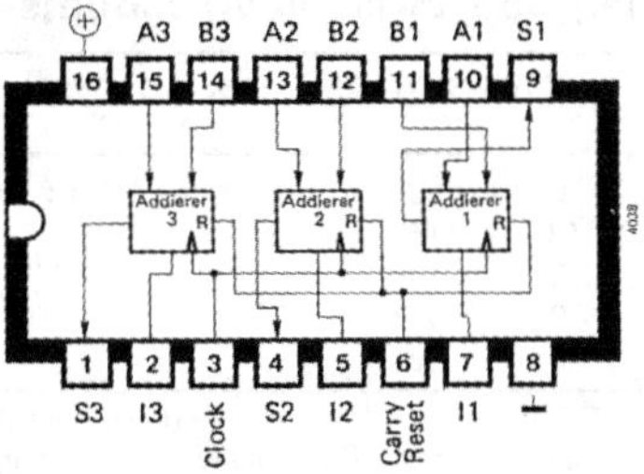

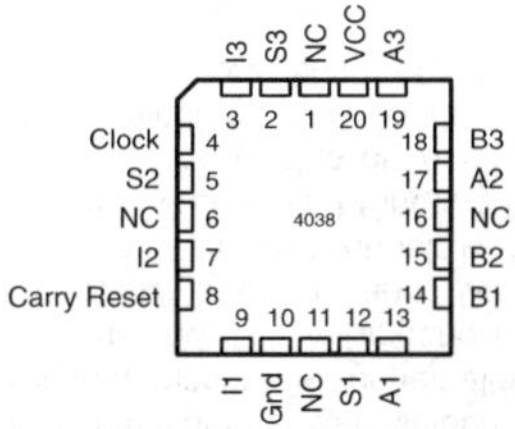

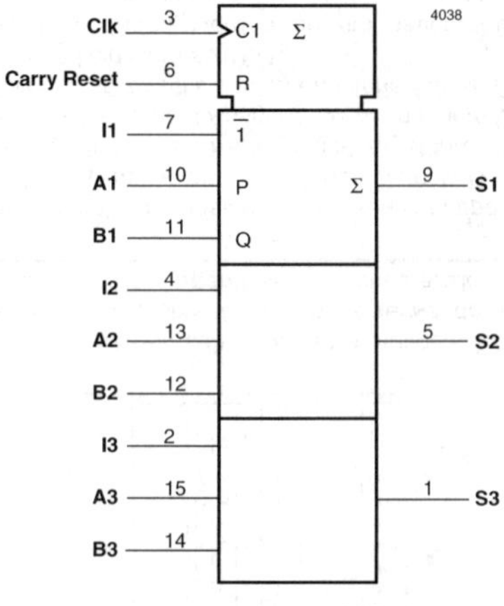

4038 Dreifacher serieller Addierer (Negative Logik)

Fortsetzung :

Eingänge		Funktion
Clock	Carry Reset	
_┌	H	Übertrag löschen
_┌	L	Summe und Übertrag
H	X	keine
L	X	keine

Beschreibung:
Dieser Baustein enthält drei getrennte Addierer, die eine binäre Addition von sequentiellen Worten jeder Länge ausführen. Alle drei Addierer müssen in einem gemeinsamen System verwendet werden, da sie einen gemeinsamen Übertrags-Reset besitzen. Es wird negative Logik verwendet (Low = 1, High = 0).

Betrieb:
Bei normalem Betrieb werden die I (Invert)-Eingänge auf Low gehalten. Der Eingang Carry Reset (Übertrags-Reset) wird kurz auf Low gebracht, währenddessen der Takt einen HL-Übergang liefert. Clock und Reset müssen dann auf High zurückkehren. Diese Operation löscht jede Übertrags-information von einer früheren Addition.
Die Datenworte A und B, die man von einem Schieberegister oder von einem Speicher mit sequentiellem Zugriff erhält, werden dem Addierer Bit für Bit zugeführt. Die Bit-für-Bit-Summe von A und B erscheint am S-Ausgang. Ein Takt muss mit jeder Bit-für-Bit-Summe geliefert werden.
Die Worte, die den A- und B-Eingängen zugeführt werden, müssen mit dem niedrigstwertigen Bit zuerst eintreffen, wobei ein Vorzeichen-Bit dem höchstwertigen Bit folgt.
Angenommen, der erste Addierer soll zwei 4-Bit-Worte verarbeiten. Der Übertrag von einer vorhergehenden Addition wird gelöscht. Dann wird das niedrigstwertige Bit von A1 und B1 zum Addierer geführt. Die Summe dieser zwei Bits wird an der negativen Taktflanke berechnet und ein Übertrag intern gespeichert. Die nächsten beiden höherwertigen Bits werden dann mit einem möglichen Übertrag kombiniert, die Summe wird berechnet und an den Ausgang gebracht, wobei ein neuer Übertrag intern gespeichert wird. Dieser Vorgang wird für das dritte, vierte und das Vorzeichen-Bit fortgesetzt.
Die Worte können beliebige Länge haben, müssen jedoch gleich lang sein. Je länger das Wort, desto mehr Taktzyklen sind für eine vollständige Addition erforderlich. Die I (Invert)-Eingänge können unabhängig zum Invertieren der Ausgangsdaten verwendet werden, wenn ein komplementärer Ausgang erforderlich ist.

Anwendung:
Serielle arithmetische Einheiten, digitale Korrelatoren, digitale Steuerungen und Servosysteme

Daten:	5V	10V	
Additionszeit pro Bit	800	250	ns
Maximale Taktrate	1.5	3	MHz
Stromaufnahme bei 1 MHz	0.8	1.6	mA

Hersteller:
HIT, MOT, RCA, SGS, SOL, TOS

4038 Dreifacher serieller Addierer (Negative Logik)

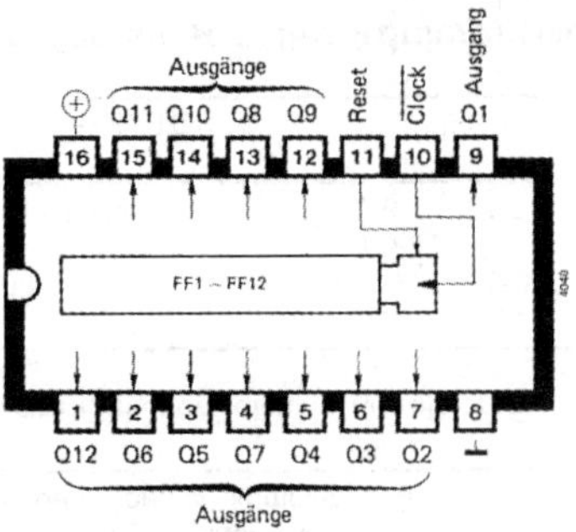

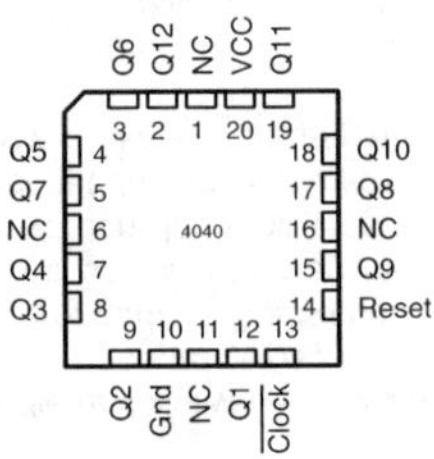

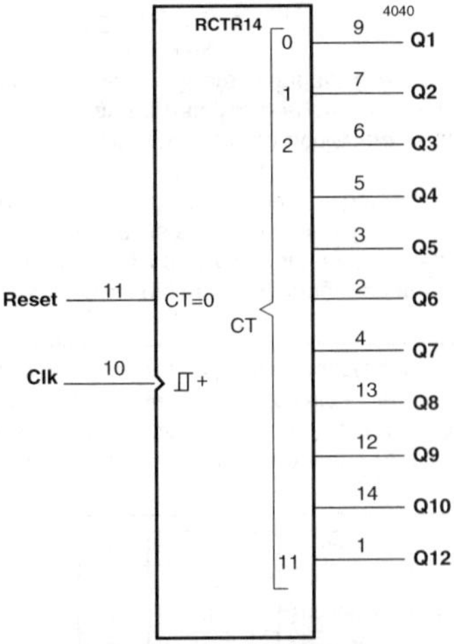

4040	**Binärzähler, 12-stufig (÷4096), asynchron**

Fortsetzung :

$\overline{\text{Clock}}$	Reset	Ausgangszustand
↑ (_⌐)	L	Keine Änderung
↓ (¬_)	L	Schreitet zum nächsten Zustand weiter
X	H	Alle Ausgänge = L

Beschreibung:
Es handelt sich hier um einen binären Ripple-Zähler, der unter Verwendung positiver Logik aufwärts zählt.

Betrieb:
Der Reset-Eingang wird normalerweise auf Low gehalten. Jedesmal, wenn sich der Takt von High auf Low ändert, schreitet der Zähler um eine Zählung weiter. Der Q1-Ausgang teilt den Eingangstakt durch $2^1 = 2$. Der Q2-Ausgang teilt den Eingangstakt durch $2^2 = 4$. Der Q3-Ausgang teilt den Eingangstakt durch $2^3 = 8$, bis zum Q12-Ausgang, der durch $2^{12} = 4096$ teilt.
Liegt der Reset-Eingang auf High, gehen alle Ausgänge auf Low und verbleiben hier, bis Reset wieder auf Low zurückkehrt.
Da es sich um einen "Ripple"-Zähler handelt, ändern sich die Ausgänge in sequentieller Reihenfolge und es werden sich falsche Zählungen während der Einstellzeit ergeben.

Anwendung:
Zähler-Steuerungen, Frequenzteiler, Zeitverzögerungs-Schaltungen

Daten:	5V	10V	
Maximale Eingangsfrequenz	2	6	MHz
	(Valvo	25	MHz)
	(RCA	16	MHz)
Stromaufnahme bei 1 MHz	0.4	0.8	mA

Hersteller:
FA, HIT, MOT, NS, RCA, SGS, SOL, SSS, TOS, VA

4040 Binärzähler, 12-stufig (÷4096), asynchron

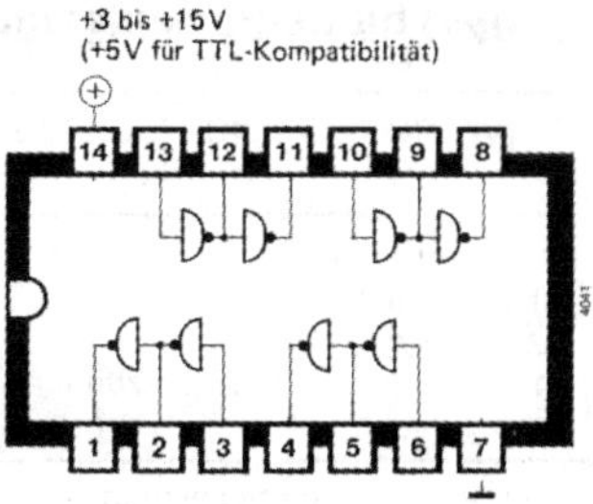

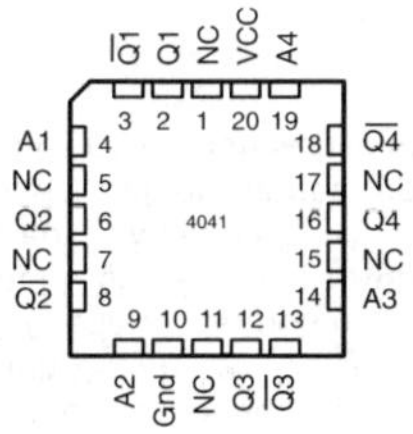

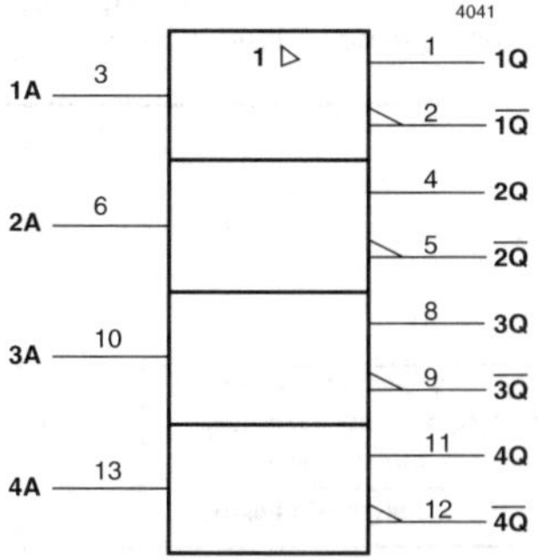

4041	**Vier TTL-Puffer (nicht invertierende und invertierende Ausgänge)**

Fortsetzung :

Eingang	Ausgang	
A	Q	$\overline{Q}$
H	H	L
L	L	H

Beschreibung:
Dieser Baustein enthält vier Puffer, die sowohl invertierende wie nicht invertierende Ausgänge besitzen. Alle vier Puffer können unabhängig voneinander verwendet werden.

Betrieb:
Ein High-Pegel an Pin 3 erscheint als Low-Pegel am Ausgang Pin 2 und als High-Pegel am Ausgang Pin 1 und umgekehrt.
Wenn dieser Baustein mit einer Betriebsspannung von 5V verwendet wird, sind die Ausgänge TTL-kompatibel, wobei die Komplementär-Ausgänge 1.6mA oder eine TTL-Last treiben können, die normalen Ausgänge 3.2mA oder 2 TTL-Lasten. Der Baustein ist ebenfalls sehr nützlich für die Erzeugung des Komplements eines Signals und zur Verbesserung der Anstiegszeit in Schaltungen für Impuls-Formung, astabile und monostabile Schaltungen, sowie in Digital/Analog-Wandlern.
Beachten Sie, dass dieser Baustein mit einer 5V-Betriebsspannung verwendet werden muss, wenn die Ausgänge TTL-kompatibel sein sollen. Wenn Sie einen Puffer zwischen TTL und einer höheren Betriebsspannung benötigen, verwenden Sie stattdessen den 4049 oder 4050.

Anwendung:
Treiber mit hohen Strömen, Anzeige-Treiber, MOS-Takt-Treiber, Treiber für Widerstands-Netzwerke, Puffer, Leitungs-Treiber

Daten:	5V	10V	
Durchlauf-Verzögerung	75	45	ns
Stromaufnahme bei 1 MHz	1.6	3.2	mA

(mit unbelasteten Aussängen)
Die Verlustleistung steigt bei Signalen mit niedrigen Anstiegs- und Abfall-Geschwindigkeiten.

Hersteller:
FA, NS, RCA, SGS, SOL, SSS, VA

4041 Vier TTL-Puffer (nicht invertierende und invertierende Ausgänge)

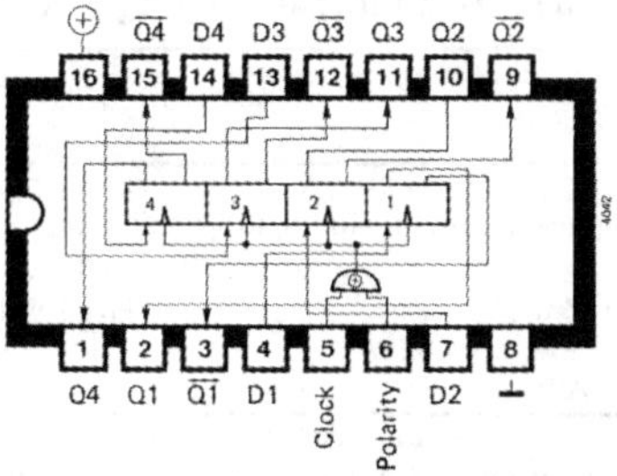

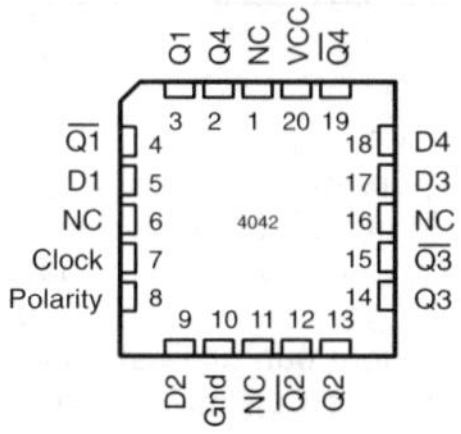

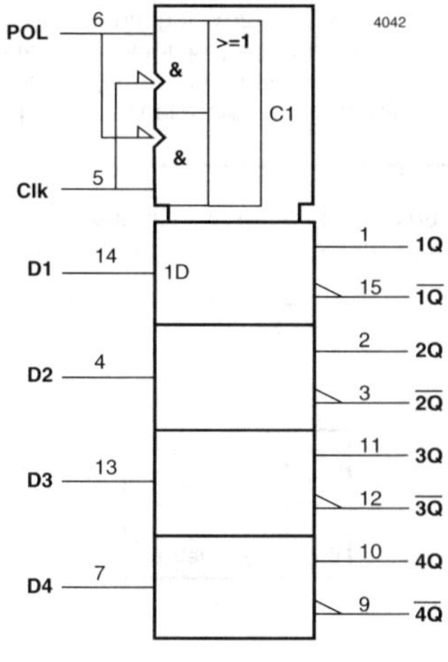

4042	**Vier Speicher-Register**

Fortsetzung :

Eingänge		Ausgänge	
Clock	Polarity	Q	$\bar{Q}$
L	L	D	$\bar{D}$
_⌐‾	L	speichern	
H	H	D	$\bar{D}$
‾¬_	H	speichern	

Beschreibung:
Dieser Baustein enthält vier Speicher-Register (latches) mit einem gemeinsamen pegelgesteuerten Speicher-Kommando-Eingang. Die Steuer-Polarität kann ausgewählt werden.

Betrieb:
Die an den Daten-Eingängen D1—D4 anliegenden Informationen werden an die entsprechenden Ausgänge Q1—Q4 in nicht invertierter Form und an die Ausgänge $\overline{Q1}$—$\overline{Q4}$ in invertierter Form transferiert, wenn beide Eingänge Clock und Polarity auf High oder Low liegen. Die Daten an D1—D4 werden hierbei jedoch nicht gespeichert.
Eine Speicherung erfolgt erst bei einem LH-Übergang des Taktes, wenn der Anschluss Polarity auf Low liegt, oder bei einem HL-Übergang des Taktes, wenn Polarity auf High liegt. Die gespeicherten Daten liegen hierbei weiter an den Ausgängen Q1—Q4 in nicht invertierter und an $\overline{Q1}$—$\overline{Q4}$ in invertierter Form vor. Die Daten bleiben so lange gespeichert, bis ein entgegengesetzter Pegelübergang am Takteingang erscheint. Die beiden Eingänge Pin 5 und 6 können miteinander vertauscht werden. Beachten Sie, dass es sich NICHT um einen echten taktflanken-gesteuerten Baustein handelt und daher die Stufen NICHT kaskadiert werden dürfen.

Anwendung:
Puffer-Speicher, allgemeine Digital-Logik

Daten:	5V	10V	
Durchlauf-Verzögerung	150	75	ns
Stromaufnahme bei einer Speicherrate von 1MHz	1.2	2.4	mA

Hersteller:
FA, HIT, MOT, NS, RCA, SGS, SOL, SSS, TOS, VA

4042 Vier Speicher-Register

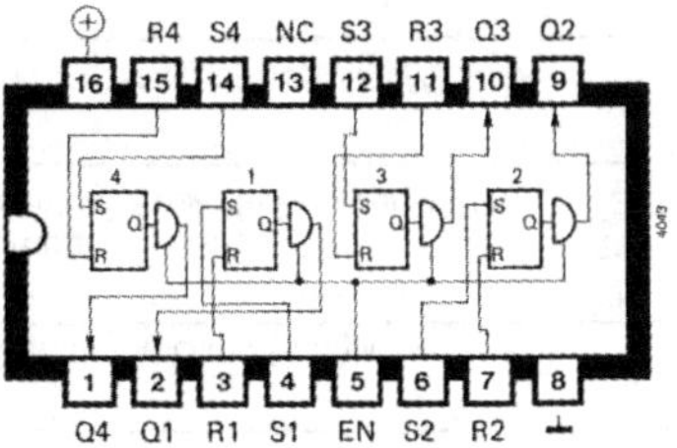

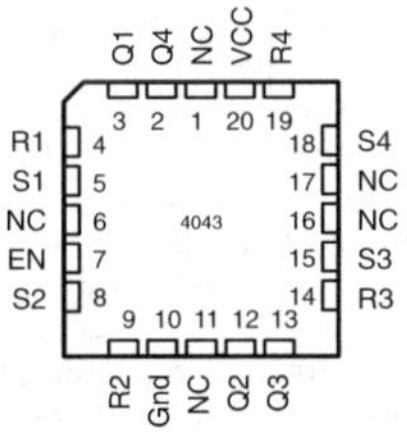

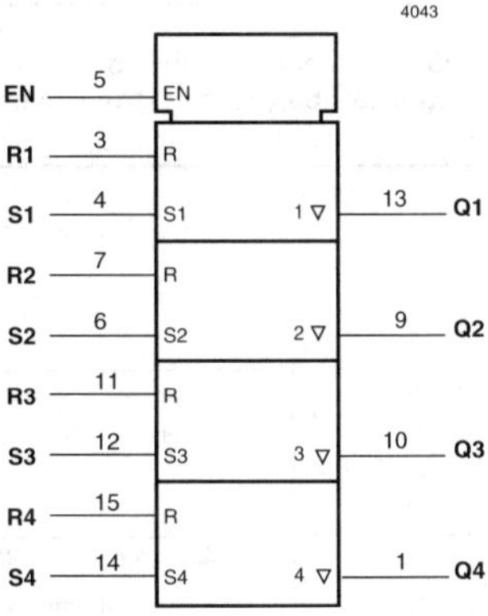

4043 Vier R/S-Flipflops (NOR-Logik), TS

Fortsetzung :

Eingänge			Ausgang
S	R	EN	Q
X	X	L	Z
L	L	H	keine Änderung
L	H	H	L
H	L	H	H
H	H	H	H

Beschreibung:
Dieser Baustein enthält vier unabhängige Set-Reset-Flipflops, die eine gemeinsame Tristate-Freigabesteuerung besitzen.

Betrieb:
Bei jedem Flipflop sollten Set (S) und Reset (R) normalerweise Low sein. Wenn Set High gemacht wird, so geht der Ausgang auf High und verbleibt hier. Wenn Reset High gemacht wird, geht der Ausgang auf Low und bleibt dort. Wenn sowohl Set wie Reset auf High gehen, geht der Ausgang auf High. Dies ist normalerweise ein unzulässiger Zustand und der letzte Eingang, der auf Low geht, bestimmt, wohin das Flipflop schließlich kippen wird.
Die Ausgänge lassen sich in den Tristate-Zustand versetzen. Sie floaten (werden hochohmig), wenn die EN (Enable) -Steuerung Low ist und sie werden mit den Flipflops verbunden, wenn die EN-Steuerung High ist.
Beachten Sie, dass es sich um nicht getaktete einfache Flipflops handelt. Sie sollten weder kaskadiert werden, noch sind sie für Zählung oder Schieberegister geeignet. Der 4044 ist ein ähnlicher Baustein in NAND-Logik.

Anwendung:
Speicher-Register, unabhängige Speicherung von vier Bits mit Ausgangs-Freigabe (Enable), getastete Register, allegemeine Digital-Logik

Daten:	5V	10V	
Durchlauf-Verzögerung	175	75	ns
Stromaufnahme bei 1 MHz	1	2	mA

Hersteller:
FA, HIT, MOT, NS, RCA, SGS, SOL, SSS, TOS, VA

4043 — Vier R/S-Flipflops (NOR-Logik), TS

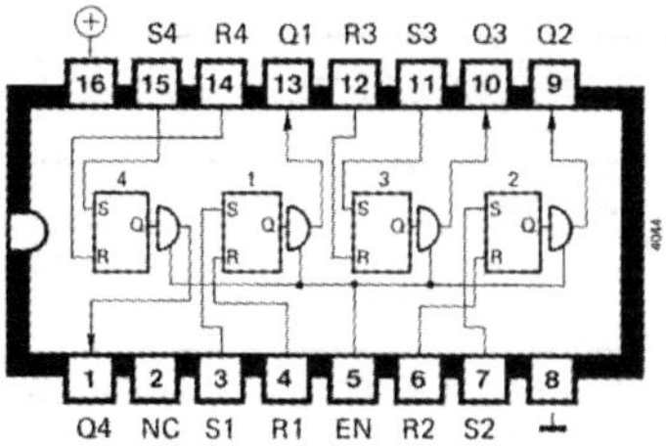

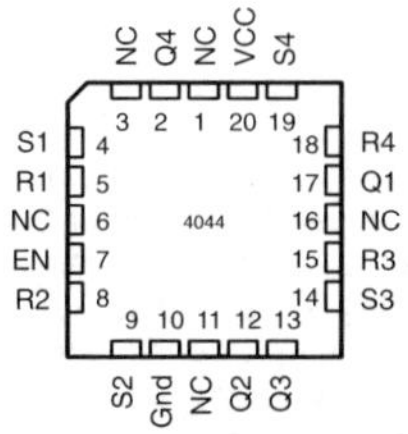

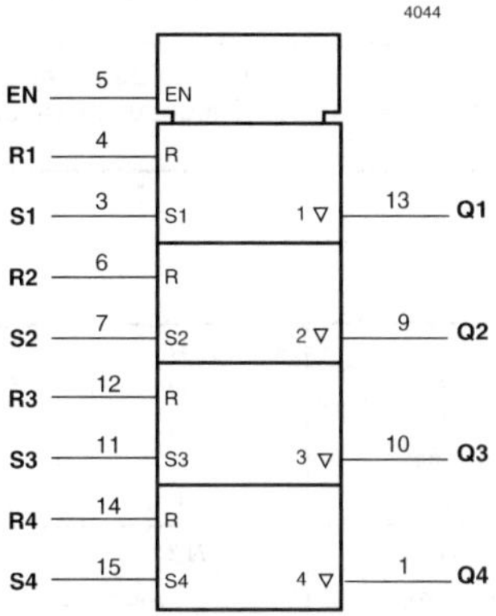

4044	Vier R/S-Flipflops (NAND-Logik), TS

Fortsetzung :

Eingänge S	R	EN	Ausgang Q
X	X	L	Z
L	L	H	L
L	H	H	H
H	L	H	L
H	H	H	keine Änderung

Beschreibung:
Dieser Baustein enthält vier unabhängige NAND-R/S-Flipflops, die eine gemeinsame Steuerleitung besitzen, um die Ausgänge in den Tristate-Zustand zu versetzen.

Betrieb:
Bei jedem Flipflop sollten Set und Reset normalerweise High sein. Wenn Set Low gemacht wird, geht der Q-Ausgang auf High und bleibt dort. Wenn Reset Low gemacht wird, geht der Q-Ausgang auf Low und bleibt dort.
Wenn sowohl Set wie Reset auf Low gehen, geht der Ausgang auf Low. Dies ist normalerweise ein unzulässiger Zustand und der letzte Eingang, der auf High geht, bestimmt den endgültigen Zustand des Flipflops.
Die Ausgänge können in den Tristate-Zustand (hochohmig) versetzt werden. Sie floaten, wenn die EN- (Enable) Steuerung Low ist und sie werden mit den Flipflops verbunden, wenn die EN-Steuerung High ist.
Beachten Sie, dass es sich um nicht getaktete einfache Flipflops handelt. Sie sollten weder kaskadiert werden, noch sind sie für Zählung oder Schieberegister geeignet. Der 4043 ist ein ähnlicher Baustein in NOR-Logik.

Anwendung:
Speicher-Register, unabhängige Speicherung von vier Bits mit Ausgangsfreigabe (Enable), getastete Register, allgemeine Digital-Logik

Daten:	5V	10V	
Durchlauf-Verzögerung	175	75	ns
Stromaufnahme bei 1 MHz	1	2	mA

Hersteller:
FA, HIT, MOT, NS, RCA, SGS, SOL, SSS, TOS, VA

4044 — Vier R/S-Flipflops (NAND-Logik), TS

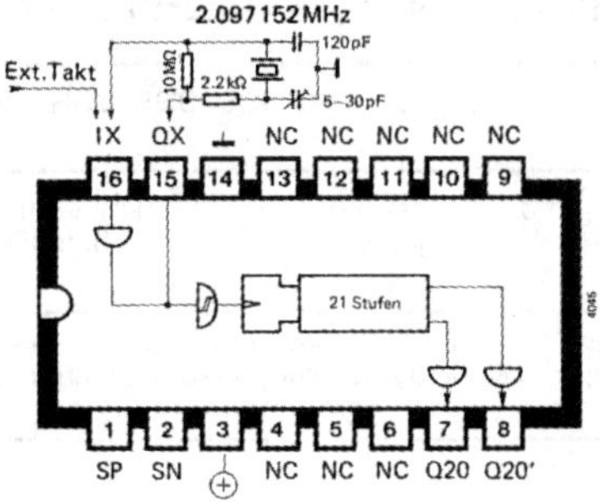

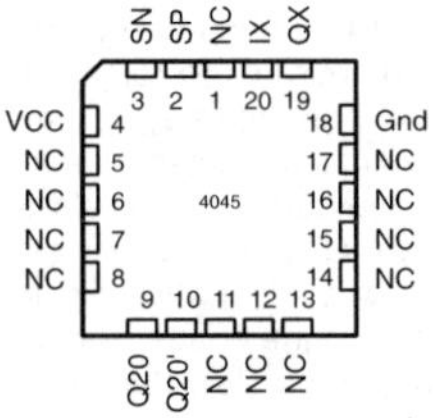

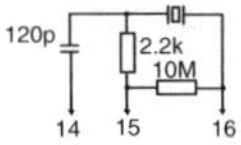

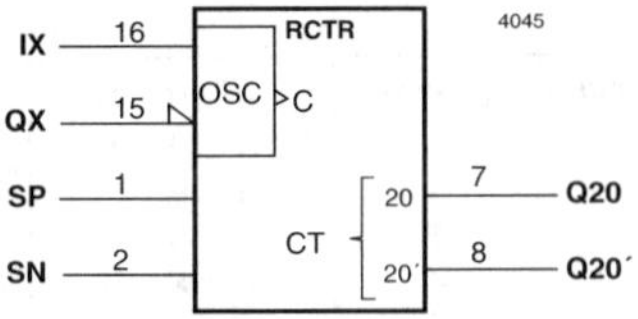

4045 Binärzähler, 21-stufig

Fortsetzung :

Keine Wahrheitstabelle verfügbar

Beschreibung:
Dieser Baustein enthält einen 21-stufigen Binärzähler, eine Schaltung für einen Quarz-Oszillator in Form eines Inverters, Impulsformerschaltungen für Ein- und Ausgänge, sowie zwei Ausgangspuffer.

Betrieb:
Der Baustein kann mit einem externen Quarz, wie im Schaltbild zu sehen ist, betrieben werden, oder es kann ein externer Taktimpuls dem Anschluss Crystal-Input (IX) zugeführt werden.
Hierbei müssen die beiden Anschlüsse SP und SN mit den Versorgungsleitungen verbunden werden (SP an Pin 3, SN an Pin 14). Durch einen internen Schmitt-Trigger wird die Form der Eingangsimpulse verbessert. Der Quarzoszillator kann gegen Betriebsspannungs-Schwankungen durch Einfügen je eines Widerstandes zwischen Pin 1 und 3, Pin 2 und 14 unempfindlicher gemacht werden.
An Q20 ergibt sich ein Ausgangssignal, dessen Frequenz dem $1/2^{21}$ fachen der Eingangsfrequenz entspricht. Der Ausgang Q20‘ liefert ein um 180° phasenverschobenes Signal gegenüber Q20. Mit einem Quarz von 2.097152MHz erhält man ein Ausgangssignal mit einer Frequenz von 1 Hz, wobei die Impulsbreite 1/32 Sek. beträgt. Die Phasenverschiebung zwischen Q20 und Q20‘ beträgt hierbei eine halbe Sekunde.
Dieser Baustein ist pin-kompatibel mit dem 4445, der jedoch noch über einen zusätzlichen Ausgang Fo/4 für Messzwecke an Pin 11 verfügt.

Anwendung:
Digitalgeräte mit extrem niedrigem Stromverbrauch, genaue Zeitbasis für Uhren etc.. Ansteuerung von Miniatur-Schrittmotoren

Daten:	5V	10V	
Maximale Taktfrequenz	10	25	MHz
Leistungsaufnahme bei 1 MHz	1		mW

Hersteller:
FA, RCA, SGS, SOL

4045 Binärzähler, 21-stufig

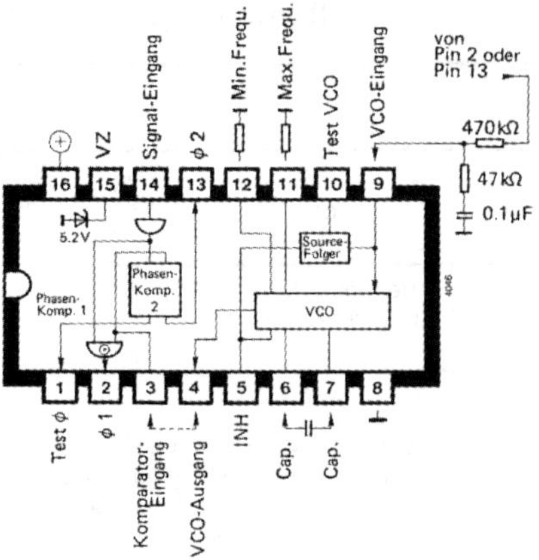

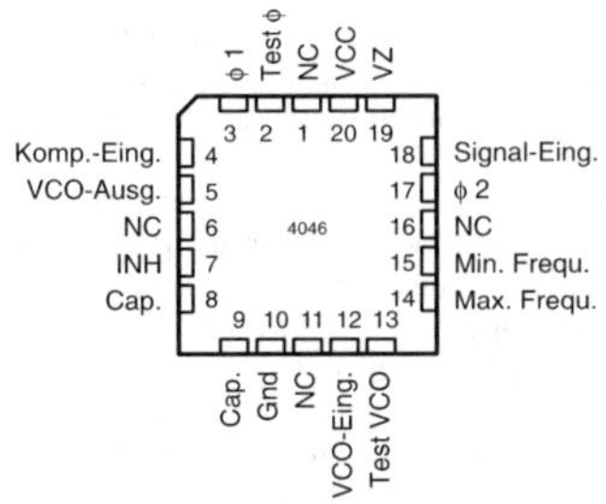

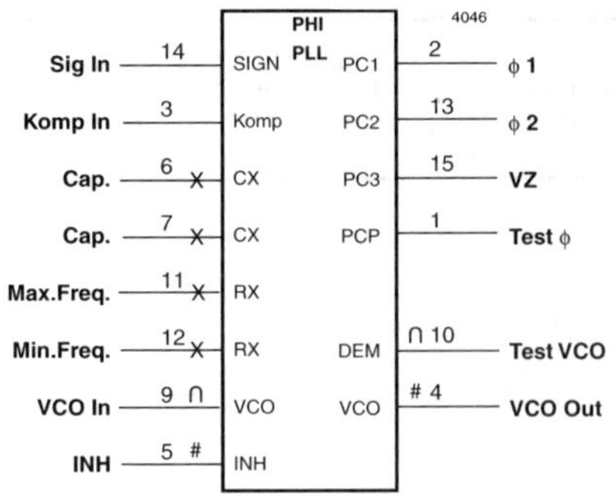

4046	**Phase-Locked-Loop-Schaltung**

Fortsetzung :

Keine Wahrheitstabelle verfügbar

Beschreibung:
Dieser Baustein enthält eine vielseitige Phase-Locked-Loop-Schaltung (PPL) mit niedrigem Leistungsbedarf, die aus einem spannungsgesteuerten Oszillator, zwei verschiedenen Phasen-Komparatoren und einer internen 5.2V-Spannungsregelung besteht.

Betrieb:
Die Frequenz des spannungsgesteuerten Oszillators wird durch die Spannung an Pin 9 bestimmt, dem Kondensator zwischen Pin 6 und 7 (50pF min), dem Widerstand für die maximale Frequenz an Pin 11 (10kΩ bis 1 MΩ) und dem Widerstand für die Minimal-Frequenz an Pin 12 (10kΩ bis unendlich - größer als der Widerstand an Pin 11). Die Ausgangsspannung erscheint an Pin 4 und wird gewöhnlich zum Komparator-Eingang geführt, entweder direkt oder über einen Frequenzteiler. Der Oszillator läuft nur, wenn INH auf Low liegt. INH auf High schaltet den Oszillator ab.
Es gibt zwei Phasen-Detektoren. Das ϕ1-System ist ein Exklusiv-ODER-System, das gute Rausch-Eigenschaften bietet, jedoch empfindlich gegen Harmonische ist und Rechteck-Spannungen an dem Pins 3 und 14 haben muss. Es ist auf einen schmalen Frequenzbereich beschränkt.
Das ϕ2-System ist ein Logik-Frequenz/Phasen-Detektor, der über einen weiten Frequenzbereich (bis 1000:1 und mehr) arbeitet, Impulse mit jedem Tastverhältnis annimmt und nicht empfindlich gegen Harmonische ist. Er besitzt eine relativ schlechte Rauschunterdrückung.
Der gewählte Phasen-Detektor wird zum VCO-Eingang über ein Schleifenfilter geführt. Der Serien-Widerstand und der Kondensator bestimmen die Zeitkonstante der Schleife, während der Shunt-Widerstand die Dämpfung festlegt. Normalerweise ist der Dämpfungswiderstand wesentlich kleiner als der Serienwiderstand. Bei ordnungsgemäßer Beschallung wird die Frequenz des VCO (Voltage-Controlled-Oscillator = spannungsgesteuerter Oszillator) der Eingangsfrequenz folgen, die dem Pin 14 zugeführt wird. Wenn ein Frequenzteiler mit einem Teilerverhältnis von n zwischen Pin 3 und Pin 4 gelegt wird, arbeitet der VCO mit der n-fachen Frequenz der Eingangsfrequenz.

Anwendung:
FM-Demodulator und Modulator, Frequenz-Synthese und Multiplikation, Frequenz-Diskriminator, Daten-Synchronisation, Spannungs/Frequenz-Wandler, Ton-Decodierer, Modems, Signal-Konditionierung

Daten:	5V	10V	
Maximale Arbeitsfrequenz	0.8	1.4	MHz

Hersteller:
FA, HIT, MOT, NS, RCA, SGS, SSS, VA

4046 Phase-Locked-Loop-Schaltung

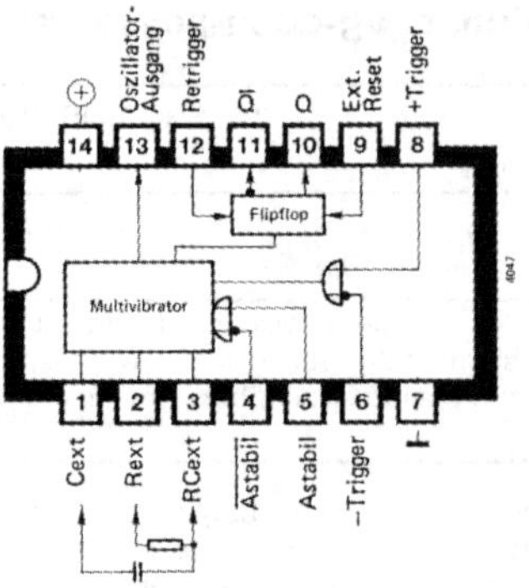

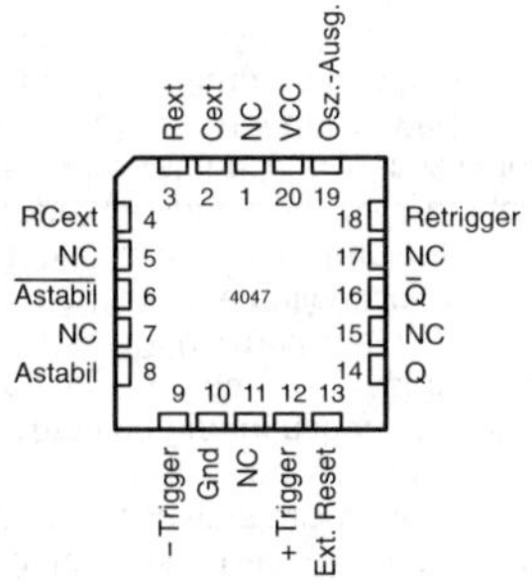

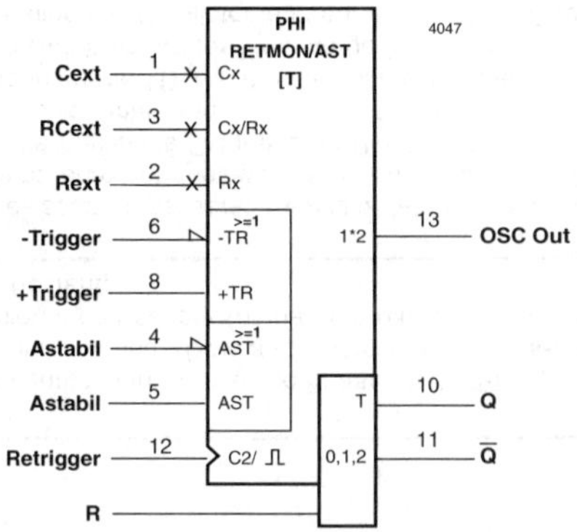

4047 Monostabiler/astabiler Multivibrator

Fortsetzung :

A	$\overline{A}$	T	$\overline{T}$	RT	R	Betriebsart
H	X	L	H	L	L	Astabiler Multivibrator (freilaufend)
X	L	L	H	L	L	Astabiler Multivibrator (freilaufend)
⊓	H	L	H	L	L	Astabiler Multivibrator (torgesteuert)
L	⊓	L	H	L	L	Astabiler Multivibrator (invert. torgest.)
L	H	↑	L	L	L	Monostabiler Multivibr. (pos. flankengetriggert)
L	H	H	↓	L	L	Monostabiler Multivibr. (neg. flankengetriggert)
L	H	↑	L	↑	L	Monostabiler Multivibr. (nachtriggerbar)
X	X	X	X	X	H	Reset

Beschreibung:
Dieser Baustein enthält eine Schaltung, die sehr universell in astabiler oder monostabiler Betriebsart eingesetzt werden kann.

Betrieb:
In beiden Betriebsarten ist ein externer Kondensator (bei astabiler Betriebsart ≥ 100pF, bei monostabiler Betriebsart ≥ 1000pF) zwischen den Pins 1 und 3 und ein externer Widerstand (10kΩ bis 1 MΩ) zwischen dem Pins 2 und 3 erforderlich. Hierdurch wird die Breite des Ausgangsimpulses des Monovibrators und die Ausgangsfrequenz des astabilen Multivibrators bestimmt.
Astabile Betriebsart erhält man, indem man entweder Pin 5 auf High oder Pin 4 auf Low legt. Die Ausgangsspannung an Q und $\overline{Q}$ ist exakt symmetrisch. Die doppelte Frequenz ist am Oszillator-Ausgang Pin 13 erhältlich, ist jedoch nicht symmetrisch. Über die Potentiale an Pin 4 oder 5 kann der Oszillator getort werden.
Monostabile Betriebsart erhält man, indem Pin 5 auf Low und Pin 4 auf High gelegt wird. Triggerung kann entweder mit einem LH-Übergang an Pin 5 erfolgen, wobei Pin 6 auf Low zu legen ist, oder mit einem HL-Übergang an Pin 6, wobei Pin 8 auf High zu legen ist. Ein Retriggern des Bausteins ist möglich, wenn man einen LH-Übergang gleichzeitig an Pin 12 und 8 legt, wobei Pin 6 Low sein muss.
Ein High an Pin 9 setzt das Ausgangs-Flipflop (Q = Low, $\overline{Q}$ = High), unabhängig von allen übrigen Eingangsbedingungen, zurück.
In der monostabilen Betriebsart muss beim Anlegen der Betriebsspannung ein High-Pegel oder ein positiver Impuls dem Pin 9 (External Reset) zugeführt werden, um einen Ausgangsimpuls zu verhindern.

Anwendung:
Frequenz-Multiplikation, Frequenz-Teilung, Frequenz-Diskriminatoren, Zeitgeber-Schaltungen, Zeitverzögerungs-Schaltungen

Daten:	5V	10V	
Durchlauf-Verzögerung (Trigger)	420	180	ns
Anstiegs- und Abfallzeit (Q, $\overline{Q}$)	300	120	ns

Hersteller:
FA, NS, RCA, SGS, SOL, SSS, TOS, VA

4047 — Monostabiler/astabiler Multivibrator

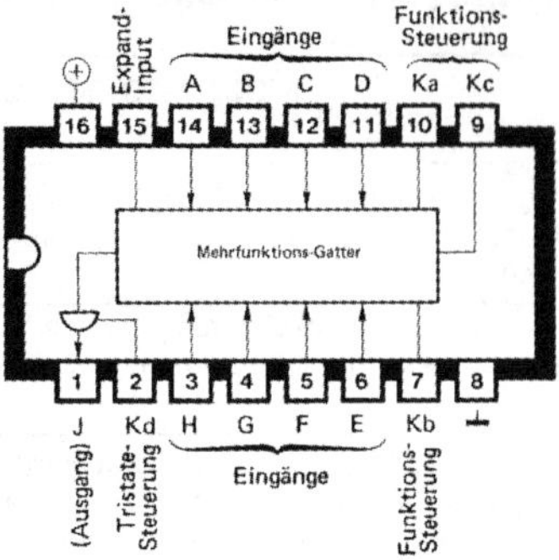

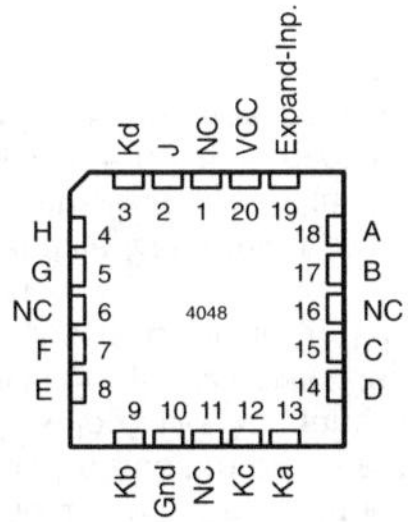

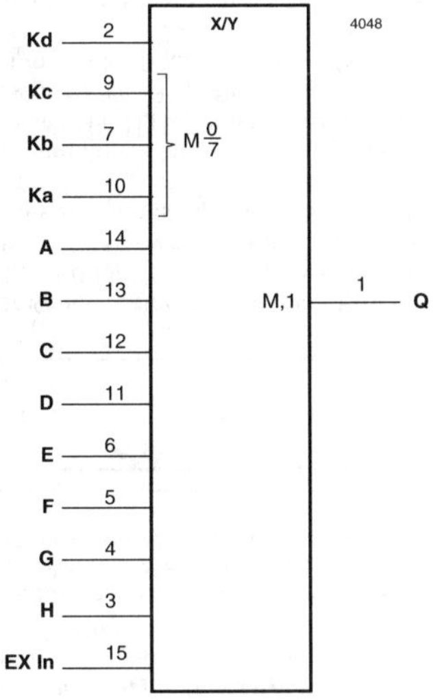

4048 Mehrfunktions-Gatter mit 8 Eingängen

Fortsetzung :

Ausgangs-Funktion	Boole'sche Gleichung	Steuer-Eingänge Ka	Kb	Kc	Kd	Unbenutzte Eingänge
NOR	$J = \overline{A+B+C+D+E+F+G+H}$	L	L	L	H	Pin 8
ODER	$J = A+B+C+D+E+F+G+H$	L	L	H	H	Pin 8
ODER/UND	$J = (A+B+C+D) \cdot (E+F+G+H)$	L	H	L	H	Pin 8
ODER/NAND	$J = \overline{(A+B+C+D) \cdot (E+F+G+H)}$	L	H	H	H	Pin 8
UND	$J = A \cdot B \cdot C \cdot D \cdot E \cdot F \cdot G \cdot H$	H	L	L	H	Pin 16
NAND	$J = \overline{A \cdot B \cdot C \cdot D \cdot E \cdot F \cdot G \cdot H}$	H	L	H	H	Pin 16
UND/NOR	$J = \overline{(A \cdot B \cdot C \cdot D) + (E \cdot F \cdot G \cdot H)}$	H	H	L	H	Pin 16
UND/ODER	$J = (A \cdot B \cdot C \cdot D) + (E \cdot F \cdot G \cdot H)$	H	H	H	H	Pin 16
Z		X	X	X	L	X

Beschreibung:
Bei diesem Baustein handelt es sich um ein programmierbares Gatter mit 8 Eingängen. Mittels dreier Steuerleitungen können 8 verschiedene Logikfunktionen festgelegt werden.

Betrieb:
Je nach Ansteuerung der drei binären Steuerleitungen Ka, Kb und Kc können 8 verschiedene Logikfunktionen eingestellt werden und zwar ODER, NOR, UND, NAND, ODER/UND, ODER/NAND, UND/ODER und UND/NOR (siehe Funktionstabelle). Ein vierter Eingang Kd ermöglicht eine Tristate-Steuerung des Ausganges, wodurch ein Anschluss an eine gemeinsame Bus-Leitung möglich ist. Wenn Kd High ist, wird der Ausgang freigegeben. Ist Kd Low, besitzt der Ausgang eine hohe Impedanz.
Der Eingang "Expand Input" (Pin 15) ermöglicht dem Anwender, die Anzahl der Gatter-Eingänge zu vergrößern. Beispielsweise können zwei 4048 zu einem Mehrfunktionsgatter mit 16 Eingängen kaskadiert werden. Wenn der Expand-Input nicht verwendet wird, sollte er auf Low gelegt werden.

Anwendung:
Auswahl aus 8 Logikfunktionen, digitale Logik-Steuerungen, Codierung, Decodierung

Daten:	5V	10V	
Durchlauf-Verzögerung	300	130	ns

Hersteller:
NS, RCA, SGS, SOL

4048 — Mehrfunktions-Gatter mit 8 Eingängen

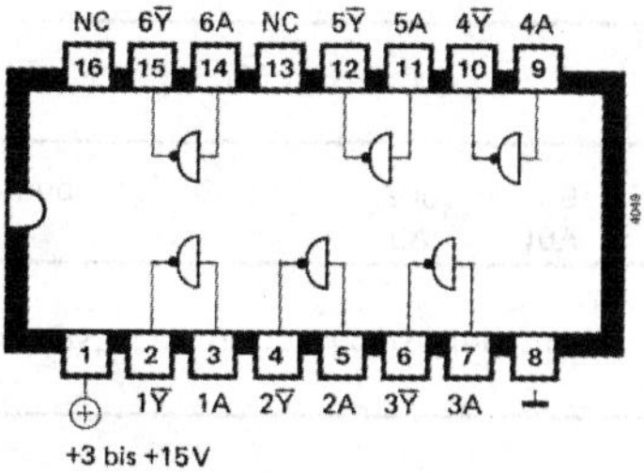

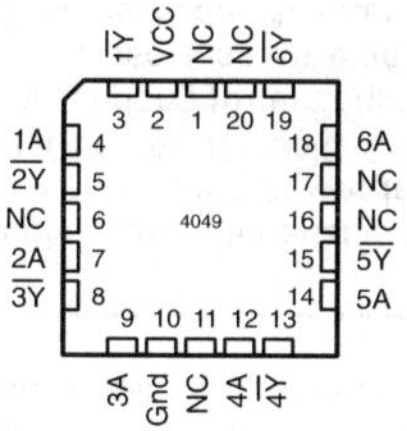

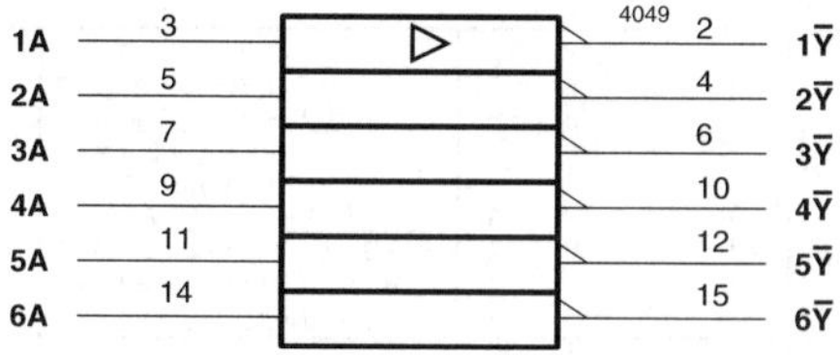

4049 Sechs invertierende Puffer und TTL-Treiber

Fortsetzung :

Eingang	Ausgang
A	$\overline{Y}$
H	L
L	H

Beschreibung:
Dieser Baustein enthält 6 invertierende Puffer. Sie können als einfache Inverter, als Pegel-Umsetzer oder als Strom-Treiber für Interfacing mit TTL oder anderer Logik verwendet werden.

Betrieb:
Alle sechs Puffer können unabhängig voneinander eingesetzt werden. Bei jedem Puffer steuert ein Low am Eingang den Ausgang auf High und umgekehrt.
Die Spannung an Pin 1 bestimmt den Spannungshub nur am Ausgang. Eingangsspannungen bis zu 15V werden ordnungsgemäß verarbeitet, unabhängig von der gewählten Ausgangsspannung.
Mit einer Betriebsspannung von +5V an Pin 1 sind die Ausgänge TTL-kompatibel. Sie liefern 3.2mA und sind in der Lage, zwei normale TTL-Gatter oder vier LS TTL-Gatter zu treiben.
Beachten Sie die ungewöhnliche Zuführung der Betriebsspannung. Dieser Baustein sollte normalerweise nicht mit Eingangssignalen mit großen Anstiegszeiten in Impuls-Formern, monostabilen und astabilen Schaltungen etc. verwendet werden. Die interne Verlustleistung kann in diesen und anderen linearen Anwendungen auch zu groß werden, speziell bei hohen Frequenzen und hohen Betriebsspannungen.
Ein ähnlicher Baustein mit 6 nicht invertierenden Puffern ist der 4050.

Anwendung:
CMOS/TTL-Pegelwandler, Treiber

Daten:	5V	10V	
Durchlauf-Verzögerung	35	25	ns
Stromaufnahme (unbelastet) bei 1 MHz	0.8	1.6	mA

Hersteller:
FA, HIT, MOT, NS, RCA, SGS, SOL, SSS, TOS, VA

4049 — Sechs invertierende Puffer und TTL-Treiber

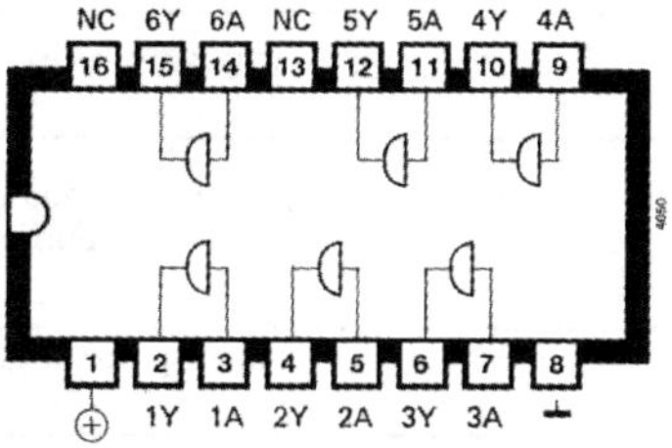

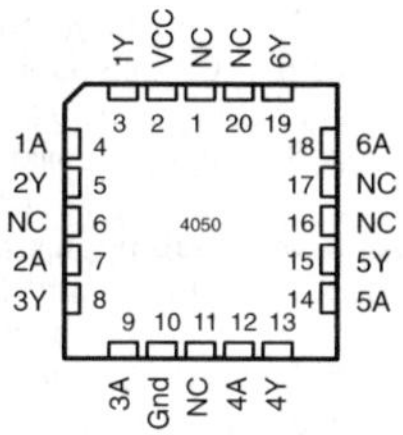

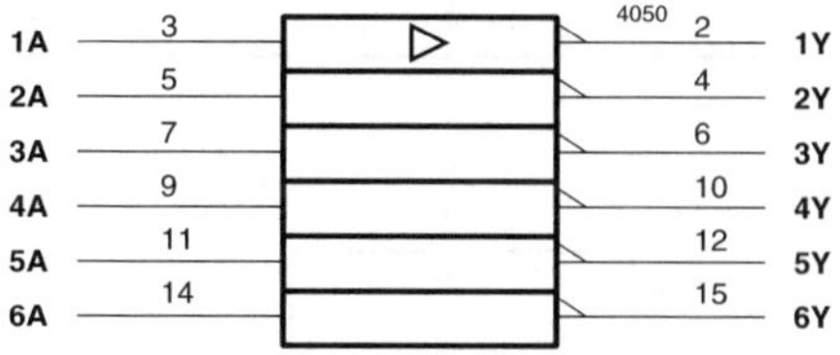

4050 | **Sechs nicht-invertierende Puffer und TTL-Treiber**

Fortsetzung :

Eingang	Ausgang
A	Y
H	H
L	L

Beschreibung:
Dieser Baustein enthält 6 nicht invertierende Puffer. Sie können zur Verbesserung der Anstiegszeiten, als Pegel-Umsetzer oder als Stromtreiber für ein Interface mit TTL und anderer Logik verwendet werden.

Betrieb:
Alle sechs Puffer können unabhängig voneinander verwendet werden. Bei jedem Puffer ergibt ein Eingang Low einen Ausgang Low und umgekehrt.
Die Spannung an Pin 1 bestimmt den Spannungshub nur am Ausgang. Eingansspannungen bis +15V werden ohne Beschädigung angenommen, unabhängig von der gewählten Ausgangsspannung.
Mit einer Betriebsspannung von +5 V an Pin 1 ist der Ausgang TTL-kompatibel. Er liefert 3.2mA oder treibt zwei gewöhnliche TTL-Gatter oder vier LS TTL-Gatter. Beachten Sie die ungewöhnliche Zuführung der Betriebsspannung.
Dieser Baustein sollte normalerweise nicht mit Eingangssignalen mit großer Anstiegszeit bei Impulsformern, monostabilen und astabilen Schaltungen etc. verwendet werden. Die interne Verlustleistung kann in diesen und anderen linearen Anwendungen zu groß werden, speziell bei hohen Frequenzen und hohen Betriebsspannungen.
Ein ähnlicher Baustein mit 6 invertierenden Puffern ist der 4049.

Anwendung:
CMOS/TTL-Pegelwandler, Treiber

Daten:	5V	10V	
Durchlauf-Verzögerung	60	30	ns
Stromaufnahme (unbelastet) bei 1 MHz	0.8	1.6	mA

Hersteller:
FA, HIT, MOT, NS, RCA, SGS, SOL, SSS, TOS, VA

4050 Sechs nicht-invertierende Puffer und TTL-Treiber

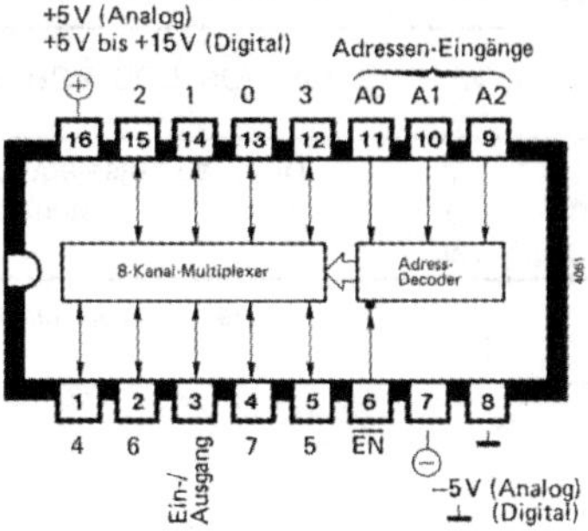

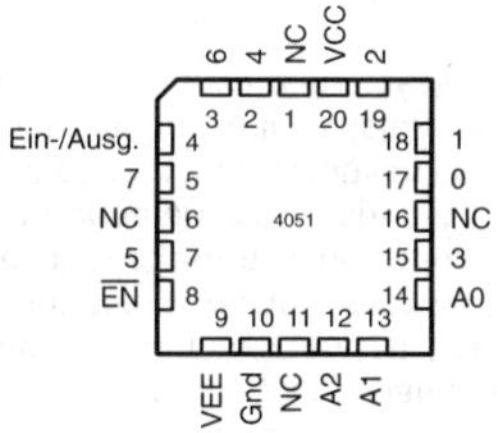

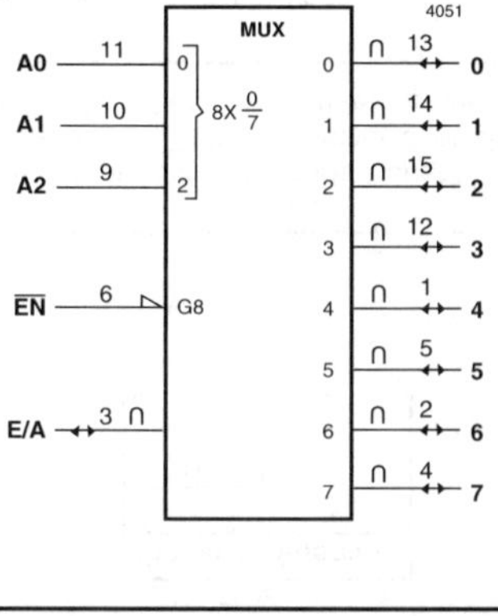

4051 Multiplexer, 8 Kanäle, analog/digital

Fortsetzung :

Adresse A2	A1	A0	$\overline{EN}$	Durchgeschalteter Kanal
L	L	L	L	0
L	L	H	L	1
L	H	L	L	2
L	H	H	L	3
H	L	L	L	4
H	L	H	L	5
H	H	L	L	6
H	H	H	L	7
X	X	X	H	keiner

Beschreibung:
Dieser Baustein enthält einen 8-Kanal-Multiplexer/Demultiplexer mit drei Adressen- und einem Freigabe-Eingang.

Betrieb:
Im Analog-Betrieb werden –5V dem Pin 7 und digitale Steuersignale mit Low = Masse und High = +5V den Eingängen A0, A1,A2 und $\overline{EN}$ zugeführt. Wenn $\overline{EN}$ (Freigabe) High ist, wird kein Kanal ausgewählt. Wenn $\overline{EN}$ Low ist, wird der gewählte Kanal durch das Binärwort an A0—A2 bestimmt. Analoge Signale können jeden Wert zwischen +5 V und –5V besitzen.
Bei Digital-Betrieb wird Pin 7 auf Masse gelegt und digitale Steuersignale mitt Low = Masse und High = Spannung an Pin 16 werden den Eingängen A0, A1, A2 und $\overline{EN}$ zugeführt.
Bei jeder Betriebsart ist der AUS-Zustand eine offene Schaltung und der EIN-Zustand ein Widerstand mit 120Ω. Pin 3 kann als Eingang oder als Ausgang verwendet werden, abhängig davon, ob die Informationen von acht möglichen Quellen zu sammeln, oder zu acht möglichen Stellen zu verteilen sind.
Der minimale zulässige Lastwiderstand ist 100Ω und es können nicht mehr als 25mA über einen Kanal geleitet werden.

Anwendung:
Analog- und Digital-Multiplexen/Demultiplexen, A/D und D/A-Wandlung

Daten:	5V	10V	
Durchlauf-Verzögerung	30	15	ns
Stromaufnahme bei 1 MHz (unbelastet)	0.5	1	mA

Hersteller:
FA, HIT, MOT, NS, RCA, SGS, SOL, SSS, TOS, VA

4051 Multiplexer, 8 Kanäle, analog/digital

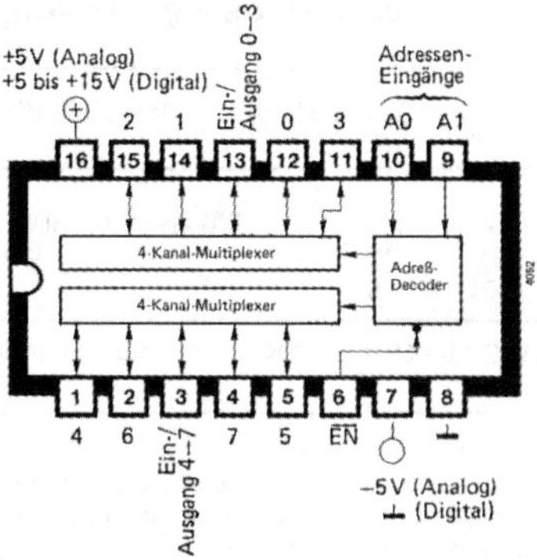

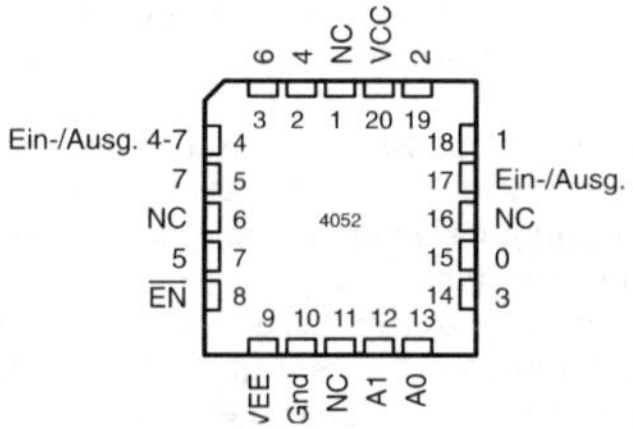

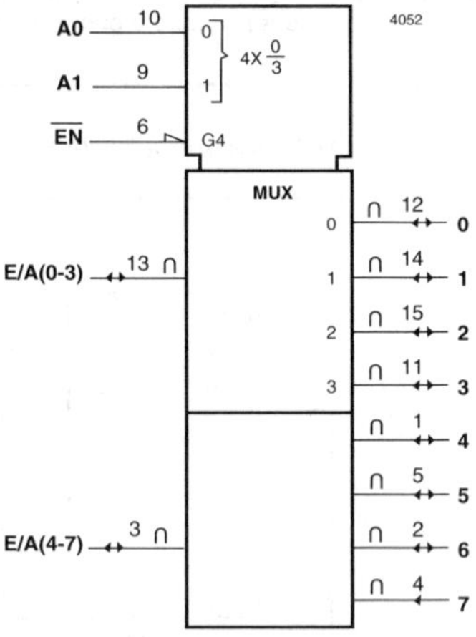

4052 Multiplexer, 2 x 4 Kanäle, analog/digital

Fortsetzung :

Adresse A1	A0	$\overline{EN}$	Durchgeschalteter Kanal
L	L	L	0 und 4
L	H	L	1 und 5
H	L	L	2 und 6
H	H	L	3 und 7
X	X	H	keiner

Beschreibung:
Dieser Baustein enthält zwei 4-Kanal-Multiplexer/Demultiplexer mit zwei gemeinsamen Adressen- und einem gemeinsamen Freigabe-Eingang.

Betrieb:
Im Analog-Betrieb werden –5V dem Pin 7 digitale Steuersignale mit Low = Masse und High = +5V den Anschlüssen A0, A1 und $\overline{EN}$ zugeführt. Wenn $\overline{EN}$ (Enable) High ist, wird kein Kanal ausgewählt. Wenn $\overline{EN}$ Low ist, werden die gewählten Kanäle durch das Binärwort an den Eingängen A0 und A1 bestimmt. Die Analogsignale können jeden Wert zwischen +5V und –5V besitzen.
Im Digital-Betrieb wird Pin 7 auf Masse gelegt und digitale Steuersignale mit Low = Masse und High = Spannung an Pin 16 werden den Anschlüssen A0, A1 und $\overline{EN}$ zugeführt.
In jeder Betriebsart stellt der AUS-Zustand eine offene Schaltung und der EIN-Zustand einen Widerstand mit 120Ω dar. Die Anschlüsse 3 und 13 können entweder als Eingang oder als Ausgang verwendet werden, abhängig davon, ob die Informationen von vier möglichen Quellen zu sammeln oder zu vier möglichen Stellen zu verteilen sind.
Der minimale zulässige Lastwiderstand ist 100Ω und es können nicht mehr als 25mA über einen Kanal geleitet werden.

Anwendung:
Analog- und Digital-Multiplexen/Demultiplexen, A/D- und D/A-Wandlung

Daten:	5V	10V	
Durchlauf-Verzögerung	30	15	ns
Stromaufnahme bei 1 MHz (unbelastet)	1	2	mA

Hersteller:
FA, HIT, MOT, NS, RCA, SGS, SOL, SSS, TOS, VA

4052 Multiplexer, 2 x 4 Kanäle, analog/digital

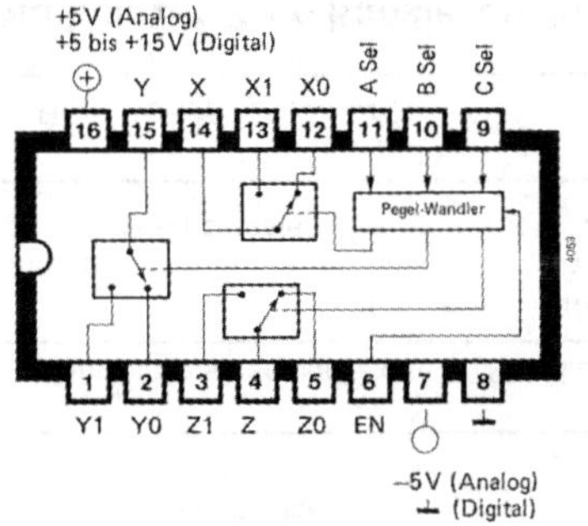

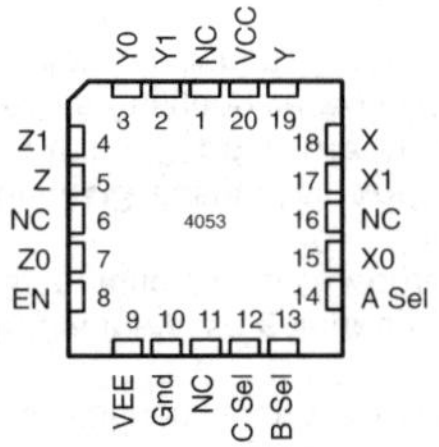

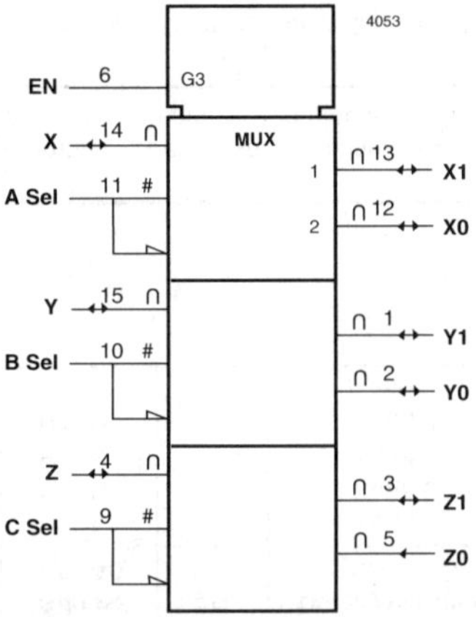

4053 Multiplexer, 3 x 2 Kanäle, analog/digital

Fortsetzung :

Steuer-Eingänge				
	Auswahl (Select)			
EN	C	B	A	EIN-Schalter
L	L	L	L	Z0 Y0 X0
L	L	L	H	Z0 Y0 X1
L	L	H	L	Z0 Y1 X0
L	L	H	H	Z0 Y1 X1
L	H	L	L	Z1 Y0 X0
L	H	L	H	Z1 Y0 X1
L	H	H	L	Z1 Y1 X0
L	H	H	H	Z1 Y1 X1
H	X	X	X	keiner

Beschreibung:
Dieser Baustein enthält drei 2-Kanal-Multiplexer/Demultiplexer mit getrennten Steuer-Eingängen und einem gemeinsamen Freigabe-Eingang.

Betrieb:
Beim Analog-Betrieb werden –5V dem Pin 7, digitale Steuersignale mit Low = Masse und High = +5V den Anschlüssen EN, ASel, BSel und CSel zugeführt. Wenn EN High ist, werden keine Kanäle ausgewählt. Wenn EN Low ist, hängen die gewählten Kanäle von den Eingangssignalen an A, B und CSel ab. Wenn zum Beispiel ASel Low ist, wird X0 mit X verbunden. Wenn ASel High ist, wird X1 mit X verbunden. Ähnliches gilt für die Y- und Z-Kanäle.
Beim Digital-Betrieb wird Pin 7 auf Masse gelegt und digitale Steuersignale mit Low = Masse und High = Spannung an Pin 16 werden den Anschlüssen ASel, BSel, CSel und EN zugeführt.
Bei jeder Betriebsart ist der AUS-Zustand eine offene Schaltung und der EIN-Zustand ein Widerstand mit 120Ω. Die Pins 4, 14 und 15 können entweder als Eingang oder als Ausgang verwendet werden, abhängig davon, ob die Informationen von zwei möglichen Quellen zu sammeln oder auf zwei mögliche Stellen zu verteilen sind.
Der minimale zulässige Lastwiderstand beträgt 100Ω und es dürfen nicht mehr als 25mA über einen Kanal geleitet werden.

Anwendung:
Analog- und Digital-Multiplexen/Demultiplexen, A/D- und D/A-Wandlung

Daten:	5V	10V	
Durchlauf-Verzögerung	30	15	ns
Stromaufnahme (unbelastet) bei 1 MHz	1.2	2.5	mA

Hersteller:
FA, HIT, MOT, NS, RCA, SGS, SOL, SSS, TOS, VA

4053 — Multiplexer, 3 x 2 Kanäle, analog/digital

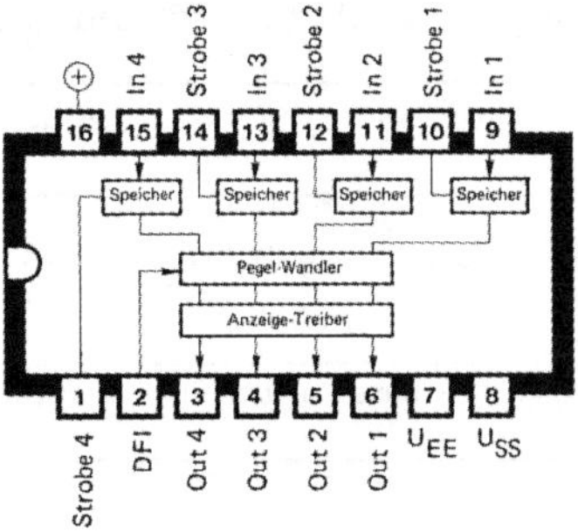

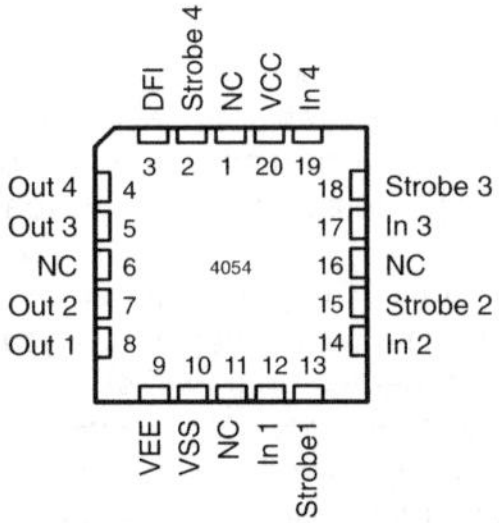

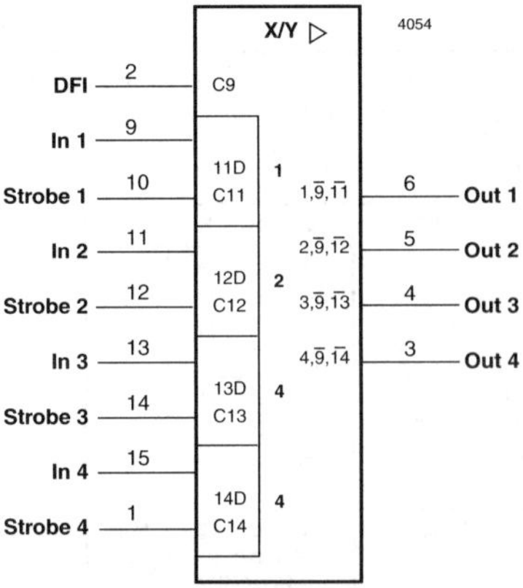

4054	**4-Segment-Anzeige-Treiber**

Fortsetzung :

Keine Wahrheitstabelle verfügbar

Beschreibung:
Dieser Baustein dient zur Ansteuerung von 4 Segmenten (wie Dezimalpunkt, Vorzeichen etc.) einer Flüssigkristall-Anzeige.

Betrieb:
Wenn dem Anschluss DPI (Display Frequency Input) Impulse zugeführt werden, so erhält man an einem Ausgang "Out" ein Ausgangssignal, das um 180° gegenüber dem DF-Impuls verschoben ist, wenn der zugehörige Eingang "In" High ist. Ist der Eingang "In" Low, so sind Out und DF phasengleich.
Ein High an einem Strobe-Eingang bewirkt, dass die am IN-Eingang liegenden Daten in den Speicher übernommen werden. Geht Strobe wieder auf Low, bleiben die Daten gespeichert.
Führt man die DF-Eingangsimpulse dem gemeinsamen Anschluss (Rückplatte) der Flüssigkristall-Anzeige zu, kann das entsprechende Element direkt vom Eingangssignal mit High-Pegel gesteuert werden.
Wenn UEE < USS ist, kann eine Pegelwandlung, die nur die "Low"-Seite des logischen Signal herabsetzt, erzielt werden.

Anwendung:
Speicherung und Ansteuerung von 4 LCD-Segmenten

Daten:	5V	10V	
Einstellzeit	100	35	ns

Hersteller:
RCA, SGS, TOS

4054 — 4-Segment-Anzeige-Treiber

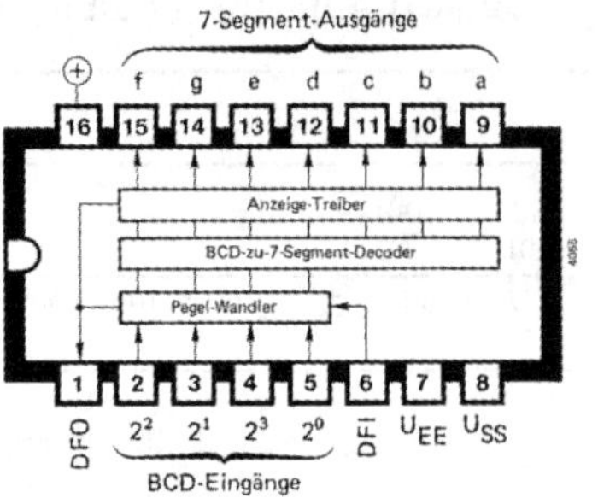

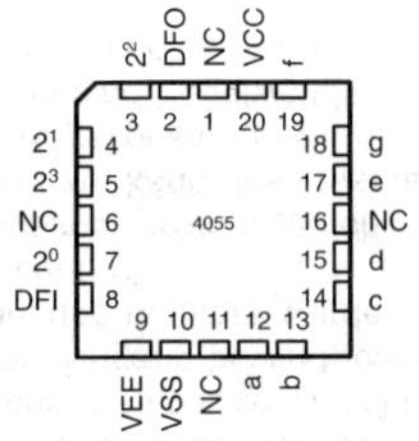

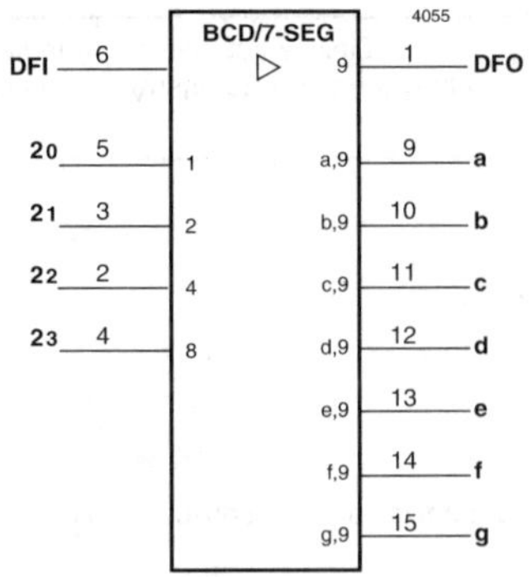

4055 **BCD-zu-7-Segment-Decoder/Treiber für LC-Anzeigen**

Fortsetzung :

Segment-
Identifikation

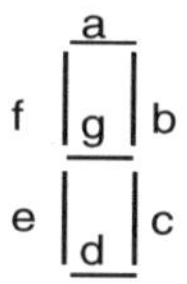

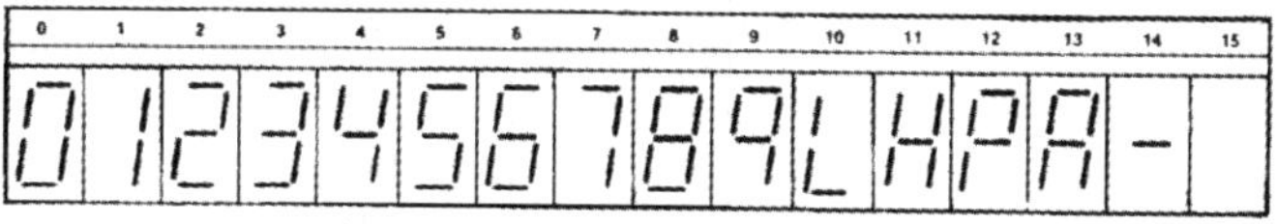

Beschreibung:
Dieser Baustein wandelt einen BCD-Eingangscode in einen 7-Segment-Code zur Ansteuerung von Flüssigkristall-Anzeigen um.

Betrieb:
Wenn der Eingang DFI (Display Frequency Input) Low ist, wird ein durch das BCD-Eingangssignal angewählter Ausgang High. Mit DFI = High wird ein angewählter Ausgang Low.
Befindet sich an DFI eine rechteckförmige Spannung, so liegt an den angewählten Segmenten ebenfalls eine Rechteckspannung, die jedoch gegenüber dem Eingang um 180° phasenverschoben ist. Bei den nicht angewählten Segmenten ist die Ausgangsspannung mit der Eingangsspannung in Phase. Die Frequenz der Rechteckspannung sollte zwischen 30Hz (Flackergrenze) und 200 Hz liegen.
Führt man die DF-Eingangsimpulse dem gemeinsamen Anschluss (Rückplatte) der LC-Anzeige zu, kann das entsprechende Element direkt vom Eingangssignal mit High gesteuert werden.
Eine Pegelwandlung ist wie beim 4054 möglich.

Anwendung:
Ansteuerung von 7-Segment-LCD-Anzeigen

Daten:	5V	10V	
Einstellzeit	100	35	ns

Hersteller:
MIT, RCA, SGS, TOS

4055 BCD-zu-7-Segment-Decoder/Treiber für LC-Anzeigen

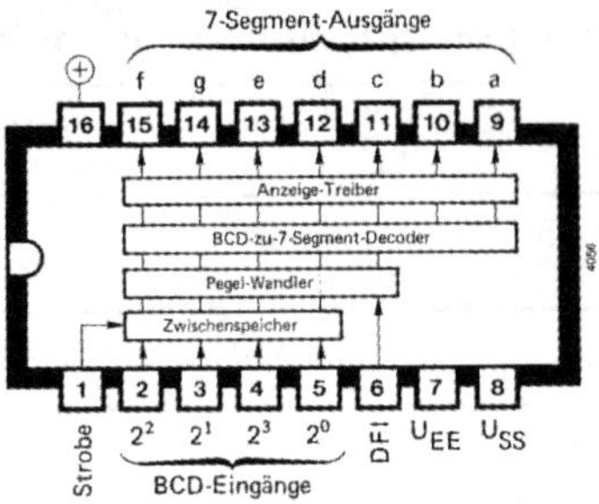

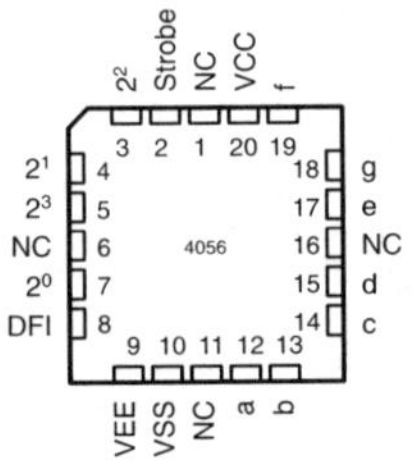

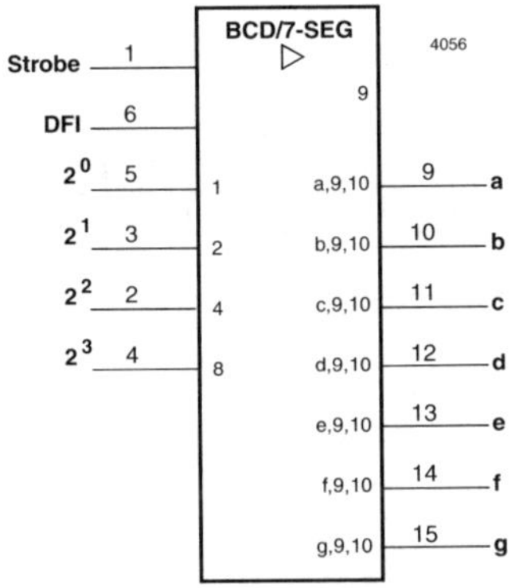

4056 — BCD-zu-7-Segment-Decoder, Speicher und Treiber für LC-Anzeigen

Fortsetzung :

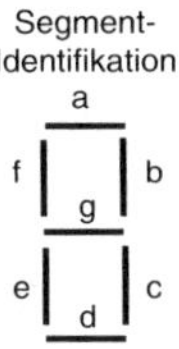

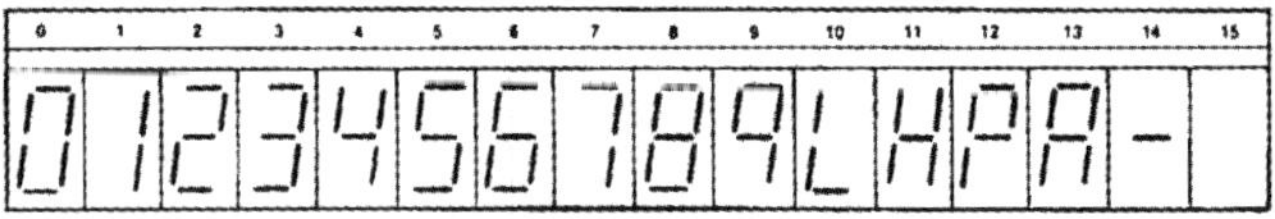

Beschreibung:
Dieser Baustein speichert einen zugeführten BCD-Code und wandelt ihn in einen 7-Segment-Code zur Ansteuerung von Flüssigkristall-Anzeigen um.

Betrieb:
Der Baustein entspricht bis auf den zusätzlichen Zwischenspeicher dem 4055.
Durch Anlegen von High am Strobe-Eingang werden die Daten an den BCD-Eingängen zu den 7-Segment-Ausgängen transferiert. Ein Low am Strobe-Eingang speichert die eingegegebenen Daten und die ausgewählten Segmente verbleiben in ihrem Zustand.
Um ein gemeinsames DF-Ausgangssignal zu liefern, muss der 4056 zusammen mit einem 4054 verwendet werden.

Anwendung:
Ansteuerung von 7-Segment-LCD-Anzeigen mit Zwischenspeicherung

Daten:	5V	10V	
Einstellzeit	100	35	ns

Hersteller:
MIT, RCA, SGS, TOS

4056	**BCD-zu-7-Segment-Decoder, Speicher und Treiber für LC-Anzeigen**

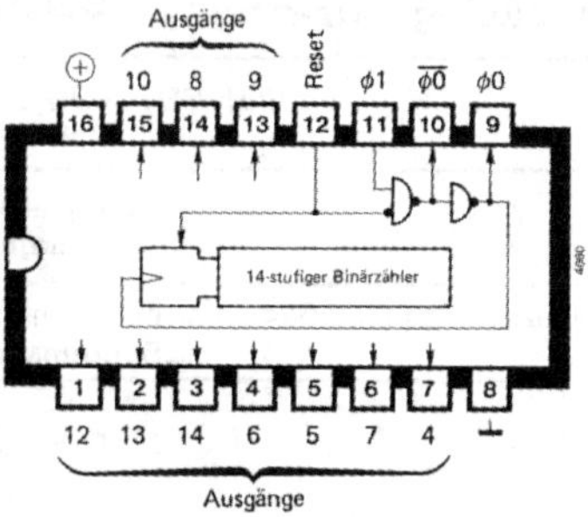

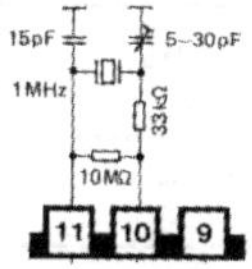

Quarz-Oszillator

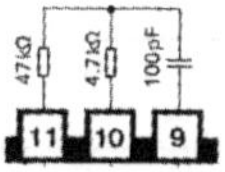

RC-Oszillator

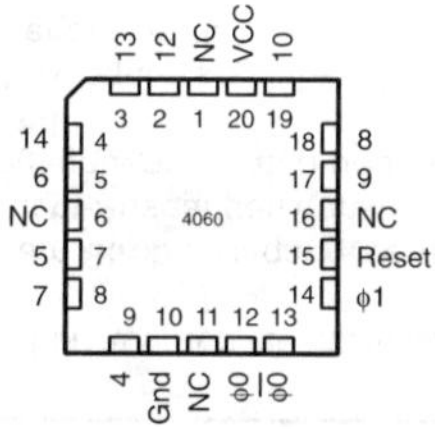

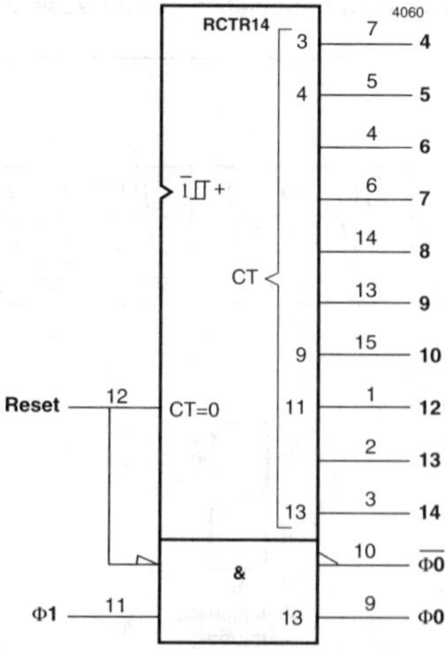

4060 Binärzähler, 14-stufig (÷16348), asynchron (mit internem Oszillator)

Fortsetzung :

$\phi 1$	Reset	Funktion
X	H	Zähler wird gelöscht $\overline{\phi 0}$ geht auf High $\phi 0$ geht auf Low
‾_	L	zählt um einen Schritt weiter
_‾	L	keine Änderung

Beschreibung:
Dieser Baustein enthält einen Binärzähler, der in 14 Stufen aufwärts zählt, wobei jedoch nicht alle Stufen herausgeführt sind.

Betrieb:
Der Reset-Eingang wird normalerweise auf Low gehalten. Bei jedem HL-Übergang (negative Flanke) des Taktes, schreitet der Zähler um eine Zählung weiter. Der Ausgang 4 teilt den Eingangstakt durch $2^4 = 16$, bis zum Ausgang 14, der durch $2^{14} = 16348$ teilt. Es sind keine Ausgänge für die Teilung durch 2, 4, 8 und 2048 verfügbar.
Die beiden Inverter am Eingang können zum Aufbau eines internen Oszillators verwendet werden.
Die Beschaltung für einen Quarz-Oszillator und einen RC-Oszillator sind in der obigen Schaltung dargestellt.
Bei Verwendung eines externen Taktes sorgt eine Schmitt-Trigger-Funktion am Takteingang $\phi 1$ dafür, dass auch Taktsignale mit großen Anstiegs- und Abfallzeiten verwendet werden können.
Wird der Reset-Eingang auf High gebracht, werden alle Zählerstufen auf Null zurückgesetzt. Während dieser Zeit wird der interne Oszillator gesperrt.

Anwendung:
Zähler-Steuerungen, Zeitgeber, Frequenz-Teiler, Zeitverzögerungs-Schaltungen

Daten:	5V	10V	
Maximale Zählfrequenz		16	MHz
Max. Oszillatorfrequenz (RC)		0.8	MHz
Stromaufnahme bei 1 MHz	0.4	0.8	mA
Stromaufnahme bei 1 MHz (Quarzbetrieb)		2.8	mA

Hersteller:
MOT, NS, RCA, SGS, SSS, VA

4060 — Binärzähler, 14-stufig (÷16348), asynchron (mit internem Oszillator)

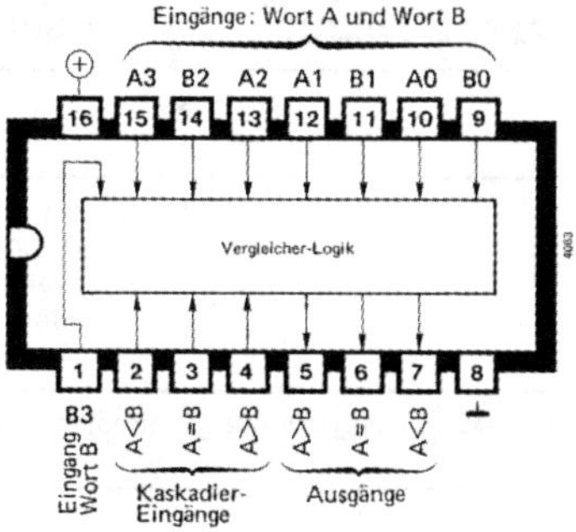

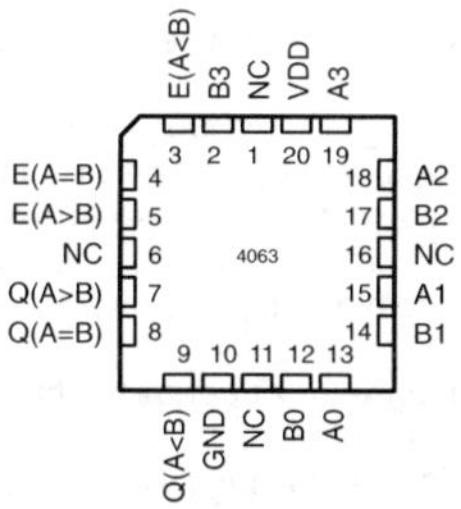

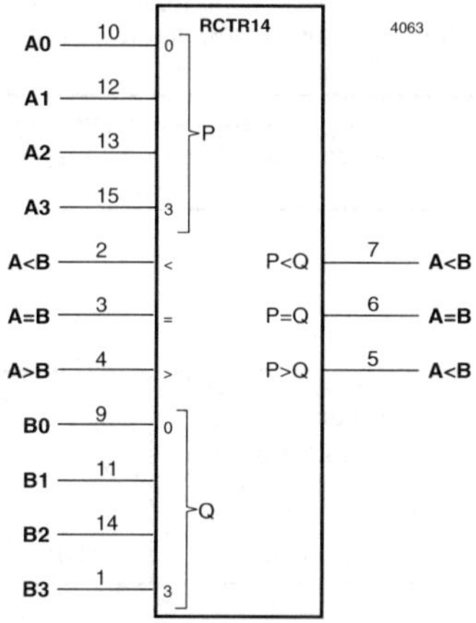

4063 4-Bit-Größen-Vergleicher

Fortsetzung :

Eingänge							Ausgänge		
Vergleichen				Kaskadieren					
A3, B3	A2, B2	A1, B1	A0, B0	A < B	A = B	A > B	A < B	A = B	A > B
A3 > B3	X	X	X	X	X	X	L	L	H
A3 = B3	A2 > B2	X	X	X	X	X	L	L	H
A3 = B3	A2 = B2	A1 > B1	X	X	X	X	L	L	H
A3 = B3	A2 = B2	A1 = B1	A0 > B0	X	X	X	L	L	H
A3 = B3	A2 = B2	A1 = B1	A0 = B0	L	L	H	L	L	H
A3 = B3	A2 = B2	A1 = B1	A0 = B0	L	H	L	L	H	L
A3 = B3	A2 = B2	A1 = B1	A0 = B0	H	L	L	H	L	L
A3 = B3	A2 = B2	A1 = B1	A0 < B0	X	X	X	H	L	L
A3 = B3	A2 = B2	A1 < B1	X	X	X	X	H	L	L
A3 = B3	A2 < B2	X	X	X	X	X	H	L	L
A3 < B3	X	X	X	X	X	X	H	L	L

Beschreibung:
Dieser Baustein vergleicht zwei 4-Bit-Binärworte und liefert Ausgangssignale um zu bestimmen, ob sie gleich sind oder welches größer ist.

Betrieb:
Bei normalem Betrieb werden Pin 2 und 4 auf Low gelegt und Pin 3 High gemacht. Das Wort A wird den Eingängen A0—A3 und das Wort B den Eingängen B0—B3 zugeführt, unter Verwendung positiver Logik. Wenn A = B, so geht Pin 6 auf High und Pin 4 und 7 verbleiben auf Low.
Um mehrere Bits kaskadieren zu können, werden die drei Ausgänge des ersten Bausteins mit den drei entsprechenden Eingängen des nächsten Bausteins verbunden, usw. Der erste Baustein stellt dann die niedrigstwertigen Bits des ersten Wortes dar. Der 40085 ist ein ähnlicher Baustein mit unterschiedlichen Anschlüssen. Der 4585 ist ebenfalls ein ähnlicher Baustein mit unterschiedlichen Anschlüssen und einer umgekehrten Bedeutung auf der Leitung A > B.

Anwendung:
Steuerung von Servo-Motoren, Prozess-Steuerungen

Daten:	5V	10V	
Vergleichszeit	625	250	ns
Stromaufnahme bei 1M Hz	0.4	0.8	mA

Hersteller:
RCA, SGS, TOS

4063 — 4-Bit-Größen-Vergleicher

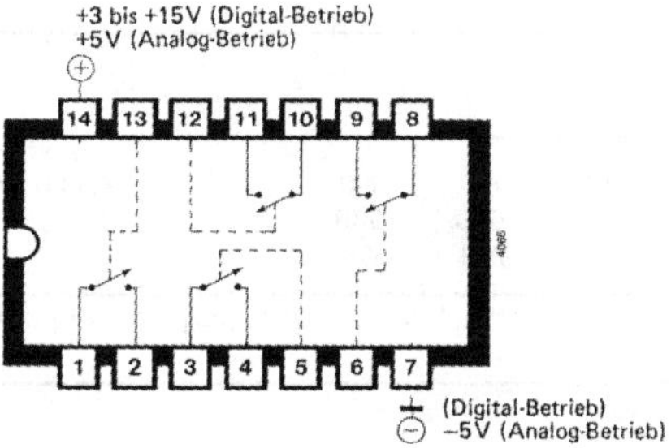

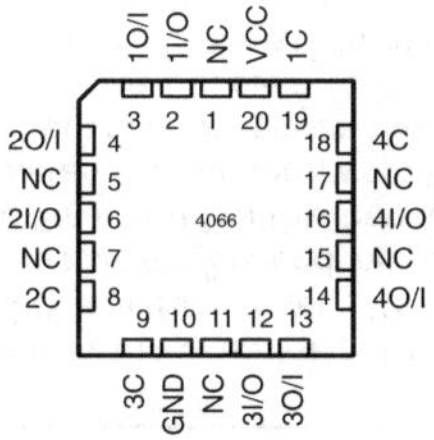

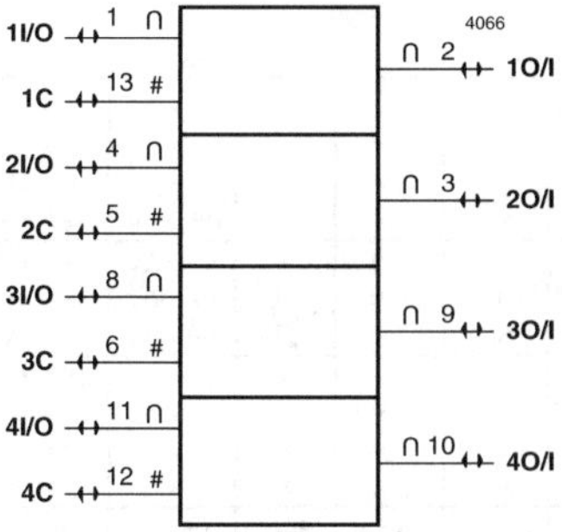

4066	**Vier digitale oder analoge Schalter (4 x 1 Schließer)**

Fortsetzung :

Steuer-Eingang	Schalter
L	Aus
H	Ein

Beschreibung:
Dieser Baustein enthält vier getrennte bilaterale Schalter für stromrichtungsunabhängige Schaltanwendungen.

Betrieb:
Alle vier Schalter können getrennt oder kombiniert verwendet werden. Jeder Schalter verbleibt auf AUS, wenn die Steuerspannung gleich der Spannung an Pin 7 ist, und verhält sich wie eine sehr hohe Impedanz. Wenn die Steuerspannung gleich der Spannung an Pin 14 ist, geht der Schalter auf EIN und verhält sich wie ein nahezu linearer bilateraler Widerstand von 90Ω.
Die über den Schalter geführten Signale können entweder digital oder analog sein, dürfen jedoch niemals die Spannung an Pin 14 überschreiten oder unter die Spannung von Pin 7 gehen.
Die Schalter können in jeder beliebigen Weise zusammengeschlossen werden und es besteht kein Unterschied zwischen den Eingangs- und Ausgangs-Anschlüssen jedes Schalters. Wenn zum Beispiel alle vier Schalter mit einem einzigen Anschluss verbunden werden, kann der Baustein als ein 1-aus-4-Datenwähler oder als ein 1-aus-4-Datenverteiler, ein 1-aus-4-Analog-Kommutator oder als ein 1-aus-4-Analog-Multiplexer verwendet werden. Wenn mehr als ein Schalter mit einem gemeinsamen Punkt verbunden wird, muss die externe Logik dafür garantieren, dass jeweils nur ein Schalter zur selben Zeit eingeschaltet ist. Es handelt sich um eine verbesserte Version des 4016, und besitzt einen niedrigeren EIN-Widerstand. Der 4016 bleibt jedoch die bessere Wahl für Anwendungen mit extrem niedrigem Reststrom, wie etwa für Sample/Hold-Schaltungen.

Anwendung:
Schalten oder Multiplexen von analogen oder digitalen Signalen, Ausführung von CMOS-Logikfunktionen (z.B. Inverter), A/D- und D/A-Wandlung, digitale Steuerung von Frequenz, Impedanz, Phase oder Verstärkung von Analog-Signalen

Daten:	5V	10V	
Maximale Schaltfrequenz	5	10	MHz
Übersprechen zwischen den Schaltern bei 1 MHz		<-80	dB

Hersteller:
FA, HIT, MOT, NS, RCA, SGS, SSS, TOS, VA

4066 — Vier digitale oder analoge Schalter (4 x 1 Schließer)

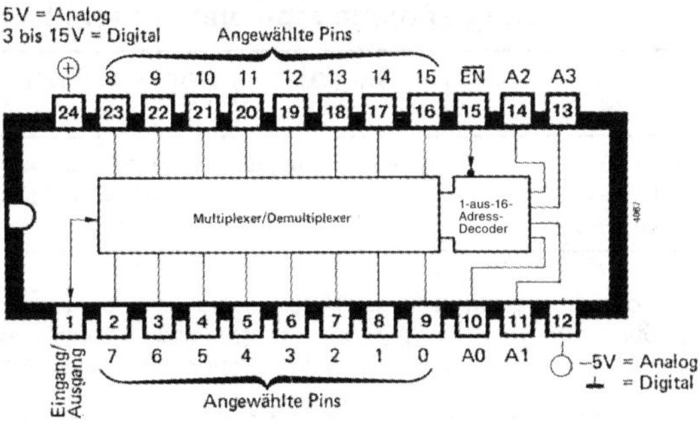

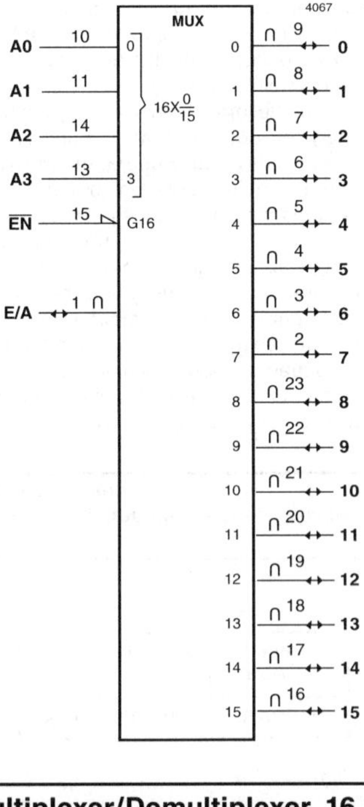

4067 Multiplexer/Demultiplexer, 16 Kanäle, analog/digital

Fortsetzung :

Adresse A3	A2	A1	A0	$\overline{EN}$	Durchgeschalteter Kanal
L	L	L	L	L	0
L	L	L	H	L	1
L	L	H	L	L	2
L	L	H	H	L	3
L	H	L	L	L	4
L	H	L	H	L	5
L	H	H	L	L	6
L	H	H	H	L	7
H	L	L	L	L	8
H	L	L	H	L	9
H	L	H	L	L	10
H	L	H	H	L	11
H	H	L	L	L	12
H	H	L	H	L	13
H	H	H	L	L	14
H	H	H	H	L	15
X	X	X	X	H	keiner

Beschreibung:
Dieser Baustein enthält einen Multiplexer/Demultiplexer mit 16 Kanälen für analoge und digitale Daten.

Betrieb:
Beim Analog-Betrieb wird –5V Pin 12 zugeführt und +5V Pin 24. Der gewählte Kanal wird durch die Logikpegel an A0—A3 bestimmt. Hierbei wird Low als –5V und High als +5 V definiert.
Beim Digital-Betrieb legt man Pin 12 an Masse und +3 bis +15V an Pin 24. Low ist dann Masse und High die Spannung an Pin 24.
In beiden Fällen bewirkt ein Low an $\overline{EN}$ (Enable), dass der ausgewählte Kanal durchgeschaltet ist. Ein High an $\overline{EN}$ schaltet alle Kanäle auf AUS, unabhängig von A0—A1.
Beim Umschalten der Adresse können sich zwei Kanäle kurzzeitig (einige ns) überlappen.

Anwendung:
Analog- und Digital-Multiplexen und Demultiplexen, A/D-und D/A-Wandlung, Signalverarbeitung

Daten:	5V	10V	
Auswahl- und Sperr-Verzögerungszeiten	300	130	ns
Ein-Widerstand	500	180	Ω
Stromaufnahme	0.3	0.6	mA

Hersteller:
FA, RCA, SGS, VA

4067 Multiplexer/Demultiplexer, 16 Kanäle, analog/digital

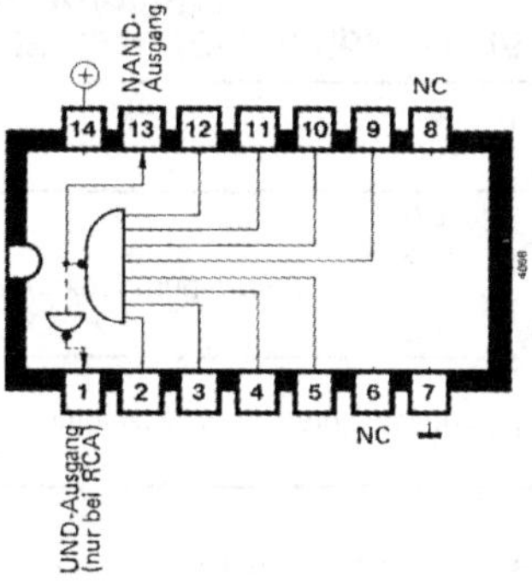

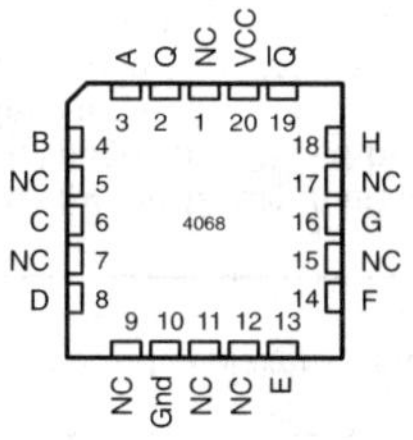

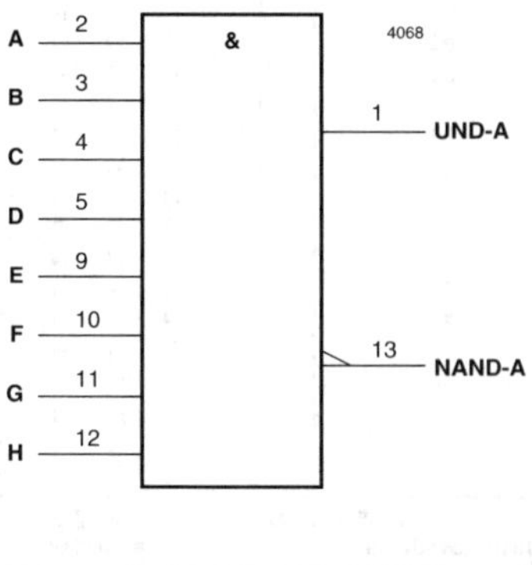

4068 NAND-Gatter mit 8 Eingängen

Fortsetzung :

Eingänge	Ausgang
Ein oder mehrere Eingänge L	H
Alle Eingänge H	L

Beschreibung:
Dieser Baustein enthält ein einzelnes NAND-Gatter mit 8 Eingängen.

Betrieb:
Wenn ein oder mehrere Eingänge Low sind, wird der Ausgang High sein. Wenn alle 8 Eingänge High sind, wird der Ausgang Low sein.
Beachten Sie, dass es sich um einen sehr langsamen Baustein handelt. Er sollte nicht in Anwendungen eingesetzt werden, bei denen eine höhere Geschwindigkeit erforderlich ist, speziell bei einer Betriebsspannung von 5V oder weniger.
Der 4068 von RCA enthält zusätzlich einen UND-Ausgang an Pin 1. Dieser Ausgang wird Low sein, wenn ein oder mehrere Eingänge Low sind. Er wird High sein, wenn alle 8 Eingänge High sind.

Anwendung:
Realisierung von NAND-Funktionen

Daten:	5V	10V	
Durchlauf-Verzögerung	325	130	ns
Stromaufnahme	0.5	1	mA

Hersteller:
FA, HIT, MOT, RCA, SGS, SOL, SSS, TOS, VA

4068 NAND-Gatter mit 8 Eingängen

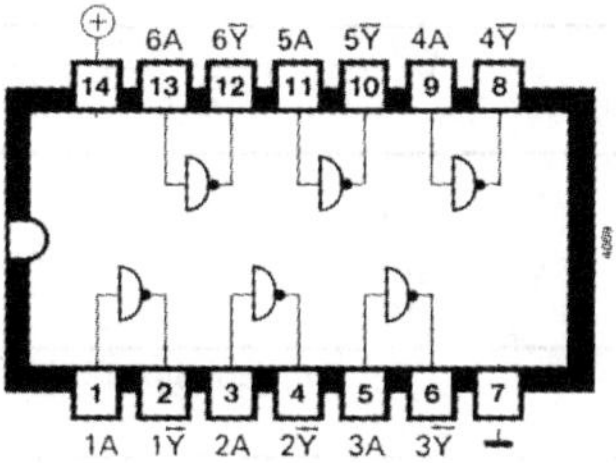

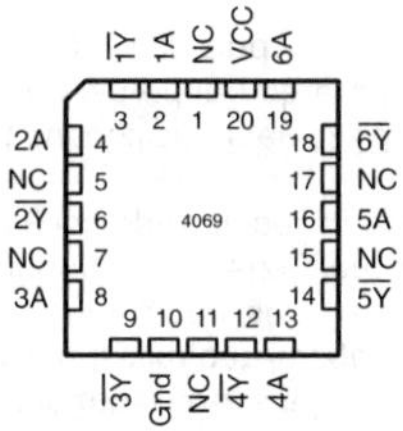

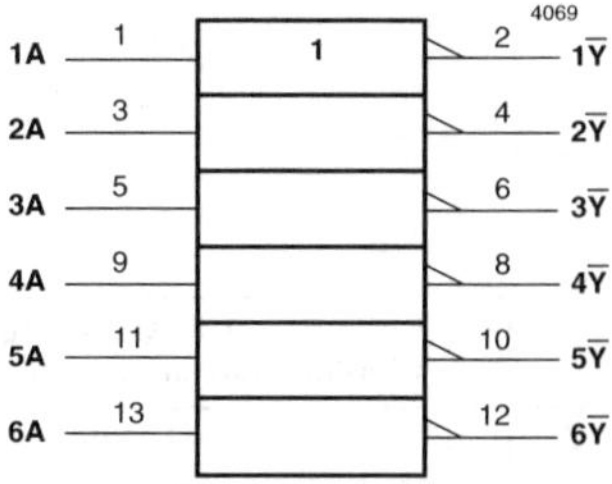

4069 | **Sechs Inverter**

Fortsetzung :

Eingang	Ausgang
A	$\overline{Y}$
H	L
L	H

Beschreibung:
Dieser Baustein enthält 6 getrennte Inverter.

Betrieb:
Alle sechs Inverter können unabhängig voneinander verwendet werden.
Bei jedem Inverter ergibt ein Eingang Low einen Ausgang High und umgekehrt.
Der Baustein ist nicht gepuffert. Er kann weder direkt normale TTL-Eingänge steuern, noch kann er für Pegel-Umsetzung verwendet werden.
Er ist für alle universellen Inverter-Funktionen gedacht, bei denen die TTL-Treiber- und Pegelwandler-Möglichkeiten des 4049 nicht erforderlich sind.

Anwendung:
Logische Inversion, Pulsformung, Oszillatoren, Verstärker mit hoher Eingangsimpedanz

Daten:	5V	10V	
Durchlauf-Verzögerung	50	25	ns
Stromaufnahme bei 1 MHz	0.5	1	mA

Hersteller:
FA, HIT, MOT, NS, RCA, SGS, SOL, SSS, TOS, VA

4069 Sechs Inverter

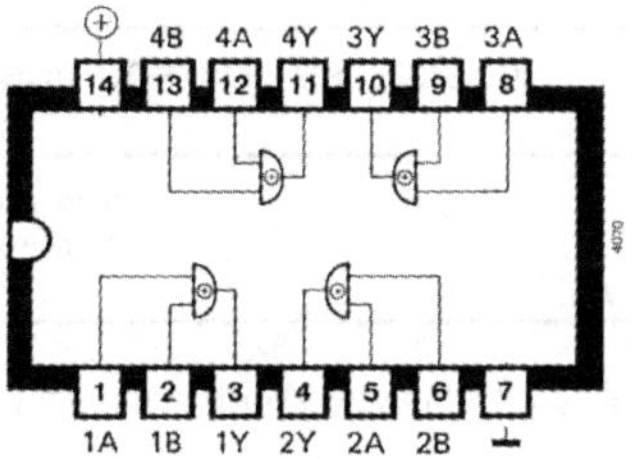

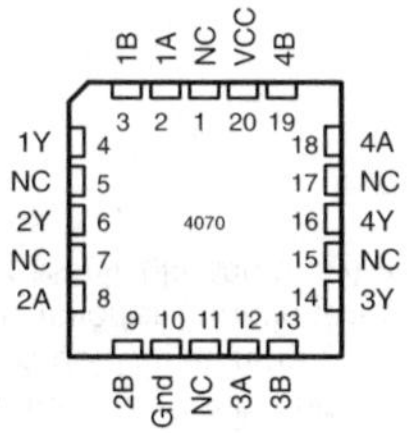

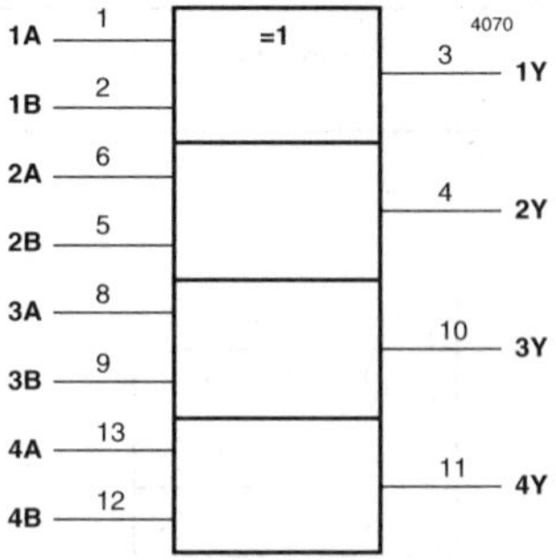

4070	**Vier Exklusiv-ODER-Gatter mit je 2 Eingängen**

Fortsetzung :

Eingänge A	Eingänge B	Ausgang Y
L	L	L
L	H	H
H	L	H
H	H	L

Beschreibung:
Dieser Baustein enthält vier getrennte Exklusiv-ODER-Gatter mit je 2 Eingängen.

Betrieb:
Alle vier Exklusiv-ODER-Gatter können unabhängig voneinander verwendet werden. Bei jedem Gatter ist, wenn ein Eingang, jedoch nicht beide High sind, der Ausgang High. Wenn beide Eingänge High oder beide Eingänge Low sind, wird der Ausgang Low sein.
Das Gatter kann als Komparator verwendet werden, der bei identischen Eingangssignalen einen Ausgang mit Low ergibt und bei unterschiedlichen Eingangssignalen einen Ausgang mit High. Er kann als steuerbarer Inverter verwendet werden, indem ein Low an einem Eingang durchlässt, was immer am zweiten Eingang liegt. Ein High dagegen wird immer komplementieren, was am anderen Eingang liegt.
Der Baustein ist identisch mit dem 4507 und ersetzt den veralteten 4030.

Anwendung:
Realisierung von Exklusiv-ODER-Funktionen, Erzeugung und Prüfung von gerader und ungerader Parität, Addierer/Subtrahierer, logische Komparatoren

Daten:	5V	10V	
Durchlauf-Verzögerung	175	70	ns
Stromaufnahme bei 1 MHz	0.2	0.4	mA

Hersteller:
FA, HIT, MOT, NS, RCA, SGS, SOL, SSS, VA

4070 — Vier Exklusiv-ODER-Gatter mit je 2 Eingängen

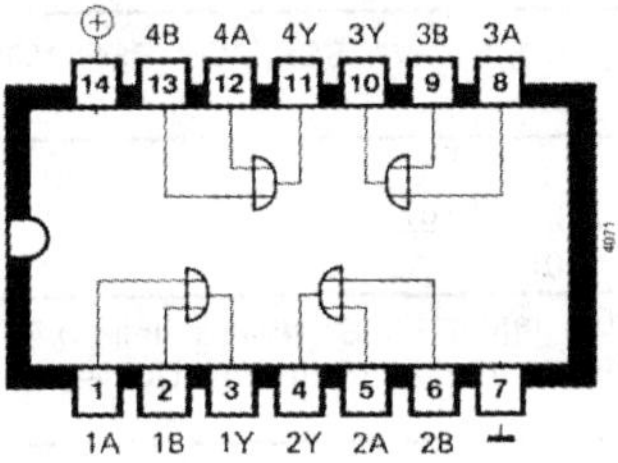

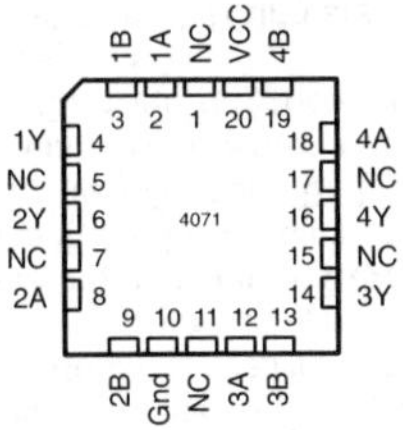

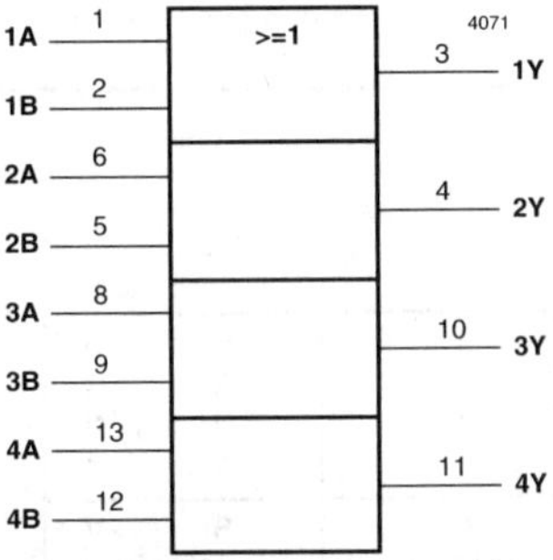

4071 | **Vier ODER-Gatter mit je 2 Eingängen**

Fortsetzung :

Eingänge A	Eingänge B	Ausgang Y
H	X	H
X	H	H
L	L	L

Beschreibung:
Dieser Baustein enthält vier getrennte ODER-Gatter mit je 2 Eingängen.

Betrieb:
Alle vier ODER-Gatter mit positiver Logik können unabhängig voneinander verwendet werden.
Bei jedem Gatter wird mit einem oder beiden Eingängen auf High der Ausgang High sein.
Sind beide Eingänge Low, wird der Ausgang Low sein.

Anwendung:
Realisierung von ODER-Funktionen

Daten:	5V	10V	
Durchlauf-Verzögerung	190	80	ns
Stromaufnahme bei 1 MHz	0.5	1	mA

Hersteller:
FA, HIT, MOT, ISIS, RCA.SGS, SQL, SSS, TOS, VA

4071 Vier ODER-Gatter mit je 2 Eingängen

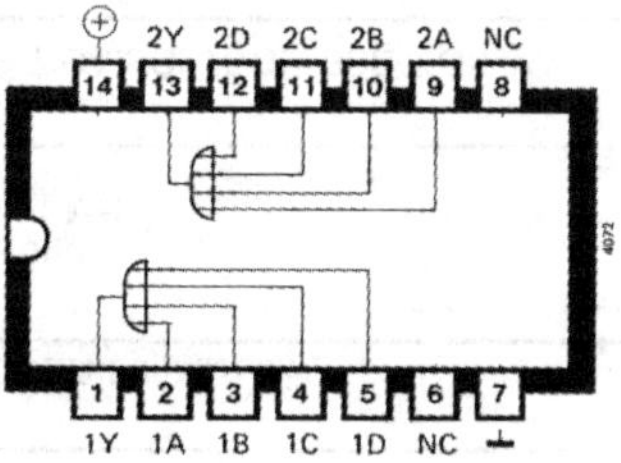

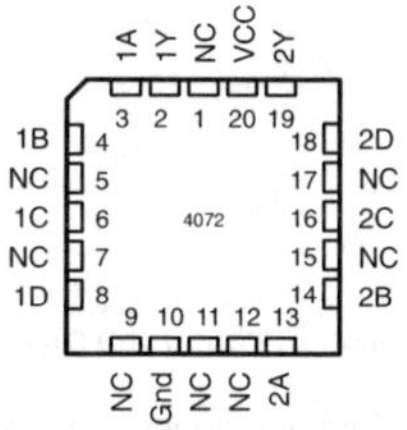

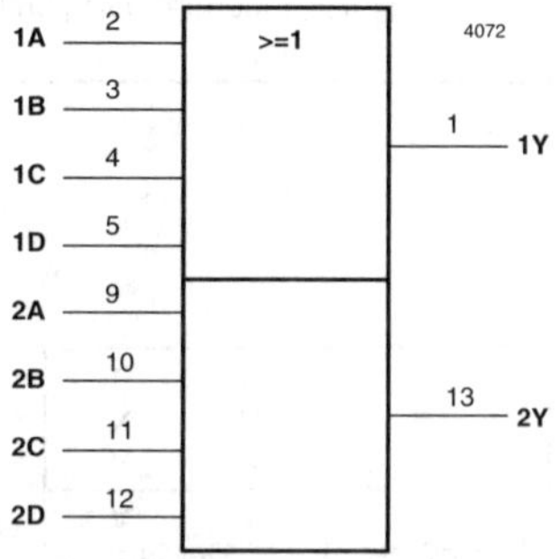

4072 Zwei ODER-Gatter mit je 4 Eingängen

Fortsetzung :

Eingänge				Ausgang
A	B	C	D	Y
H	X	X	X	H
X	H	X	X	H
X	X	H	X	H
X	X	X	H	H
L	L	L	L	L

Beschreibung:
Dieser Baustein enthält zwei getrennte ODER-Gatter mit je 4 Eingängen.

Betrieb:
Beide ODER-Gatter können unabhängig voneinander verwendet werden.
Bei jedem Gatter ist mit einem oder mehreren Eingängen auf High der Ausgang High. Sind alle 4 Eingänge Low, wird der Ausgang Low sein.

Anwendung:
Realisierung von ODER-Funktionen

Daten:	5V	10V	
Durchlauf-Verzögerung	190	80	ns
Stromaufnahme bei 1 MHz	0.5	1	mA

Hersteller:
MOT, NS, RCA, SGS, SSS, TOS, VA

4072 Zwei ODER-Gatter mit je 4 Eingängen

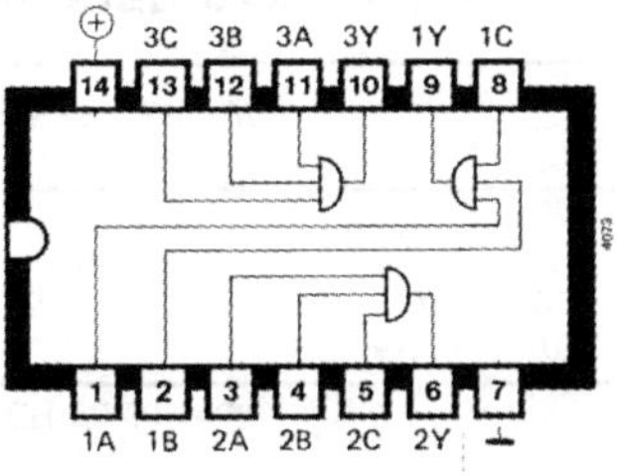

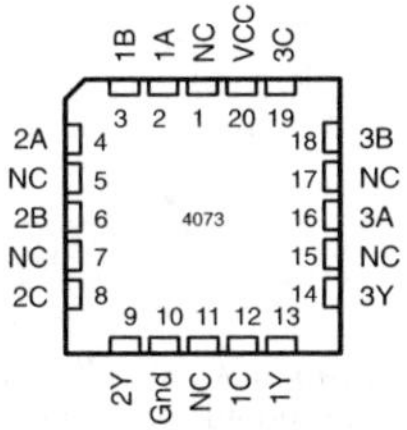

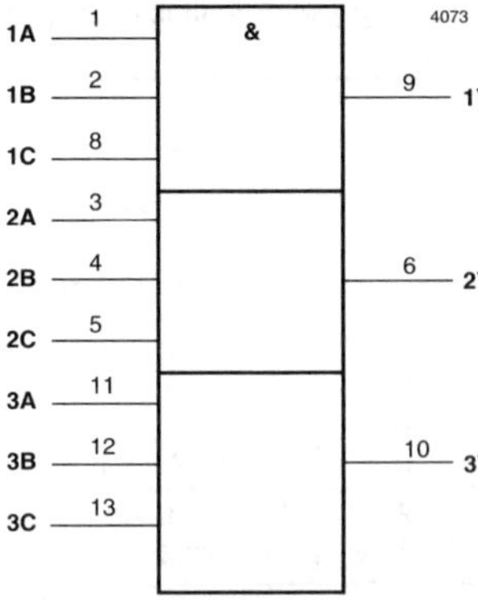

4073	Drei UND-Gatter mit je 3 Eingängen

Fortsetzung :

Eingänge A	B	C	Ausgang Y
L	X	X	L
X	L	X	L
X	X	L	L
H	H	H	H

Beschreibung:
Dieser Baustein enthält drei getrennte UND-Gatter mit je 3 Eingängen.

Betrieb:
Alle drei UND-Gatter können unabhängig voneinander verwendet werden. Bei jedem Gatter wird mit einem oder mehreren Eingängen auf Low der Ausgang Low sein. Sind alle drei Eingänge High, wird der Ausgang High sein.

Anwendung:
Realisierung von UND-Funktionen

Daten:	5V	10V	
Durchlauf-Verzögerung	150	70	ns
Stromaufnahme bei 1MHz	0.5	1	mA

Hersteller:
FA, HIT, MOT, NS, RCA, SGS, SOL, SSS, TOS, VA

4073 — Drei UND-Gatter mit je 3 Eingängen

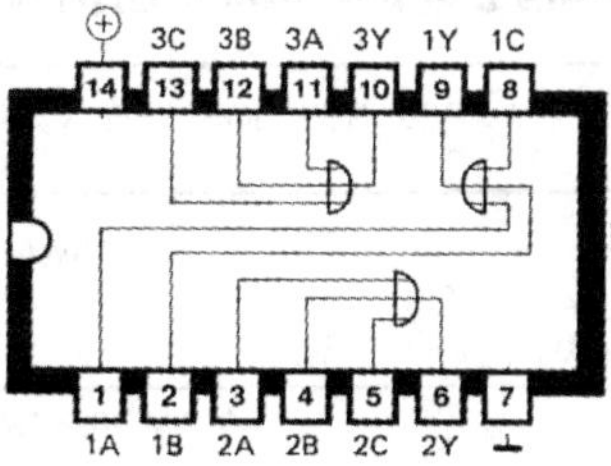

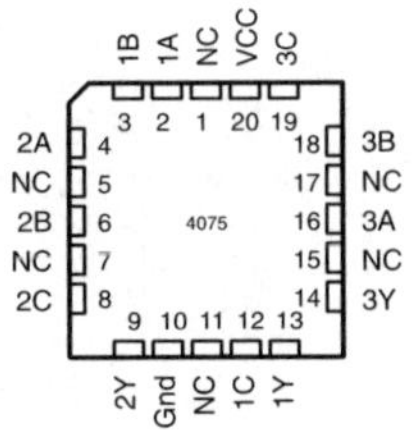

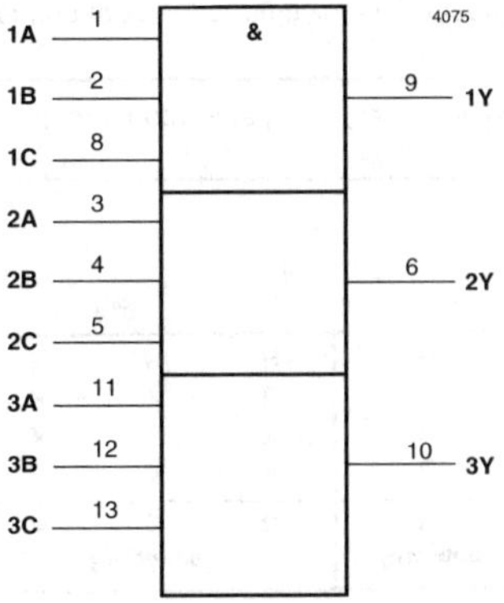

4075 — Drei ODER-Gatter mit je 3 Eingängen

Fortsetzung :

Eingänge			Ausgang
A	B	C	Y
H	X	X	H
X	H	X	H
X	X	H	H
L	L	L	L

Beschreibung:
Dieser Baustein enthält drei getrennte ODER-Gatter mit je 3 Eingängen.

Betrieb:
Alle drei ODER-Gatter können unabhängig voneinander verwendet werden.
Bei jedem Gatter liefert ein oder mehrere Eingänge mit High einen Ausgang mit High.
Sind alle drei Eingänge Low, wird der Ausgang Low sein.

Anwendung:
Realisierung von ODER-Funktionen

Daten:	5V	10V	
Durchlauf-Verzögerung	190	80	ns
Stromaufnahme bei 1 MHz	0.5	1	mA

Hersteller:
FA, HIT, MOT, NS, RCA, SGS, SSS, TOS, VA

4075 Drei ODER-Gatter mit je 3 Eingängen

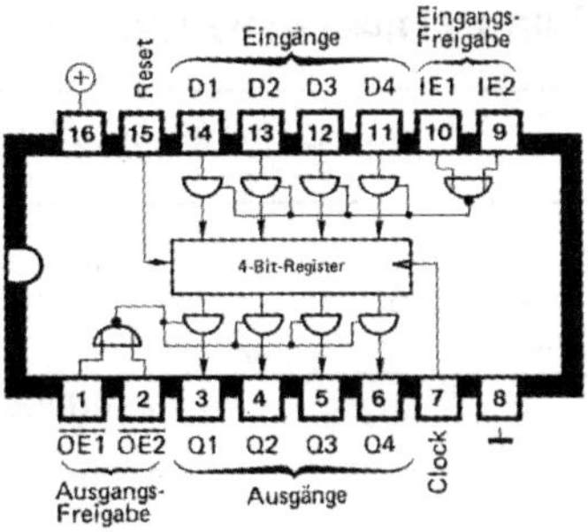

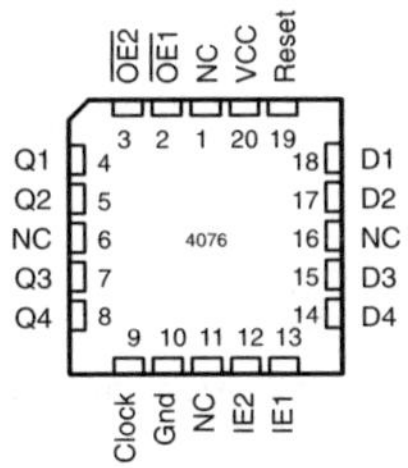

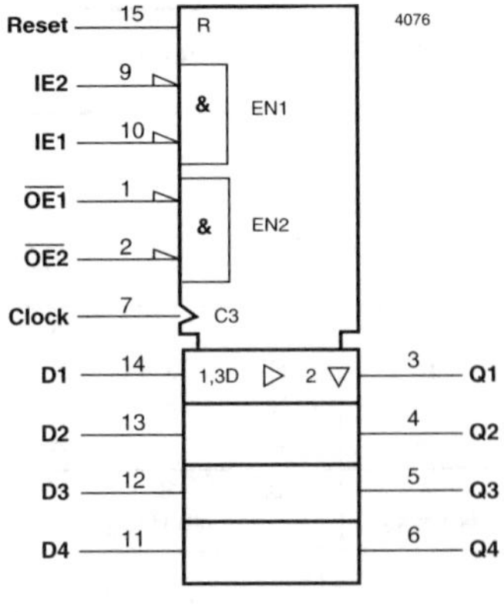

4076 Vier D-Register (TS)

Fortsetzung :

		Eingänge			Ausgänge
Reset	Clock	IE1	IE2	Dn	Qn
L	↑	H	X	X	keine Änderung
L	↑	X	H	X	keine Änderung
L	↑	L	L	H	H
L	↑	L	L	L	L
L	↓	X	X	X	keine Änderung
H	X	X	X	X	L

Beschreibung:
Bei diesem Baustein handelt es sich um ein 4-Bit-Register mit Tristate-Ausgängen.

Betrieb:
Bei normalem Betrieb liegen die Pins 1, 2, 9, 10 und 15 an Masse. Die den D-Eingängen zugeführten Daten werden übernommen und bei einem LH-Übergang (positive Flanke) des Taktes gespeichert.
Wenn einer der Pins 9 oder 10 (Eingangs-Freigabe) auf High gelegt wird, werden die Eingangsdaten ignoriert und die Ausgänge werden gleich bleiben, auch wenn wiederholt getaktet wird.
Wenn einer der Pins 1 oder 2 (Ausgangs-Freigabe) auf High gelegt wird, werden die Ausgänge in einen floatenden (hochohmigen) Zustand übergehen. Die Daten können noch eingegeben und bei der positiven Taktflanke geladen werden.
Wenn der Reset-Eingang (15) auf High gelegt wird, gehen alle Ausgänge in den Low-Zustand und verbleiben dort.

Anwendung:
Zwischenspeicherung von Daten

Daten:	5V	10V	
Durchlauf-Verzögerung	260	120	ns
Maximale Taktfrequenz	3.6	9	MHz
Stromaufnahme bei 1MHz	0.4	0.8	mA

Hersteller:
FA, HIT, MOT, NS, RCA, SGS, SOL, SSS, TOS, VA

4076 Vier D-Register (TS)

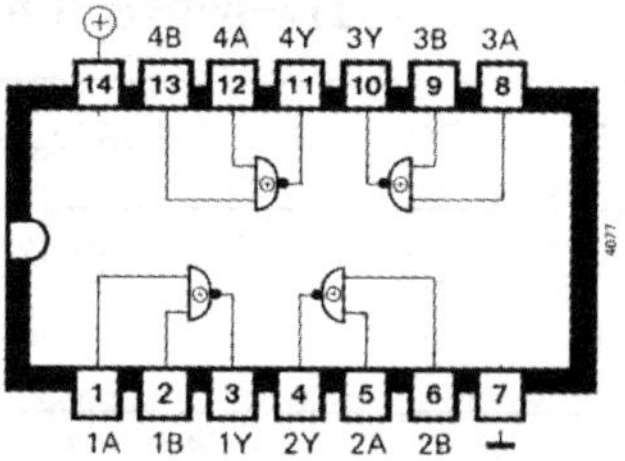

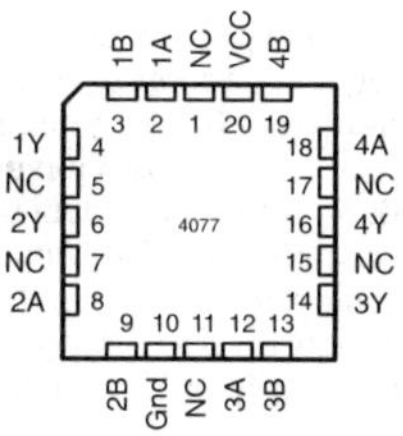

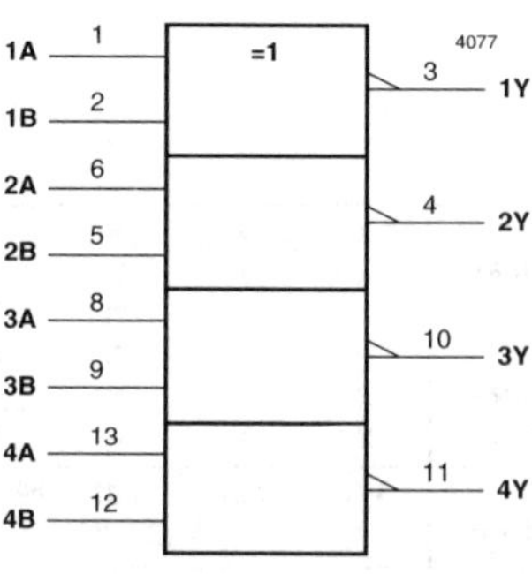

4077 | **Vier Exklusiv-NOR-Gatter mit je 2 Eingängen**

Fortsetzung :

Eingänge A	Eingänge B	Ausgang Y
L	L	H
L	H	L
H	L	L
H	H	H

Beschreibung:
Dieser Baustein enthält vier getrennte Exklusiv-NOR-Gatter mit je 2 Eingängen.

Betrieb:
Alle vier Exklusiv-NOR-Gatter können unabhängig voneinander verwendet werden. Wenn bei einem Gatter ein Eingang High ist, jedoch nicht beide, wird der Ausgang Low sein. Sind beide Eingänge High, oder beide Eingänge Low, so wird der Ausgang High sein.
Das Gatter kann als Komparator verwendet werden, wenn man beachtet, dass identische Eingänge einen Ausgang mit High und unterschiedliche Eingänge einen Ausgang mit Low ergeben.
Es kann auch als steuerbarer Inverter verwendet werden, wenn man beachtet, dass ein High an einem Eingang durchlässt, was immer am anderen Eingang liegt, während ein Low es komplementiert.

Anwendung:
Realisierung von Exklusiv-NOR-Funktionen, Erzeugung und Prüfung von gerader und ungerader Parität, Addierer/Subtrahierer, logische Komparatoren

Daten:	5V	10V	
Durchlauf-Verzögerung	175	70	ns
Stromaufnahme bei 1 MHz	0.2	0.4	mA

Hersteller:
FA, HIT, MOT, RCA, SGS, SOL, SSS, TOS, VA

4077 Vier Exklusiv-NOR-Gatter mit je 2 Eingängen

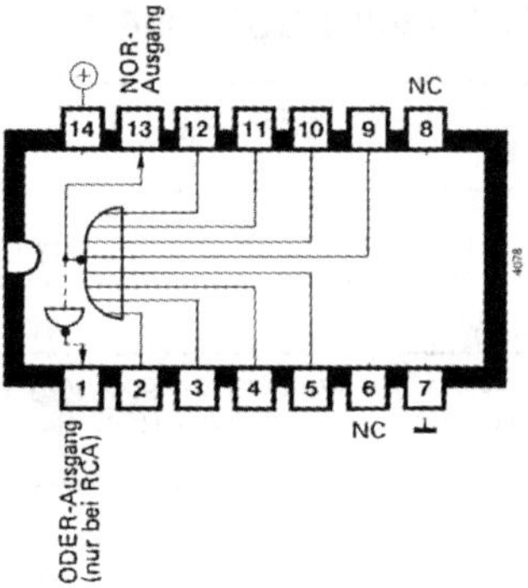

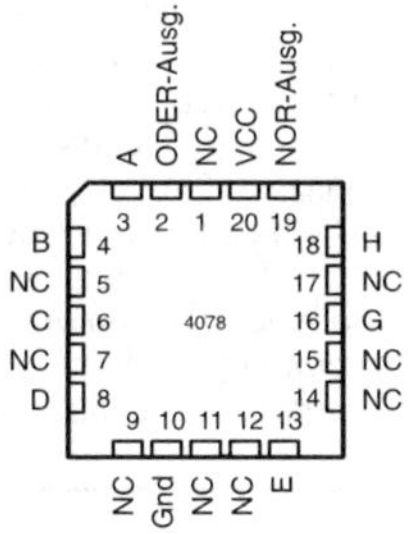

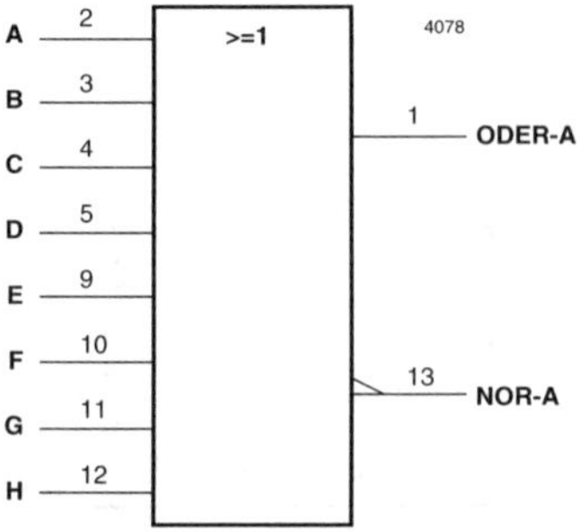

4078	NOR-Gatter mit 8 Eingängen

Fortsetzung :

Eingänge	Ausgang
Ein oder mehrere Eingänge H	L
Alle Eingänge L	H

Beschreibung:
Dieser Baustein enthält ein einzelnes NOR-Gatter mit 8 Eingängen.

Betrieb:
Wenn einer oder mehrere Eingänge High sind, wird der Ausgang Low sein. Wenn alle 8 Eingänge Low sind, wird der Ausgang High sein.
Beachten Sie, dass es sich um einen sehr langsamen Baustein handelt. Er sollte nicht in Anwendungen eingesetzt werden, bei denen eine höhere Arbeitsgeschwindigkeit erforderlich ist, speziell mit einer Betriebsspannung von 5V.
Der 4078 von RCA enthält zusätzlich einen ODER-Ausgang an Pin 1. Dieser Ausgang wird High sein, wenn ein oder mehrere Eingänge High sind. Er wird Low sein, wenn alle 8 Eingänge Low sind.

Anwendung:
Realisierung von NOR-Funktionen

Daten:	5V	10V	
Durchlauf-Verzögerung	425	75	ns
Stromaufnahme bei 1 MHz	0.4	0.8	mA

Hersteller:
FA, HIT, MOT, RCA, SGS, SOL, SSS, TOS, VA

4078 NOR-Gatter mit 8 Eingängen

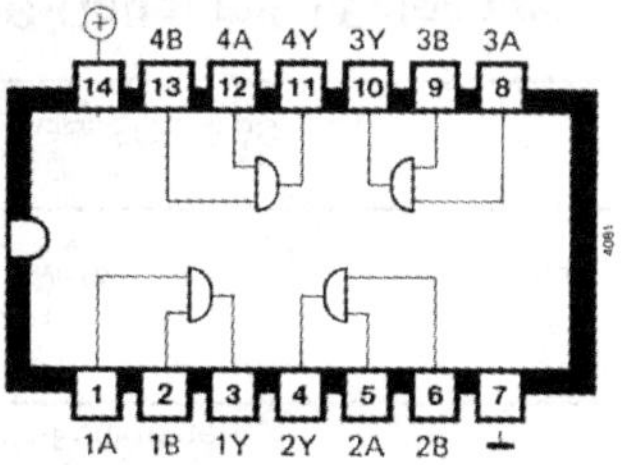

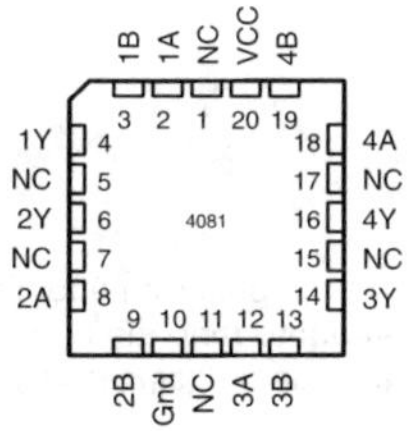

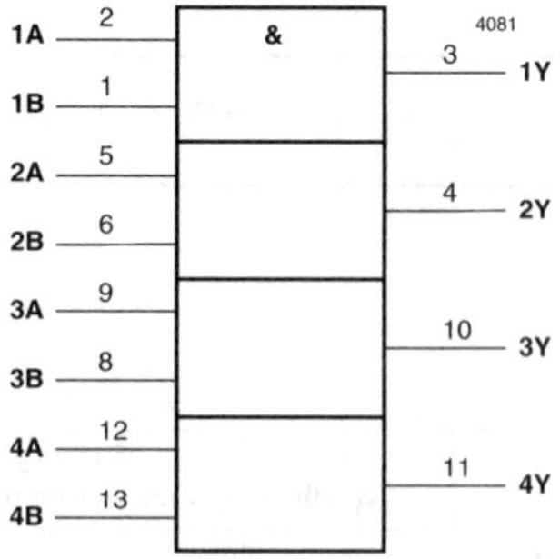

4081 Vier UND-Gatter mit je 2 Eingängen

Fortsetzung :

Eingänge A	Eingänge B	Ausgang Y
L	L	L
L	H	L
H	L	L
H	H	H

Beschreibung:
Dieser Baustein enthält vier getrennte UND-Gatter mit je 2 Eingängen.

Betrieb:
Alle vier UND-Gatter können unabhängig voneinander verwendet werden.
Bei jedem Gatter wird mit einem oder beiden Eingängen auf Low der Ausgang Low sein.
Sind beide Eingänge High, so wird der Ausgang High sein.

Anwendung:
Realisierung von UND-Funktionen, nicht invertierende Puffer

Daten:	5V	10V	
Durchlauf-Verzögerung	150	70	ns
Stromaufnahme bei 1 MHz	0.5	1	mA

Hersteller:
FA, HIT, MOT, NS, RCA, SGS, SOL, SSS, TOS, VA

4081 Vier UND-Gatter mit je 2 Eingängen

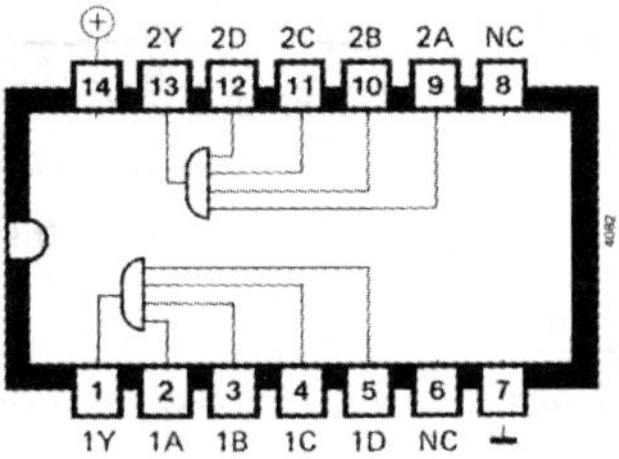

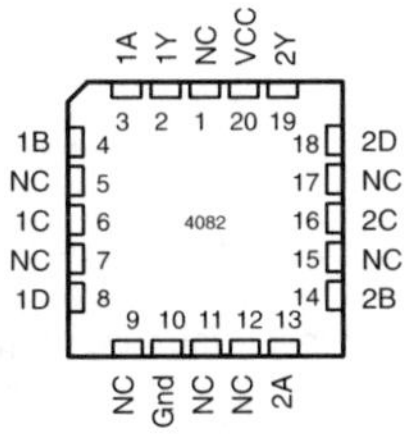

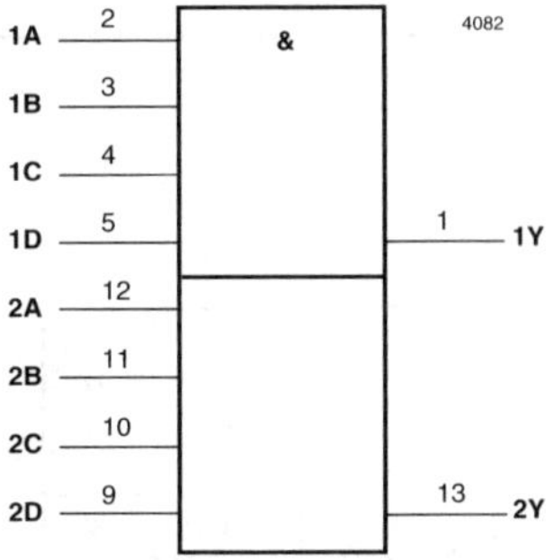

4082 Zwei UND-Gatter mit je 4 Eingängen

Fortsetzung :

Eingänge				Ausgang
A	B	C	D	Y
L	X	X	X	L
X	L	X	X	L
X	X	L	X	L
X	X	X	L	L
H	H	H	H	H

Beschreibung:
Dieser Baustein enthält zwei getrennte UND-Gatter mit je 4 Eingängen.

Betrieb:
Beide UND-Gatter können unabhängig voneinander verwendet werden.
Bei jedem Gatter wird mit einem oder mehreren Eingängen auf Low der Ausgang Low sein.
Sind alle vier Eingänge High, so wird der Ausgang High sein.

Anwendung:
Realisierung von UND-Funktionen, nicht invertierende Puffer

Daten:	5V	10V	
Durchlauf-Verzögerung	150	70	ns
Stromaufnahme bei 1 MHz	0.5	1	mA

Hersteller:
MOT, NS, RCA, SGS, SSS, TOS, VA

4082 Zwei UND-Gatter mit je 4 Eingängen

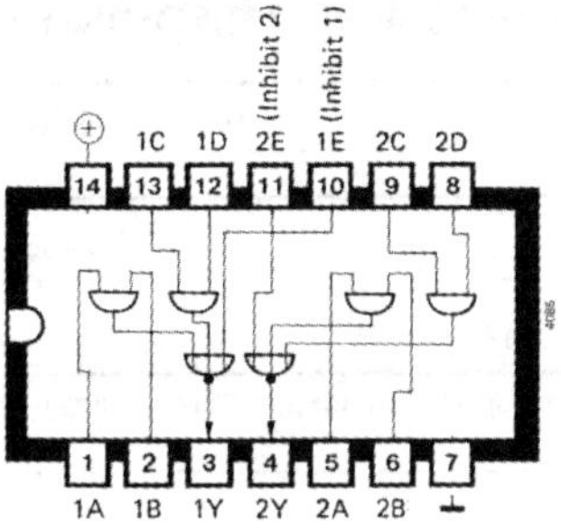

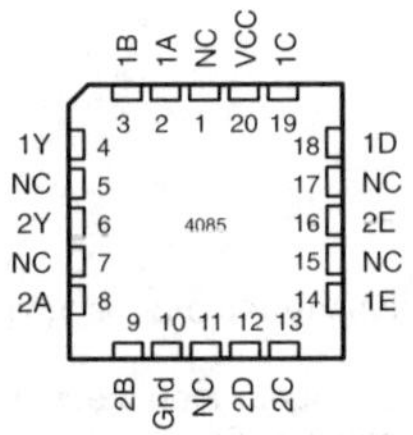

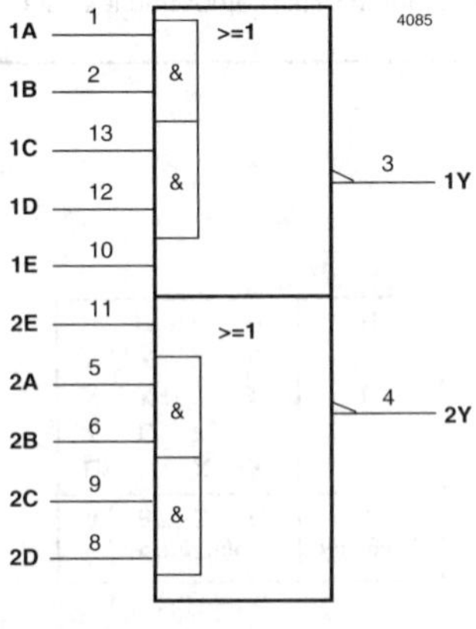

4085	Zwei UND-ODER-NICHT-Gatter

Fortsetzung :

Eingänge					Ausgang
A	B	C	D	E	Y
H	H	X	X	X	L
X	X	H	H	X	L
X	X	X	X	H	L
andere Kombinationen					H

Beschreibung:
Dieser Baustein enthält zwei getrennte UND-ODER-NICHT-Gatter.

Betrieb:
Dieser Baustein besteht aus zwei UND-Gattern mit je zwei Eingängen, die jeweils ein NOR-Gatter mit drei Eingängen steuern. Die Pins 10 und 11 dienen als Expander-Eingänge oder als Inhibit-Eingänge.
Der Ausgang 1Y geht nur dann auf Low, wenn entweder die beiden Eingänge 1A und 1B oder die beiden Eingänge 1C und 1D auf High gelegt werden. Ein High an beispielsweise dem Inhibit Eingang 1E bringt den Ausgang 1Y auf Low, unabhängig von den vier übrigen vier Eingängen 1A — 1D.
Die Boole'schen Gleichungen für diesen Baustein lauten:

$$1Y = \overline{1A \bullet 1B + 1C \bullet 1D + 1E}$$
$$2Y = \overline{2A \bullet 2B + 2C \bullet 2D + 2E}$$

Anwendung:
Realisierung von UND-, ODER- und NICHT-Funktionen

Daten:	5V	10V	
Durchlauf-Verzögerung	300	90	ns
Stromaufnahme bei 1 MHz	0.5	1	mA

Hersteller:
FA, RCA,SGS, SSS,VA

4085 Zwei UND-ODER-NICHT-Gatter

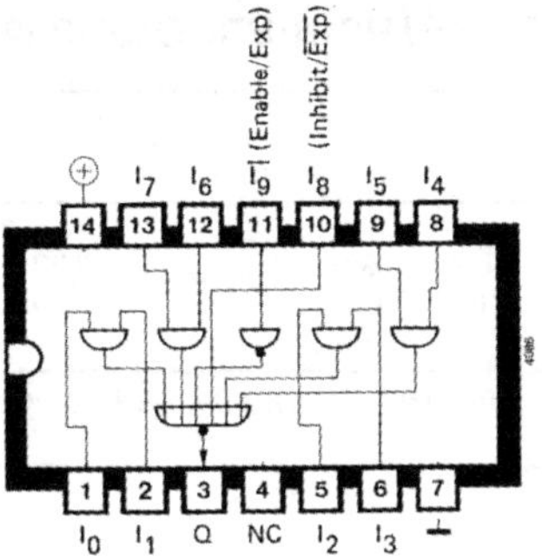

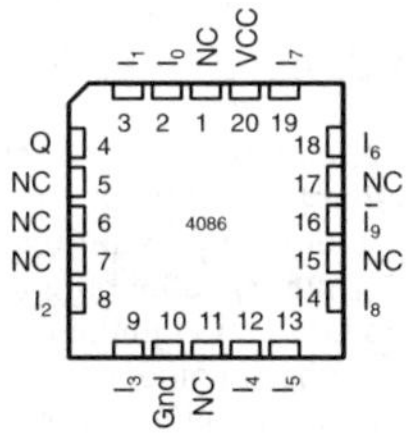

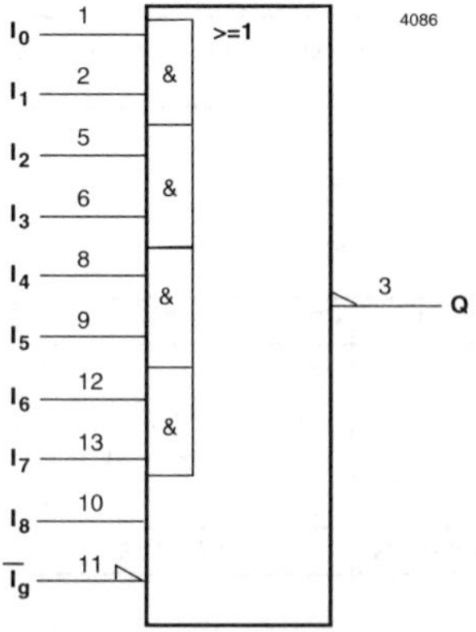

4086 | **UND/ODER/NICHT-Gatter mit viermal zwei Eingängen**

Fortsetzung :

Eingänge										Ausgang
I0	I1	I2	I3	I4	I5	I6	I7	$\overline{I9}$	I8	Q
H	H	X	X	X	X	X	X	X	X	L
X	X	H	H	X	X	X	X	X	X	L
X	X	X	X	H	H	X	X	X	X	L
X	X	X	X	X	X	H	H	X	X	L
X	X	X	X	X	X	X	X	L	X	L
X	X	X	X	X	X	X	X	X	H	L
andere Kombinationen										H

Beschreibung:
Bei diesem Baustein handelt es sich um ein UND/ODER/NICHT-Gatter mit viermal 2 Eingängen.

Betrieb:
Außer den 8 UND-Eingängen (I_0-I_7), enthält dieser Baustein zwei zusätzliche Eingänge, I8 (Inhibit/Exp) und $\overline{I}_9$ (Enable/Exp), die entweder als Expander- oder Inhibit-Eingänge verwendet werden können.
Der Ausgang Q geht nur dann auf Low, wenn entweder die beiden Eingänge I_0 und I_1 oder I_2 und I_3 oder I_4 und I_5 oder I_6 und I_7 auf High gelegt werden.
Ein High an I_8 oder ein Low an $\overline{I}_9$ bringt den Ausgang Q auf Low, unabhängig von den übrigen acht Eingängen I_0—I_7.
Für diesen Baustein gilt:

$$Q = \overline{I_0 \bullet I_1 + I_2 \bullet I_3 + I_4 \bullet I_5 + I_6 \bullet I_7 + I_8 + I_9}$$

Anwendung:
Realisierung von UND-, ODER-und Inverter-Funktionen

Daten:	5V	10V	
Durchlauf-Verzögerung	300	90	ns
Stromaufnahme bei 1 MHz	0.5	1	mA

Hersteller:
FA, RCA, SGS, SSS, TOS, VA

4086 UND/ODER/NICHT-Gatter mit viermal zwei Eingängen

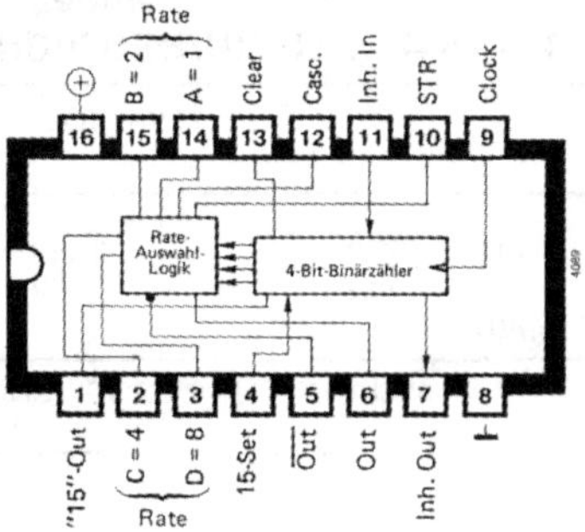

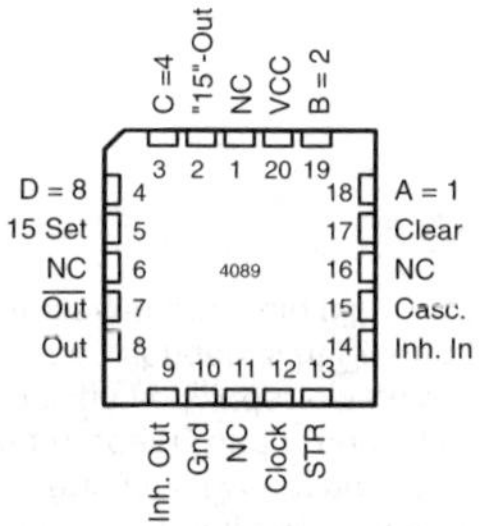

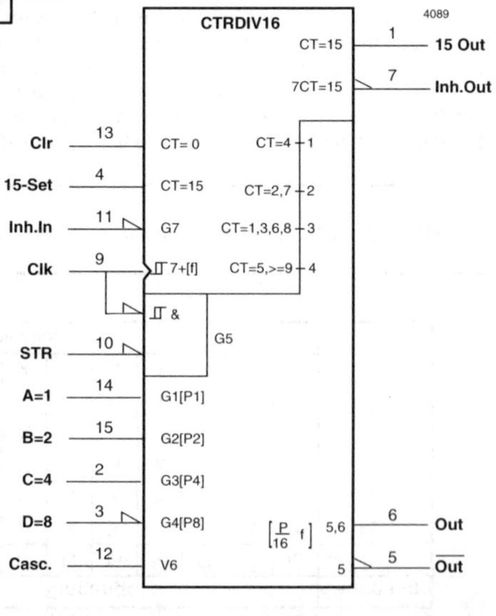

4089 Binärer Rate-Multiplier

Fortsetzung :

Eingänge									Ausgänge			
D	C	B	A	Inh.In	STR	Casc	Clear	15-Set	Out	$\overline{\text{Out}}$	15-Out	Inh.Out
X	X	X	X	H	L	L	L	L	-	-	-	H
X	X	X	X	L	H	L	L	L	L	H	1	1
X	X	X	X	L	L	H	L	L	H	?	1	1
H	X	X	X	L	L	L	H	L	16	16	H	L
L	X	X	X	L	L	L	H	L	L	H	H	L
X	X	X	X	L	L	L	X	H	L	H	L	H
L	L	L	L	L	L	L	L	L	L	H	1	1
L	L	L	H	L	L	L	L	L	1	1	1	1
.	.	.	.	.	.	.	.	.	.	.	1	1
H	H	H	H	L	L	L	L	L	15	15	1	1

Beschreibung:
Dies ist ein spezieller Logik-Block, der dazu verwendet werden kann, eine Ausgangs-Pulsrate mit einem gewählten Betrag zu multiplizieren.

Betrieb:
Bei normalem Betrieb sind die Pins 4, 10, 11, 12 und 13 an Masse gelegt. Dem Pin 9 wird ein Takt zugeführt. Ein Eingangs-"Rate"-Wort, gewichtet A=1, B=2, C=4 und D=8, wird den Rate-Eingängen zugeführt.
An Pin 6 wird ein Ausgangssignal geliefert und dessen Komplement an Pin 5. Die Frequenz dieses Ausgangssignals wird ein Sechzehntel der Takt-Eingangsfrequenz sein, multipliziert mit dem Eingangs-Rate-Wort.
Bei einer Takt-Eingangsfrequenz von 16kHz wird beispielsweise ein Rate-Wort von 0000 einen Ausgang von Null ergeben. Ein Rate-Wort von 0001 ergibt 1 kHz, 0010 ergibt 2 kHz, 1011 ergibt 11 kHz, usw.
Die Ausgangs-Pulsrate ist ein Durchschnittwert und die Impulse haben gewöhnlich ungleiche Abstände. Dieser "Jitter" ist typisch für jede Rate-Multiplier-Schaltung. Rate-Multiplier können nur verwendet werden, wenn ein bestimmter gesamter oder langfristiger Durchschnittswert alles ist, was gefordert wird.
Die Eingänge 15-Set und Clear werden zum Synchronisieren des Beginns der Operation auf die Null- oder maximale Zählung verwendet. Der Inhibit-Eingang stoppt die Ausgangs-Impulse, wenn er auf High liegt.
Rate-Multiplier werden kaskadiert, indem der Inhibit-Ausgang des ersten Bausteins mit dem Inhibit-Eingang und STR (Strobe) des zweiten Bausteins verbunden werden, sowie der Ausgang des ersten Bausteins mit dem Cascade-Eingang des zweiten Bausteins. Die Takt-Eingänge werden miteinander verbunden.
Der 4527 ist ein ähnlicher dezimaler Baustein.

Anwendung:
Numerische Steuerung, Digitalfilter, Frequenz-Synthese

Daten:	5V	10V	
Maximale Taktfrequenz	2	4.5	MHz
Stromaufnahme bei 1 MHz	0.5	5	mA

Hersteller:
NS, RCA, SGS

4089 Binärer Rate-Multiplier

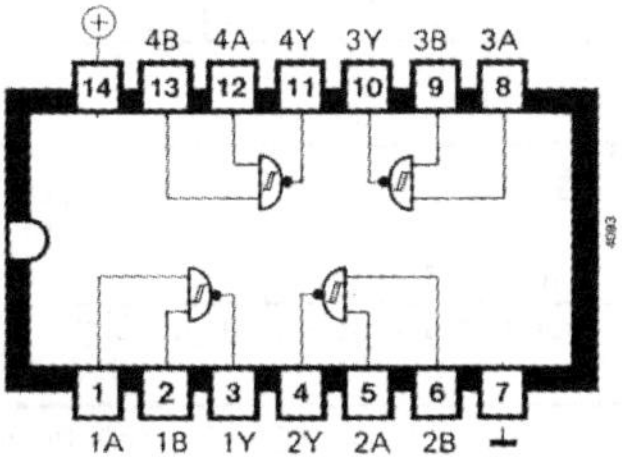

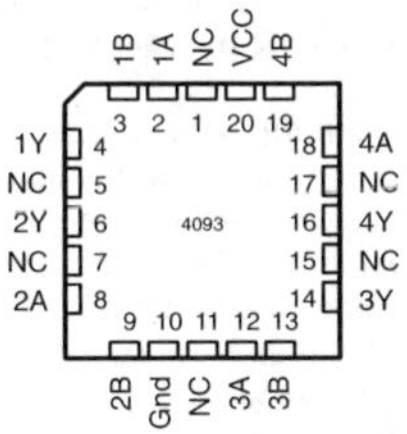

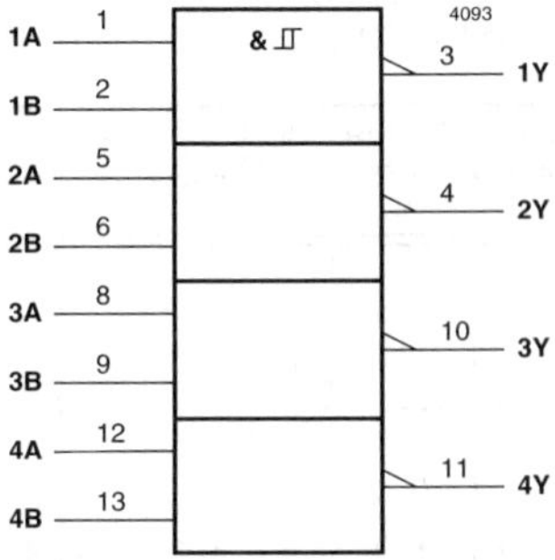

4093	**Vier NAND-Schmitt-Trigger mit je 2 Eingängen**

Fortsetzung :

Eingänge A	Eingänge B	Ausgang Y
L	X	H
X	L	H
H	H	L

Beschreibung:
Dieser Baustein enthält vier getrennte NAND-Schmitt-Trigger mit je 2 Eingängen.

Betrieb:
Alle vier NAND-Gatter mit positiver Logik können unabhängig voneinander verwendet werden.
Wenn auch dieser Baustein als gewöhnliches NAND-Gatter verwendet werden kann, so macht doch eine interne Hysteresis an den Eingängen den Baustein ideal für verrauschte oder sich langsam ändernde Eingangs-Pegel.
Er ist auch ideal in astabilen und monostabilen Anwendungen.
Wenn entweder einer oder beide Eingänge Low sind, wird der Ausgang High sein. Wenn beide Eingänge High sind, wird der Ausgang Low sein.
Bei einer in positiver Richtung ansteigenden Eingangsspannung wird sich der Ausgang bei 2.9 V mit einer Betriebsspannung von 5 V und bei 5.9 V mit einer Betriebsspannung von 10 V ändern.
Bei der abfallenden Flanke der Eingangsspannung wird sich der Ausgang dagegen erst bei 1.9 V (mit einer Betriebsspannung von 5 V) und bei 3.9 V (mit einer Betriebsspannung von 10 V) ändern.
Daher beträgt die Hysteresis, das "Tot-Band" oder die Rauschunempfindlichkeit 1.0 V bei einer 5 V-Betriebsspannung und 2 V bei einer 10 V-Betriebsspannung.

Anwendung:
Spannungs- und Impuls-Former, Systeme mit verrauschten Signalen, monostabile Multivibratoren, astabile Multivibratoren, NAND-Logik, Schwellwert-Detektoren

Daten:	5V	10V	
Durchlauf-Verzögerung	300	150	ns
Hysterese (RCA)	1.0	2.0	V
Stromaufnahme bei 1 MHz	0.4	0.8	mA

Hersteller:
FA, HIT, MOT, NS, RCA, SGS, SSS, TOS, VA

4093 — Vier NAND-Schmitt-Trigger mit je 2 Eingängen

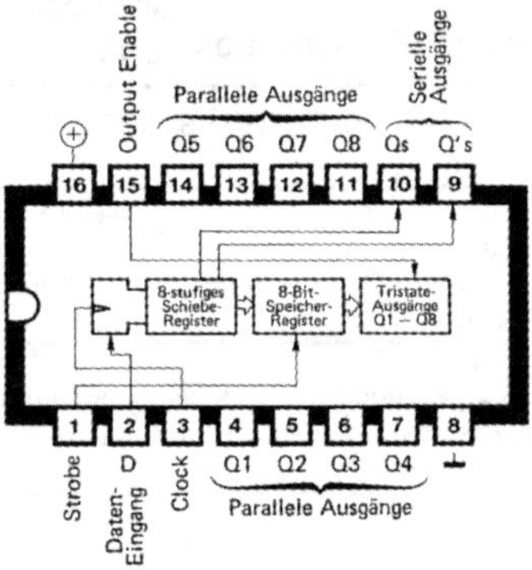

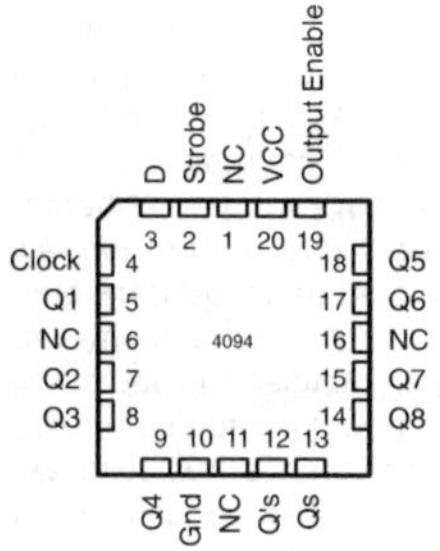

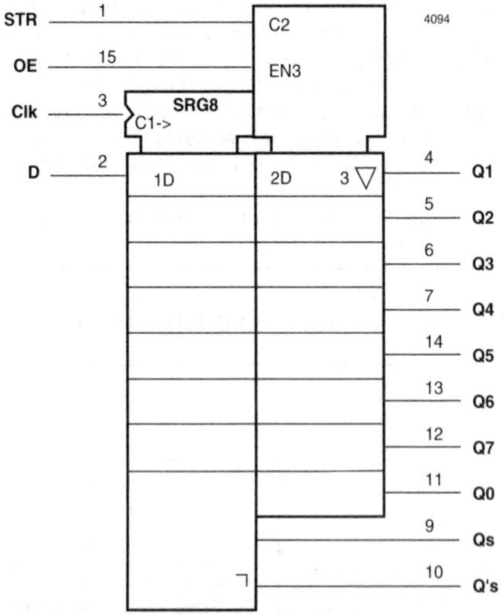

4094 Schieberegister, 8-stufig, mit Zwischenspeicher (TS)

Fortsetzung :

	Eingänge			Ausgänge			
Clock	OE	Strobe	D	Q1	Qn	Qs	Q's
↑	H	H	L	L	Qn-1	Q7	k.Ä.
↑	H	H	H	H	Qn-1	Q7	k.Ä.
↑	H	L	X	k.Ä.	k.Ä.	Q7	k.Ä.
↑	L	X	X	Z	k.Ä.	Q7	k.Ä.
↓	H	X	X	k.Ä.	k.Ä.	k.Ä.	Qs
↓	L	X	X	Z	Z	k.Ä.	Qs

k.Ä. = keine Änderung

Beschreibung:
Dieser Baustein enthält ein achtstufiges Schieberegister, ein 8-Bit-Speicherregister sowie Tristate-Ausgänge.

Betrieb:
Die Daten werden dem Eingang D zugeführt. Bei jedem LH-Übergang (positive Flanke) des Taktes an Pin 3 werden die an D befindlichen Daten übernommen und die bereits im Schieberegister befindlichen Daten um eine Stelle weitergeschoben.
Wenn der Strobe-Eingang High ist, werden die Daten zum Speicherregister übertragen. Wenn der Anschluss Output-Enable auf High liegt, erscheinen die Daten an den Ausgängen Q1—Q8. Liegt dieser Anschluss auf Low, so werden die Ausgänge Q1—Q8 hochohmig.
Zwei serielle Ausgänge Qs und Q's dienen zum Kaskadieren mehrerer 4094. Am seriellen Ausgangs-Anschluss Qs sind die Daten an den positiven Taktflanken verfügbar, wodurch eine hohe Arbeitsgeschwindigkeit in kaskadierten Systemen möglich ist. Die gleichen seriellen Informationen sind am Q's-Anschluss bei der nächsten negativen Taktflanke verfügbar.

Anwendung:
Umwandlung serieller in parallele Daten, Fernsteuerung von Zwischenregistern, Speicher-Anwendungen in Bus-Systemen

Daten:

		5V	10V	
Maximale Taktfrequenz		2.5	5	MHz
	Valvo	10	22	MHz
Stromaufnahme bei 1 MHz		0.5	1	mA

Hersteller:
MOT, NS, RCA, SGS, SSS, TOS, VA

4094 Schieberegister, 8-stufig, mit Zwischenspeicher (TS)

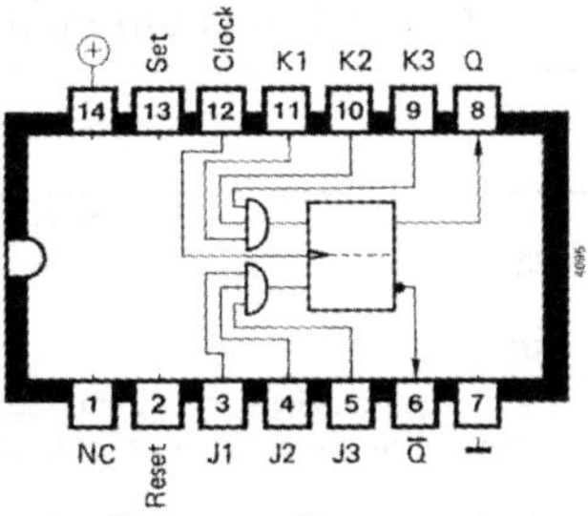

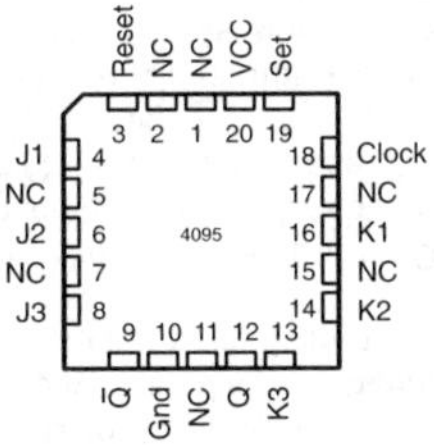

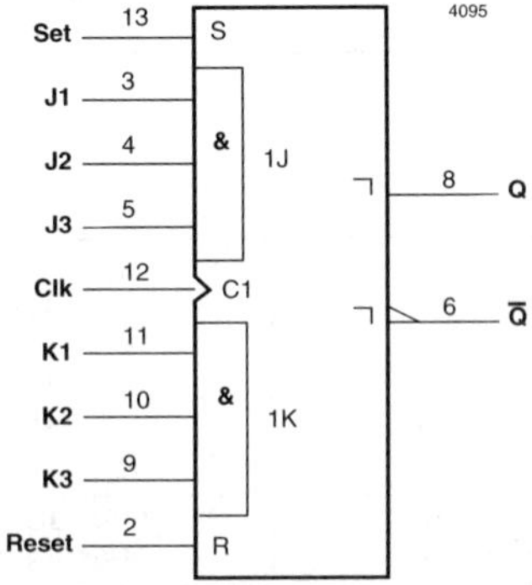

4095	**JK-Master-Slave-Flipflop (nicht-invertierende J- und K-Eingänge)**

Fortsetzung :

Getaktet

Eingänge					Ausgänge	
S	R	Clock	J	K	Q(n+1)	$\bar{Q}$(n+1)
L	L	↑	L	L	keine Änderung	
L	L	↑	H	L	H	L
L	L	↑	L	H	L	H
L	L	↑	H	H	Qn	Q

Q(n+1) = Zustand nach dem LH-Übergang des Taktes

Direkt

Eingänge					Ausgänge	
S	R	Clock	J	K	Q	$\bar{Q}$
H	L	X	X	X	H	L
L	H	X	X	X	L	H
H	H	X	X	X	H	H

Beschreibung:
Dieser Baustein enthält ein JK-Master-Slave-Flipflop mit separater UND-Verknüpfung mehrfacher J- und K-Eingänge.

Betrieb:
Bei getaktetem Betrieb steuern die JK-Eingänge den Transfer von Informationen zum Haupt-Flipflop. Informationen an den JK-Eingängen werden zu den Q- und $\bar{Q}$-Ausgängen bei der positiven Flanke des Taktimpulses transferiert. Die Set- und Reset-Eingänge (aktiv High) sind für asynchrone Betriebsart vorgesehen.
Im übrigen entspricht der 4094 genau einem Flipflop des 4027 (siehe dort), mit der Ausnahme, dass vor dem J- und K-Eingang jeweils ein UND-Gatter mit je 3 Eingängen liegt, d.h. es ist z.B. der J-Eingang nur dann High, wenn J1 und J2 und J3 zur gleichen Zeit High sind.

$J = J1 \bullet J2 \bullet J3$
$K = K1 \bullet K2 \bullet K3$

Anwendung:
Register, Zähler, Steuerschaltungen

Daten:	5V	10V	
Maximale Taktfrequenz	7	16	MHz
Stromaufnahme bei 1M Hz	1	2	mA

Hersteller:
RCA, SGS

4095 — JK-Master-Slave-Flipflop (nicht-invertierende J- und K-Eingänge)

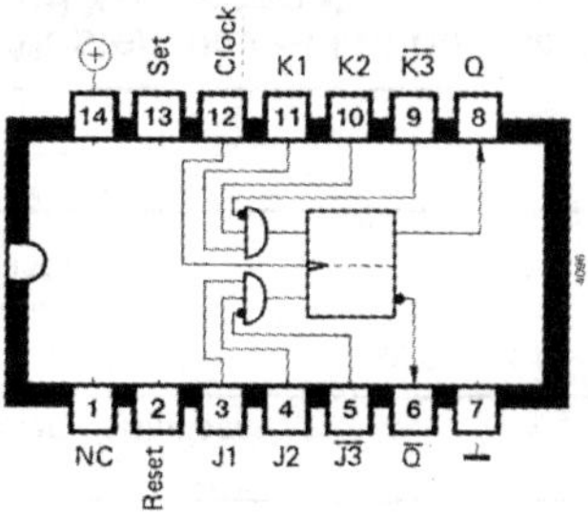

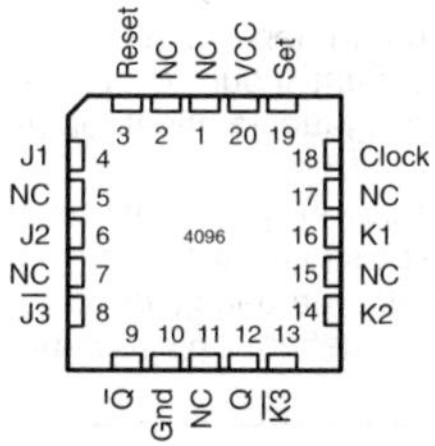

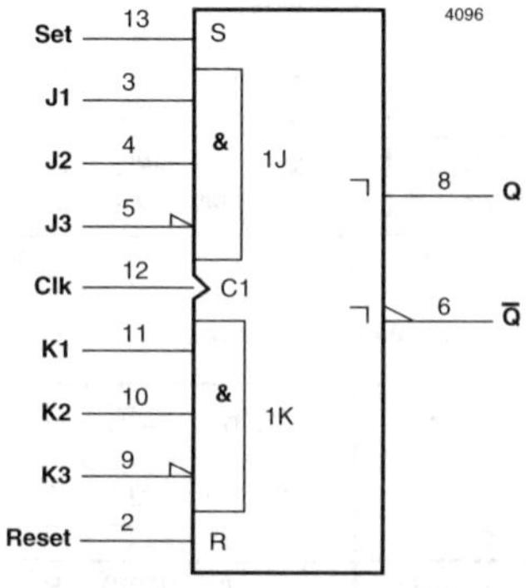

4096	**JK-Master-Slave-Flipflop (invertierende und nicht invertierende J- und K-Eingänge)**

Fortsetzung :

Getaktet

Eingänge					Ausgänge	
S	R	Clock	J	K	Q(n+1)	$\overline{Q}$(n+1)
L	L	⎍	L	L	keine Änderung	
L	L	⎍	H	L	H	L
L	L	⎍	L	H	L	H
L	L	⎍	H	H	Qn	Q

Q(n+1) = Zustand nach dem LH-Übergang des Taktes

Direkt

Eingänge					Ausgänge	
S	R	Clock	J	K	Q	$\overline{Q}$
H	L	X	X	X	H	L
L	H	X	X	X	L	H
H	H	X	X	X	H	H

Beschreibung:
Dieser Baustein enthält ein JK-Master-Slave-Flipflop mit separater Verknüpfung der J-und K-Eingänge über je ein Gatter mit 3 Eingängen.

Betrieb:
Bei getaktetem Betrieb steuern die JK-Eingänge den Transfer von Informationen zum Haupt-Flipflop. Informationen an den JK-Eingängen werden zu den Q- und $\overline{Q}$- Ausgängen bei der positiven Flanke des Taktimpulses transferiert. Die Set- und Reset-Eingänge (aktiv High) sind für asynchrone Betriebsart vorgesehen.
Im übrigen entspricht der 4096 genau einem Flipflop des 4027 (siehe dort), mit der Ausnahme, dass vor dem J- und K-Eingang ein Gatter mit 3 Eingängen liegt, d.h. es ist zum Beispiel der J-Eingang nur dann High, wenn zur gleichen Zeit J1 und J2 High und $\overline{J3}$ Low ist. Das gleiche gilt für den K-Eingang.

$$J = J1 \bullet J2 \bullet \overline{J3}$$
$$K = K1 \bullet K2 \bullet \overline{K3}$$

Anwendung:
Register, Zähler, Steuerschaltungen

Daten:

	5V	10V	
Maximale Taktfrequenz	7	16	MHz
Stromaufnahme bei 1MHz	1	2	mA

Hersteller:
RCA, SGS

4096 — JK-Master-Slave-Flipflop (invertierende und nicht invertierende J- und K-Eingänge)

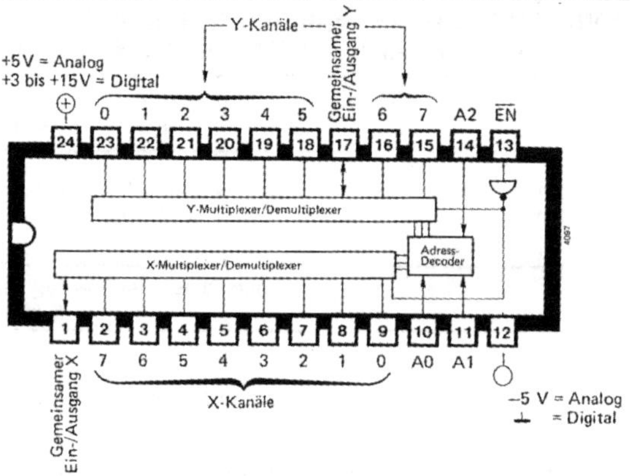

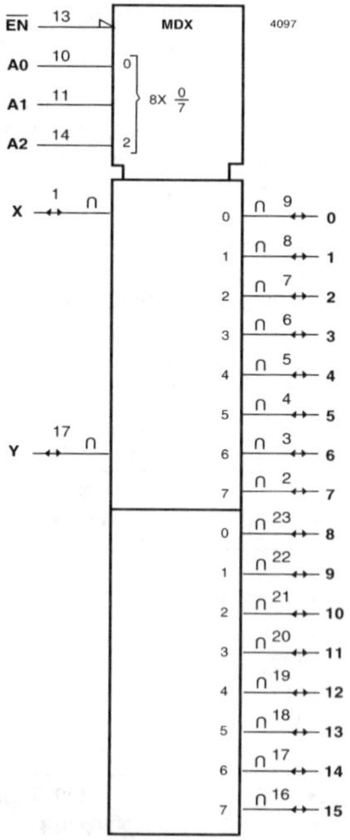

4097 Multiplexer/Demultiplexer, 2 x 8 Kanäle, analog/digital

Fortsetzung :

Adresse A2	A1	A0	Freigabe $\overline{EN}$	Durchgeschalteter Kanal (X und Y)
L	L	L	L	0
L	L	H	L	1
L	H	L	L	2
L	H	H	L	3
H	L	L	L	4
H	L	H	L	5
H	H	L	L	6
H	H	H	L	7
X	X	X	H	keiner

Beschreibung:
Dieser Baustein enthält zwei Multiplexer/Demultiplexer, mit je 8 Kanälen für analoge und digitale Daten.

Betrieb:
Beim Analog-Betrieb wird –5V dem Pin 12 und +5V dem Pin 24 zugeführt. Der gewählte Kanal der Multiplexer X und Y wird durch die Logikpegel an A0–A2 bestimmt. Hierbei wird Low als –5V und High als +5V definiert.
Beim Digitalbetrieb legt man Pin 12 an Masse und +3V bis +15V an Pin 24. Low ist dann Masse und High die Spannung an Pin 24.
In beiden Fällen bewirkt ein Low an EN (Enable), dass die jeweiligen gewählten Kanäle durchgeschaltet sind. Ein High an EN schaltet alle Kanäle auf AUS, unabhängig von A0–A2.
Beim Umschalten der Adresse können sich zwei Kanäle kurzzeitig (einige ns) überlappen. Wenn einem Eingang ein Signal zugeführt wird, während keine Betriebsspannung anliegt, muss der Strom auf 10mA oder weniger begrenzt werden.

Anwendung:
Analog- und Digital-Multiplexen und Demultiplexen, A/D-und D/A-Wandlung, Signalverarbeitung

Daten:	5V	10V	
Auswahl-und Sperr-Verzögerungszeiten	300	130	ns
Ein-Widerstand	500	180	Ω
Übersprechen (10MHz)	–40	dB	
Stromaufnahme	0.3	0.6	mA

Hersteller:
RCA,SGS

4097	**Multiplexer/Demultiplexer, 2 x 8 Kanäle, analog/digital**

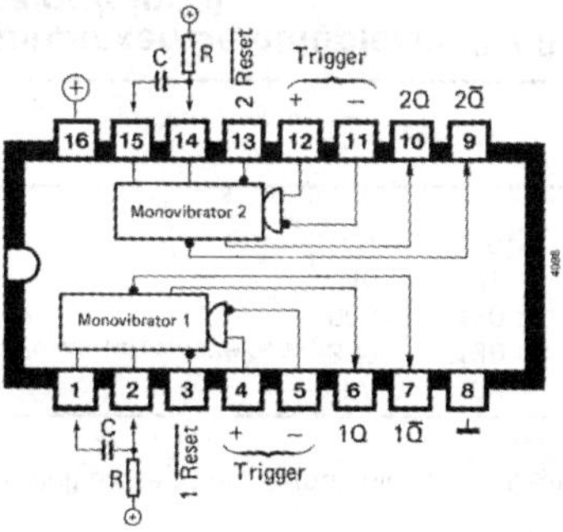

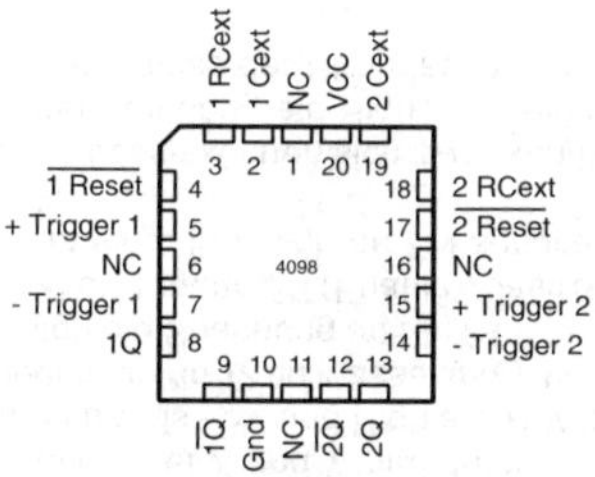

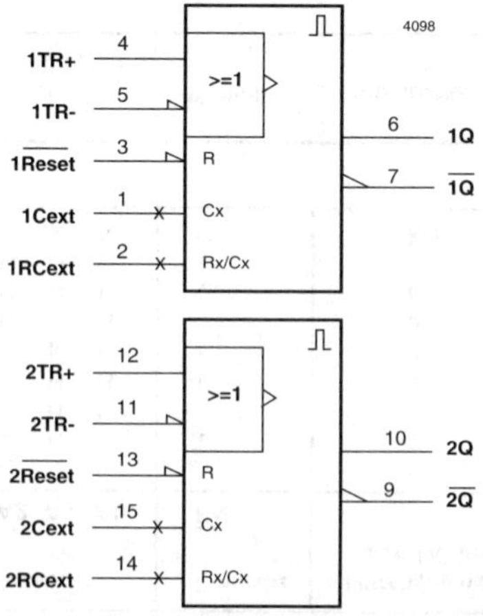

4098 Zwei retriggerbare Monovibratoren

Fortsetzung :

Eingänge Pin 4 (12)	Pin 5 (11)	$\overline{Reset}$	Ausgänge Q	$\overline{Q}$
↑	H	H	H	L
L	↓	H	H	L
X	X	L	L	H

Beschreibung:
Dieser Baustein enthält zwei monostabile, retriggerbare Multivibratoren.

Betrieb:
Die zeitliche Dauer des Ausgangsimpulses wird durch einen externen Widerstand R und einen externen Kondensator C bestimmt. Der zeitbestimmende Widerstand kann zwischen 5kΩ und 10MΩ liegen, der maximale Wert des externen Kondensators beträgt 100µF. Die zeitliche Verzögerung vom Trigger-Zeitpunkt bis zum Beginn des Ausgangsimpulses und die Zeitverzögerung vom Reset-Signal bis zum Ausgangssignal sind unabhängig von R und C. Die Triggerung mit einer positiven Anstiegsflanke erfolgt an den Eingängen 4 und 12, wobei 5 und 11 an Pin 16 gelegt werden. Soll mit der negativen Flanke an den Pins 5 oder 11 getriggert werden, sind 4 und 12 an Masse zu legen. Ein Low an den Reset-Anschlüssen beendet sofort den Ausgangsimpuls. Wird Reset nicht verwendet, so sind diese Anschlüsse an Pin 16 zu legen.
Die Schaltung gibt beim Anlegen der Betriebsspannung einen Impuls ab. Soll dieser unterdrückt werden, so sind die Reset-Anschlüsse über einen Widerstand mit der positiven Betriebsspannung und über einen Kondensator mit Masse (z.B. 1 MΩ/1µF) zu verbinden. Die Schaltung ist retriggerbar. Wenn mehr als eine Triggerflanke während der EIN-Zeit eintrifft, bestimmt das RC-Produkt die Länge der Verzögerung nach der letzten Triggerflanke.
Der 4528 ist ein ähnlicher Baustein bei dem jedoch die Pins 1 und 15 an Masse gelegt werden müssen. Man kann bei diesem Baustein übrigends das Retriggern unterdrücken, indem man Q mit –Trigger (oder Q mit +Trigger) verbindet.

Anwendung:
Impuls-Verzögerung, Impuls-Formung, astabile Multivibratoren

Daten:	5V	10V	
Mindestbreite des Triggerimpulses	140	60	ns
Minimale Breite des Ausgangsimpulses	500	350	ns

Hersteller:
RCA, SGS

4098 Zwei retriggerbare Monovibratoren

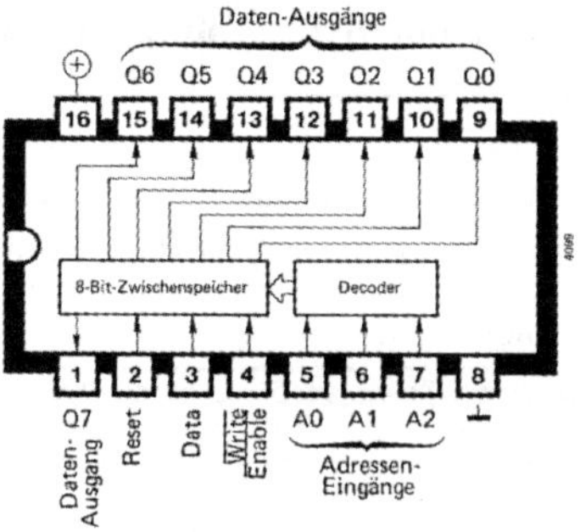

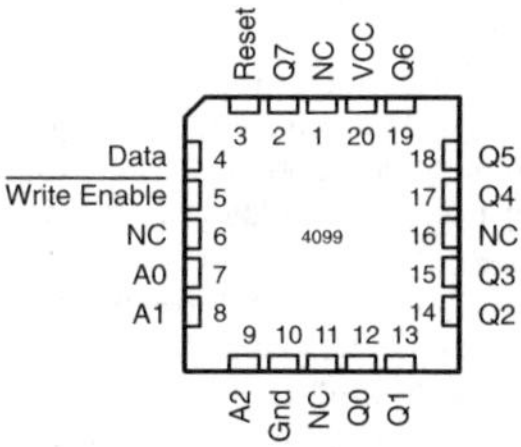

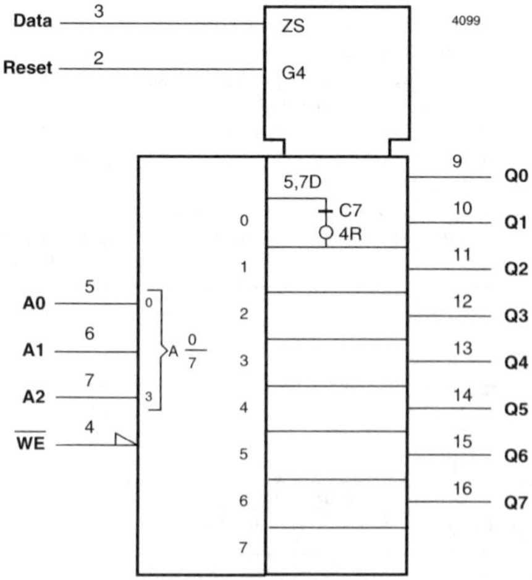

4099 Adressierbarer 8-Bit-Zwischenspeicher

Fortsetzung :

Auswahl der Betriebsart:

$\overline{\text{Write Enable}}$	Reset	Adressierter Speicher	Nicht adressierter Speicher	Betriebsart
L	L	Folgt den Daten	Hält vorausgehende Daten	Adressierbarer Zwischenspeicher
H	L	Hält vorausgehende Daten	Hält vorausgehende Daten	Speicher
L	H	Folgt den Daten	Löscht auf "0"	Demultiplexer
H	H	Löscht auf "0"	Löscht auf "0"	Löschen

Beschreibung:
Dieser Baustein enthält einen adressierbaren Zwischenspeicher mit 8 Bits, der als Speicherregister mit serieller Eingabe und paralleler Ausgabe dienen kann.

Betrieb:
Die Daten werden in einem speziellen Bit im Zwischenspeicher aufbewahrt, wenn dieses Bit über die Eingänge A0, A1, A2 adressiert ist, und sich der Anschluss $\overline{\text{Write Enable}}$ auf Low befindet. Ist dieser Anschluss auf High, so wird die Daten-Eingabe gesperrt, wobei jedoch alle Ausgänge kontinuierlich unabhängig von Write Enable und den Adressen-Eingängen gelesen werden können.
Über den Reset-Anschluss können alle Bits auf 0 gesetzt werden, wenn man Reset und $\overline{\text{Write Enable}}$ auf High legt. Mit Reset auf High und $\overline{\text{Write Enable}}$ auf Low arbeitet der Speicher als ein 1-aus-8-Demultiplexer. Hierbei hat das adressierte Bit einen aktiven Ausgang, der dem Daten-Eingang folgt, während alle nicht-adressierten Bits auf Low gehalten werden.

Anwendung:
Mehrleitungs-Decoder, A/D-Wandler

Daten:

	5V	10V	
Durchlauf-Verzögerung	200	75	ns

Hersteller:
MOT, NS, RCA, SGS, SSS, TOS

4099 Adressierbarer 8-Bit-Zwischenspeicher

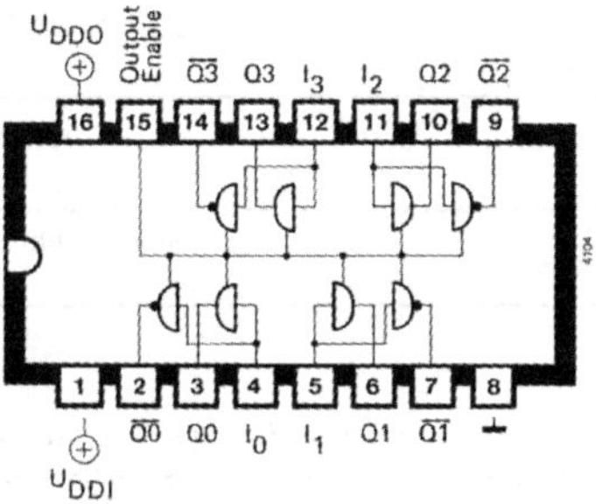

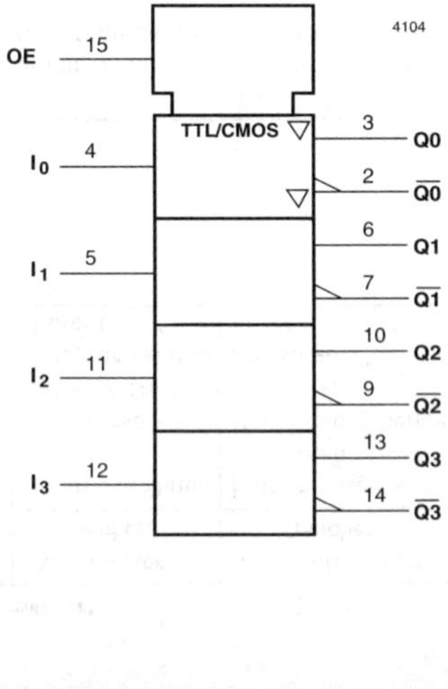

4104	**Vier TTL/CMOS-Pegelumsetzer mit Komplementär-Ausgängen (TS)**

Fortsetzung :

Eingänge		Ausgänge	
OE	I	Q	$\overline{Q}$
L	X	Z	Z
H	L	L	H
H	H	L	L

Beschreibung:
Dieser Baustein enthält vier Pegel-Umsetzer für das Umsetzen von Signalen mit niedrigem Pegel auf einen höheren Pegel (z.B. TTL - CMOS).

Betrieb:
Die Anschlüsse für die Spannungsversorgung der Eingangsstufen (U_{DDI}) und der Ausgangsstufen (U_{DDO}) sind einzeln herausgeführt.
Die Speisespannung an U_{DDI} darf, auch während des Ein- und Ausschaltens, die Spannung an U_{DDO} nicht überschreiten.
Der Eingang Output Enable (Ausgangsfreigabe) liegt normalerweise auf High (High = U_{DDI})- Legt man diesen Anschluss auf Low, gehen alle Ausgänge in den hochohmigen Zustand.
Die internen Eingangs-Schutzschaltungen sind so angeordnet, dass die Eingänge mit einem beliebigen Potential zwischen U_{DDO} und Masse angesteuert werden können. Wenn mehrere Pegel-Umsetzer in einem Bus-System eingesetzt werden, müssen alle Speise-Anschlüsse U_{DDO} und Masse an derselben Spannungsquelle angeschlossen werden. Andernfalls könnte (auch im AUS-Zustand) eine Zerstörung der Schaltung bewirkt werden, wenn der Eingangsstrom nicht auf 10mA begrenzt ist.

Anwendung:
Pegel-Umsetzung in Bus-Systemen

Daten:	5V	10V	
Durchlauf-Verzögerung	135	75	ns
Stromaufnahme bei 1 MHz	0.2	0.4	mA

Hersteller:
FA, PLE, VA

4104 | **Vier TTL/CMOS-Pegelumsetzer mit Komplementär-Ausgängen (TS)**

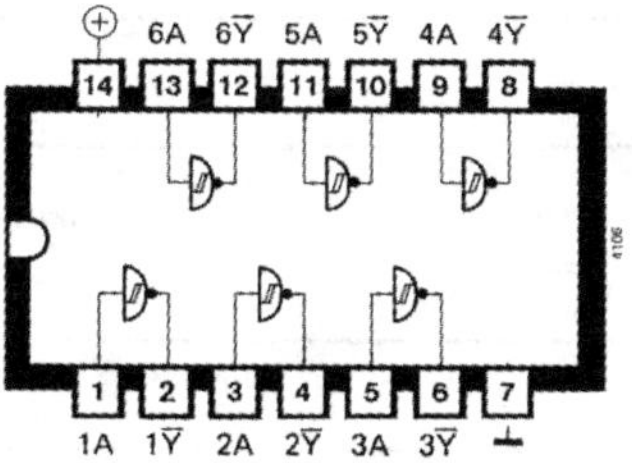

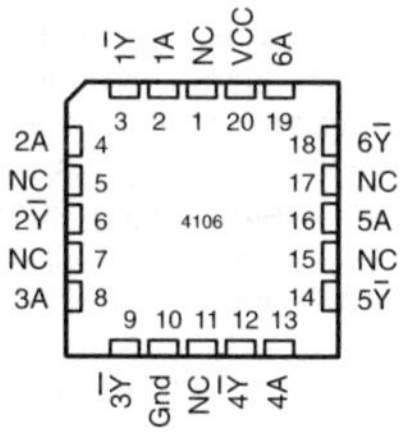

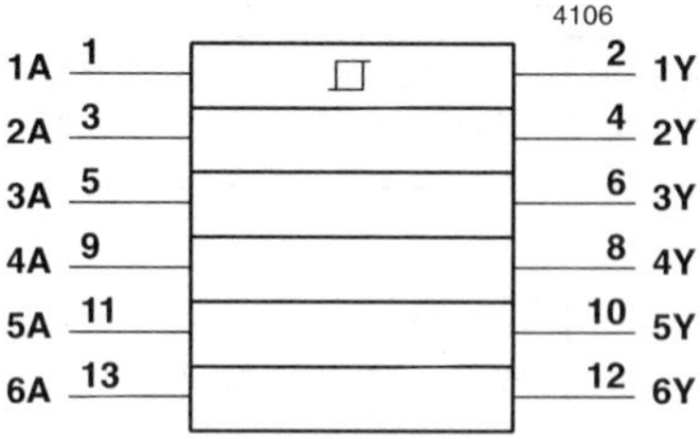

4106	**Sechs Schmitt-Trigger (invertierend)**

Fortsetzung :

Eingang	Ausgang
A	$\overline{Y}$
H	L
L	H

Beschreibung:
Dieser Baustein enthält 6 getrennte Schmitt-Trigger mit Inverter-Funktionen.

Betrieb:
Dieser Baustein kann als gewöhnlicher Inverter verwendet werden, wobei jedoch eine interne Hysteresis an den Eingängen den Baustein ideal für verrauschte oder sich langsam ändernde Eingangs-Pegel macht. Er lässt sich auch gut in astabilen und monostabilen Anwendungen einsetzen.
Ein Low an einem Eingang erzeugt ein High am entsprechenden Ausgang, ein High am Eingang ein Low am Ausgang.
Bei einer ansteigenden Flanke der Eingangsspannung wird sich der Ausgang bei 2.9 V mit einer Stromversorgung von 5 V und bei 5.9 V mit einer Stromversorgung von 10 V ändern.
Bei einer abfallenden Flanke der Eingangsspannung wird sich der Ausgang bei 2.3 V mit einer 5 V-Betriebsspannung und bei 3.9 V mit einer Betriebsspannung von 10 V ändern. Daher beträgt die Hysteresis, das “Totband“, oder die Rauschunempfindlichkeit 0.6 V bei einer 5 V-Betriebsspannung und 2 V bei einer 10 V-Betriebsspannung.
Dieser Baustein ist pin- und funktionskompatibel mit dem 40106.

Anwendung:
Spannungs- und Impulsformer, Systeme mit stark verrauschten Signalen, monostabile Multivibratoren, astabile Multivibratoren

Daten:	5V	10V	
Hysteresis-Spannung	0.6	2.0	V
Stromaufnahme bei 1 MHz	0.3	0.6	mA

Hersteller:
MOT

4106 Sechs Schmitt-Trigger (invertierend)

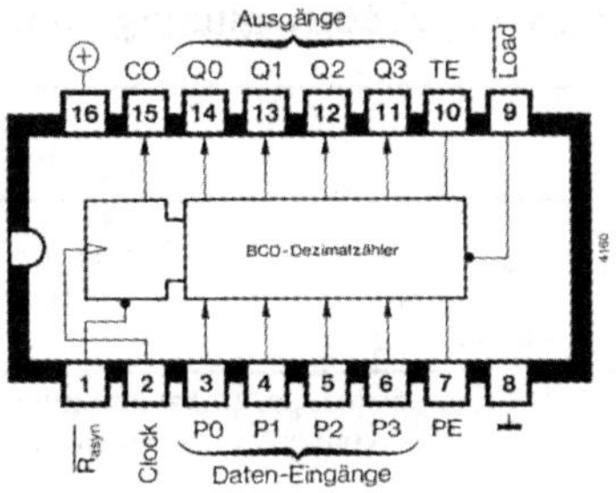

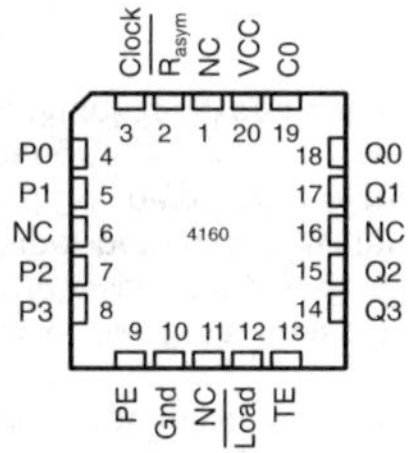

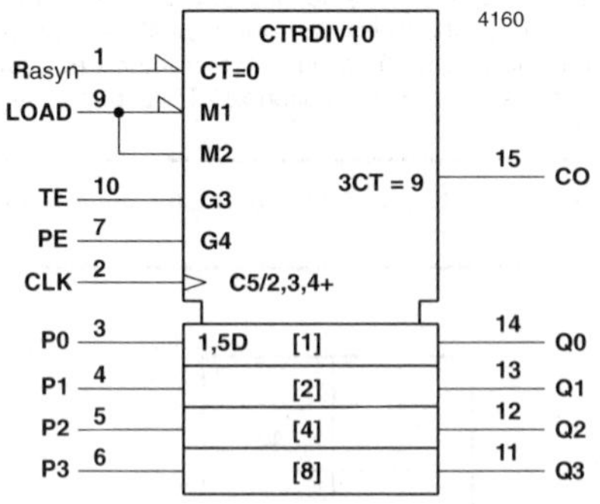

4160 Synchroner programmierbarer Dezimalzähler (asynchrones Löschen)

Fortsetzung :

$\overline{Load}$	PE	TE	Betriebsart
L	X	X	Voreinstellen
H	L	X	keine Änderung
H	X	L	keine Änderung
H	H	H	Zählung

Beschreibung:
Es handelt sich bei diesem Baustein um einen programmierbaren synchronen, dekadischen Zähler, der im BCD-Code aufwärts zählt und asynchron zurückgesetzt wird.

Betrieb:
Für normalen Zählbetrieb werden Pin 1 (R_{asyn}), die Pins PE (P-Enable) und TE (T-Enable), sowie der Load-Eingang High gemacht.
Der Zähler schreitet um eine Zählung synchron bei einem LH-Übergang des Taktes fort. Die Schaltung triggert also an den positiven Flanken des Taktimpulses. Die Ausgänge Q0, Q1, Q2 und Q3 folgen dem BCD-Code.
Zur Rückstellung des Zählers wird der Anschluss 1 (R_{asyn}) kurzzeitig auf Masse gelegt. Diese Rückstell-Funktion ist asynchron und setzt alle vier Ausgänge auf Low, unabhängig vom Zustand der anderen Eingänge.
Wenn der Eingang Load auf Low ist, wird bei der nächsten positiven Flanke des Taktimpulses der an den Anschlüssen P0—P3 liegende Code in den Zähler geladen. Für synchrones Zählen mit mehreren Dekaden ohne externes Gatter dienen die beiden Eingänge für die Zähler-Freigabe PE und TE, sowie der Anschluss CO (Carry Out). Die Verbindung geschieht folgendermaßen:
1. Dekade (niedrigstwertige): PE = TE = High, CO wird mit PE und TE der zweiten Dekade, und mit PE der dritten (usw.) Dekade verbunden.
2. Dekade: CO der zweiten Dekade wird mit TE der dritten Dekade verbunden usw.
Alle Stufen werden synchron vom Eingangstakt gesteuert, indem die Takteingänge aller Stufen miteinander verbunden werden. Ebenso werden alle Rückstell-Eingänge parallel geschaltet.
Dieser Baustein ist pin-kompatibel mit dem 40160 und dem TTL74160.

Anwendung:
Programmierbare Zähler, Zähler- und Zeitgeber-Steuerung, Frequenzteiler

Daten:	5V	10V	
Maximale Zählfrequenz	6	12	MHz
Stromaufnahme bei 1 MHz	0.5	2.5	mA

Hersteller:
HIT, MOT, NS, SSS

4160 Synchroner programmierbarer Dezimalzähler (asynchrones Löschen)

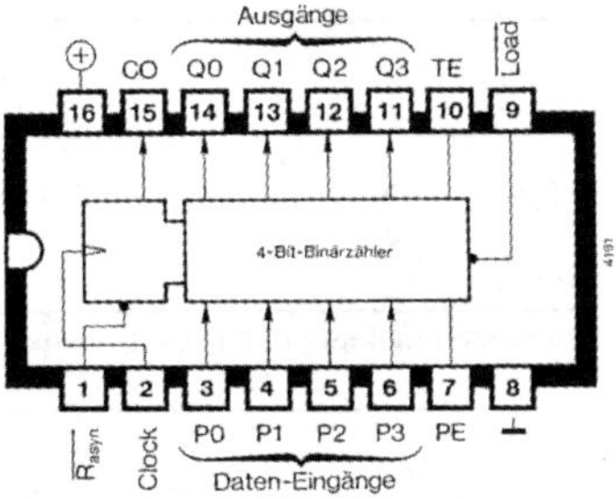

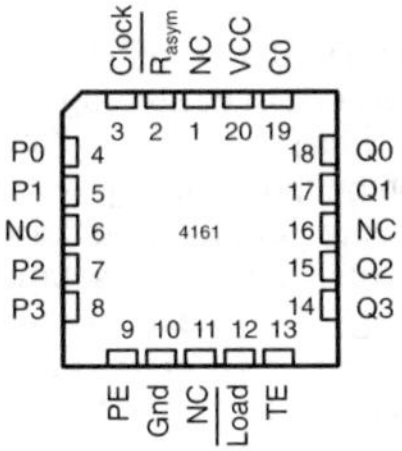

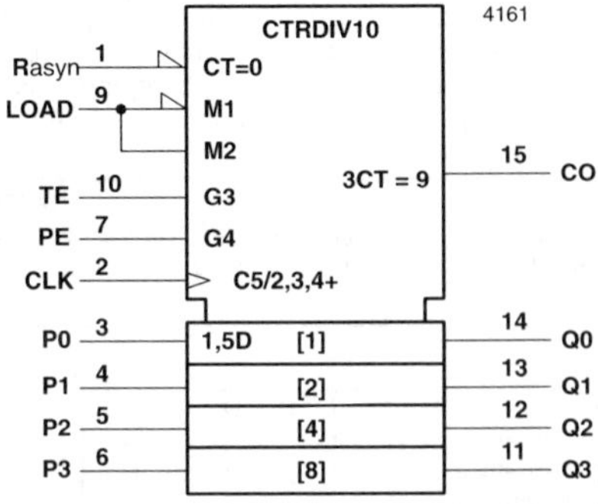

4161	Synchroner programmierbarer 4-Bit-Binärzähler (asynchrones Löschen)

Fortsetzung :

$\overline{Load}$	PE	TE	Betriebsart
L	X	X	Voreinstellen
H	L	X	keine Änderung
H	X	L	keine Änderung
H	H	H	Zählung

Beschreibung:
Es handelt sich bei diesem Baustein um einen programmierbaren synchronen 4-Bit-Binär-zähler, der im Binärcode zählt und asynchron zurückgesetzt wird.

Betrieb:
Für normalen Zählbetrieb werden Pin 1 (Rasyn), die Pins PE (P-Enable) und TE (T-Enable), sowie der Load-Eingang High gemacht.
Der Zähler schreitet um eine Zählung synchron bei einem LH-Übergang des Taktes fort. Die Schaltung triggert also an den positiven Flanken des Taktimpulses. Die Ausgänge Q0, Q1, Q2 und Q3 folgen dem Binär-Code.
Zur Rückstellung des Zählers wird der Anschluss 1 (Rasyn) kurzzeitig auf Masse gelegt. Diese Rückstell-Funktion ist asynchron und setzt alle vier Ausgänge auf Low, unabhängig vom Zustand der anderen Eingänge.
Wenn der Eingang Load auf Low ist, wird bei der nächsten positiven Flanke des Taktimpulses der an den Anschlüssen P0—P3 liegende Code in den Zähler geladen. Für synchrones Zählen mit mehreren Dekaden ohne externes Gatter dienen die beiden Eingänge für die Zähler-Freigabe PE und TE, sowie der Anschluss CO (Carry Out). Die Verbindung geschieht folgendermaßen:
1. Dekade (niedrigstwertige): PE = TE = High, CO wird mit PE und TE der zweiten Dekade, und mit PE der dritten (usw.) Dekade verbunden.
2. Dekade: CO der zweiten Dekade wird mit TE der dritten Dekade verbunden usw.
Alle Stufen werden synchron vom Eingangstakt gesteuert, indem die Takteingänge aller Stufen miteinander verbunden werden. Ebenso werden alle Rückstell-Eingänge parallel geschaltet.
Dieser Baustein ist pin-kompatibel mit dem 40161 und dem TTL 74161.

Anwendung:
Programmierbare Zähler, Zähler- und Zeitgeber-Steuerung, Frequenzteiler

Daten:	5V	10V	
Maximale Zählfrequenz	6	12	MHz
Stromaufnahme bei 1 MHz	0.5	2.5	mA

Hersteller:
HIT, MOT, NS, SSS

4161 Synchroner programmierbarer 4-Bit-Binärzähler (asynchrones Löschen)

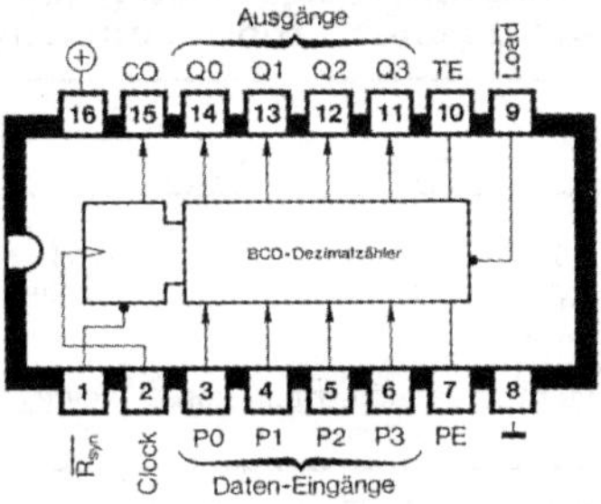

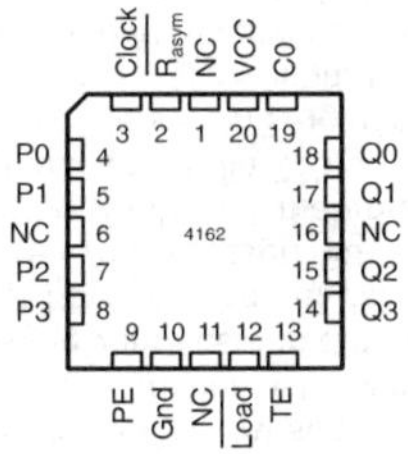

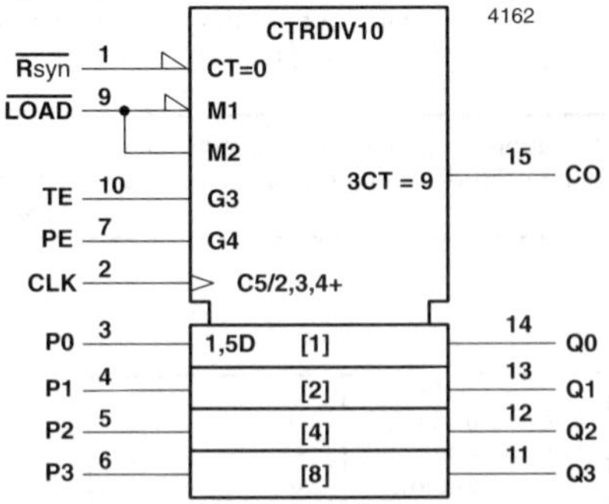

4162	**Synchroner programmierbarer Dezimalzähler (synchrones Löschen)**

Fortsetzung :

$\overline{Rsyn}$	$\overline{Load}$	PE	TE	Betriebsart
H	L	X	X	Voreinstellen
H	H	L	X	keine Änderung
H	H	X	L	keine Änderung
H	H	H	H	Zählung
L	X	X	X	Rückstellen

Beschreibung:
Es handelt sich bei diesem Baustein um einen programmierbaren synchronen, dekadischen Zähler, der im BCD-Code aufwärts zählt und synchron zurückgestellt wird.

Betrieb:
Für normalen Zählbetrieb werden Pin 1 (Rsyn), die Pins PE (P-Enable) und TE (T-Enable), sowie der Load-Eingang High gemacht.
Der Zähler schreitet um eine Zählung synchron bei einem LH-Übergang des Taktes fort. Die Schaltung triggert also an den positiven Flanken des Taktimpulses. Die Ausgänge Q0, Q1, Q2 und Q3 folgen dem BCD-Code.
Zur Rückstellung des Zählers wird der Anschluss 1 (Rsyn) auf Low gelegt. Diese Rückstellung erfolgt dann bei der nächsten positiven Taktflanke und setzt alle Ausgänge auf Low. Wenn der Eingang Load auf Low ist, wird bei der nächsten positiven Flanke des Taktimpulses der an den Anschlüssen P0-P3 liegende Code in den Zähler geladen. Für synchrones Zählen mit mehreren Dekaden ohne externes Gatter dienen die beiden Eingänge für die Zähler-Freigabe PE und TE, sowie der Anschluss CO (Carry Out). Die Verbindung geschieht folgendermaßen:
1. Dekade (niedrigstwertige): PE = TE = High, CO wird mit PE und TE der zweiten Dekade, und mit PE der dritten (usw.) Dekade verbunden.
2. Dekade: CO der zweiten Dekade wird mit TE der dritten Dekade verbunden usw.
Alle Stufen werden synchron vom Eingangstakt gesteuert, indem die Takteingänge aller Stufen miteinander verbunden werden. Ebenso werden alle Rückstell-Eingänge parallel geschaltet.
Dieser Baustein ist pin-kompatibel mit dem 40162 und dem TTL 74162.

Anwendung:
Programmierbare Zähler, Zähler- und Zeitgeber-Steuerung, Frequenzteiler

Daten:	5V	10V	
Maximale Zählfrequenz	6	12	MHz
Stromaufnahme bei 1 MHz	0.5	2.5	mA

Hersteller:
HIT, MOT, NS, SSS

4162 — Synchroner programmierbarer Dezimalzähler (synchrones Löschen)

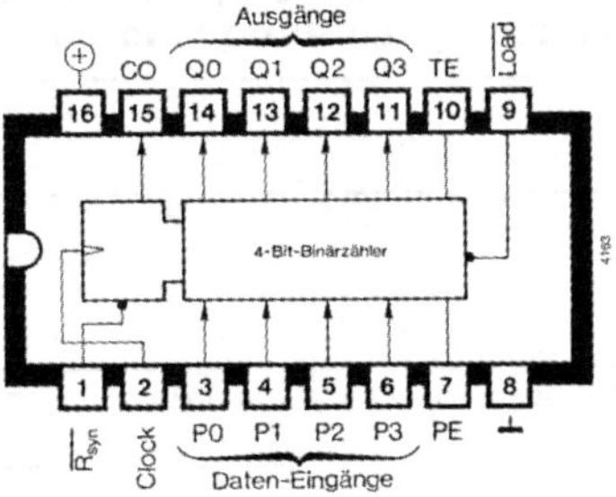

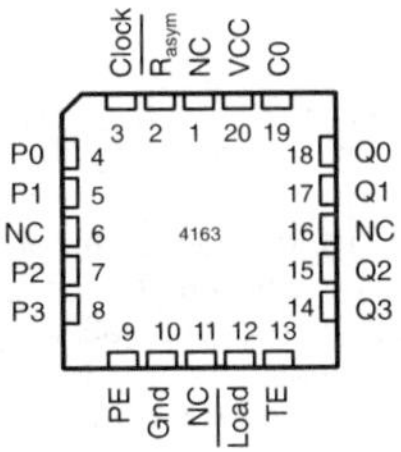

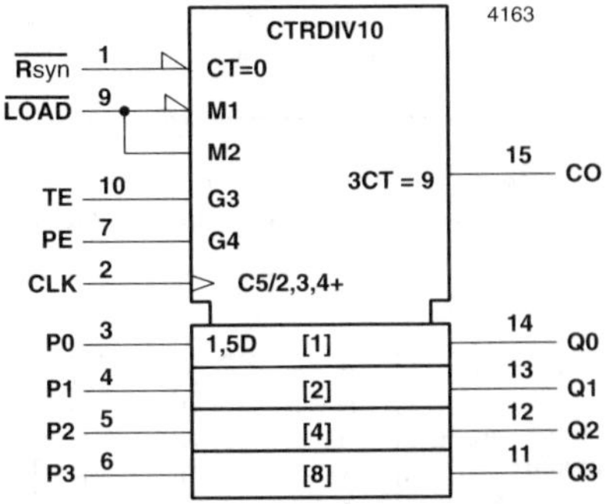

4163 Synchroner programmierbarer 4-Bit-Binärzähler (synchrones Löschen)

Fortsetzung :

$\overline{Rsyn}$	$\overline{Load}$	PE	TE	Betriebsart
H	L	X	X	Voreinstellen
H	H	L	X	keine Änderung
H	H	X	L	keine Änderung
H	H	H	H	Zählung
L	X	X	X	Rückstellen

Beschreibung:
Es handelt sich bei diesem Baustein um einen programmierbaren synchronen 4-Bit-Zähler, der im Binärcode aufwärts zählt und synchron zurücksetzt.

Betrieb:
Für normalen Zählbetrieb werden Pin 1 (Rsyn), die Pins PE (P-Enable) und TE (T-Enable), sowie der Load-Eingang High gemacht.
Der Zähler schreitet um eine Zählung synchron bei einem LH-Übergang des Taktes fort. Die Schaltung triggert also an den positiven Flanken des Taktimpulses. Die Ausgänge Q0, Q1, Q2 und Q3 folgen dem BCD-Code.
Zur Rückstellung des Zählers wird der Anschluss 1 (Rsyn) auf Low gelegt. Diese Rückstellung erfolgt dann bei der nächsten positiven Taktflanke und setzt alle Ausgänge auf Low. Wenn der Eingang Load auf Low ist, wird bei der nächsten positiven Flanke des Taktimpulses der an den Anschlüssen P0-P3 liegende Code in den Zähler geladen. Für synchrones Zählen mit mehreren Dekaden ohne externes Gatter dienen die beiden Eingänge für die Zähler-Freigabe PE und TE, sowie der Anschluss CO (Carry Out). Die Verbindung geschieht folgendermaßen:
1. Dekade (niedrigstwertige): PE = TE = High, CO wird mit PE und TE der zweiten Dekade, und mit PE der dritten (usw.) Dekade verbunden.
2. Dekade: CO der zweiten Dekade wird mit TE der dritten Dekade verbunden usw.
Alle Stufen werden synchron vom Eingangstakt gesteuert, indem die Takteingänge aller Stufen miteinander verbunden werden. Ebenso werden alle Rückstell-Eingänge parallel geschaltet.
Dieser Baustein ist pin-kompatibel mit dem 40163 und dem TTL 74163.

Anwendung:
Programmierbare Zähler, Zähler- und Zeitgeber-Steuerung, Frequenzteiler

Daten:	5V	10V	
Maximale Zählfrequenz	6	12	MHz
Stromaufnahme bei 1 MHz	0.5	2.5	mA

Hersteller:
HIT, MOT, NS, SSS

4163 Synchroner programmierbarer 4-Bit-Binärzähler (synchrones Löschen)

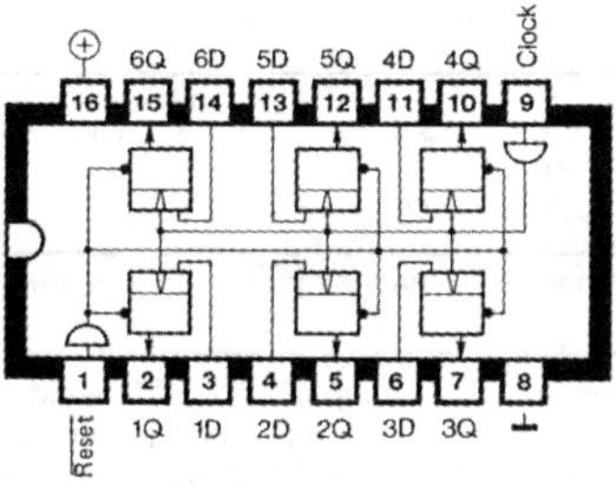

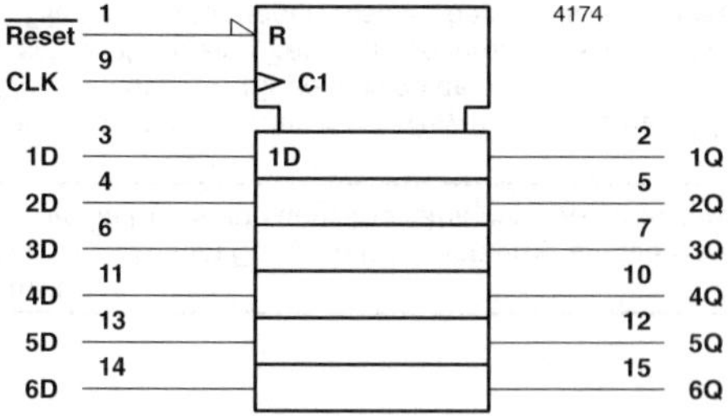

4174 Sechs D-Speicher-Register

Fortsetzung :

Eingänge			Ausgang
Clock	Daten	$\overline{\text{Reset}}$	Q
_|‾	L	H	L
_|‾	H	H	H
‾|_	X	H	keine Änderung
X	X	L	L

Beschreibung:
Dieser Baustein dient zur gleichzeitigen Speicherung von sechs Informations-Bits.

Betrieb:
Bei normalem Betrieb wird Pin 1 ($\overline{\text{Reset}}$) auf High liegen.
Zu speichernde Daten werden den D-Eingängen zugeführt. Beim LH-Übergang (positive Flanke) des Taktes am Clock-Eingang werden die Informationen intern gespeichert und erscheinen an den entsprechenden Q-Ausgängen.
Wird Pin 1 ($\overline{\text{Reset}}$) kurzzeitig auf Masse gelegt, gehen alle Ausgänge in den Low- oder Null-Zustand.

Anwendung:
Zwischenspeicher-Register

Daten:	5V	10V	
Maximale Taktfrequenz	7	12	MHz
Stromaufnahme bei 1 MHz	0.4	0.8	mA

Hersteller:
HIT, MOT, SSS

4174 Sechs D-Speicher-Register

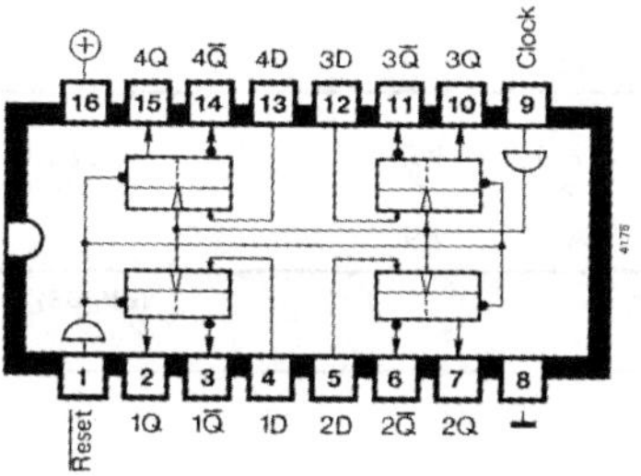

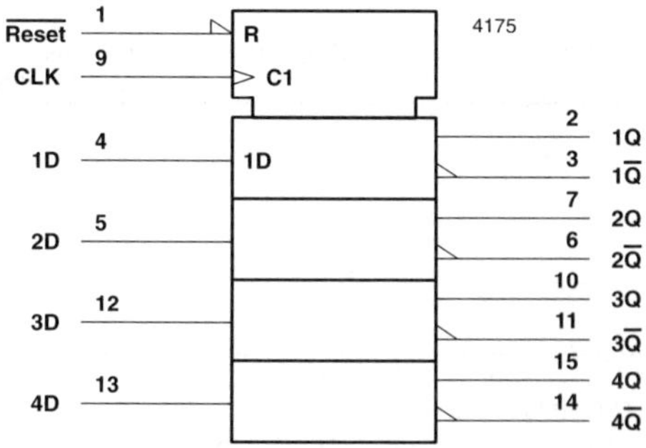

4175	**Vier D-Speicher-Register mit komplementären Ausgängen**

Fortsetzung :

Eingänge			Ausgänge	
Clock	Daten	$\overline{Reset}$	Q	$\overline{Q}$
↑	L	H	L	H
↑	H	H	H	L
↓	X	H	keine Änderung	
X	X	L	L	H

Beschreibung:
Dieser Baustein dient zur gleichzeitigen Speicherung von vier Informations-Bits und ihrer Komplemente.

Betrieb:
Bei normalem Betrieb wird Pin 1 ($\overline{\text{Reset}}$) auf High liegen.
Die zu speichernden Daten werden den D-Eingängen zugeführt. Beim LH-Übergang (positive Flanke) des Taktes am Clock-Eingang werden die Informationen an den Eingängen intern gespeichert und erscheinen an den entsprechenden Q-Ausgängen, das Komplement an den $\overline{Q}$-Ausgängen.
Wird Pin 1 ($\overline{\text{Reset}}$) kurzzeitig an Masse gelegt, gehen alle Q-Ausgänge auf Low und die $\overline{Q}$-Ausgänge auf High.

Anwendung:
Zwischenspeicher-Register

Daten:	5V	10V	
Maximale Taktfrequenz	9	16	MHz
Stromaufnahme bei 1 MHz	0.4	0.8	mA

Hersteller:
HIT, MOT

4175 Vier D-Speicher-Register mit komplementären Ausgängen

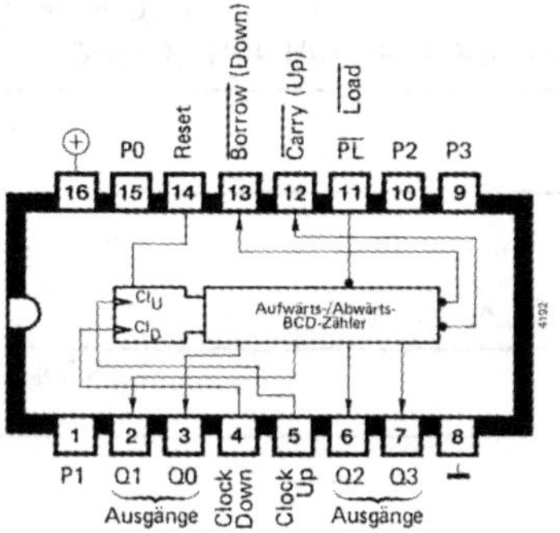

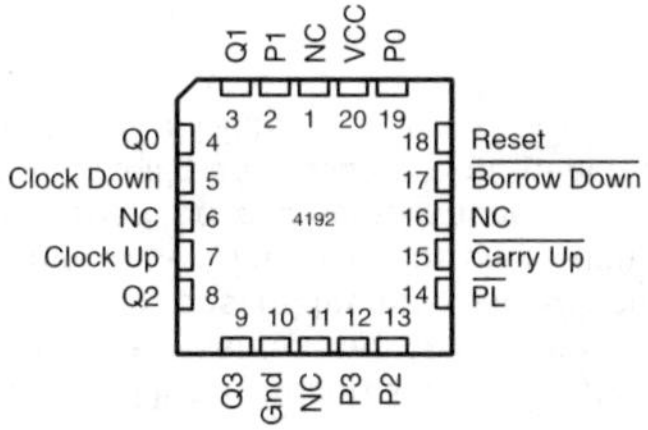

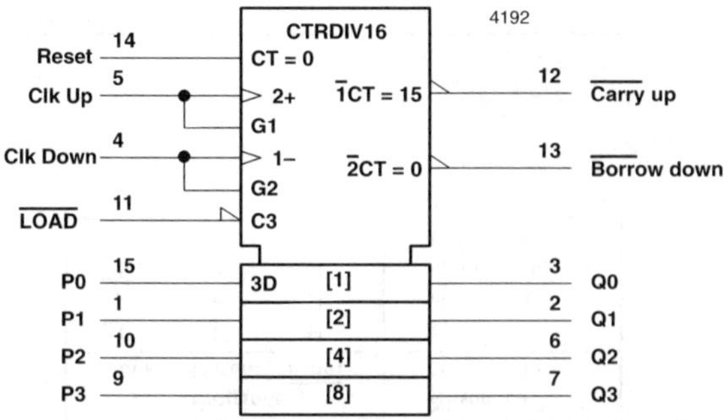

4192	Dezimaler Aufwärts/Abwärts-Zähler (synchron, programmierbar)

Fortsetzung :

Clock Up	Clock Down	$\overline{\text{Parallel Load}}$	Reset	Operation
↑	H	H	L	Aufwärts-Zählung
↓	H	H	L	keine Zählung
H	↑	H	L	Abwärts-Zählung
H	↓	H	L	keine Zählung
X	X	L	L	Preset (Voreinstellung)
X	X	X	H	Reset

Beschreibung:
Dieser Baustein enthält einen synchronen Aufwärts/Abwärts-BCD-Dezimalzähler mit getrennten Takteingängen für Aufwärts/Abwärts-Betrieb, sowie einen Eingang für paralleles asynchrones Laden.

Betrieb:
Liegt Reset auf Low und der Eingang $\overline{\text{PL}}$ ($\overline{\text{Parallel Load}}$) auf High, so schreitet der Zähler um eine Zählung bei jedem LH-Übergang an einem der beiden Takteingänge weiter. Für eine ordnungsgemäße Zählung muss jedoch zum Beispiel für eine Aufwärtszählung beim Takten des Eingangs Clock-Up der Anschluss Clock-Down High sein. Dasselbe gilt umgekehrt für eine Abwärtszählung.
Mit Pin 14 auf Low werden die an den Eingängen P0—P3 liegenden Daten in den Zähler geladen, wenn der Anschluss $\overline{\text{PL}}$ von Low auf High geht, unabhängig von den Takteingängen (Pin 4 und 5). Ein kurzer High-Impuls an Reset löscht den Zähler, unabhängig von allen anderen Eingangsbedingungen.
Die Anschlüsse $\overline{\text{Carry}}$ und $\overline{\text{Borrow}}$ sind High, wenn der Zähler abwärts oder aufwärts zählt. Das Carry-Signal geht für die Dauer eines halben Taktsignals auf Low, nachdem der Zähler seine maximale Zählung im Aufwärtsbetrieb erreicht hat. Das Borrow-Signal geht auf Low für die Dauer einer halben Taktperiode, nachdem der Zähler seine minimale Zählung im Abwärtsbetrieb erreicht hat.
Der 4192 ist pin-kompatibel mit dem 40192. Der 4193 ist ein ähnlicher Zähler, der statt im BCD-Code im 4-Bit-Binärcode zählt.

Anwendung:
Aufwärts/Abwärts-Differenz-Zählung, synchrone Frequenzteiler, A/D- und D/A-Wandler, programmierbare BCD-Zählung

Daten:	5V	10V	
Maximale Zählfrequenz	4	8	MHz
Stromaufnahme bei 1 MHz	1	2	mA

Hersteller:
SSS

4192 — Dezimaler Aufwärts/Abwärts-Zähler (synchron, programmierbar)

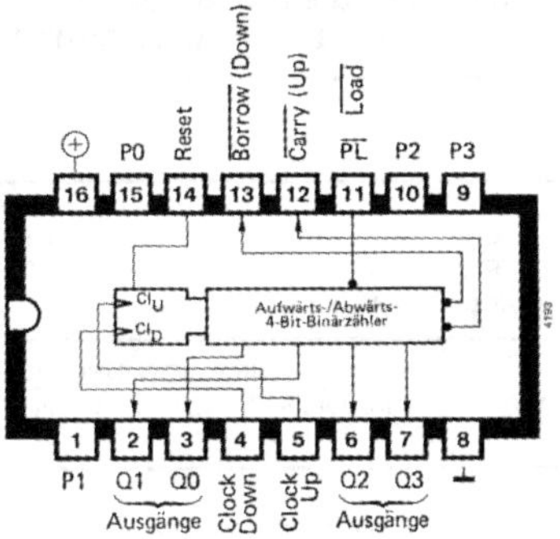

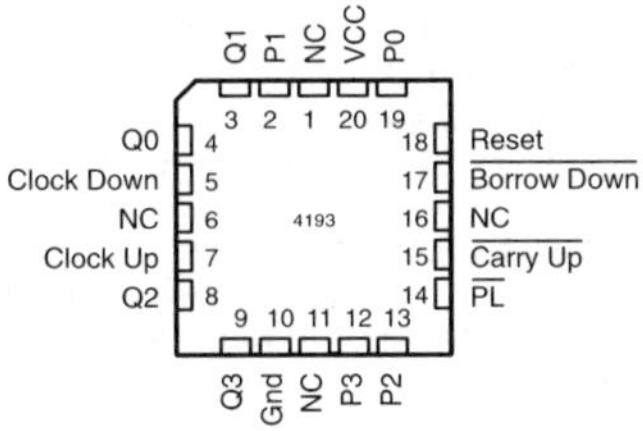

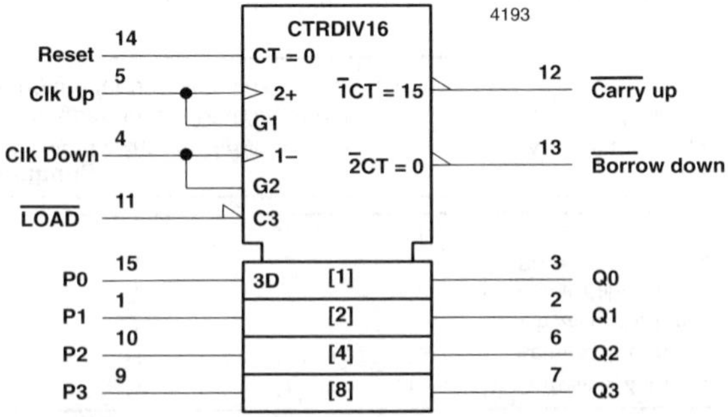

4193 Binärer Aufwärts/Abwärts-Zähler (synchron, programmierbar)

Fortsetzung :

Clock Up	Clock Down	$\overline{\text{Parallel Load}}$	Reset	Operation
_|‾	H	H	L	Aufwärts-Zählung
‾|_	H	H	L	keine Zählung
H	_|‾	H	L	Abwärts-Zählung
H	‾|_	H	L	keine Zählung
X	X	L	L	Preset (Voreinstellung)
X	X	X	H	Reset

Beschreibung:
Dieser Baustein enthält einen synchronen Aufwärts/Abwärts-4-Bit-Binärzähler mit getrennten Takteingängen für Aufwärts/Abwärts-Betrieb, sowie einen Eingang für paralleles asynchrones Laden.

Betrieb:
Liegt Reset auf Low und der Eingang $\overline{PL}$ ($\overline{\text{Parallel Load}}$) auf High, so schreitet der Zähler um eine Zählung bei jedem LH-Übergang an einem der beiden Takteingänge weiter. Für eine ordnungsgemäße Zählung muss jedoch zum Beispiel für eine Aufwärtszählung beim Takten des Eingangs Clock-Up der Anschluss Clock-Down High sein. Dasselbe gilt umgekehrt für eine Abwärtszählung.
Mit Pin 14 auf Low werden die an den Eingängen P0—P3 liegenden Daten in den Zähler geladen, wenn der Anschluss $\overline{PL}$ von Low auf High geht, unabhängig von den Takteingängen (Pin 4 und 5). Ein kurzer High-Impuls an Reset löscht den Zähler, unabhängig von allen anderen Eingangsbedingungen.
Die Anschlüsse $\overline{\text{Carry}}$ und $\overline{\text{Borrow}}$ sind High, wenn der Zähler abwärts oder aufwärts zählt. Das Carry-Signal geht für die Dauer eines halben Taktsignales auf Low, nachdem der Zähler seine maximale Zählung im Aufwärtsbetrieb erreicht hat. Das Borrow-Signal geht auf Low für die Dauer einer halben Taktperiode, nachdem der Zähler seine minimale Zählung im Abwärtsbetrieb erreicht hat.
Der 4193 ist pin-kompatibel mit dem 40193. Der 4192 ist ein ähnlicher Zähler, der statt im 4-Bit-Binärcode im BCD-Code zählt.

Anwendung:
Aufwärts/Abwärts-Differenz-Zählung, synchrone Frequenzteiler, A/D- und D/A-Wandler, programmierbare Binär-Zählung.

Daten:	5V	10V	
Maximale Zählfrequenz	4	8	MHz
Stromaufnahme bei 1 MHz	1	2	mA

Hersteller:
SSS

4193 — Binärer Aufwärts/Abwärts-Zähler (synchron, programmierbar)

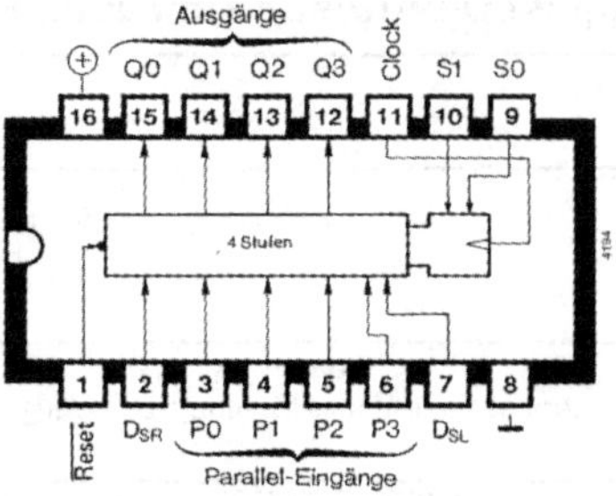

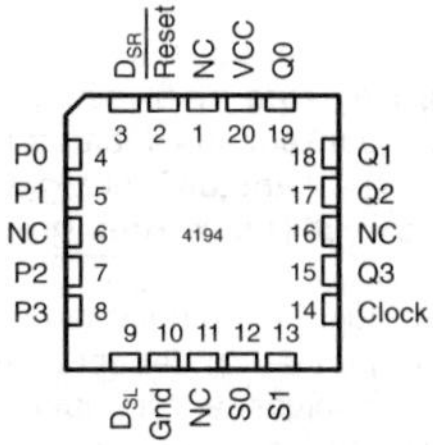

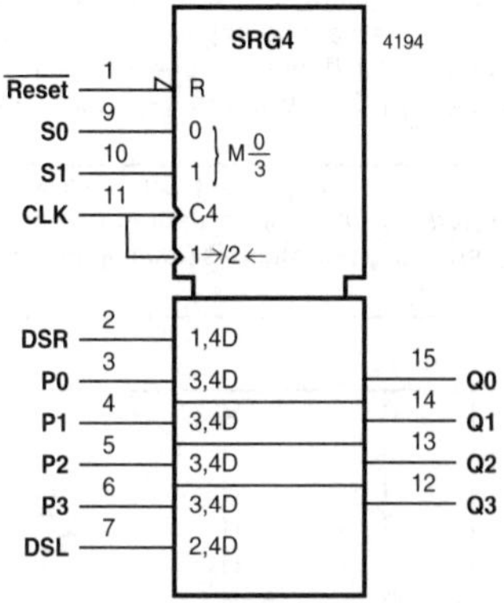

4194	**4-Bit-Rechts/Links-Schieberegister (parallel/seriell-ein, parallel/seriell-aus)**

Fortsetzung :

Clock	Mode Select S0	S1	$\overline{Reset}$	Funktion
X	L	L	H	keine Änderung
⌐ (LH)	H	L	H	Rechtsverschiebung (Q0→Q3)
⌐ (LH)	L	H	H	Linksverschiebung (Q3→Q0)
⌐ (LH)	H	H	H	Paralleles Laden
X	X	X	L	Reset

Beschreibung:
Dieser Baustein enthält ein bidirektionales 4-Bit-Schieberegister für parallele und serielle Ein- und Ausgabe, sowie einen Löscheingang.

Betrieb:
Wenn der Löscheingang ($\overline{Reset}$) auf Low gelegt wird, gehen alle Ausgänge (Q0—Q3) auf Low, unabhängig von allen übrigen Eingangsbedingungen (asynchron). Liegt $\overline{Reset}$ auf High, so wird die Betriebsart durch die beiden Mode-Control-Eingänge (S0, S1) bestimmt. Eine Links-Verschiebung erfolgt, wenn S0 Low und S1 High ist. Die seriellen Daten werden hierbei dem Eingang DSL zugeführt.
Mit S0 auf High und S1 auf Low erfolgt eine Rechts-Verschiebung, wobei die seriellen Daten an DSR gelegt werden.
Mit beiden Eingängen S0 und S1 auf High ist ein paralleles Laden der Daten an P0—P3 möglich. Während des parallelen Ladens ist die serielle Dateneingabe gesperrt.
Serielle und parallele Daten werden in das Schieberegister synchron beim LH-Übergang (positive Flanke) des Taktes am Anschluss Clock übernommen. Die Daten an den Dateneingängen müssen jedoch rechtzeitig vor der Flanke des Taktimpulses anliegen.
S0 und S1 auf Low sperrt den Takt. Diese beiden Eingänge sollten nur geändert werden, wenn der Takteingang auf High liegt.
Der 40194 ist mit diesem Baustein pin- und funktionskompatibel.

Anwendung:
Serielle Schieberegister, Zeitverzögerungs-Schaltungen, Daten-Zwischenspeicherung

Daten:	5V	10V	
Maximale Schiebefrequenz	3.6	9	MHz
Stromaufnahme	0.5	1	mA

Hersteller:
HIT, MOT

4194 — 4-Bit-Rechts/Links-Schieberegister (parallel/seriell-ein, parallel/seriell-aus)

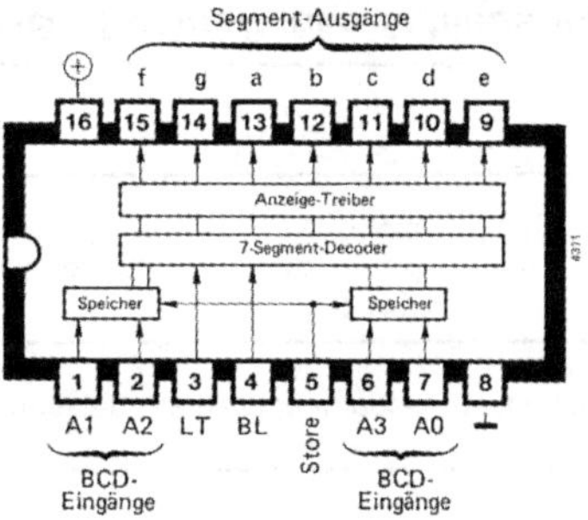

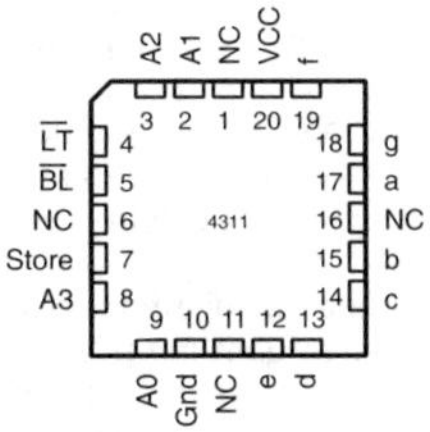

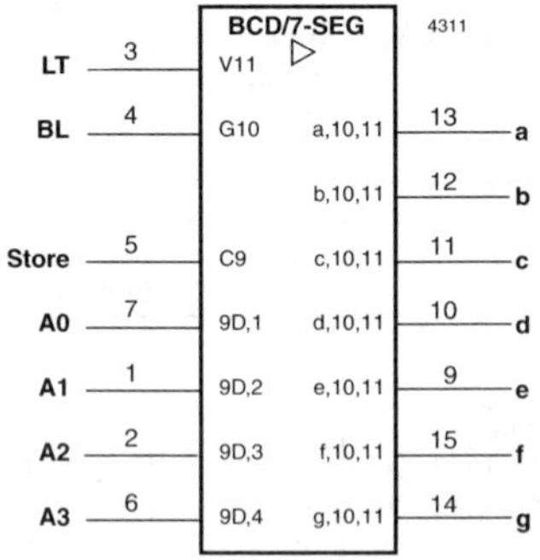

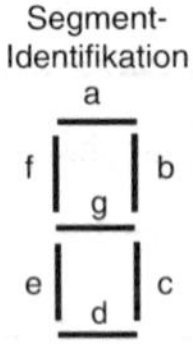

4311 | **7-Segment-Decoder/Speicher/Treiber für LED-Anzeigen**

Fortsetzung :

Eingänge							Ausgang
A3	A2	A1	A0	$\overline{LT}$	Store	$\overline{BL}$	Q
X	X	X	X	L	X	L	8
X	X	X	X	H	X	L	dunkel
X	X	X	X	H	H	H	Speichern
L	L	L	L	H	L	H	0
L	L	L	H	H	L	H	1
.	.	.	.	.	.	.	.
H	L	L	H	H	L	H	9
H	L	H	L	H	L	H	A
H	L	H	H	H	L	H	B
H	H	L	L	H	L	H	C
H	H	L	H	H	L	H	d
H	H	H	L	H	L	H	E
H	H	H	H	H	L	H	F

Resultierende Anzeige:

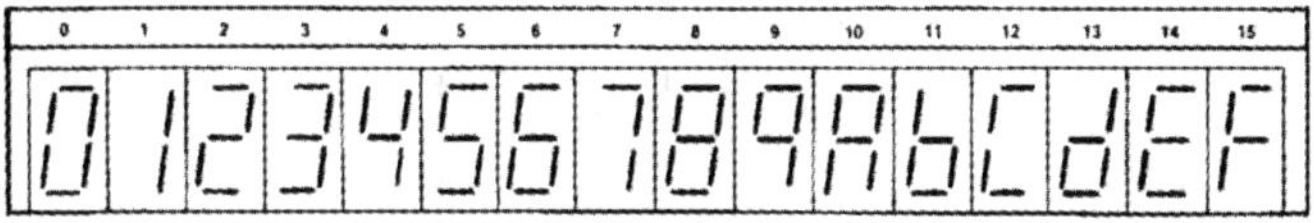

Beschreibung:
Dieser Baustein speichert einen Hexadezimalcode, wandelt ihn in einen 7-Segment-Code um und liefert den erforderlichen Strom für eine LED-Anzeige mit gemeinsamer Kathode.

Betrieb:
Dieser Baustein ist mit dem 4511 völlig identisch, mit Ausnahme, dass er noch zusätzlich folgende Hexadezimalcodes decodiert und anzeigt: 1010=A, 1011=b, 1100=C, 1101=d, 1110=E, 1111=F. (Bei diesen sechs Codes wird der 4511 dunkel gesteuert).

Anwendung:
Steuerung einer LED zur Anzeige eines Hexadezimalcodes

Daten:	5V	10V	
Einschalt-Verzögerung	700	350	ns

Stromverbrauch abhängig von der Belastung, muss auf max. 25mA je Segment begrenzt werden.

Hersteller:
MIT, PLE

4311 — 7-Segment-Decoder/Speicher/Treiber für LED-Anzeigen

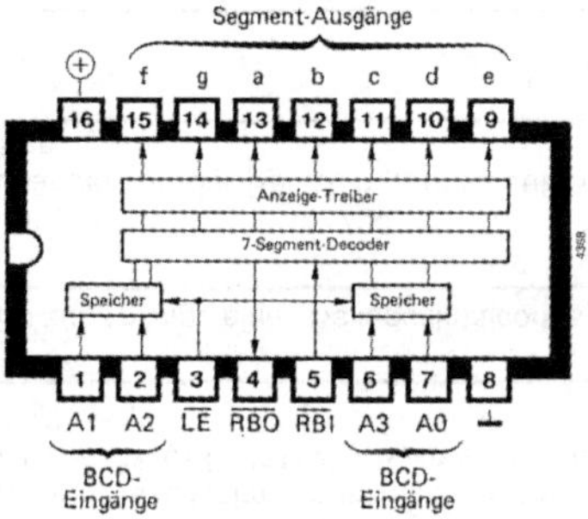

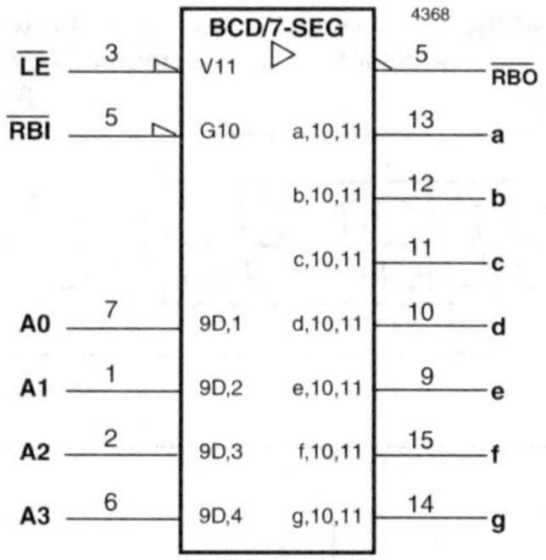

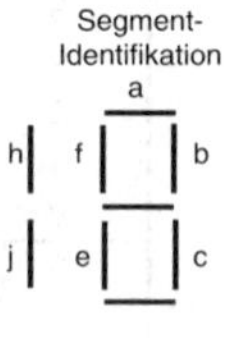

Resultierende Anzeige:

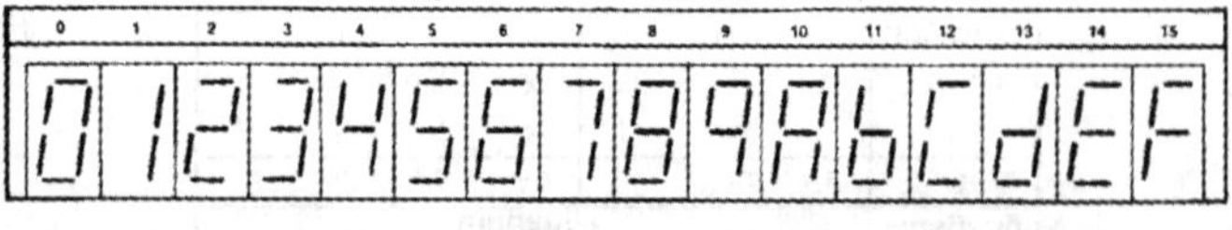

4368	7-Segment-Decoder/Speicher/Treiber für LED-Anzeigen

Fortsetzung :

Keine Wahheitstabelle verfügbar

Beschreibung:
Dieser Baustein speichert einen Hexadezimalcode, wandelt ihn in einen 7-Segment-Code um und liefert den Strom für eine LED-Anzeige.

Betrieb:
Der den Eingängen A0—A3 zugeführte Hexadezimalcode (4-Bit-Binärcode) wird in einen 7-Segment-Code an den Ausgängen a—g (aktiv High) umgewandelt, wobei nicht nur die Zahlen 0—9, sondern auch die Hexadezimalzahlen A—F zur Anzeige gebracht werden. Wenn der Anschluss LE (Latch Enable) auf Low liegt, wird der Zustand der Ausgänge durch die Eingangsdaten bestimmt. Geht LE auf High, so werden die zuletzt an den Eingängen liegenden Daten in die Zwischenspeicher geladen und die Ausgänge bleiben stabil. Ein Ausblenden führender Nullen bei einer mehrstelligen Anzeige ist möglich, wenn RBO (Ripple Blanking Output) dieser Stelle mit RBI (Ripple Blanking Input) der nächstniedrigen Stelle verbunden wird. Bei der höchstwertigen Stelle muss dann RBI an Masse gelegt werden, und RBI der niedrigstwertigen Stufe an High. Über RBO kann auch eine Helligkeitssteuerung mittels einer Impulsbreiten-Modulation erfolgen.
Da jeder Ausgangs-Pin bis zu 50mA liefern kann, sind mit LED-Anzeigen Strombegrenzungs-Widerstände (150–250Ω) vorzusehen. Durch die hohe Eingangs-Impedanz des Bausteins ist eine direkte Ansteuerung durch MOS- oder CMOS-Bausteine möglich.

Anwendung:
Decodierung und Ansteuerung von 7-Segment-LED-Anzeigen (hexadezimal)

Daten:
Maximaler Ausgangsstrom je Segment 50 mA

Hersteller:
PLE

4368 — **7-Segment-Decoder/Speicher/Treiber für LED-Anzeigen**

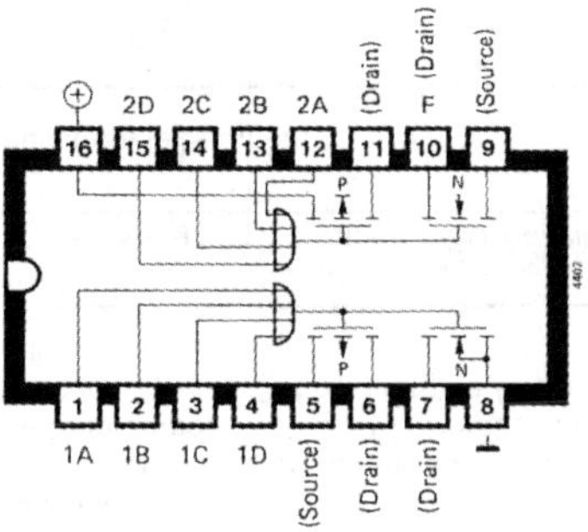

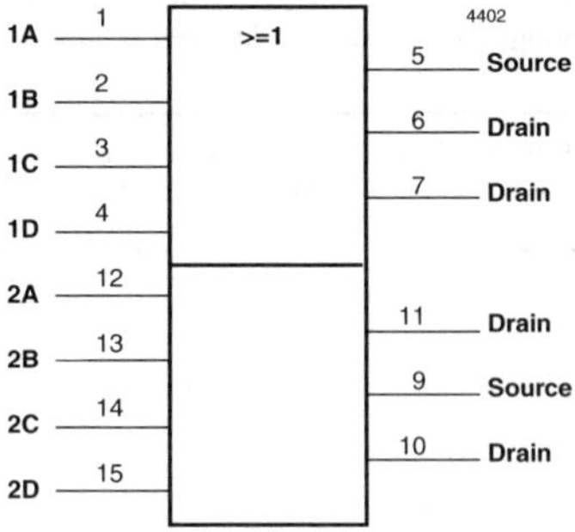

4402 Zwei expandierbare NOR-Gatter mit je 4 Eingängen

Fortsetzung :

Eingänge A	B	C	D	Ausgang F
H	X	X	X	L
X	H	X	X	L
X	X	H	X	L
X	X	X	H	L
L	L	L	L	H

Beschreibung:
Dieser Baustein enthält zwei NOR-Gatter mit je vier Eingängen und nicht vollständig miteinander verbundenen Ausgangs-Transistoren.

Betrieb:
Die zu den jeweiligen Gattern mit je vier Eingängen gehörenden Ausgangstransistoren sind nur mit ihren Gates verbunden. Dadurch lassen sich entsprechend der äußeren Verschaltung des Bausteins zahlreiche verschiedene Konfigurationen bilden.
Um beispielsweise ein NOR-Gatter mit acht Eingängen zu bilden, wird Pin 5 mit 11, ferner 6 und 7 mit 10, sowie 9 mit 8 verbunden. Der Ausgang dieses NOR-Gatters liegt dann an F (Pin 10).
$(F = \overline{1+2+3+4+12+13+14+15})$.
Ein zweifaches ODER/NAND-Gatter mit je vier Eingängen ergibt sich, wenn man die Pins 6 und 10 mit 11, sowie 7 mit 9 und 5 mit 16 verbindet. Der Ausgang dieses Gatters ist wieder der Anschluss F.
$F = \overline{(1+2+3+4)\cdot(12+13+14+15)}$.
Um beispielsweise eine Interface-Schaltung für CMOS mit 10V Betriebsspannung an TTL zu realisieren, verwendet man die Eingänge 12-15, legt Pin 9 an Masse und 10 über einen 22kΩ Pullup-Widerstand an +5V. Pin 10 wird dann mit dem Eingang der nachfolgenden TTL-Schaltung verbunden. Weitere Beispiele finden Sie in dem Applikationsblatt AN-102.

Anwendung:
Realisierung von NOR-Funktionen, Interface-Schaltungen CMOS zu TTL

Daten:	5V	10V	
Durchlauf-Verzögerung	125	60	ns

Hersteller:
SSS

4402	**Zwei expandierbare NOR-Gatter mit je 4 Eingängen**

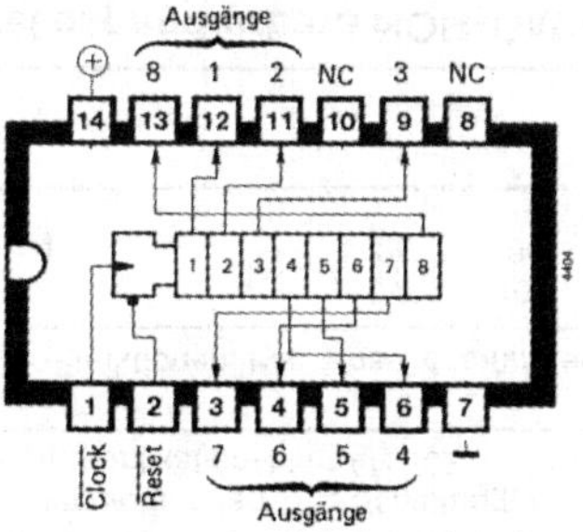

Kein IEE-Symbol verfügbar

4404 | **Binärzähler, 8-stufig (synchron)**

Fortsetzung :

Clock	Reset	Ausgangszustand
_|‾	L	Keine Änderung
‾|_	L	Springt auf nächstfolgende Binärstelle
X	H	Alle Ausgänge Low

Beschreibung:
Dieser Baustein enthält einen 8-stufigen, synchronen Binärzähler.

Betrieb:
Normalerweise liegt Reset auf Low. Wird dieser Anschluss kurzzeitig auf High gelegt, so werden alle Ausgänge des Zählers auf Null gebracht. Der Zähler wird bei der negativen Flanke (HL-Übergang) des Taktes um eine Stelle weitergestellt. Die Zählung erfolgt im Binärcode.

Anwendung:
Zählersteuerung, Zeitgeber, Frequenzteiler, Zeitverzögerungs-Schaltungen

Daten:

	5V	10V	
Maximale Taktfrequenz	4	8	MHz

Hersteller:
SSS

4404 Binärzähler, 8-stufig (synchron)

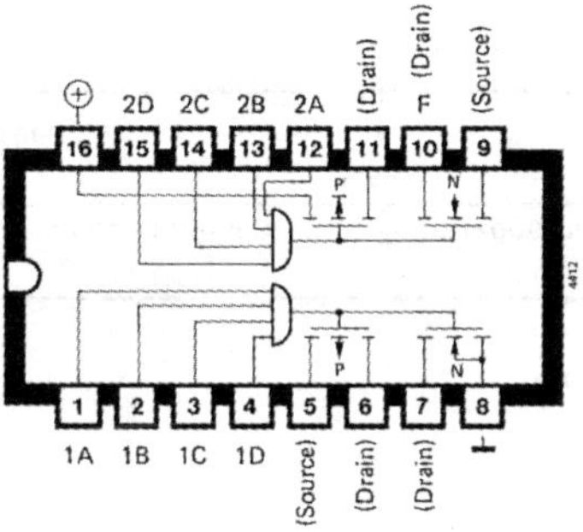

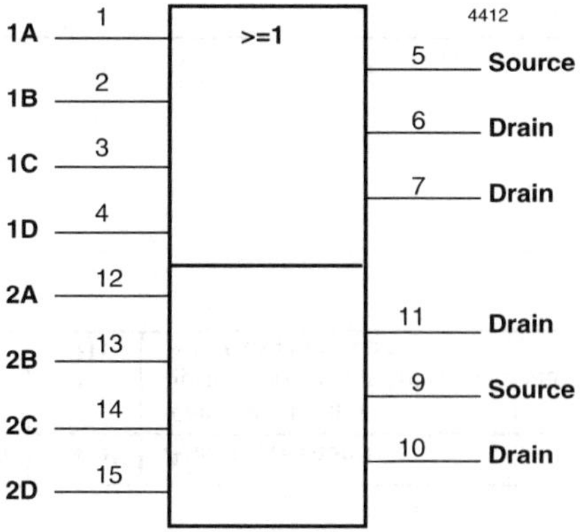

4412	**Zwei expandierbare NAND-Gatter mit je 4 Eingängen**

Fortsetzung :

Eingänge A	B	C	D	Ausgang F
L	X	X	X	H
X	L	X	X	H
X	X	L	X	H
X	X	X	L	H
H	H	H	H	L

Beschreibung:
Dieser Baustein enthält zwei NAND-Gatter mit je vier Eingängen und nicht vollständig miteinander verbundenen Ausgangstransistoren.

Betrieb:
Die zu den jeweiligen Gattern mit je vier Eingängen gehörenden Ausgangs-Transistoren sind nur mit ihren Gates verbunden. Dadurch lassen sich entsprechend der äußeren Verschaltung des Bausteins zahlreiche verschiedene Konfigurationen bilden.
Um beispielsweise ein NAND-Gatter mit acht Eingängen zu bilden, wird Pin 6 und 11 mit 10, sowie 9 mit 7 verbunden. Der Ausgang dieses NAND-Gatters liegt dann an F (Pin 10).
$\overline{(F = 1\cdot2\cdot3\cdot4\cdot12\cdot13\cdot14\cdot15)}$.
Ein zweifaches UND/NOR-Gatter mit je vier Eingängen ergibt sich, wenn man Pin 5 mit 11. sowie 6 und 7 mit 10 verbindet. Der Ausgang dieses Gatters ist wieder der Anschluss F.
$\overline{(F = 1\cdot2\cdot3\cdot4) + (12\cdot13\cdot14\cdot15)}$
Weitere Beispiele finden Sie in dem Applikationsblatt AN-102.

Anwendung:
Realisierung von NAND-Funktionen, Interface-Schaltungen

Daten:	5V	10V	
Durchlauf-Verzögerung	125	60	ns

Hersteller:
SSS

4412 Zwei expandierbare NAND-Gatter mit je 4 Eingängen

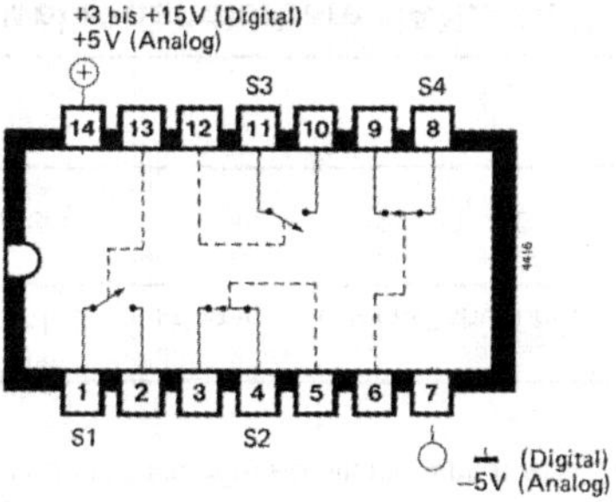

Kein IEE-Symbol verfügbar

4416 | **Vier digitale oder analoge Schalter (2 x 1 Schließer, 2 x 1 Öffner)**

Fortsetzung :

Steuer-Eingang	Schalter S1, S4	Schalter S2, S3
L	Aus	Ein
H	Ein	Aus

Beschreibung:
Dieser Baustein enthält vier getrennte bilaterale Schalter.

Betrieb:
Alle vier Schalter können getrennt oder kombiniert verwendet werden. Die Schalter S1 und S4 verbleiben auf AUS, wenn die Steuerspannung gleich der Spannung an Pin 7 ist und verhalten sich wie eine sehr hohe Impedanz. Wenn die Steuerspannung gleich der Spannung an Pin 14 ist, gehen die Schalter S1 und S4 auf EIN und verhalten sich wie ein nahezu linearer Widerstand.
Die Schalter S2 und S3 werden mit der umgekehrten Polarität gesteuert, d.h. sie sind mit einem Potential entsprechend Pin 7 geschlossen und mit einem Potential entsprechend Pin 14 geöffnet. Dadurch lassen sich gegenüber dem 4016 oder 4066 2-polige Umschalter ohne externe Logik aufbauen.
Die über die Schalter geführten Signale können entweder digital oder analog sein, dürfen jedoch niemals die Spannung an Pin 14 überschreiten oder unter die Spannung von Pin 7 gehen.

Anwendung:
Schalten von analogen oder digitalen Signalen, Ausführung von CMOS-Logikfunktionen (z.B. Inverter), digitale Steuerung von Frequenz, Impedanz, Phase oder Verstärkung von Analog-Signalen.

Daten:	5V	10V	
Maximale Schaltfrequenz	5	10	MHz
Übersprechen zwischen den Schaltern bei 1 MHz	<-80		dB
Ein-Widerstand	160	100	Ω
Maximale Übertragungsfrequenz	40		MHz

Hersteller:
SSS

4416	**Vier digitale oder analoge Schalter (2 x 1 Schließer, 2 x 1 Öffner)**

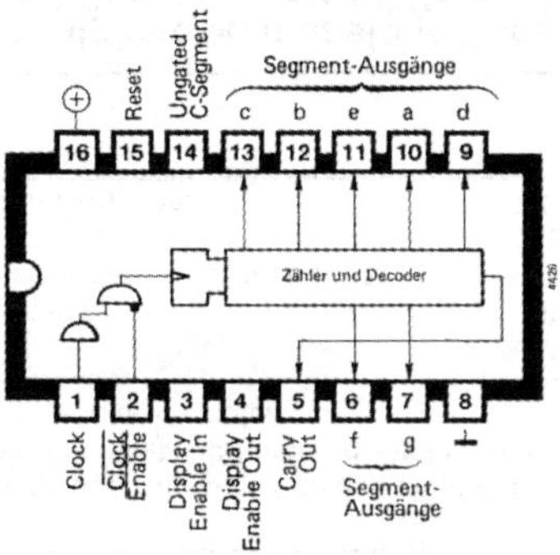

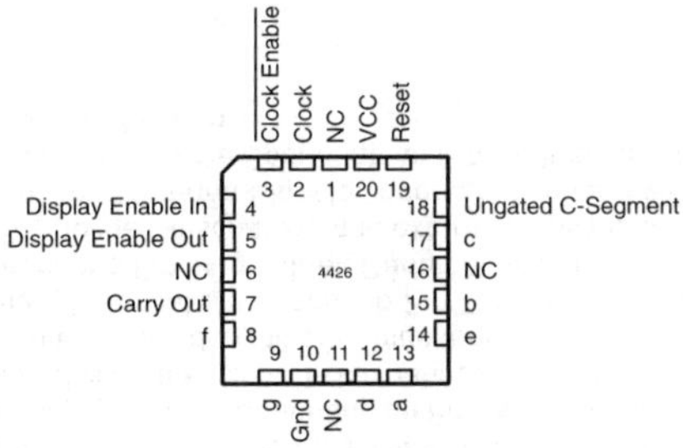

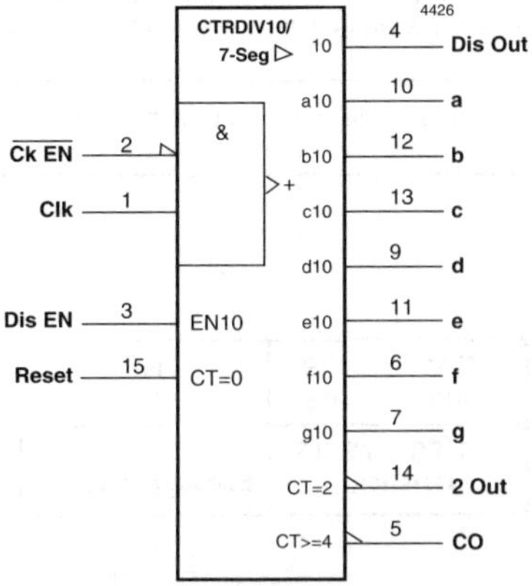

4426 Dezimalzähler mit 7-Segment-Treibern für LED-Anzeigen

Fortsetzung :

Segment-
Identifikation

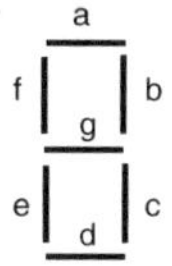

Resultierende Anzeige:

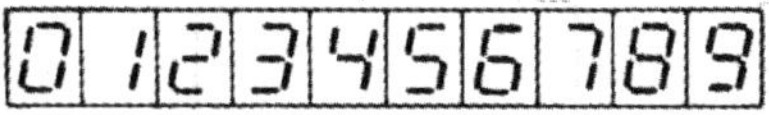

Beschreibung:
Dieser dekadische Zähler, oder Teiler durch 10, liefert interne Decodierung zur Steuerung einer 7-Segment-Anzeige. Er besitzt keinen internen Speicher, liefert jedoch (gegenüber dem 4026) genügend Ausgangsstrom, um Anzeigen mit höherem Strom zu treiben.

Betrieb:
Bei normalem Betrieb werden Reset und Clock Enable (Takt-Freigabe) auf Masse gelegt und der Anschluss Display Enable In (Anzeige-Freigabe-Eingang) wird High gemacht. Der Zähler schreitet um eine Zählung bei jedem LH-Übergang (positive Flanke) des Taktes fort. Ein High am Anschluss Reset setzt den Zähler auf Null. Am Eingang Clock Enable kann auch mit der negativen Flanke des Taktes gezählt werden. An Pin 5 steht das durch 10 geteilte Signal zur Verfügung, mit dem eine weitere Dekade angesteuert werden kann. Mit Display Enable auf Low werden die Anzeigen abgeschaltet und können zum Sparen von Strom dienen.
Wenn "Display Enable In" Low ist, stehen jedoch die Signale an Carry Out und an Ungated-C-Segment weiterhin zur Verfügung. Dies ist nützlich bei Teilern durch 60 und durch 12.
Der Strom an den Segment-Ausgängen muss mit einem Strombegrenzungs-Widerstand auf einen zulässigen Wert eingeschränkt werden, z.B. für I = 10mA gilt für 5V: R = 180Ω, für 10V: R = 820Ω. Beachten Sie, dass dieser Zähler keinen Zwischenspeicher besitzt.

Anwendung:
Dekadisches Zählen oder Teilen mit 7-Segment-Anzeige

Daten:	5V	10V	
Maximale Zählfrequenz	2.5	5	MHz

Hersteller:
SSS

4426 Dezimalzähler mit 7-Segment-Treibern für LED-Anzeigen

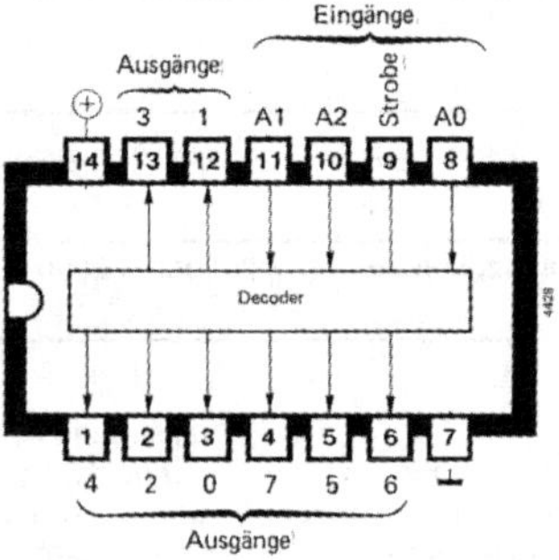

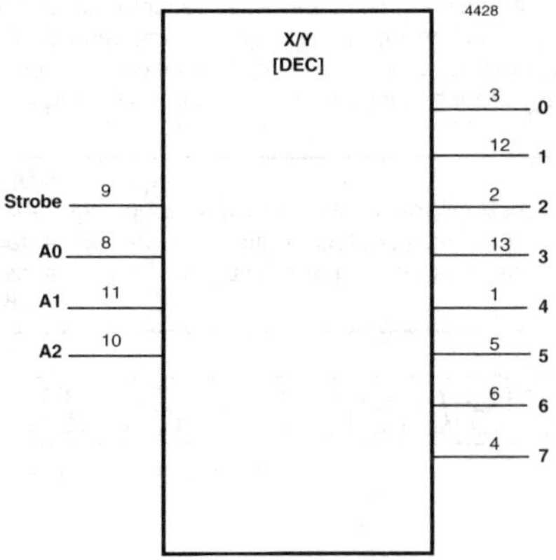

4428 Binär-zu-Oktal-Decoder

Fortsetzung :

Strobe auf High

Adressen-Eingänge			Ausgänge							
A2	A1	A0	0	1	2	3	4	5	6	7
L	L	L	H	L	L	L	L	L	L	L
L	L	H	L	H	L	L	L	L	L	L
L	H	L	L	L	H	L	L	L	L	L
L	H	H	L	L	L	H	L	L	L	L
H	L	L	L	L	L	L	H	L	L	L
H	L	H	L	L	L	L	L	H	L	L
H	H	L	L	L	L	L	L	L	H	L
H	H	H	L	L	L	L	L	L	L	H

Beschreibung:
Dieser Baustein enthält einen Binär-zu-Oktal-Decoder mit zusätzlicher Austastung

Betrieb:
Die drei mit A0, A1 und A2 bezeichneten Eingänge bilden ein 3-Bit-Wort, das eine Zahl von 0—7 definiert, und einen von acht Ausgängen des Decoders aktiviert (siehe Wahrheitstabelle)
Die Austast-Leitung (Strobe) dient zum Trennen der Ausgänge von den Eingängen. Wenn diese Leitung auf High liegt, ist der angewählte Ausgang High. Durch diese Eigenschaft können zahlreiche 4428 kaskadiert werden, um einen 1 oder N x 8 getasteten Decoder zu bilden.

Anwendung:
Decodierschaltungen, Erweiterung von Speichersystemen

Daten:	5V	10V	
Durchlauf-Verzögerung	100	70	ns

Hersteller:
SSS

4428 Binär-zu-Oktal-Decoder

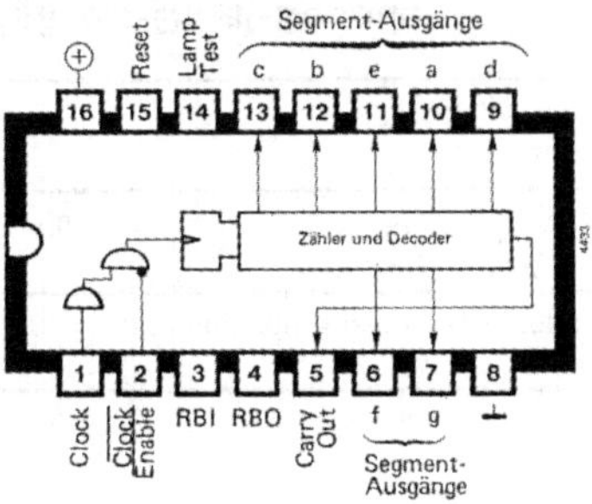

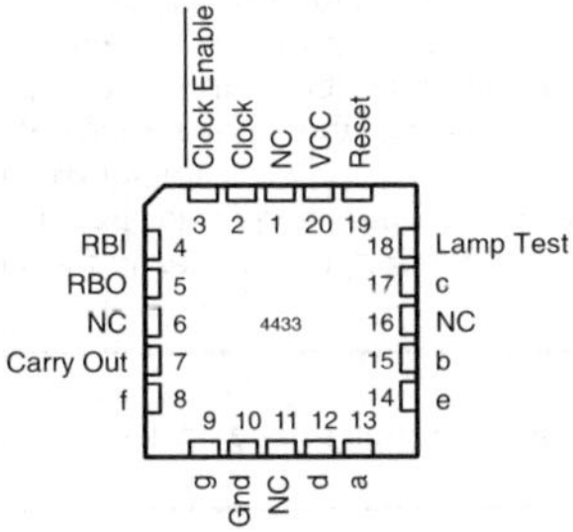

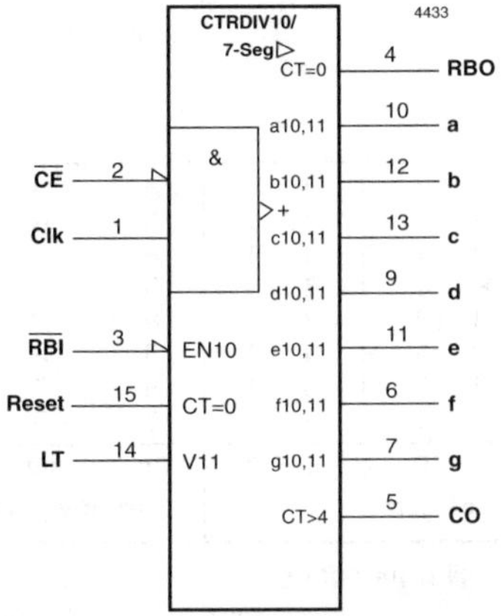

4433	**Dezimalzähler mit 7-Segment-Treibern für LED-Anzeigen**

Fortsetzung :

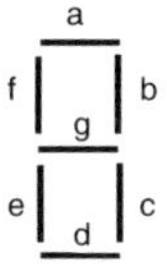

Resultierende Anzeige:

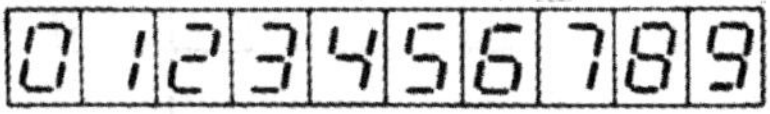

Beschreibung:
Dieser dekadische Zähler, oder Teiler durch 10, liefert interne Decodierung zur Steuerung einer 7-Segment-Anzeige. Er besitzt keinen internen Speicher, liefert jedoch (gegenüber dem 4026) genügend Ausgangsstrom, um Anzeigen mit höherem Strom direkt zu treiben.

Betrieb:
Bei normalem Betrieb werden Reset und Clock-Enable (Takt-Freigabe) auf Low gelegt. Der Zähler schreitet um eine Zählung bei jedem LH-Übergang (positive Flanke) des Taktes fort. Am Eingang Clock-Enable kann auch mit der negativen Flanke des Taktes gezählt werden (Pin 1 an High).
Ein High am Anschluss Reset setzt den Zähler auf Null. An Pin 5 (Carry Out) steht das durch 10 geteilte Signal zur Verfügung, mit dem eine weitere Dekade angesteuert werden kann.
Bei mehrstelligen Anzeigen können führende Nullen ausgeblendet werden, indem RBI der höchstwertigen Stelle auf Low gelegt und RBO dieser Stufe mit RBI der nächsten nieder-wertigen Stelle verbunden wird.
Ein High am Anschluss Lamp-Test schaltet alle Ausgänge ein. Der Strom an den Segment-Ausgängen muss mit einem Strombegrenzungs-Widerstand auf einen zulässigen Wert, z.B. 10mA eingeschränkt werden. Für 5V sind dies 180Ω und für 10V gleich 820Ω.

Anwendung:
Dekadisches Zählen oder Teilen mit 7-Segment-Anzeige

Daten:	5V	10V	
Maximale Zählfrequenz	2.5	5	MHz

Hersteller:
SSS

4433 — Dezimalzähler mit 7-Segment-Treibern für LED-Anzeigen

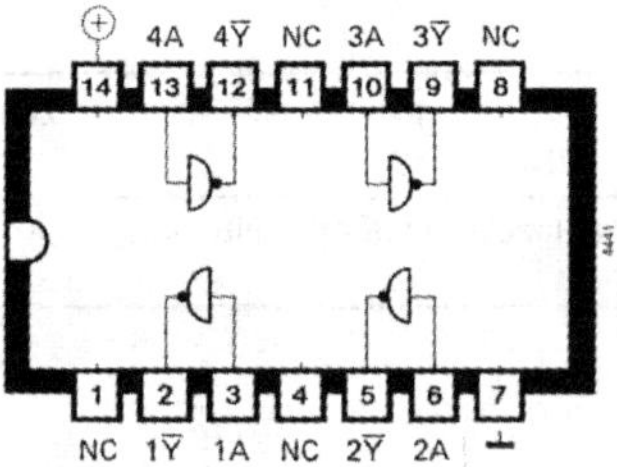

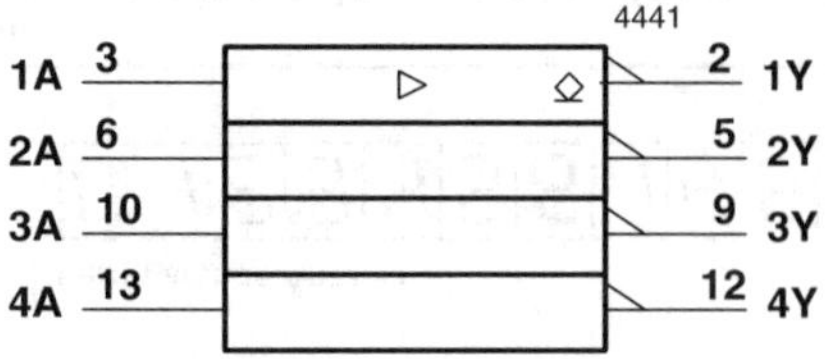

4441 | **Vier invertierende Puffer/Treiber**

Fortsetzung :

Eingang	Ausgang
A	$\overline{Y}$
H	L
L	H

Beschreibung:
Dieser Baustein enthält vier getrennte invertierende Puffer/Treiber für hohe Ströme.

Betrieb:
Alle vier Puffer können unabhängig voneinander eingesetzt werden. Bei jedem Puffer ergibt ein Eingang Low einen Ausgang High und umgekehrt. Jeder Puffer kann bei 10V bis zu 14mA und bei 15V bis zu 45mA verarbeiten, wobei jedoch die Gesamtverlustleistung des Bausteins zu beachten ist.
Infolge der hohen Treiberleistung ist eine hohe Arbeitsgeschwindigkeit bei großen kapazitiven Lasten möglich.

Anwendung:
Treiber, Leitungstreiber, Widerstands-Netzwerk-Treiber für A/D- und D/A-Umwandlung, Anzeige- und Takt-Treiber

Daten:

	5V	10V	
Durchlauf-Verzögerung	90	45	ns

Stromaufnahme abhängig von der Belastung

Hersteller:
SSS

4441 **Vier invertierende Puffer/Treiber**

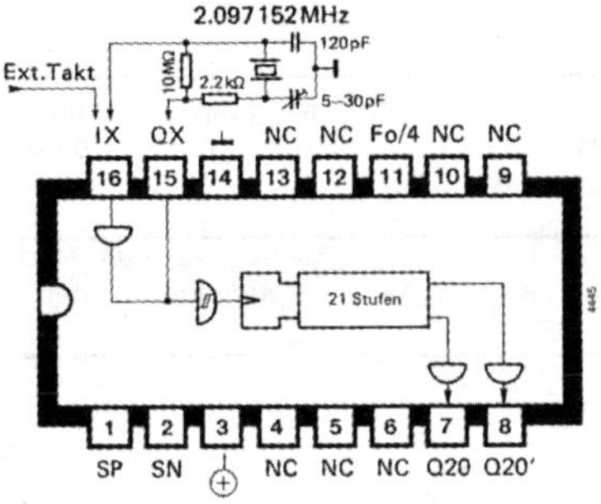

Kein IEEE-Symbol verfügbar

4445	**21-stufiger Frequenzteiler mit Oszillator**

Fortsetzung :

Keine Wahrheitstabelle verfügbar

Beschreibung:
Dieser Baustein enthält einen 21-stufigen Binärzähler, eine Schaltung für einen Quarz-Oszillator in Form eines Inverters, Impulsformerschaltungen für Ein- und Ausgänge, sowie zwei Ausgangspuffer.

Betrieb:
Der Baustein kann mit einem externen Quarz, wie im Schaltbild zu sehen ist, betrieben werden, oder es kann ein externer Taktimpuls dem Anschluss Crystal-Input (IX) zugeführt werden.
Hierbei müssen die beiden Anschlüsse SP und SN mit den Versorgungsleitungen verbunden werden (SP an Pin 3, SN an Pin 14). Durch einen internen Schmitt-Trigger wird die Form der Eingangsimpulse verbessert. Der Quarzoszillator kann gegen Betriebsspannungs-Schwankungen durch Einfügen je eines Widerstandes zwischen Pin 1 und 3, Pin 2 und 14 unempfindlicher gemacht werden.
An Q20 ergibt sich ein Ausgangssignal, dessen Frequenz dem 1/221 fachen der Eingangsfrequenz entspricht. Der Ausgang Q20‘ liefert ein um 180° phasenverschobenes Signal gegenüber Q20. Mit einem Quarz von 2.097152MHz erhält man ein Ausgangssignal mit einer Frequenz von 1 Hz, wobei die Impulsbreite 1/32 Sek. beträgt. Die Phasenverschiebung zwischen Q20 und Q20‘ beträgt hierbei eine halbe Sekunde.
Dieser Baustein ist pin-kompatibel mit dem 4045, wobei jedoch ein zusätzlicher Ausgang Fo/4 für Messzwecke an Pin 11 zur Verfügung steht.

Anwendung:
Digitalgeräte mit extrem niedrigem Stromverbrauch, genaue Zeitbasis für Uhren etc.. Ansteuerung von Miniatur-Schrittmotoren

Daten:	5V	10V
Maximale Taktfrequenz	10	MHz
Leistungsaufnahme bei 1 MHz	1	mW

Hersteller:
SSS

4445 — 21-stufiger Frequenzteiler mit Oszillator

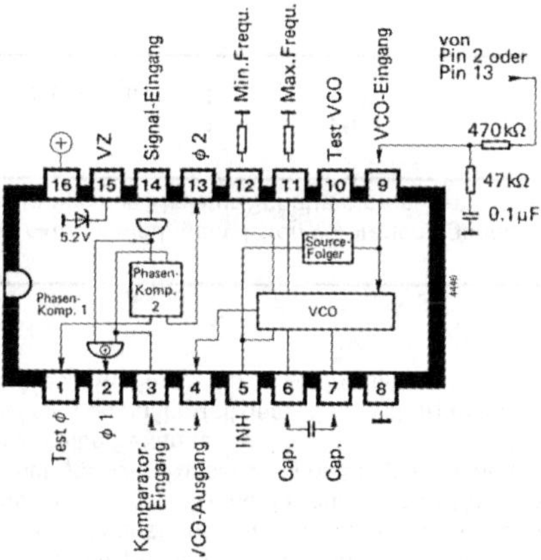

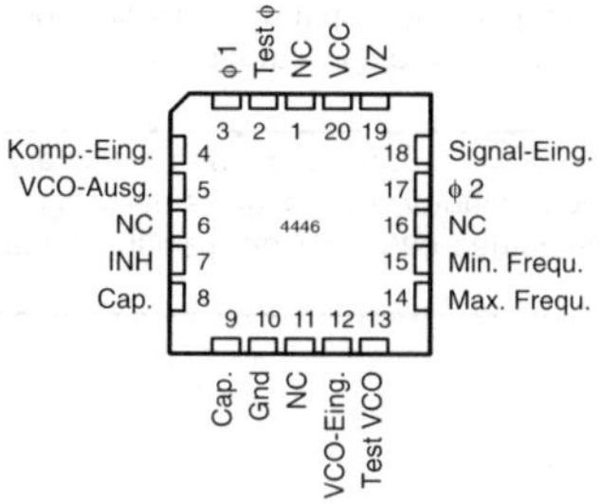

4446 Phase-Locked-Loop-Schaltung

Fortsetzung :

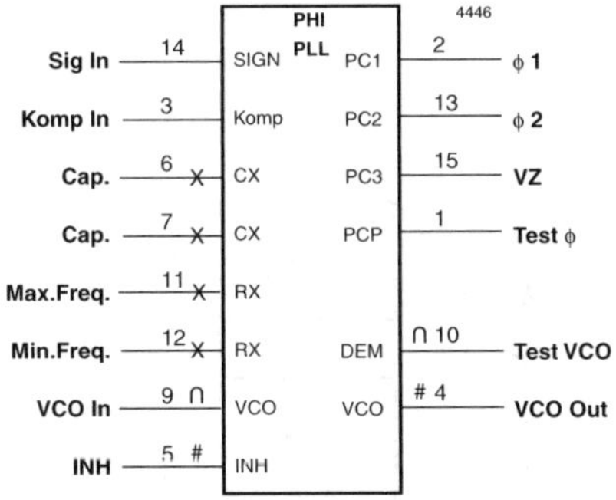

Beschreibung:
Dieser Baustein enthält eine vielseitige Phase-Locked-Loop-Schaltung (PLL) mit niedrigem Leistungsbedarf, die aus einem spannungsgesteuerten Oszillator, zwei verschiedenen Phasen-Komparatoren und einer internen 5.2V-Spannungsregelung besteht.

Betrieb:
Dieser Baustein ist mit dem 4046 identisch und unterscheidet sich nur durch die höhere Arbeitsfrequenz des VCOs, die bei diesem Baustein 4MHz (bei 10V Betriebsspannung) beträgt.

Anwendung:
FM-Demodulator und Modulator, Frequenz-Synthese und Multiplikation, Frequenz-Diskriminator, Daten-Synchronisation, Spannungs/Frequenz-Wandler, Ton-Decoder, Modems, Signal-Konditionierung

Daten:	5V	10V	
Maximale Arbeitsfrequenz	1.8	4	MHz
Ruhestromaufnahme	5	10	nA

Hersteller:
SSS

4446 Phase-Locked-Loop-Schaltung

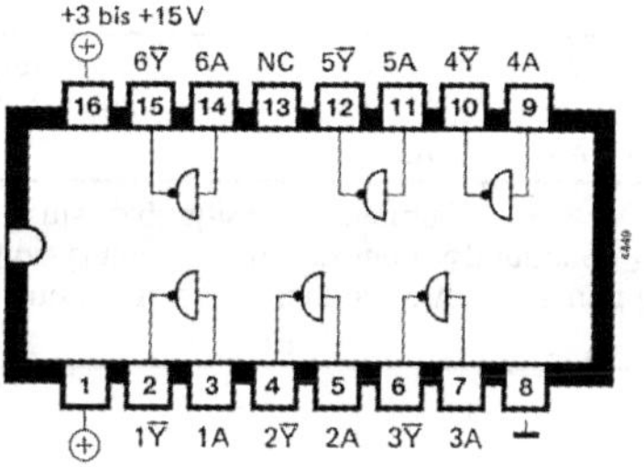

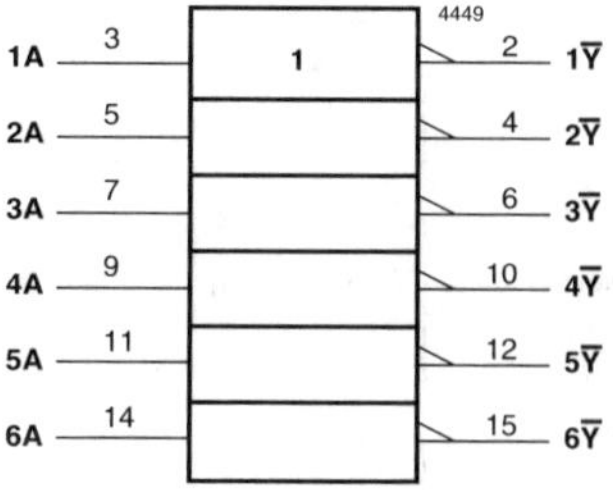

4449 Sechs Inverter

Fortsetzung :

Eingang	Ausgang
A	$\overline{Y}$
H	L
L	H

Beschreibung:
Dieser Baustein enthält sechs getrennte invertierende Puffer.

Betrieb:
Alle sechs Puffer können unabhängig voneinander eingesetzt werden. Die Puffer können als einfache Inverter oder Stromtreiber dienen. Bei jedem Puffer steuert ein Low am Eingang den Ausgang auf High und umgekehrt.
Dieser Baustein ist pin-kompatibel mit dem 4009 und 4049 und wird in Systemen eingesetzt, bei denen nicht so hohe Ströme und die Möglichkeit der Pegelverschiebung erforderlich sind. Der Baustein ist besonders nützlich in quasi-linearen Schaltungen, wie Oszillatoren und Multivibratoren.

Anwendung:
Oszillatoren, Multivibratoren, Impulsformer

Daten:	5V	10V	
Durchlauf-Verzögerung	60	30	ns
Stromaufnahme abhängig von der Belastung			

Hersteller:
SSS

4449 Sechs Inverter

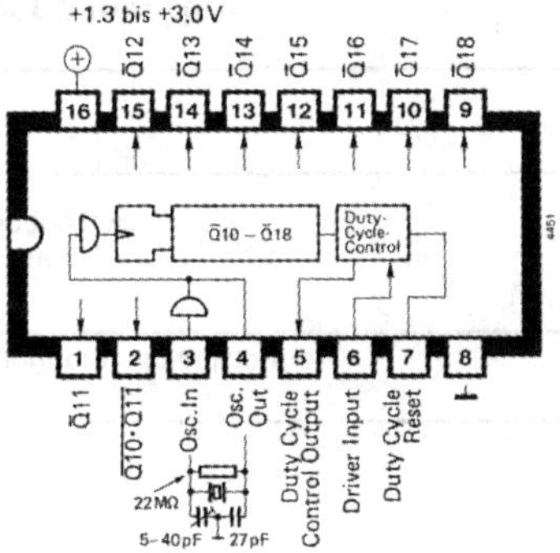

Kein IEEE-Symbol verfügbar

4451	Oszillator, Teiler (2^{11} bis 2^{19}), gepuffert, Tastverhältnis-Steuerung

Fortsetzung :

Keine Wahrheitstabelle verfügbar

Beschreibung:
Dieser Baustein enthält einen Oszillator, einen Teiler mit einem Teilerverhältnis von 2^{11} bis 2^{19} , gepufferte Ausgänge, sowie eine Tastverhältnis-Steuerung.

Betrieb:
Gemäß dem Schaltbild kann eine Quarzsteuerung erfolgen, beispielsweise mit einem Quarz von 262.144kHz oder 32.768kHz. An den einzelnen Pins kann die entsprechend herabgeteilte Frequenz entnommen werden.
Mittels der Tastverhältnis-Steuerung des Ausgangs erhält man eine Vielzahl von Impulsbreiten. Geht man beispielsweise von einem Quarz mit 262.144kHz aus, und verbindet Pin 6 mit Pin 9 und Pin 7 mit Pin 9, so erhält man eine Ausgangsfrequenz von 1 Hz und eine Impulsbreite von 500ms. Verbindet man Pin 7 mit Pin 10, beträgt die Impulsbreite nur mehr 250ms usw.
Die Vielzahl der möglichen Kombinationen entnehmen Sie bitte aus dem Datenblatt des Herstellers.

Anwendung:
Zeitgeber mit extrem niedrigem Stromverbrauch

Daten:	3V	
Stromverbrauch	0.2	mA

Hersteller:
MOT

4451	**Oszillator, Teiler (2^{11} bis 2^{19}), gepuffert, Tastverhältnis-Steuerung**

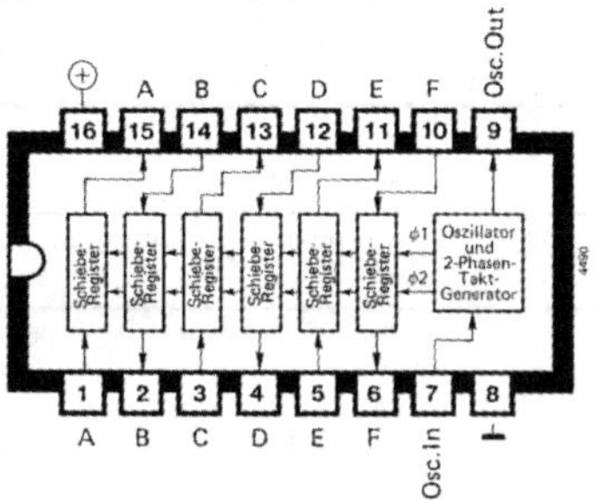

Kein IEEE-Symbol verfügbar

4490 | Sechs Kontakt-Entpreller

Fortsetzung :

Keine Wahrheitstabelle verfügbar

Beschreibung:
Dieser Baustein enthält vier Schieberegister und einen Oszillator, mit dem ein digitales Entprellen von Tasten möglich ist.

Betrieb:
Mit einem externen Kondensator (500pF bis 0.1 µF) zwischen Pin 7 und 9 wird die Frequenz des Oszillators und damit die Entprell-Verzögerung eingestellt. Jede einzelne der sechs Schaltungen gibt ein sauberes Digital-Signal ab, vier Taktperioden nachdem sich das Eingangssignal stabilisiert hat. Es wird das Prellen sowohl beim Schließen als auch beim Öffnen eines Kontaktes beseitigt.
Wenn mehrere 4490 verwendet werden, so wird Pin 9 des ersten Bausteins mit Pin 7 des zweiten usw. verbunden, und es genügt somit ein Oszillator.
Die Eingänge A bis F enthalten einen internen Pull-up-Widerstand, durch den ein Strom von ca. 190µA bei +10V fließt. Falls ein höherer Kontaktstrom gewünscht wird, kann man einen externen Widerstand zwischen der positiven Betriebsspannung und dem entsprechenden Eingang vorsehen.
Der Takteingang (Pin 7) besitzt eine Schmitt-Trigger-Funktion, so dass auch externe Taktsignale mit flachen Anstiegs- und Abfallflanken verwendet werden können.

Anwendung:
Entprellen von mechanischen Kontakten, digitaler Integrator, Verzögerungs-Schaltungen

Daten:	5V	10V	
Ruhestrom	40	75	µA

Hersteller:
MOT

4490	**Sechs Kontakt-Entpreller**

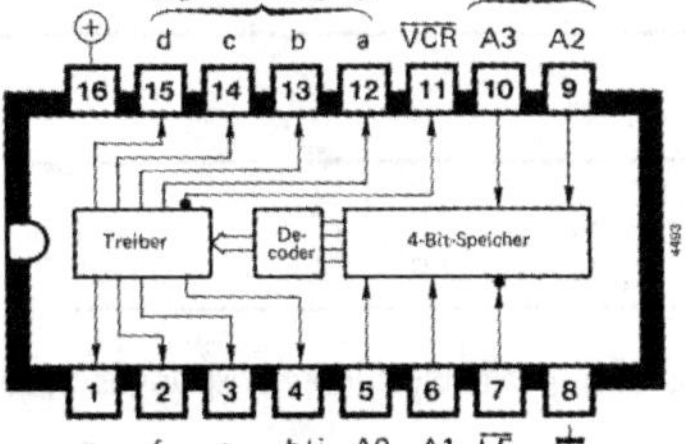

Kein IEEE-Symbol verfügbar

Segment-
Identifikation

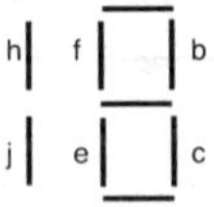

4493 | **Binär-zu-7-Segment-Decoder/Speicher und Treiber für 11/2 Stellen**

Fortsetzung :

Eingänge				Ausgänge									
A0	A1	A2	A3	a	b	c	d	e	f	g	h+i	$\overline{VCR}$	Anzeige
L	L	L	L	L	H	H	L	L	L	L	L	offen	1
H	L	L	L	H	H	L	H	H	L	H	L	offen	2
L	H	L	L	H	H	H	H	L	L	H	L	offen	3
H	H	L	L	L	H	H	L	L	H	H	L	offen	4
L	L	H	L	H	L	H	H	L	H	H	L	offen	5
H	L	H	L	H	L	H	H	H	H	H	L	offen	6
L	H	H	L	H	H	H	L	L	L	L	L	offen	7
H	H	H	L	H	H	H	H	H	H	H	L	offen	8
L	L	L	H	H	H	H	H	L	H	H	L	offen	9
H	L	L	H	H	H	H	H	H	H	L	H	offen	10
L	H	L	H	L	H	H	L	L	L	L	H	offen	11
H	H	L	H	H	H	L	H	H	L	H	H	offen	12
L	L	H	H	H	H	H	H	L	L	H	H	offen	13
H	L	H	H	L	H	H	L	L	H	H	H	offen	14
L	H	H	H	H	L	H	H	L	H	H	H	offen	15
H	H	H	H	H	L	H	H	H	H	H	H	L	16

Beschreibung:
Dieser Baustein speichert und decodiert einen Binärcode und liefert die Ansteuerung für eine 1 1/2-stellige 7-Segment-Anzeige.

Betrieb:
Die Daten an den Eingängen A0—A3 werden unmittelbar decodiert und angezeigt, wenn $\overline{LE}$ (Latch Enable) Low ist. Der Baustein arbeitet hierbei ohne Speicher. Wird $\overline{LE}$ auf High gelegt, so werden bei der LH-Flanke die Daten in den 4-Bit-Zwischenspeicher übernommen und bleiben gespeichert, so lange $\overline{LE}$ High ist. Der Ausgang $\overline{VCR}$ geht auf Low, wenn der Code HHHH (Anzeige = 16) anliegt.
Bei einem Code LLLL wird die Zahl 1 angezeigt, usw. bis HLLL = 9, HLLH = 10 usw. bis HHHH = 16, das heißt ab HLLH geht h+i auf High.
Diese Codierung dient vor allem der Anzeige von Kanälen in Fernsehgeräten.
Die Ausgänge sind aktiv High und enthalten interne Strombegrenzungs-Widerstände von 290Ω, so dass bei einer Betriebsspannung von 5V beim Ansteuern von LED-Anzeigen keine externen Widerstände erforderlich sind.

Anwendung:
Anzeige von Kanalnummern in Fernsehgeräten oder andere allgemeine Anwendungen

Daten:	5V	
Max. Strom je Segmentausgang (a-g)	–14	mA
Max. Strom je Segmentausgang (h+i)	–28	mA

Hersteller:
MOT

4493	**Binär-zu-7-Segment-Decoder/Speicher und Treiber für 11/2 Stellen**

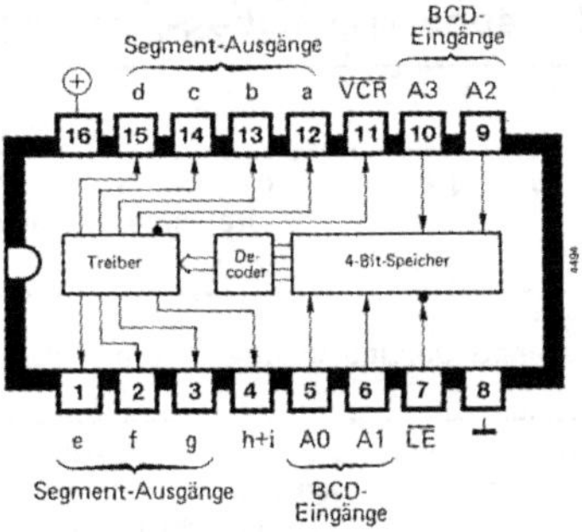

Kein IEEE-Symbol verfügbar

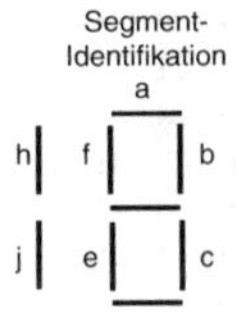

4494 | Binär-zu-7-Segment-Decoder/Speicher und Treiber für 1 1/2 Stellen

Fortsetzung :

Eingänge				Ausgänge									
A0	A1	A2	A3	a	b	c	d	e	f	g	h+i	$\overline{VCR}$	Anzeige
L	L	L	L	H	L	H	H	H	H	H	H	L	16
H	L	L	L	L	H	H	L	L	L	L	L	offen	1
L	H	L	L	H	H	L	H	H	L	H	L	offen	2
H	H	L	L	H	H	H	H	L	L	H	L	offen	3
L	L	H	L	L	H	H	L	L	H	H	L	offen	4
H	L	H	L	H	L	H	H	L	H	H	L	offen	5
L	H	H	L	H	L	H	H	H	H	H	L	offen	6
H	H	H	L	H	H	H	L	L	L	L	L	offen	7
L	L	L	H	H	H	H	H	H	H	H	L	offen	8
H	L	L	H	H	H	H	H	L	H	H	L	offen	9
L	H	L	H	L	H	H	L	L	L	L	H	offen	10
H	II	L	H	L	H	H	L	L	L	L	H	offen	11
L	L	H	H	H	H	L	H	H	L	H	H	offon	12
H	L	H	H	H	H	H	H	L	L	H	H	offen	13
L	H	H	H	L	H	H	L	L	H	H	H	offen	14
H	H	H	H	H	L	H	H	L	H	H	H	offen	15

Beschreibung:
Dieser Baustein speichert und decodiert einen Binärcode und liefert die Ansteuerung für eine 1 1/2-stellige 7-Segment-Anzeige.

Betrieb:
Dieser Baustein ist mit dem 4493 identisch (siehe dort), mit Ausnahme einer anderen Decodierung.
Beim Code LLLL wird die Zahl 16 angezeigt (anstatt 1 beim 4493) und h+i ist hierbei High. Der Code LLLH ergibt 1 usw. bis HLLH = 9 (beim 4493: HLLH = 10), dann HLHL = 10, HLHH = 11 usw.bis HHHH = 15 (beim 4493: HHHH = 16).
Das heißt, die Anzeige für den entsprechenden Code gegenüber dem 4493 ist um 1 verschoben.
VCR ist bei LLLL Low.

Anwendung:
Anzeige von Kanalnummern in Fernsehgeräten oder anderen allgemeinen Anwendungen

Daten:

	5V	
Max. Strom je Segmentausgang (a-g)	–14	mA
Max. Strom je Segmentausgang (h+i)	–28	mA

Hersteller:
MOT

4494 — Binär-zu-7-Segment-Decoder/Speicher und Treiber für 1 1/2 Stellen

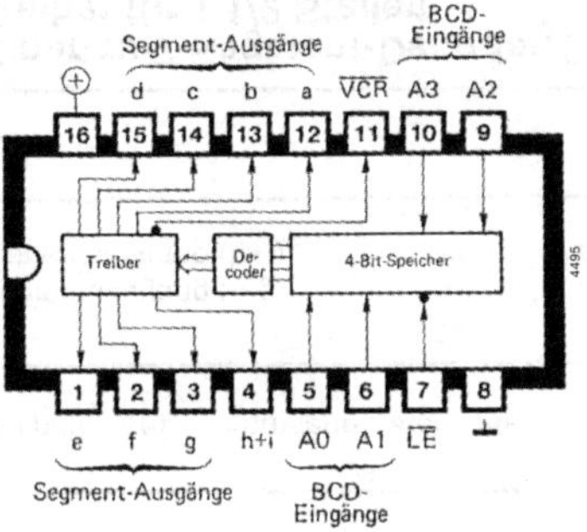

Kein IEEE-Symbol verfügbar

Eingänge				Ausgänge									
A0	A1	A2	A3	a	b	c	d	e	f	g	h+i	$\overline{VCR}$	Anzeige
L	L	L	L	H	H	H	H	H	H	L	L	offen	0
H	L	L	L	L	H	H	L	L	L	L	L	offen	1
L	H	L	L	H	H	L	H	H	L	H	L	offen	2
H	H	L	L	H	H	H	H	L	L	H	L	offen	3
L	L	H	L	L	H	H	L	L	H	H	L	offen	4
H	L	H	L	H	L	H	H	L	H	H	L	offen	5
L	H	H	L	H	L	H	H	H	H	H	L	offen	6
H	H	H	L	H	H	H	L	L	L	L	L	offen	7
L	L	L	H	H	H	H	H	H	H	H	L	offen	8
H	L	L	H	H	H	H	H	L	H	H	L	offen	9
L	H	L	H	H	H	H	L	H	H	H	H	offen	A
H	H	L	H	L	L	H	H	H	H	H	H	offen	b
L	L	H	H	H	L	L	H	H	H	L	H	offen	C
H	L	H	H	L	H	H	H	H	L	H	H	offen	d
L	H	H	H	L	H	H	L	L	H	H	H	offen	E
H	H	H	H	H	L	L	L	H	H	H	H	L	F

4495 Hexadezimaler BCD-zu-7-Segment-Decoder/ Speicher und Treiber für LEDs

Fortsetzung :

Segment-
Identifikation

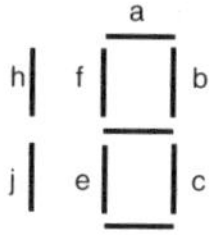

Resultierende Anzeige

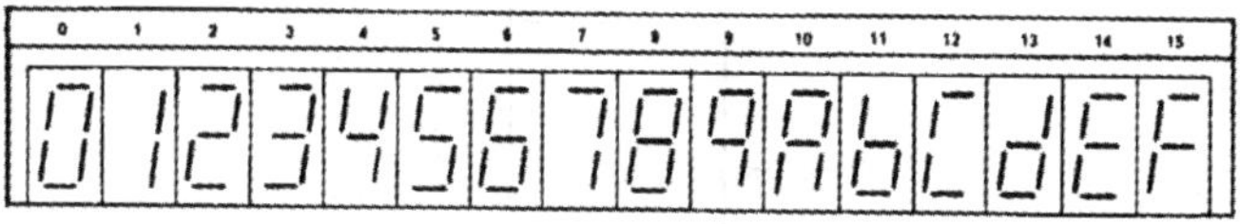

Beschreibung:
Dieser Baustein enthält einen hexadezimalen Speicher, Decoder und Treiber für 7-Segment-LED-Anzeigen.

Betrieb:
Die den Eingängen A0-A3 zugeführten Informationen im Hexadezimalcode sind an den Segment-Ausgängen a-g zur direkten Ansteuerung von LED-Anzeigen verfügbar. Hierbei werden außer den Zahlen 0-9 auch die Ziffern A-F (entsprechend 10-15) dargestellt.
Die Ausgangsstufen enthalten interne Strombegrenzungs-Widerstände, so dass bei einer Betriebsspannung von 5V eine direkte Anschlussmöglichkeit der LED-Anzeigen mit gemeinsamer Kathode möglich ist.
Der Ausgang $\overline{\text{VCR}}$ wird nur aktiviert, wenn der Code 16 (HHHH) am Eingang anliegt. Der Ausgang h+i ist High für die Codes A-F.
Wenn der Anschluss $\overline{\text{LE}}$ (Latch Enable) Low ist, werden die Daten an den Eingängen A0-A3 durch den Speicher geführt und unmittelbar angezeigt. Der Baustein arbeitet somit wie ein normaler Decoder/Treiber. Die Daten können in den Speicher geladen werden, wenn $\overline{\text{LE}}$ Low ist, wobei die Speicherung bei der ansteigenden Flanke von $\overline{\text{LE}}$ erfolgt. Die Daten bleiben so lange gespeichert, wie $\overline{\text{LE}}$ High bleibt.

Anwendung:
Speicherung, Decodierung und Ansteuerung von LED-Anzeigen für Hexadezimalcode 0—F

Daten:	5V	
Treiberstrom je Segment	10	mA
Treiberstrom für h+i	20	mA

Hersteller:
MOT

4495	**Hexadezimaler BCD-zu-7-Segment-Decoder/ Speicher und Treiber für LEDs**

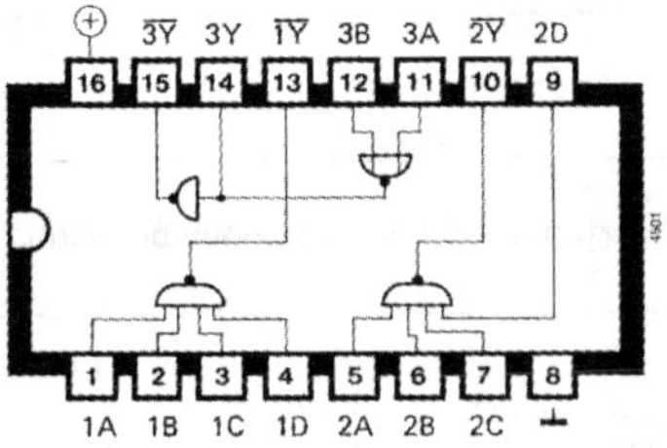

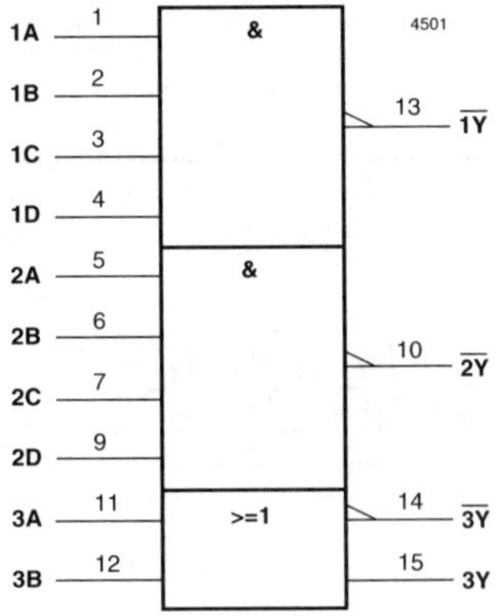

4501	**Dreifach-Gatter (2 NAND mit je 4 Eingängen, 1 NOR/ODER mit 2 Eingängen)**

Fortsetzung :

NAND

Eingänge A	B	C	D	Ausgang Y
L	X	X	X	H
X	L	X	X	H
X	X	L	X	H
X	X	X	L	H
H	H	H	H	L

NOR

Eingänge A	B	Ausgang Y
H	X	L
X	H	L
L	L	H

Beschreibung:
Dieser Baustein enthält ein Dreifach-Gatter, das aus zwei NAND- Gattern mit je vier Eingängen und einem NOR/ODER-Gatter mit zwei Eingängen besteht. Mit diesen Gattern ist eine Vielzahl von logischen Kombinationen möglich.

Betrieb:
Alle drei Gatter können getrennt verwendet werden.
Bei jedem NAND-Gatter ergibt ein Low an einem oder mehreren Eingängen einen Ausgang mit High. Wenn alle vier Eingänge High sind, wird der Ausgang Low sein. Beim NOR-Gatter wird der Ausgang (Pin 14) Low sein, wenn einer oder beide Eingänge High sind. Sind beide Eingänge Low, so ist der Ausgang High.
Mit dem zusätzlichen Inverter kann das Signal des NOR-Gatters an Pin 15 nochmals invertiert (als ODER) entnommen werden. Der Inverter kann jedoch nicht allein verwendet werden, d.h. Pin 14 darf nicht als Eingang zum Inverter eingesetzt werden. Durch eine externe Verbindung zwischen Pin 10 und 11 und zwischen Pin 12 und 13 erhält man an Pin 14 ein UND- und an Pin 15 ein NAND-Gatter mit acht Eingängen. Die Ausgänge sind nicht gepuffert (UB). Das Fan-Out beträgt 2L-TTL oder 1 LS-TTL.

Anwendung:
Realisation von UND/NAND/NOR/ODER-Gattern

Daten:	5V	10V	
Durchlauf-Verzögerung	130	70	ns

Hersteller:
HIT, MOT, TOS

4501 — Dreifach-Gatter (2 NAND mit je 4 Eingängen, 1 NOR/ODER mit 2 Eingängen)

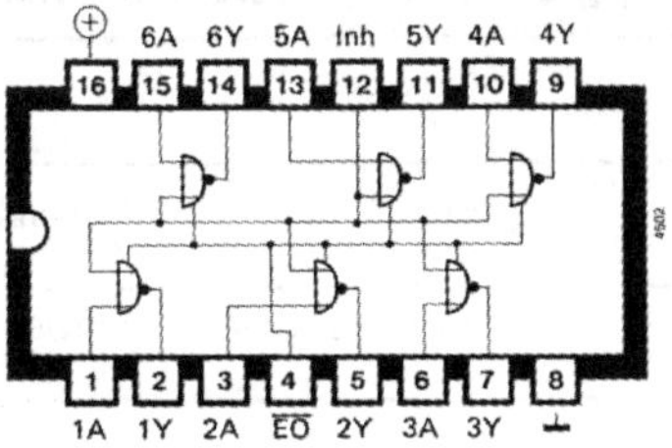

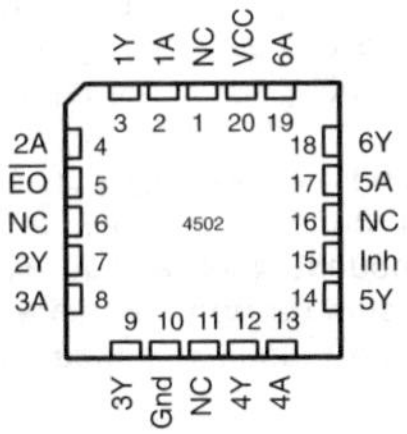

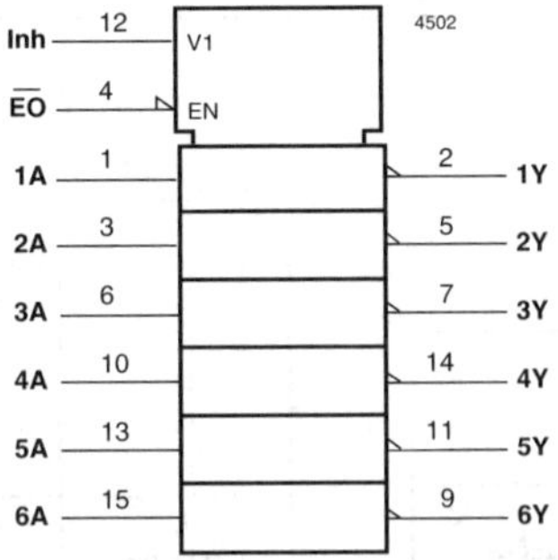

4502 Sechs Inverter/Treiber (TS)

Fortsetzung :

Eingänge An	INH	$\overline{EO}$	Ausgänge Yn
L	L	L	H
H	L	L	L
X	H	L	L
X	X	H	Z

Beschreibung:
Alle sechs Inverter können unabhängig voneinander verwendet werden, besitzen jedoch gemeinsame Sperr- und Ausgangs-Freigabe-Funktionen.

Betrieb:
Wenn die Anschlüsse EO (Enable Output = Ausgangsfreigabe, Pin 4) und INH (Sperr-Eingang, Pin 12) an Masse gelegt werden, ergibt ein High am Eingang eines Inverters ein Low am Ausgang und umgekehrt.
Wenn der INH-Eingang (Pin 12) High gemacht wird, gehen alle Inverter-Ausgänqe gleichzeitig auf Low.
Wenn der EO-Eingang (Pin 4) High gemacht wird, floaten alle Inverter-Ausgänge und gehen in den hochohmigen Zustand.
Ein Ausgang kann zwei normale TTL-Lasten oder sechs LS TTL-Lasten treiben. Bei einem Bus-System sollte nur eine Quelle über den Tristate-Zustand gleichzeitig freigegeben werden.
Der 4503 enthält sechs nicht invertierende Tristate-Treiber mit anderer Anschluss-Belegung und ohne Sperr-Eingang.

Anwendung:
Tristate-Inverter zur Anpassung von ICs an Datenbusse, Puffer CMOS/TTL

Daten:	5V	10V	
Durchlauf-Verzögerung	40	30	ns
Stromaufnahme bei 1 MHz	3	6	mA

Hersteller:
HIT, MOT, RCA, SGS, SSS, TOS, VA

4502 Sechs Inverter/Treiber (TS)

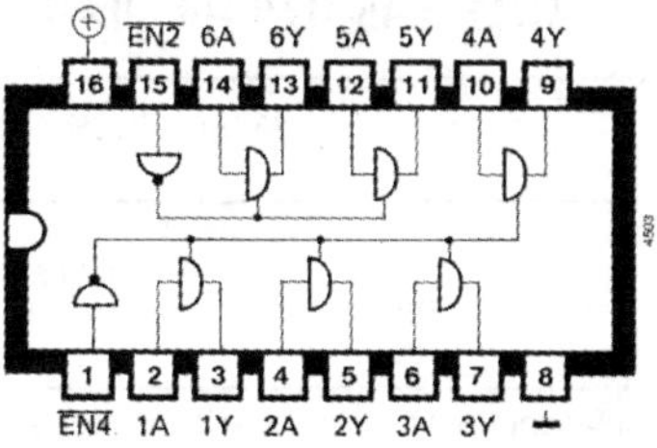

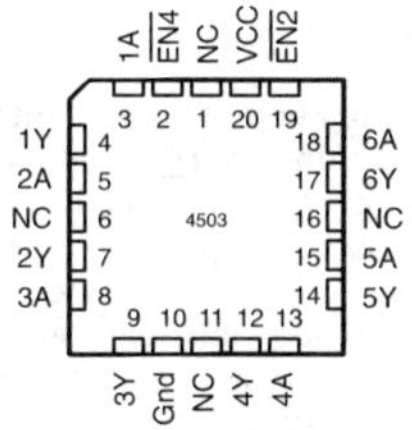

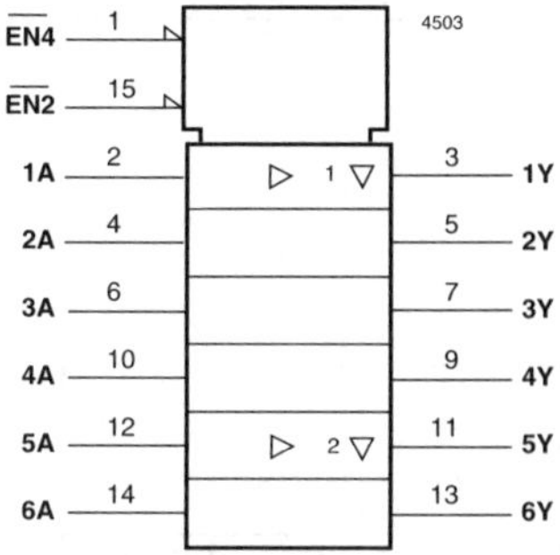

4503 | Sechs nicht-invertierende Puffer/Treiber (TS)

Fortsetzung :

Eingänge An $\overline{EN}$		Ausgang Yn
L	L	L
H	L	H
X	H	Z

Beschreibung:
Die sechs nicht invertierenden Puffer sind in eine Gruppe von vier und eine Gruppe von zwei Puffern aufgeteilt, die separat freigegeben werden können.

Betrieb:
Mit diesen Puffern können hohe Ströme zum Treiben von kapazitiven Lasten geliefert werden.
Ein Low an einem Eingang erzeugt ein Low am entsprechenden Ausgang, ein High am Eingang ein High am Ausgang.
Mit den beiden Enable-Eingängen $\overline{EN2}$ und $\overline{EN4}$ können jeweils zwei oder vier der Treiberstufen in einen hochohmigen Zustand versetzt werden. Dies geschieht durch ein High am entsprechenden $\overline{EN}$-Eingang. Die Ausgänge können zwei normale TTL-Lasten oder sechs LS TTL-Lasten treiben.
Der 4503 ist pin-kompatibel mit dem 40097.
Ein ähnlicher Baustein mit invertierenden Puffern ist der 40098.

Anwendung:
Tristate-Puffer zur Anpassung von ICs an Datenbusse, Puffer CMOS/TTL

Daten:	5V	10V	
Durchlauf-Verzögerung	40	25	ns
Fan-Out	2 TTL		

Hersteller:
HIT, MOT, NS, RCA, SGS

4503 Sechs nicht-invertierende Puffer/Treiber (TS)

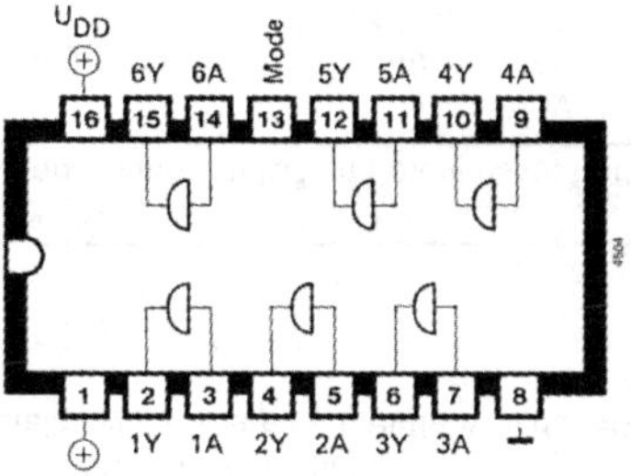

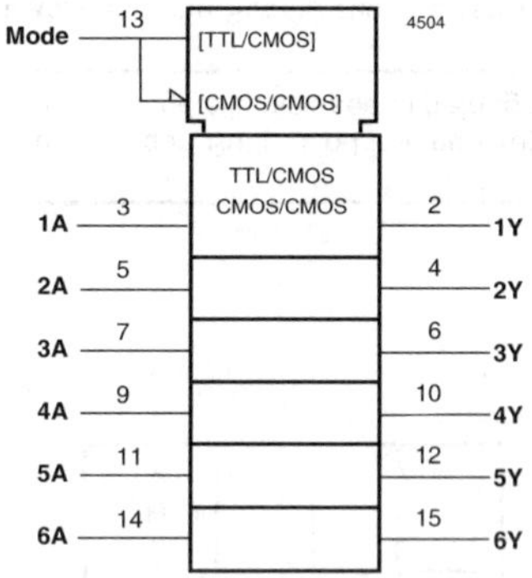

4504	Sechs Pegelwandler (TTL/CMOS oder CMOS/CMOS)

Fortsetzung :

Eingänge			Ausgänge	
Mode	A	Pegel	Y	Pegel
L	L	CMOS	H	CMOS
L	H	CMOS	L	CMOS
H	L	TTL	H	CMOS
H	H	TTL	L	CMOS

Beschreibung:
Dieser Baustein enthält sechs getrennte Pegelwandler zur Umwandlung von TTL-Signalen in CMOS-Logikpegel, oder kann zwischen CMOS-Schaltungen unterschiedlicher Logikpegel eingesetzt werden.

Betrieb:
Durch Auswahl der Betriebsspannungen U_{CC} und U_{DD} lässt sich jede beliebige Aufwärts- und Abwärts-Pegelwandlung durchführen.
Soll beispielsweise von einem TTL-Signal auf einen CMOS-Pegel mit 10V Betriebsspannung umgesetzt werden, so ist an den Anschluss U_{CC} 5V und an den Anschluss U_{DD} 10V zu legen.
Soll dagegen beispielsweise eine Pegelwandlung von einem CMOS-System mit 15V auf ein CMOS-System mit 5V umgesetzt werden, so ist an U_{CC} 15V und an U_{DD} 5V zu legen. Der Anschluss Mode (Betriebsart) ist bei Pegelwandlung mit TTL auf High zu legen, bei Pegelwandlung zwischen CMOS-Systemen auf Low.
Die Betriebsspannungen können beim Einschalten in beliebiger Reihenfolge oder gleichzeitig angelegt werden.

Anwendung:
Umwandlung von Signalpegeln von TTL auf CMOS oder zwischen CMOS-Systemen mit verschiedenen Betriebsspannungen

Daten:	5V	10V	
Durchlauf-Verzögerung	120	60	ns
Fan-Out	2 LP-TTL, 1 LPS-TTL oder 2 HTL		

Hersteller:
MOT

4504 Sechs Pegelwandler (TTL/CMOS oder CMOS/CMOS)

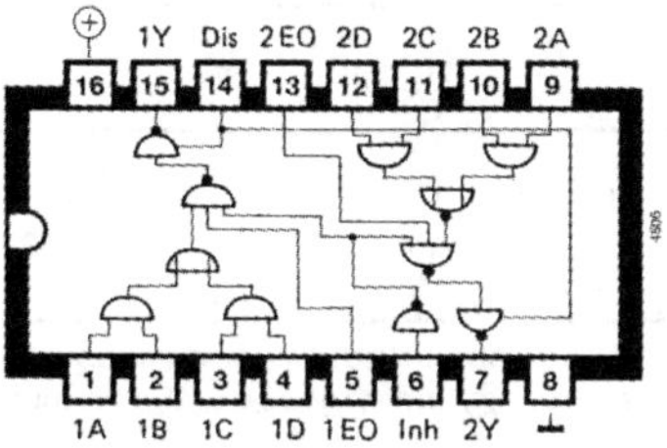

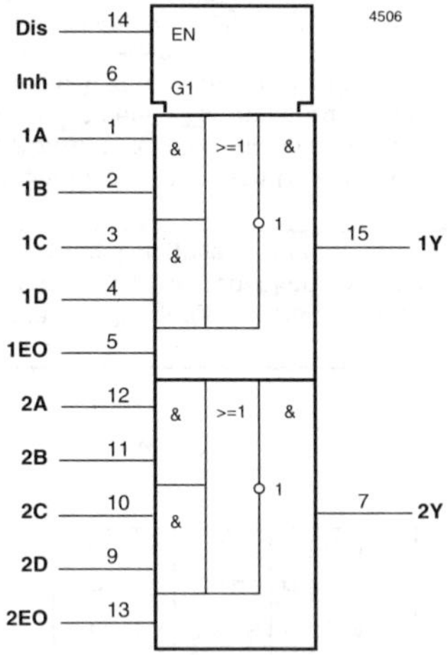

4506	**Zwei expandierbare UND/ODER/INVERTER-Gatter mit je 2 Eingängen**

Fortsetzung :

A	B	C	D	E	INH	EO	Y
L	L	L	L	H	L	L	H
L	X	L	X	H	L	L	H
L	X	X	L	H	L	L	H
X	L	L	X	H	L	L	H
X	L	X	L	H	L	L	H
H	H	X	X	X	X	L	L
X	X	H	H	X	X	L	L
X	X	X	X	L	X	L	L
X	X	X	X	X	H	L	L
X	X	X	X	X	X	H	Z

Beschreibung:
Dieser Baustein enthält zwei expandierbare UND/ODER/INVERTER-Gatter mit je 2 Eingängen mit Sperr-Eingang und Tristate-Ausgang.

Betrieb:
Der sich am Ausgang Y in Abhängigkeit von den Potentialen an den Eingängen ergebende Pegel ist der nachstehenden Wahrheitstabelle zu entnehmen. Der Eingang für Sperren (Inh) und Ausgangs-Freigabe (EO = Enable Output) ist beiden Gattern gemeinsam.
Die Expandier-Möglichkeit gestattet das Kaskadieren mit einem anderen Gatter, wobei die zusätzliche Durchlauf-Verzögerung jedes Gatters zu beachten ist. Beispielsweise kann das zweite UND/ODER/INVERTER-Gatter in diesem Baustein zur Erweiterung des ersten Gatters verwendet werden, wodurch sich ein erweitertes Vierfach-Gatter mit je zwei Eingängen ergibt.

Anwendung:
Daten-Steuerung und digitales Multiplexen

Daten:	5V	10V	
Durchlauf-Verzögerung	180	80	ns

Hersteller:
MOT

4506 — Zwei expandierbare UND/ODER/INVERTER-Gatter mit je 2 Eingängen

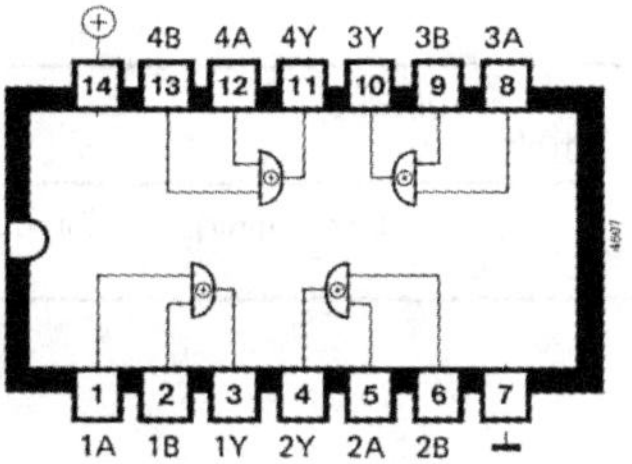

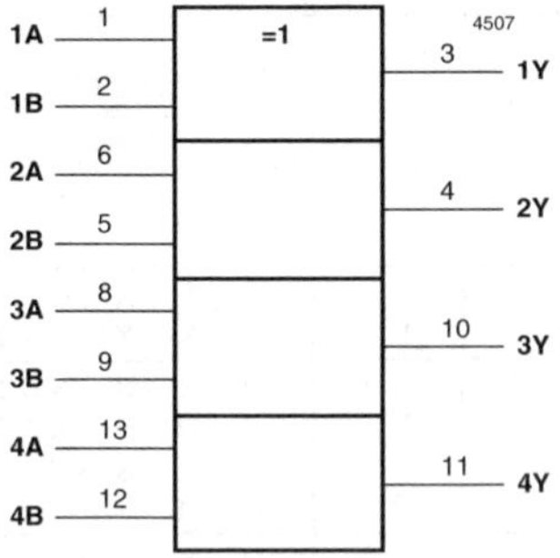

4507 | **Vier Exklusiv-ODER-Gatter mit je 2 Eingängen**

Fortsetzung :

Eingänge A	Eingänge B	Ausgang Y
L	L	L
L	H	H
H	L	H
H	H	L

Beschreibung:
Dieser Baustein enthält vier getrennte Exklusiv-ODER-Gatter mit je zwei Eingängen.

Betrieb:
Alle vier Exklusiv-ODER-Gatter können unabhängig voneinander verwendet werden. Bei jedem Gatter ist, wenn ein Eingang, jedoch nicht beide High sind, der Ausgang High. Wenn beide Eingänge High oder beide Eingänge Low sind, wird der Ausgang Low sein. Das Gatter kann als Komparator verwendet werden, der bei identischen Eingangssignalen einen Ausgang Low ergibt und bei unterschiedlichen Eingangssignalen einen Ausgang mit High. Er kann auch als steuerbarer Inverter verwendet werden, indem ein Low an einem Eingang durchlässt, was immer am zweiten Eingang liegt. Ein High dagegen wird immer komplementieren, was am anderen Eingang liegt.
Der Baustein ist identisch mit dem 4070 und ersetzt den veralteten 4030.

Anwendung:
Realisierung von Exklusiv-ODER-Funktionen, Erzeugung und Prüfung von gerader und ungerader Parität, Addierer/Subtrahierer, logische Komparatoren

Daten:	5V	10V	
Durchlauf-Verzögerung	175	70	ns
Stromaufnahme bei 1 MHz	0.2	0.4	mA

Hersteller:
MOT, NS

4507 Vier Exklusiv-ODER-Gatter mit je 2 Eingängen

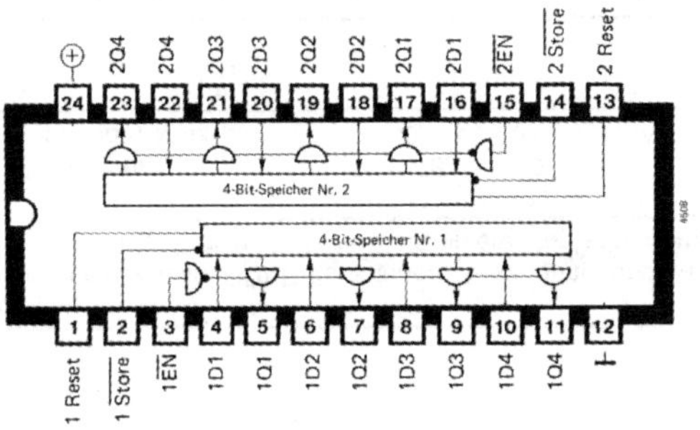

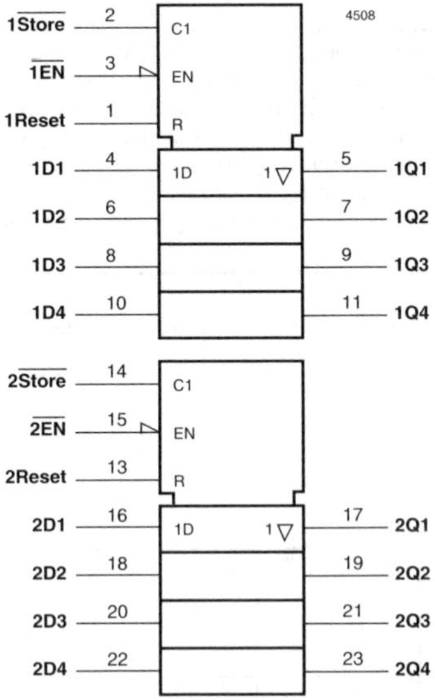

4508 Zwei 4-Bit-Speicher-Register (TS)

Fortsetzung :

Eingänge				Ausgang
Reset	$\overline{\text{Store}}$	$\overline{\text{EN}}$	Dn	Qn
L	H	L	H	H
L	H	L	L	L
L	L	L	X	gespeichert
H	X	L	X	L
X	X	H	X	Z

Beschreibung:
Dieser Baustein enthält zwei getrennte 4-Bit-Set/Reset-Zwischenspeicher, jeder mit unabhängiger Steuerung für Store (Speichern), Reset (Löschen) und Ausgangs-Freigabe ($\overline{\text{EN}}$). Die beiden Zwischenspeicher können kombiniert werden, um einen einzelnen 8-Bit-Zwischenspeicher zu bilden.

Betrieb:
Bei normalem Betrieb werden Reset und $\overline{\text{EN}}$ an Masse gelegt und die zu speichernden Informationen werden den D-Eingängen zugeführt. Wenn Store High ist, werden die Q-Ausgänge den Eingängen folgen. Wenn der Store-Eingang auf Low gebracht wird, wird die letzte Information, die bei seinem High anlag, intern gespeichert und erscheint an den Q-Ausgängen. Wird Reset auf High gebracht, so werden alle Speicher gelöscht. Wird $\overline{\text{EN}}$ High gemacht, so gehen die Tristate-Ausgänge in den hochohmigen Zustand, ändern jedoch nicht die interne Speicherung oder das Laden.
Beachten Sie, dass es sich NICHT um einen Baustein mit getakteter Logik handelt. Store arbeitet als Set/Reset- (oder Hold-Follow) Logikblock. Es können nicht mehrere Stufen kaskadiert werden.

Anwendung:
Puffer-Speicher, Datenspeicherung und Multiplexen

Daten:	5V	10V	
Durchlauf-Verzögerung	350	175	ns
Stromaufnahme bei 1 MHz	0.4	0.8	mA

Hersteller:
HIT, MOT, RCA, SGS, SOL, SSS, TOS, VA

4508 Zwei 4-Bit-Speicher-Register (TS)

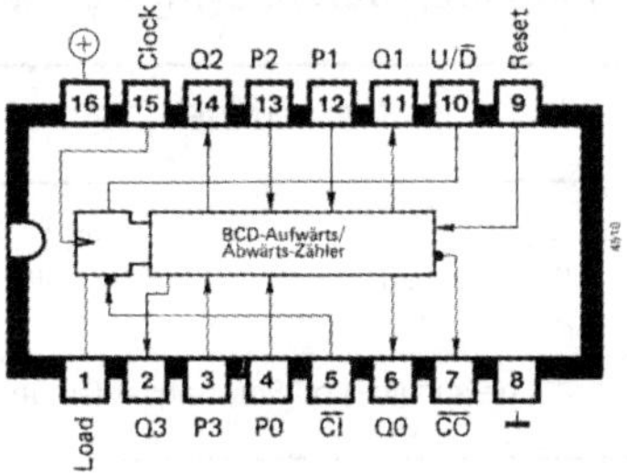

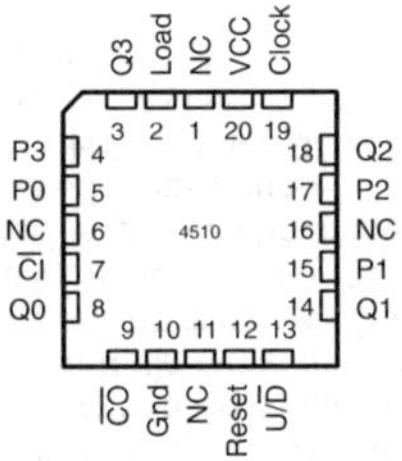

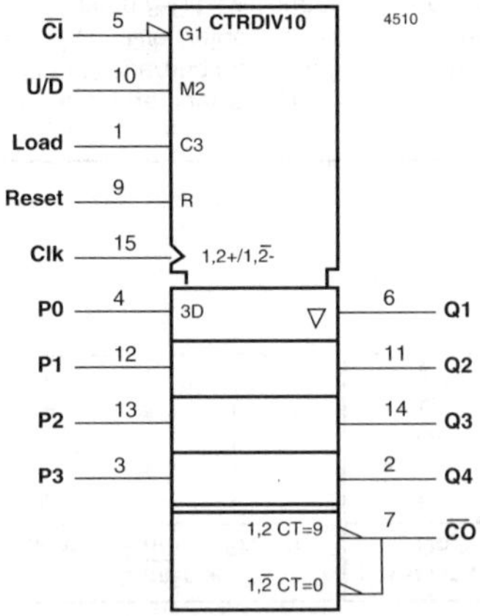

4510 Dezimaler Aufwärts/Abwärts-Zähler (synchron, voreinstellbar)

Fortsetzung :

Reset	Load	U/$\overline{D}$	$\overline{CI}$	Clock	Betriebsart
L	H	X	X	X	Paralleles Laden
L	L	X	H	X	Keine Änderung
L	L	L	L	_⌐	Abwärtszählen
L	L	H	L	_⌐	Aufwärtszählen
H	X	X	X	X	Löschen

Beschreibung:
Dieser dekadische Aufwärts/Abwärts-Zähler besitzt eine Vorwahlmöglichkeit und kann kaskadiert werden, indem die interne Übertrags-Logik verwendet wird.

Betrieb:
Bei normalem Betrieb werden $\overline{\text{Carry In}}$ ($\overline{CI}$), Reset und Load auf Low gehalten. Die Zählung wird bei einem LH-Übergang (positive Flanke) des Taktes um Eins aufwärts fortschreiten, wenn der Anschluss Up-Down (U/$\overline{D}$) auf High liegt und um Eins abwärts fortschreiten, wenn U/D Low ist. Das Ausgangssignal erscheint als BCD-Code an Q0—Q3.
Es können mehrere Stufen kaskadiert werden, indem der Anschluss $\overline{\text{Carry Out}}$ ($\overline{CO}$) der ersten Stufe mit CI der zweiten Stufe verbunden wird und beide von einem gemeinsamen Takt betrieben werden. $\overline{CI}$ der ersten Stufe sollte in dieser Betriebsart an Masse liegen.
Daten können parallel geladen werden, indem die Informationen auf die Leitungen P0—P3 plaziert werden und der Load-Eingang kurzzeitig auf High gelegt wird. Der Zähler kann gelöscht werden, indem kurzzeitige der Reset-Anschluss auf High gebracht wird. Auf Wunsch kann der Zähler auch gelöscht werden, indem 0000 parallel geladen wird. Der $\overline{CI}$-Eingang kann auch als Freigabe-Eingang verwendet werden. Bringt man $\overline{CI}$ auf Low, so wird die Zählung gestattet. Bringt man $\overline{CI}$ auf High, so wird sie gesperrt.
Der 4516 ist ein ähnlicher binärer Zähler (Teilung durch 16).

Anwendung:
Aufwärts/Abwärts-Differenz-Zählung, mehrstufiges synchrones Zählen, synchrone Frequenzteilung

Daten:	5V	10V	
Maximale Taktfrequenz	1.5	3	MHz
	(Valvo	12	MHz)
Stromaufnahme bei 1 MHz	0.4	0.8	mA

Hersteller:
FA, HIT, MOT, NS, RCA, SGS, SSS, TOS, VA

4510 Dezimaler Aufwärts/Abwärts-Zähler (synchron, voreinstellbar)

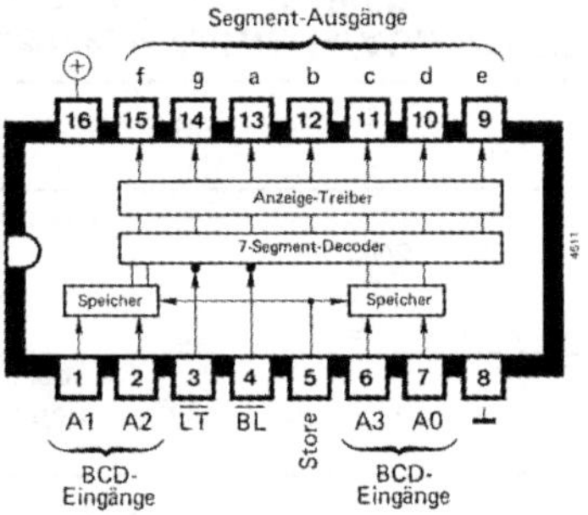

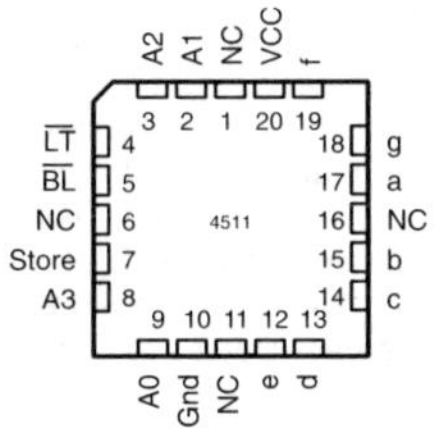

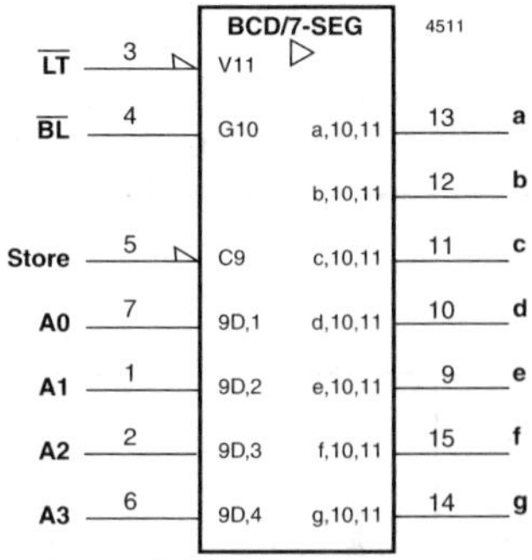

4511 7-Segment-Decoder/Speicher/Treiber

Fortsetzung :

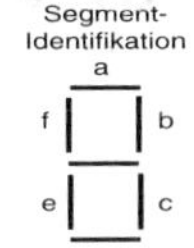

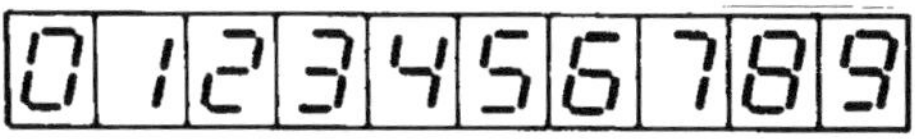

Beschreibung:
Dieser Baustein übernimmt einen BCD-Eingangscode, speichert ihn und wandelt ihn in ein Treibersignal mit positiver Logik für 7-Segment-Anzeigen mit hohem Strom um.

Betrieb:
Im Normalbetrieb werden $\overline{LT}$ und $\overline{BL}$ High gemacht und Store auf Low gelegt. Ein BCD-Eingangscode an den Anschlüssen A0—A3 erscheint als 7-Segment-Ausgangscode mit positiver Logik. Beispielsweise wird 0110 (oder BCD Sechs) an den Eingängen die Ausgänge c, d, e, f und g High machen, und die Ausgänge a und b Low. An der “6“ oben und “9“ unten sind keine Querbalken. Den Ausgängen können Ströme bis zu 25mA entnommen werden. *Wenn mit diesem Baustein LED-Anzeigen betrieben werden, muss eine Strombegrenzung vorgesehen werden.* Bei einer Betriebsspannung von 5V sind 150Ω ein typischer Wert. Kurzschlüsse an den Ausgängen werden den Baustein zerstören.
Wenn der Store-(Speicher) Eingang High gemacht wird, wird der Wert des BCD-Einganges, der zum Zeitpunkt anliegt, in dem Store auf High geht, intern aufbewahrt. Mit Store auf High wird der letzte Wert für die Anzeige aufbewahrt. Mit Store auf Low wird den Eingangs-Änderungen gefolgt.
Wenn der Blanking- (Austast) Eingang ($\overline{BL}$) auf Low geht, gehen alle Ausgänge auf Low, wodurch die Anzeige dunkel gesteuert wird. Dieser Blanking-Eingang kann auch als Helligkeits-Steuerung verwendet werden, indem das Tastverhältnis der impulsförmigen Steuerspannung geändert wird.
Wird der Anschluss Lamp Test ($\overline{LT}$) an Masse gelegt, so werden alle Segmente leuchten, unabhängig vom Eingangscode und dem Zustand von $\overline{BL}$. Führende Nullen werden nicht automatisch unterdrückt, obwohl jeder ungültige Eingangscode (BCD 10—15) zu einem Verlöschen der Anzeige führt.
Dieser Baustein ist mit dem 4311 identisch, der jedoch alle Hexadezimalcodes decodiert und anzeigt.

Anwendung:
Ansteuerung von LED-Anzeigen mit gemeinsamer Kathode, Multiplexen von LED-Anzeigen mit gemeinsamer Kathode, Ansteuerung von Fluoreszenz-Anzeigen

Daten:	5V	10V	
Einschalt-Verzögerung	700	350	ns

Stromverbrauch abhängig von der Belastung, muss auf max. 25mA je Segment begrenzt werden.

Hersteller:
FA, HIT, MIT, MOT, NS, RCA, SGS, SOL, SSS, TOS, VA

4511 — 7-Segment-Decoder/Speicher/Treiber

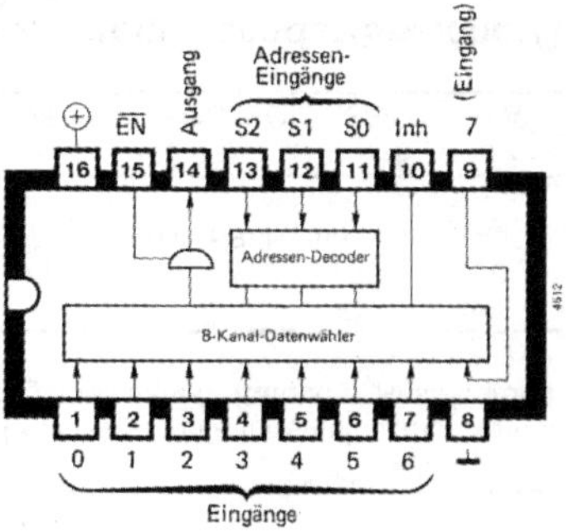

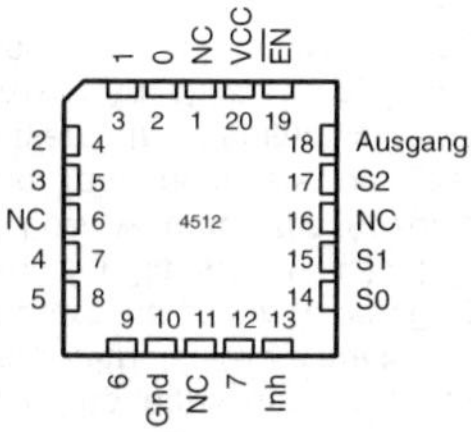

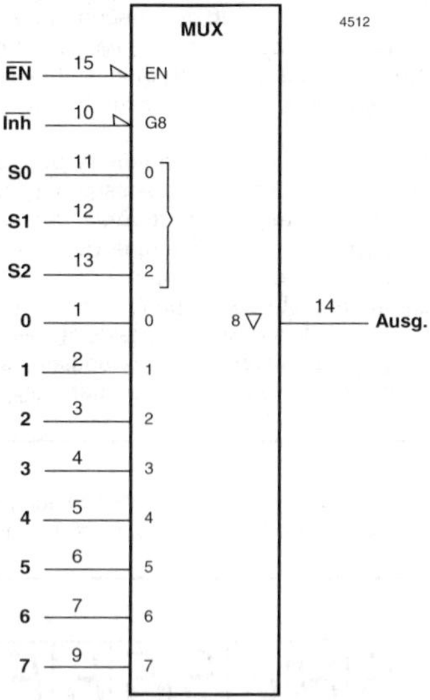

4512 8-kanaliger Datenwähler (TS)

Fortsetzung :

Eingänge													Ausgang
$\overline{EN}$	Inh	S2	S1	S0	0	1	2	3	4	5	6	7	Q
L	H	X	X	X	X	X	X	X	X	X	X	X	L
L	L	L	L	L	L	X	X	X	X	X	X	X	L
L	L	L	L	L	H	X	X	X	X	X	X	X	H
L	L	L	L	H	X	L	X	X	X	X	X	X	L
L	L	L	L	H	X	H	X	X	X	X	X	X	H
L	L	L	H	L	X	X	L	X	X	X	X	X	L
L	L	L	H	L	X	X	H	X	X	X	X	X	H
L	L	L	H	H	X	X	X	L	X	X	X	X	L
L	L	L	H	H	X	X	X	H	X	X	X	X	H
L	L	H	L	L	X	X	X	X	L	X	X	X	L
L	L	H	L	L	X	X	X	X	H	X	X	X	H
L	L	H	L	H	X	X	X	X	X	L	X	X	L
L	L	H	L	H	X	X	X	X	X	H	X	X	H
L	L	H	H	L	X	X	X	X	X	X	L	X	L
L	L	H	H	L	X	X	X	X	X	X	H	X	H
L	L	H	H	H	X	X	X	X	X	X	X	L	L
L	L	H	H	H	X	X	X	X	X	X	X	H	H
H	X	X	X	X	X	X	X	X	X	X	X	X	Z

Beschreibung:
Dieser Baustein wählt einen von acht Eingängen aus und liefert dessen Eingangssignale an den Ausgang. Er kann als Daten-Selektor zur Erzeugung einer Logikfunktion mit vier Variablen verwendet werden. Es ist auch eine Sperr- und Abschalt-Steuerung vorgesehen.

Betrieb:
Bei normalem Betrieb wird Inh und $\overline{EN}$ an Masse gelegt und ein Binärcode an S0—S2 zur Auswahl des entsprechenden Eingangs, gelegt. Dieses Eingangssignal erscheint am Ausgang. Beispielsweise wird mit einem Auswahlcode von 101 der logische Pegel an Eingang 5 gewählt und zum Ausgang geführt.
Wenn Inh auf J High gelegt wird, geht der Ausgang unabhängig vom gewählten Eingang auf Low. Wenn $\overline{EN}$ auf High gebracht wird, geht der Ausgang in einen hochohmigen Zustand, unabhängig von allen anderen Eingängen.
Als Generator für eine Funktion aus vier Variablen werden drei der Variablen zu den Eingängen S0, S1 und S2 geführt. Die vierte Variable, ihr Komplement, ein ständiges High oder ständiges Low, wird, falls erforderlich, zu den Eingängen geführt, um die Wahrheitstabelle zu erzeugen. Beachten Sie, dass dieser Baustein nur ein Wähler (Selektor) ist. Er kann nicht umgekehrt werden, um als Daten-Verteiler zuarbeiten.

Anwendung:
Digitales Multiplexen, Zahlensequenz-Erzeugung, Toren von Signalen

Daten:	5V	10V	
Gesamte Auswahl-Zeit	225	75	ns
Stromaufnahme bei 1 MHz Auswahlrate	0.6	1.2	mA

Hersteller:
FA, HIT, MOT, NS, RCA, SGS, SSS, TOS, VA

4512 — 8-kanaliger Datenwähler (TS)

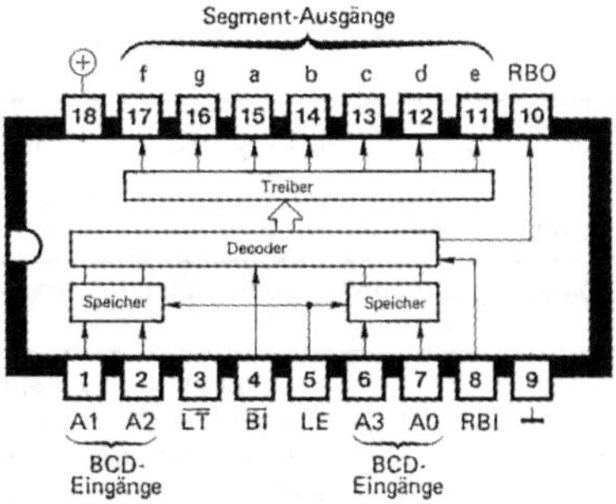

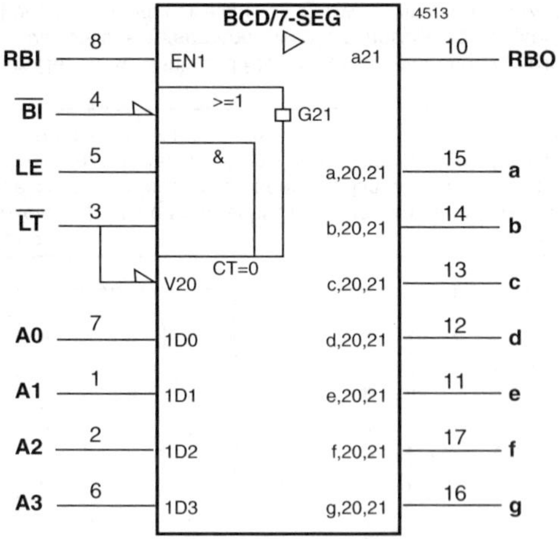

4513 BCD-zu-7-Segment-Decoder/Speicher/Treiber für LED-Anzeigen

Fortsetzung :

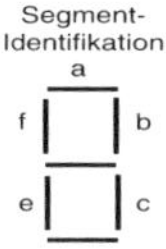

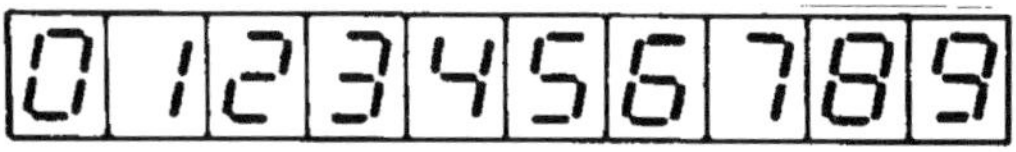

Beschreibung:
Dieser Baustein enthält einen BCD-zu-7-Segment-Speicher/Decoder/Treiber.

Betrieb:
Im Normalbetrieb sind die Anschlüsse RBI und LE auf Low, und $\overline{BI}$ und $\overline{LT}$ auf High zu legen. Hierbei erscheinen die an den Eingängen A0—A3 liegenden Daten im BCD-Code decodiert an den Ausgängen a—g und werden über die entsprechende Anzeige dargestellt. Legt man $\overline{LE}$ (Latch Enable = Speicher-Freigabe) auf High, werden die unmittelbar vor diesem LH-Übergang anliegenden BCD-Daten gespeichert, und zwar so lange, wie $\overline{LE}$ auf High bleibt. Wird der Anschluss $\overline{LT}$ (Lamp Test) auf Low gelegt, so müssen alle sieben Segmente unabhängig von den übrigen Eingängen leuchten. Mit dem Anschluss $\overline{BI}$ (Blanking = Austastung) kann mittels einer Impulsbreiten-Modulation die Helligkeit der Anzeige geregelt werden.
Die Anschlüsse RBI (Ripple Blanking Input) und RBO (Ripple Blanking Output) können zum Unterdrücken entweder der vorlaufenden oder nacheilenden Nullen dienen. Zur Unterdrückung der vorlaufenden Nullen wird RBI der ganz links stehenden Stufe an U_{DD} gelegt und RBO mit der nächsten rechts stehenden Stufe verbunden usw. Bei nicht zulässigen Codes (A—F) wird die Anzeige dunkel gesteuert. Der Strom für die einzelnen Segmente ist mit entsprechenden Widerständen auf maximal 25mA zu begrenzen.

Anwendung:
Ansteuerung von 7-Segment-Anzeigen (LEDs mit gemeinsamer Kathode)

Daten:

Maximaler Strom je Segment	25	mA

Hersteller:
MOT

4513 — BCD-zu-7-Segment-Decoder/Speicher/ Treiber für LED-Anzeigen

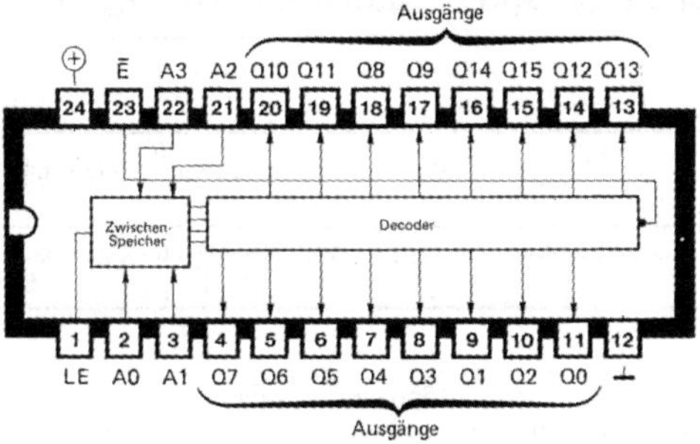

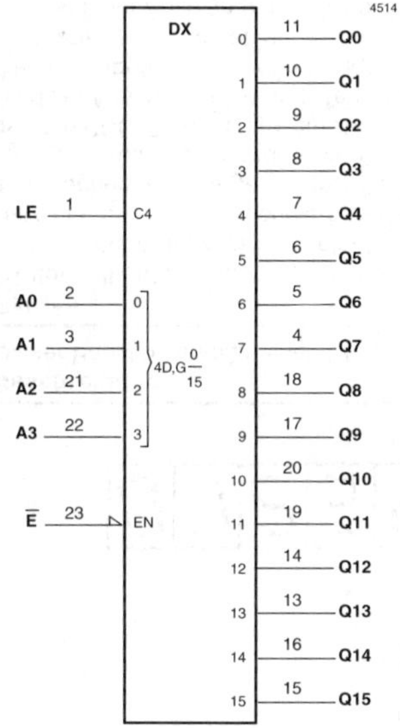

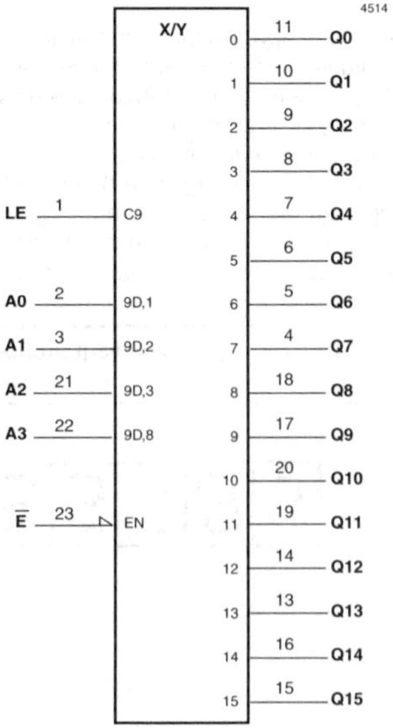

4514	**1-aus16-Decoder/Demultiplexer mit Eingangs-Speicher (High-Ausgang)**

Fortsetzung :

Eingänge					Ausgänge															
Ē	A0	A1	A2	A3	Q0	Q1	Q2	Q3	Q4	Q5	Q6	Q7	Q8	Q9	Q10	Q11	Q12	Q13	Q14	Q15
H	X	X	X	X	L	L	L	L	L	L	L	L	L	L	L	L	L	L	L	L
L	L	L	L	L	H	L	L	L	L	L	L	L	L	L	L	L	L	L	L	L
L	H	L	L	L	L	H	L	L	L	L	L	L	L	L	L	L	L	L	L	L
L	L	H	L	L	L	L	H	L	L	L	L	L	L	L	L	L	L	L	L	L
L	H	H	L	L	L	L	L	H	L	L	L	L	L	L	L	L	L	L	L	L
L	L	L	H	L	L	L	L	L	H	L	L	L	L	L	L	L	L	L	L	L
L	H	L	H	L	L	L	L	L	L	H	L	L	L	L	L	L	L	L	L	L
L	L	H	H	L	L	L	L	L	L	L	H	L	L	L	L	L	L	L	L	L
L	H	H	H	L	L	L	L	L	L	L	L	H	L	L	L	L	L	L	L	L
L	L	L	L	H	L	L	L	L	L	L	L	L	H	L	L	L	L	L	L	L
L	H	L	L	H	L	L	L	L	L	L	L	L	L	H	L	L	L	L	L	L
L	L	H	L	H	L	L	L	L	L	L	L	L	L	L	H	L	L	L	L	L
L	H	H	L	H	L	L	L	L	L	L	L	L	L	L	L	H	L	L	L	L
L	L	L	H	H	L	L	L	L	L	L	L	L	L	L	L	L	H	L	L	L
L	H	L	H	H	L	L	L	L	L	L	L	L	L	L	L	L	L	H	L	L
L	L	H	H	H	L	L	L	L	L	L	L	L	L	L	L	L	L	L	H	L
L	H	H	H	H	L	L	L	L	L	L	L	L	L	L	L	L	L	L	L	H

Beschreibung:
Dieser Baustein enthält einen Zwischenspeicher, gefolgt von einem 1-aus-16-Decoder. Er kann verwendet werden, um als Decoder einen von sechzehn Ausgängen High zu machen, oder er kann zur Verteilung von Daten mit positiver Logik auf einen von sechzehn Ausgängen eingesetzt werden.

Betrieb:
Bei normalem Betrieb wird der Eingang LE (Latch Enable) auf High und der Freigabe-Eingang Ē (Enable) auf Low gelegt. Dann geht der über die Adresse A0—A3 gewählte Ausgang auf High.
Legt man LE auf Low, wird die zuletzt an den Adressen-Eingängen A0—A3 liegende Adresse gespeichert und die Ausgänge bleiben auf ihren entsprechenden logischen Pegeln. Legt man Ē auf High, so gehen alle Ausgänge auf Low. Der Freigabe-Eingang E beeinflusst den Inhalt des Adressenspeichers nicht. Wenn der Baustein als Demultiplexer verwendet wird, ist E der Daten-Eingang und A0—A3 sind die Adressen-Eingänge.

Anwendung:
Digitales Multiplexen, Adressen-Decodierung, Hexadezimal/BCD-Decodierung, Befehlszähler-Decodierung, Steuerungs-Decodierung

Daten:	5V	10V	
Durchlauf-Verzögerung	800	300	ns
Stromaufnahme bei 1 MHz	1	2	mA

Hersteller:
FA, HIT, MOT, NS, RCA, SGS, SOL, SSS, TOS, VA

4514 — 1-aus16-Decoder/Demultiplexer mit Eingangs-Speicher (High-Ausgang)

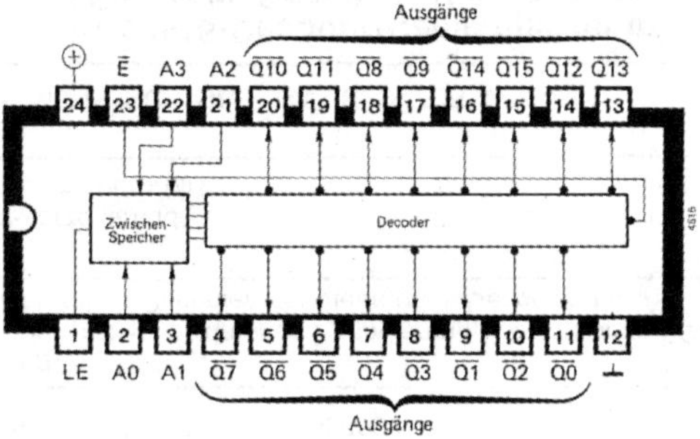

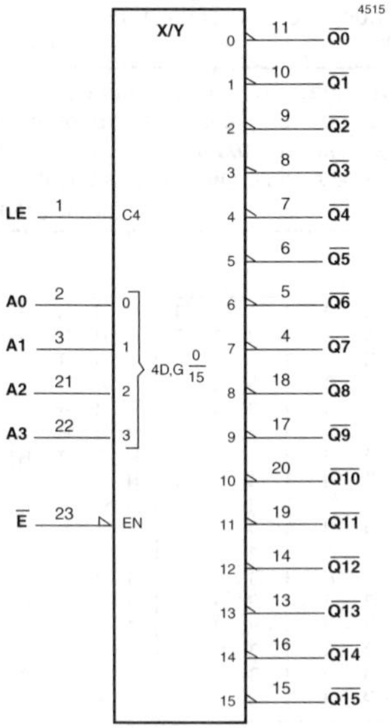

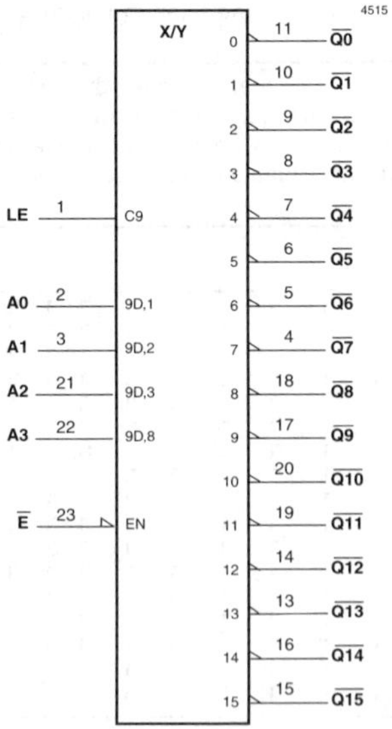

4515	1-aus-16-Decoder/Demultiplexer mit Eingangs-Speicher(Low-Ausgang)

Fortsetzung :

Eingänge					Ausgänge															
$\overline{E}$	A0	A1	A2	A3	$\overline{Q0}$	$\overline{Q1}$	$\overline{Q2}$	$\overline{Q3}$	$\overline{Q4}$	$\overline{Q5}$	$\overline{Q6}$	$\overline{Q7}$	$\overline{Q8}$	$\overline{Q9}$	$\overline{Q10}$	$\overline{Q11}$	$\overline{Q12}$	$\overline{Q13}$	$\overline{Q14}$	$\overline{Q15}$
H	X	X	X	X	H	H	H	H	H	H	H	H	H	H	H	H	H	H	H	H
L	L	L	L	L	L	H	H	H	H	H	H	H	H	H	H	H	H	H	H	H
L	H	L	L	L	H	L	H	H	H	H	H	H	H	H	H	H	H	H	H	H
L	L	H	L	L	H	H	L	H	H	H	H	H	H	H	H	H	H	H	H	H
L	H	H	L	L	H	H	H	L	H	H	H	H	H	H	H	H	H	H	H	H
L	L	L	H	L	H	H	H	H	L	H	H	H	H	H	H	H	H	H	H	H
L	H	L	H	L	H	H	H	H	H	L	H	H	H	H	H	H	H	H	H	H
L	L	H	H	L	H	H	H	H	H	H	L	H	H	H	H	H	H	H	H	H
L	H	H	H	L	H	H	H	H	H	H	H	L	H	H	H	H	H	H	H	H
L	L	L	L	H	H	H	H	H	H	H	H	H	L	H	H	H	H	H	H	H
L	H	L	L	H	H	H	H	H	H	H	H	H	H	L	H	H	H	H	H	H
L	L	H	L	H	H	H	H	H	H	H	H	H	H	H	L	H	H	H	H	H
L	H	H	L	H	H	H	H	H	H	H	H	H	H	H	H	L	H	H	H	H
L	L	L	H	H	H	H	H	H	H	H	H	H	H	H	H	H	L	H	H	H
L	H	L	H	H	H	H	H	H	H	H	H	H	H	H	H	H	H	L	H	H
L	L	H	H	H	H	H	H	H	H	H	H	H	H	H	H	H	H	H	L	H
L	H	H	H	H	H	H	H	H	H	H	H	H	H	H	H	H	H	H	H	L

Beschreibung:

Dieser Baustein enthält einen Zwischenspeicher, gefolgt von einem 1-aus-16-Decoder. Er kann verwendet werden, um als Decoder einen von sechzehn Ausgängen Low zu machen, oder er kann zur Verteilung von Daten mit positiver Logik auf einen von sechzehn Ausgängen eingesetzt werden.

Betrieb:

Bei normalem Betrieb wird der Eingang LE (Latch Enable) auf High und der Freigabe-Eingang $\overline{E}$ (Enable) auf Low gelegt. Dann geht der über die Adresse A0—A3 gewählte Ausgang auf Low.

Legt man LE auf Low, wird die zuletzt an den Adressen-Eingängen A0—A3 liegende Adresse gespeichert und die Ausgänge bleiben auf ihren entsprechenden logischen Pegeln. Legt man $\overline{E}$ auf High, so gehen alle Ausgänge auf High. Der Freigabe-Eingang $\overline{E}$ beeinflusst den Inhalt des Adressenspeichers nicht. Wenn der Baustein als Demultiplexer verwendet wird, ist $\overline{E}$ der Daten-Eingang und A0—A3 sind die Adressen-Eingänge.

Anwendung:

Digitales Multiplexen, Adressen-Decodierung, Steuerungs-Decodierung

Daten:	5V	10V	
Durchlauf-Verzögerung	800	300	ns
Stromaufnahme bei 1 MHz	1	2	mA

Hersteller:

FA, HIT, MOT, NS, RCA, SGS, SOL, SSS, TOS, VA

4515 — 1-aus-16-Decoder/Demultiplexer mit Eingangs-Speicher(Low-Ausgang)

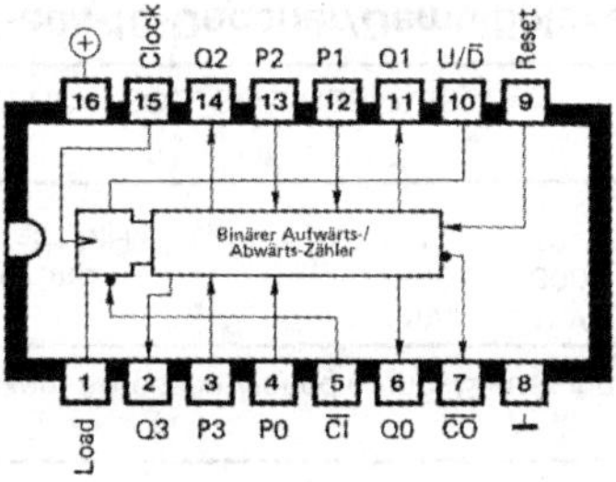

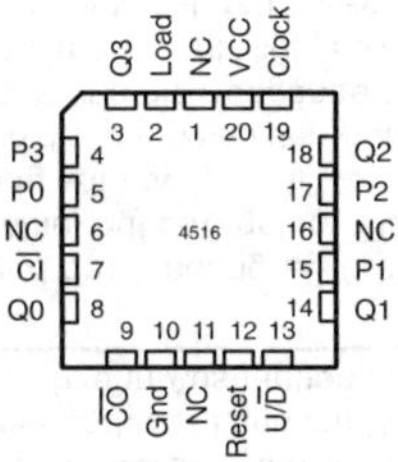

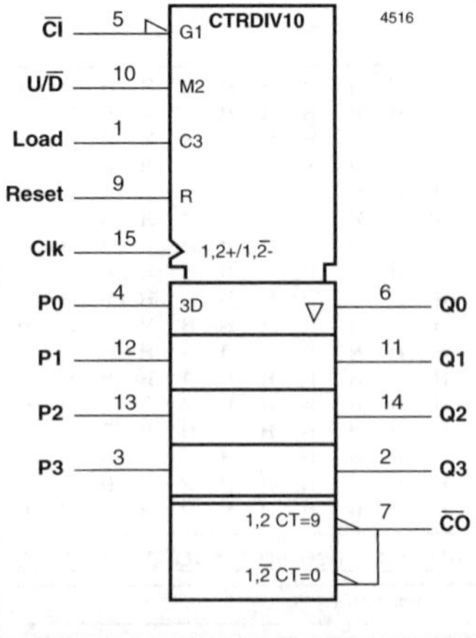

4516	**Binärer Aufwärts/Abwärts-Zähler (synchron, voreinstellbar)**

Fortsetzung :

Reset	Load	U/$\overline{D}$	$\overline{CI}$	Clock	Betriebsart
L	H	X	X	X	Paralleles Laden
L	L	X	H	X	Keine Änderung
L	L	L	L	↑	Abwärtszählen
L	L	H	L	↑	Aufwärtszählen
H	X	X	X	X	Löschen

Beschreibung:
Dieser binäre Aufwärts/Abwärts-Zähler besitzt eine Vorwahlmöglichkeit und kann kaskadiert werden, indem die interne Übertrags-Logik verwendet wird.

Betrieb:
Bei normalem Betrieb werden $\overline{\text{Carry In}}$ ($\overline{CI}$), Reset und Load auf Low gehalten. Die Zählung wird bei einem LH-Übergang (positive Flanke) des Taktes um Eins aufwärts fortschreiten, wenn der Anschluss Up-Down (U/$\overline{D}$) auf High liegt und um Eins abwärts fortschreiten, wenn U/$\overline{D}$ Low ist. Das Ausgangssignal erscheint als Binärcode an Q0—Q3.
Es können mehrere Stufen kaskadiert werden, indem der Anschluss $\overline{\text{Carry Out}}$ ($\overline{CO}$) der ersten Stufe mit $\overline{CI}$ der zweiten Stufe verbunden wird und beide von einem gemeinsamen Takt betrieben werden. $\overline{CI}$ der ersten Stufe sollte in dieser Betriebsart an Masse liegen.
Date können parallel geladen werden, indem die Informationen auf die Leitungen P0—P3 plaziert werden und der Load-Eingang kurzzeitig auf High gelegt wird. Der Zähler kann gelöscht werden, indem kurzzeitig der Reset-Anschluss auf High gebracht wird. Auf Wunsch kann der Zähler auch gelöscht werden, indem 0000 parallel geladen wird.
Der $\overline{CI}$-Eingang kann auch als Freigabe-Eingang verwendet werden. Bringt man $\overline{CI}$ auf Low, so wird die Zählung gestattet. Bringt man $\overline{CI}$ auf High, so wird sie gesperrt. Der 4510 ist ein ähnlicher dekadischer Zähler, der im BCD-Code arbeitet.

Anwendung:
Aufwärts/Abwärts-Differenz-Zählung, mehrstufiges synchrones Zählen, synchrone Frequenzteilung

Daten:	5V	10V	
Maximale Taktfrequenz	1.5	3	MHz
	(Valvo	12	MHz)
Stromaufnahme bei 1 MHz	0.4	0.8	mA

Hersteller:
FA, HIT, MOT, NS, RCA, SGS, SSS, TOS, VA

4516 — Binärer Aufwärts/Abwärts-Zähler (synchron, voreinstellbar)

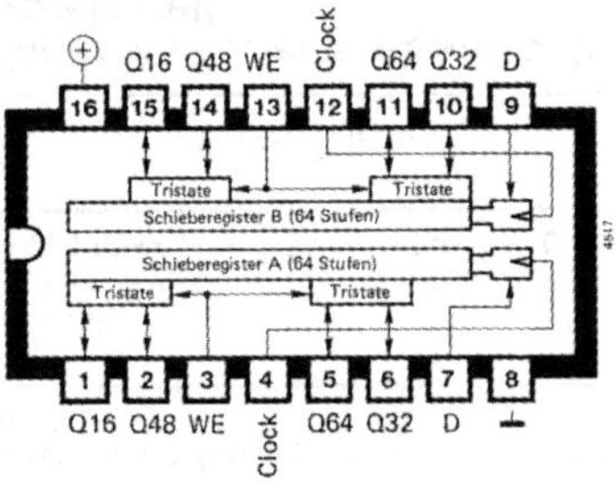

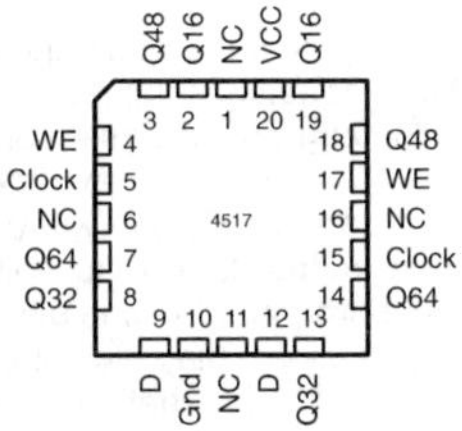

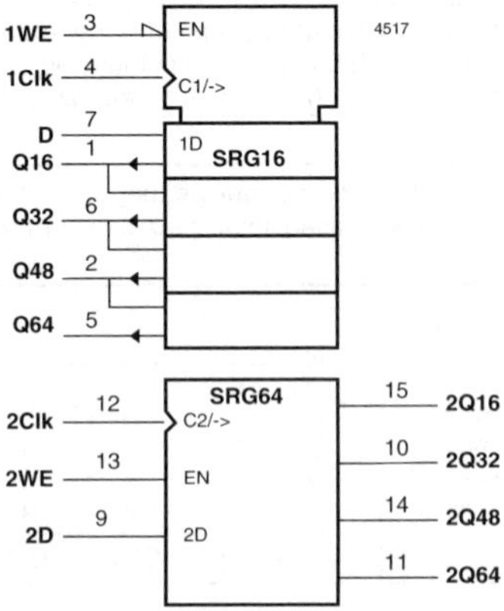

4517	**Zwei statische 64-stufige Schieberegister**

Fortsetzung :

Eing nge			Funktion
Clock	WE	X	
L	L	X	Qn = Inhalt von Bit n
L	L	X	Alle Qn = Z
H	L	X	Qn = Inhalt von Bit n
H	H	X	Alle Qn = Z
↑	L	L	Qn = Inhalt von Bit n Bit 1 = L
↑	L	H	Qn = Inhalt von Bit n, Bit 1 = H
↑	H	L	Qn = Inhalt von Bit n-1, Bit 1 =L
↑	H	H	Qn = Inhalt von Bit n-1, Bit 1 = H
↓	L	X	Qn = Inhalt von Bit n
↓	H	X	Alle Qn = Z

Beschreibung:
Dieser Baustein enthält zwei identische, voneinander unabhängige 64-stufige statische Schieberegister.

Betrieb:
Jedes Register besitzt einen separaten Takteingang (Clock), Dateneingang (D) und Write-Enable-Eingang (WE), sowie vier Tristate-Ausgänge für die 16., 32., 48. und 64. Bit-Position (Q16—Q64).
Die Daten werden am D-Eingang in das erste Bit beim LH-Übergang des Taktes (positive Flanke) übernommen, unabhängig vom Zustand von WE.
Legt man WE auf Low, so werden die Ausgänge freigegeben und der Baustein arbeitet in der seriellen 64-Bit-Betriebsart.
Legt man WE auf High, so werden die Ausgänge hochohmig und das 64-Bit-Schieberegister wird in vier 16-Bit-Schieberegister aufgeteilt, wobei D, Q16, Q32 und Q48 als Daten-Eingänge für das 1., 17., 33. und 49. Bit fungieren. Beim nächsten Taktimpuls werden die an diesen Pins liegenden Daten in das Schieberegister geladen. Dadurch ist es möglich, das Register mit 64 Bits in nur 16 Taktperioden zu laden.
Eine Schmitt-Trigger-Funktion am Takteingang gestattet auch die Verwendung von Taktimpulsen mit langsam ansteigenden und abfallenden Flanken.

Anwendung:
Zeitverzögerungs-Schaltungen, Zwischenspeicher, Schieberegister

Daten:

		5V	10V	
Maximale Taktfrequenz		3	6.7	MHz
	(Valvo	5	12	MHz)

Hersteller:
HIT, MOT, RCA, SGS, SSS, VA

4517 Zwei statische 64-stufige Schieberegister

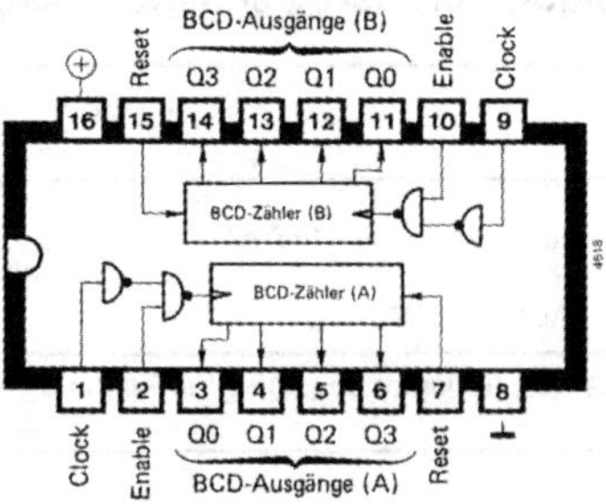

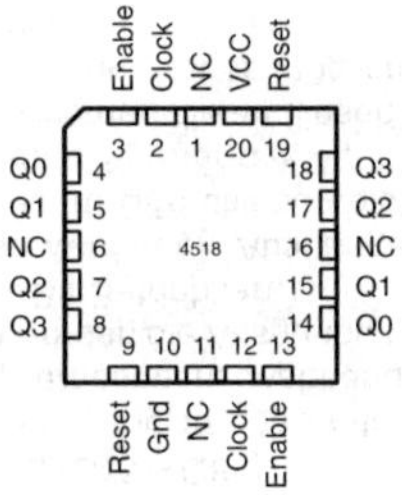

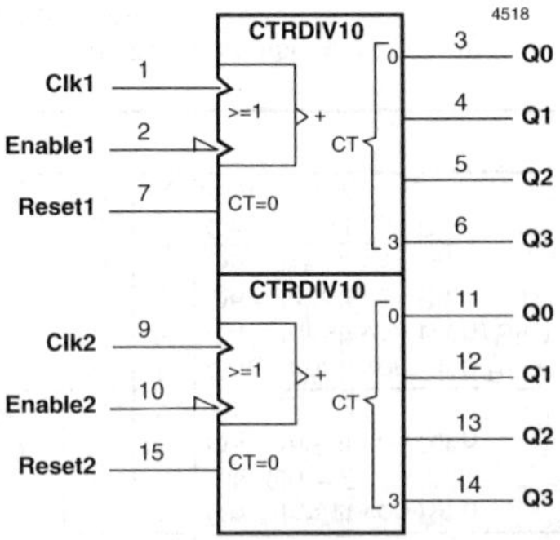

4518 Zwei synchrone Dezimalzähler

Fortsetzung :

Clock	Enable	Reset	Operation
↑	H	L	Zählung
L	↓	L	Zählung
↓	X	L	keine Änderung
X	↑	L	keine Änderung
↑	L	L	keine Änderung
H	↓	L	keine Änderung
X	X	H	Q0--Q3 = Low

Beschreibung:
Dieser Baustein enthält zwei getrennte synchrone Zähler mit einem Teilerfaktor von 10 unter Verwendung des BCD-1-2-4-8-Ausgangscodes. Sie zählen nur in der Aufwärts Richtung und sind nicht voreinstellbar. Jeder Zähler kann einzeln verwendet werden.

Betrieb:
Normalerweise liegt Reset auf Masse und Enable auf High. Mit diesen Verbindungen schreitet der Zähler um eine Zählung bei jedem LH-Übergang (positive Flanke) des Taktes fort. Die Ausgänge folgen dem 1-2-4-8-BCD-Code und ändern synchron ihren Zustand ohne wesentlich Verzögerungen.
Als Option können Reset und Clock auf Masse gelegt werden. Bei dieser Bedingung wird der HL-Übergang (negative Flanke) des Enable-Eingangs den Zähler um eine Zählung weiterstellen. Dies ist nützlich bei Triggerung mit der negativen Flanke und beim Kaskadieren von Dekaden.
Wenn Reset High gemacht wird, geht der Zähler in seinen 0000-Zustand und verbleibt dort, auch wenn Reset wieder zu einem Low-Zustand zurückkehrt. Das Löschen des Zählers erfolgt asynchron, d.h. unabhängig vom Takt.
Man kann mehrere Zähler kaskadieren, indem man Q3 mit dem Enable-Eingang der folgenden Stufe verbindet und deren Taktteingang auf Low legt. Diese Zähler dagegen werden synchron kaskadiert, indem sie gemeinsam getaktet werden und ein positiver Logik-Zustand 9 (8 UND 1) des ersten Zählers festgestellt und dieser dem Enable-Eingang des nächsten Zählers zugeführt wird. Der 4520 ist ein ähnlicher Zähler mit Binärcode.

Anwendung:
Mehrstufige Zähler, Frequenzteiler

Daten:

	5V	10V	
Maximale Taktfrequenz	2.5	6	MHz
	(Valvo 8	15 MHZ)	
Stromaufnahme bei 1 MHz	0.8	1.6	mA

Hersteller:
FA, HIT, MOT, NS, RCA, SGS, SOL, SSS, TOS, VA

4518 Zwei synchrone Dezimalzähler

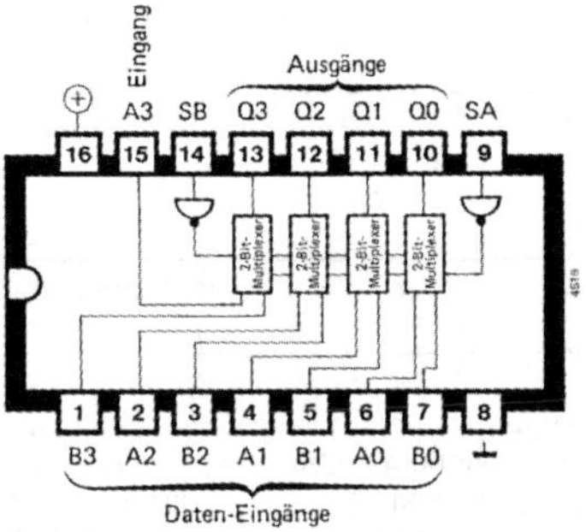

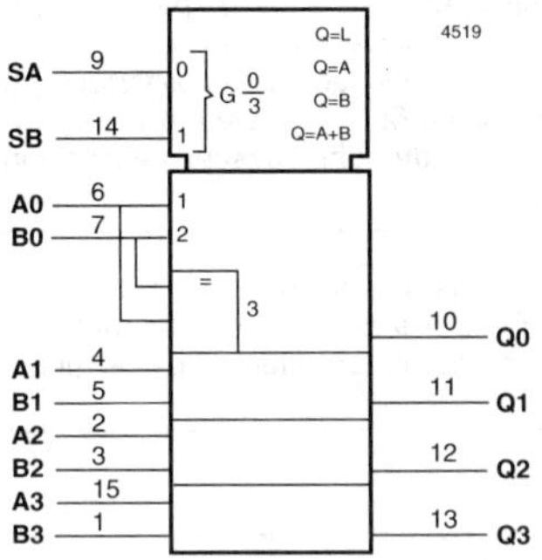

4519	**Vier gemeinsam adressierbare 2-Bit-Multiplexer**

Fortsetzung :

Eingänge SA	SB	An	Bn	Ausgang Qn
L	L	X	X	L
H	L	A	X	A
L	H	X	B	B
H	H	L	L	H
H	H	H	L	L
H	H	L	H	L
H	H	H	H	H

Beschreibung:
Dieser Baustein enthält vier gemeinsam adressierbare 2-Bit-Multiplexer. Ferner können vier Exklusiv-NOR-Gatter realisiert werden.

Betrieb:
Jede Schaltung enthält zwei Eingänge An und Bn, sowie einen Ausgang Qn. Der Baustein kann zur Auswahl von vier Informations-Bits aus einer von zwei Quellen verwendet werden.
Die A-Eingänge werden ausgewählt, wenn SA High ist, und die B-Eingänge, wenn SB High ist. Sind beide Eingänge SA und SB High, so ist der Ausgang (Qn) das logische Exklusiv-NOR der Eingänge An und Bn.
Sind die beiden Eingänge SA und SB Low, so sind alle Ausgänge (Qn) Low, unabhängig von den Multiplexer-Eingängen (An und Bn).
Der 4519 kann nicht zum Multiplexen von Analog-Signalen verwendet werden.

Anwendung:
2-Bit-Multiplexer, Datenselektor, Exklusiv-NOR-Gatter

Daten:	5V	10V	
Durchlauf-Verzögerung	110	50	ns

Hersteller:
HIT, MOT, NS, TOS, VA

4519 Vier gemeinsam adressierbare 2-Bit-Multiplexer

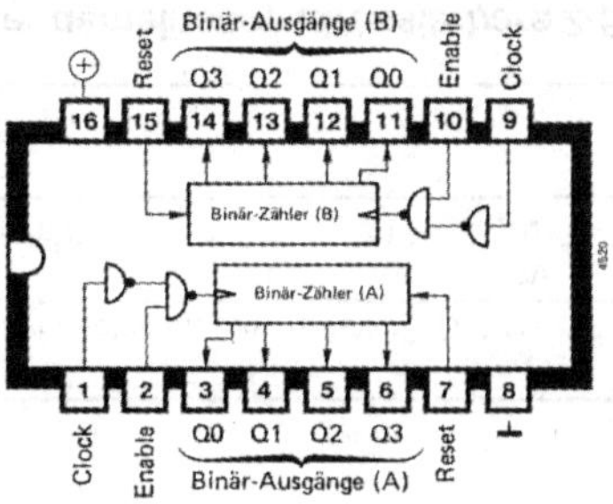

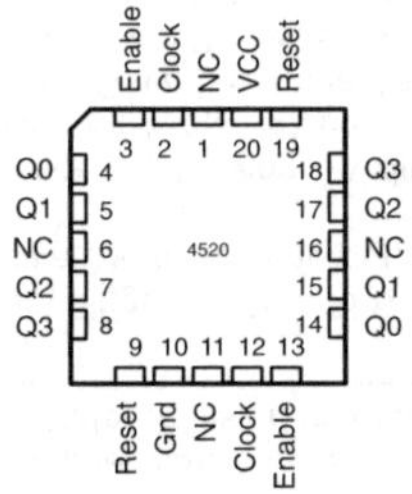

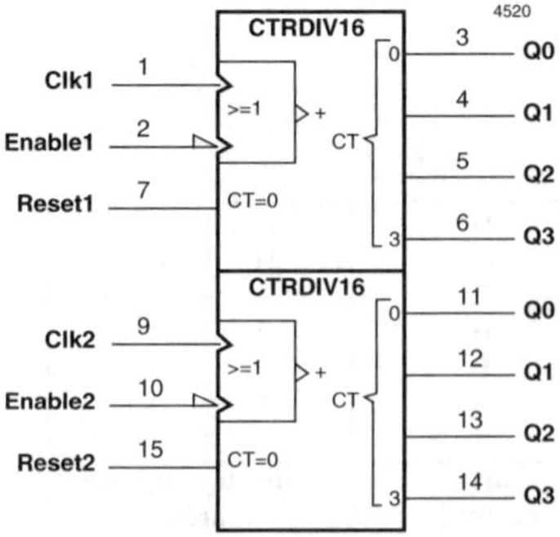

4520 Zwei synchrone Binärzähler (Teilung durch 16)

Fortsetzung :

Clock	Enable	Reset	Operation
↑	H	L	Zählung
L	↓	L	Zählung
↓	X	L	keine Änderung
X	↑	L	keine Änderung
↑	L	L	keine Änderung
H	↓	L	keine Änderung
X	X	H	Q0–Q3 = Low

Beschreibung:
Dieser Baustein enthält zwei getrennte Zähler mit einem Teilerfaktor von 16 unter Verwendung des binären 1-2-4-8-Ausgangscodes. Sie zählen nur aufwärts und sind nicht voreinstellbar. Jeder Zähler kann einzeln verwendet werden.

Betrieb:
Normalerweise liegt Reset auf Masse und Enable auf High. Bei diesen Verbindungen schreitet der Zähler um eine Zählung bei jedem LH-Übergang (positive Flanke) des Taktes fort. Die Ausgänge folgen dem 1-2-4-8-Binärcode und ändern alle ihren Zustand synchron, ohne wesentliche Verzögerung.
Als Option können Reset und Clock auf Masse gelegt werden. Bei dieser Bedingung wird der HL-Übergang (negative Flanke) des Enable-Eingangssignales den Zähler um 1 weiterstellen. Dies ist nützlich für Triggerung mit einer negativen Flanke und für das Kaskadieren von Dekaden.
Wenn Reset auf High gelegt wird, nimmt der Zähler den Zustand 0000 an und verbleibt dort, auch wenn Reset wiederum in Low-Zustand gebracht wird. Das Löschen des Zählers erfolgt asynchron, d.h. unabhängig vom Takt.
Man kann mehrere Zähler kaskadieren, indem man Q3 mit dem Enable-Eingang der folgenden Stufe verbindet und deren Takteingang auf Low legt.
Diese Zähler werden synchron kaskadiert, indem sie gemeinsam getaktet werden und ein positiver Logik-Zustand 15 (1 UND 2 UND 4 UND 8) am ersten Zähler festgestellt und dieser zum Enable-Eingang des nächsten Zählers geführt wird.
Der 4518 ist ein ähnlicher Zähler, der im BCD-Code arbeitet.

Anwendung:
Mehrstufige Zähler, Frequenzteiler

Daten:		5V	10V	
Maximale Taktfrequenz		2.5	6	MHz
	(Valvo	8	15	MHz)
Stromaufnahme bei 1 MHz		0.8	1.6	mA

Hersteller:
FA, HIT, MOT, NS, RCA, SGS, SOL, SSS, TOS, VA

4520 Zwei synchrone Binärzähler (Teilung durch 16)

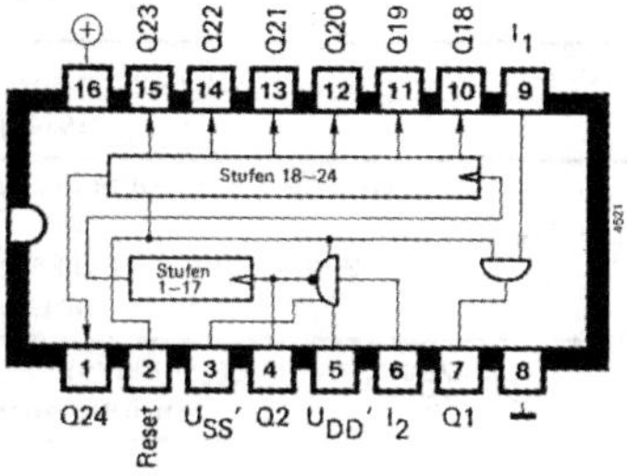

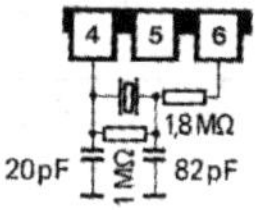

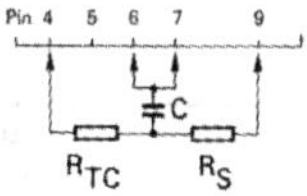

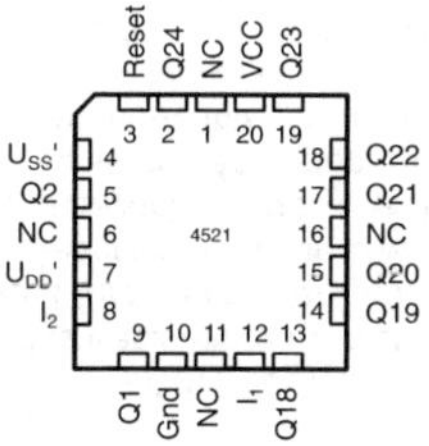

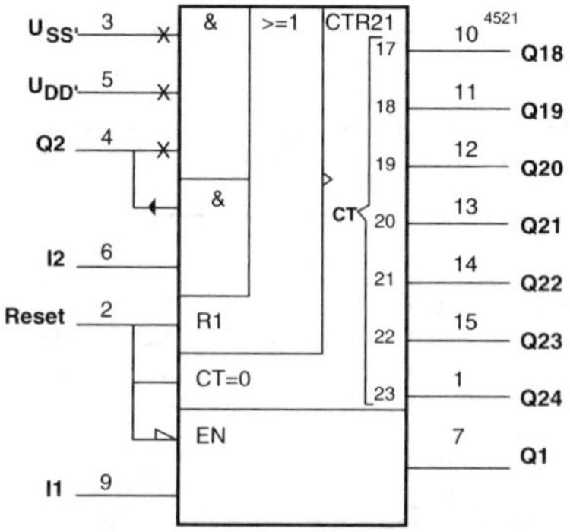

4521 Binärzähler, 24-stufig

Fortsetzung :

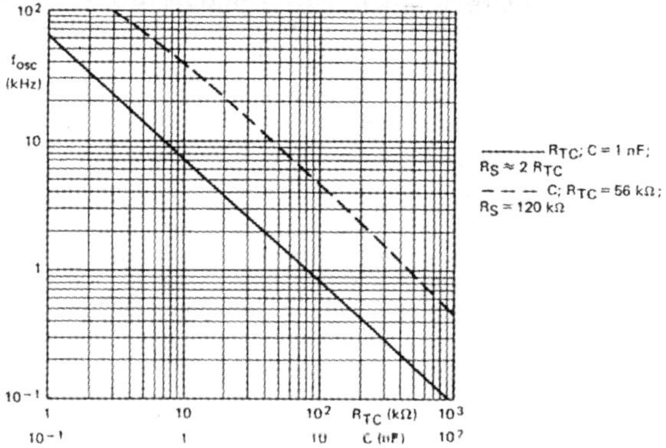

Beschreibung:
Dieser Baustein enthält einen 24-stufigen Frequenzteiler mit asynchroner Löschung, sowie einen Eingangs-Puffer, der als RC-Oszillator oder Quarz-Oszillator geschaltet werden kann.

Betrieb:
Die Beschallung des Bausteins mit einem Quarz- oder einem RC-Oszillator ist oben gezeigt. Der Eingangspuffer kann für einen externen Oszillator verwendet werden. Die Oszillator-Schaltung kann gegen Betriebsspannungs-Schwankungen unempfindlicher gemacht werden, indem externe Widerstände von Pin 5 nach U_{DD} und von Pin 3 nach Masse gelegt werden. Hierdurch ergibt sich auch eine außerordentlich geringe Leistungsaufnahme. Werden diese Widerstände nicht benötigt, muss Pin 5 an Pin 16 und Pin 3 an 8 gelegt werden.
Der Zähler schreitet beim HL-Übergang des Taktes weiter. Die Datenausgänge Q18—Q24 der letzten sieben Stufen sind von außen verfügbar. Ein High am Anschluss Reset löscht alle Zählerstufen, und bringt alle parallelen Datenausgänge (Q18—Q24) auf Low und sperrt außerdem die Oszillatorschaltung, unabhängig von allen übrigen Eingängen. Dadurch ist eine extrem niedrige Stromaufnahme im Ruhezustand möglich.
Oszillatorfrequenz als Funktion von RTC und C bei einer Betriebsspannung von +10V:

Anwendung:
Zeitgeberschaltungen

Daten:		5V	10V	
Maximale Taktfrequenz		3.5	9	MHz
	(Valvo	12	25	MHz)

Hersteller:
FA, HIT, MOT, TOS, VA

4521 Binärzähler, 24-stufig

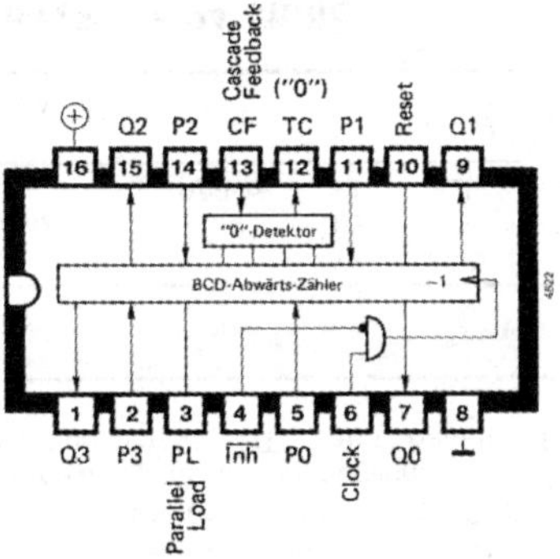

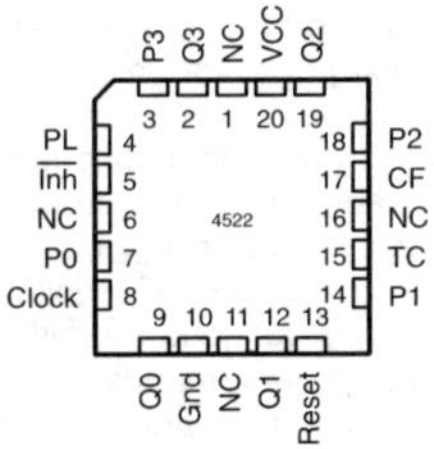

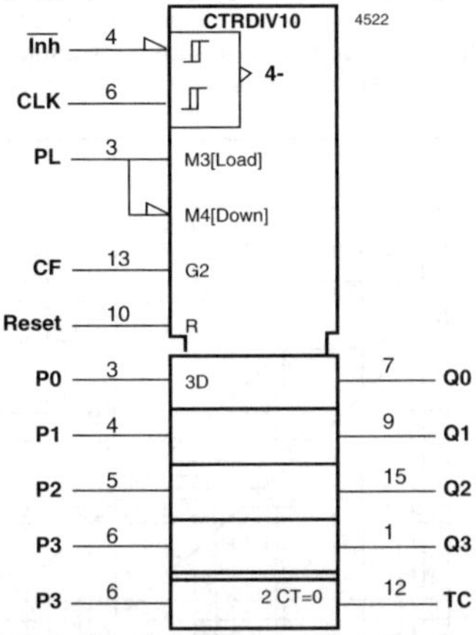

4522	**Programmierbarer Dezimalzähler, Teilung durch N**

Fortsetzung :

Reset	PL	Clock	$\overline{Inh}$	Betriebsart
H	X	X	X	Reset (asynchron)
L	H	X	X	Voreinstellen (asynchron)
L	L	↑	H	keine Änderung
L	L	L	↓	keine Änderung
L	L	↓	X	keine Änderung
L	L	X	↑	keine Änderung
L	L	↑	L	Zählung (−1)
L	L	H	↓	Zählung (−1)

Beschreibung:
Dieser Baustein enthält einen synchronen programmierbaren BCD-Abwärts-Zähler.

Betrieb:
Wenn die Eingänge Reset, $\overline{\text{Inhibit}}$ und PL (Parallel Load) auf Low und CF (Cascade Feed-back) auf High gelegt werden, so zählt der Zähler bei jeder positiven Taktflanke (LH-Übergang) an Clock um 1 abwärts. Die Funktion von Clock und Inhibit ist vertauschbar. Wenn der interne Null-Detektor bei dieser Zählung einen Null-Zustand (Q0—Q3 = Low) feststellt, geht der Ausgang TC (Terminal Count) auf High.
Zum Programmieren legt man den gewünschten Code an die Eingänge P0—P3. Ein High an PL lädt dann diesen Code in den Zähler. Verbindet man nun TC mit PL, so wird jedesmal, wenn der Zähler Null errreicht, der programmierte Code wieder neu in den Zähler geladen und so der gewünschte Teilerfaktor N erhalten.
Zum Kaskadieren mehrerer Stufen verbindet man TC der 1. Stufe mit PL der eigenen und der folgenden Stufen. TC der 2. Stufe wird mit CF der 1. Stufe verbunden. In der 2. Stufe wird CF High und $\overline{\text{Inh}}$ Low gemacht. Ferner verbindet man Q3 der 1. Stufe mit Clock der 2. Stufe. Die herabgesetzte Frequenz wird dann an TC der 1. Stufe als schmaler Impuls erscheinen.

Anwendung:
Frequenzteilung durch N, Frequenz-Synthese mit PLL-Schaltungen

Daten:

		5V	10V	
Maximale Taktfrequenz		1	2.5	MHz
	(Valvo	2	5	MHz)
Stromaufnahme bei 1 MHz		1.5	3	mA

Hersteller:
FA, HIT, MOT, NS, SSS, TOS, VA

4522 Programmierbarer Dezimalzähler, Teilung durch N

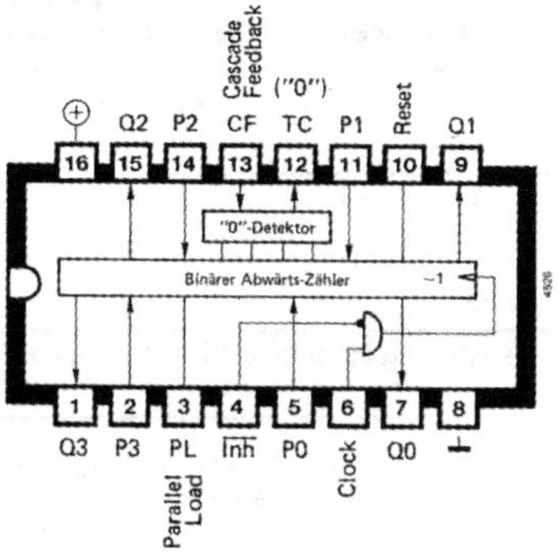

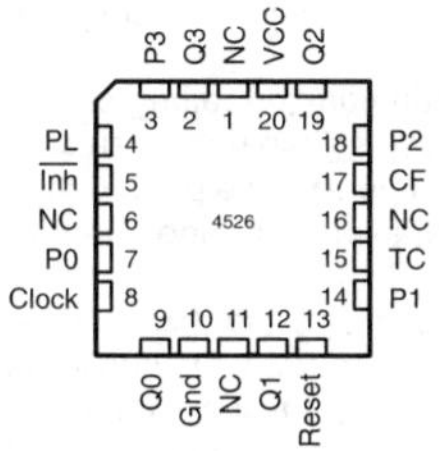

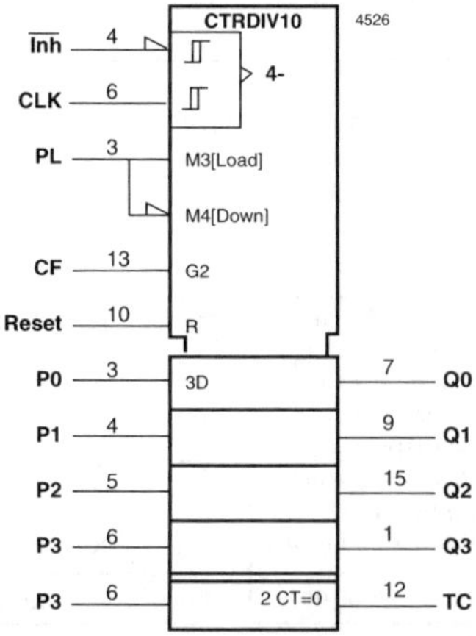

4526 | Programmierbarer Binärzähler, Teilung durch N

Fortsetzung :

Reset	PL	Clock	$\overline{\text{Inh}}$	Betriebsart
H	X	X	X	Reset (asynchron)
L	H	X	X	Voreinstellen (asynchron)
L	L	↑	H	keine Änderung
L	L	L	↓	keine Änderung
L	L	↓	X	keine Änderung
L	L	X	↑	keine Änderung
L	L	↑	L	Zählung (−1)
L	L	H	↓	Zählung (−1)

Beschreibung:
Dieser Baustein enthält einen synchronen programmierbaren binären 4-Bit-Abwärts-Zähler.

Betrieb:
Wenn die Eingänge Reset, Inhibit und PL (Parallel Load) auf Low und CF (Cascade Feed-back) auf High gelegt werden, so zählt der Zähler bei jeder positiven Taktflanke (LH-Übergang) an Clock um 1 abwärts. Wenn der interne Null-Detektor bei dieser Zählung einen Null-Zustand (Q0—Q3 = Low) feststellt, geht der Ausgang TC (Terminal Count) auf High.
Zum Programmieren legt man den gewünschten Code an die Eingänge P0—P3. Ein High an PL lädt dann diesen Code in den Zähler. Verbindet man nun TC mit PL, so wird jedesmal, wenn der Zähler Null erreicht, der programmierte Code wieder neu in den Zähler geladen und so der gewünschte Teilerfaktor N erhalten.
Zum Kaskadieren mehrerer Stufen verbindet man TC der 1. Stufe mit PL der eigenen und der folgenden Stufen. TC der 2. STufe wird mit CF der 1. Stufe verbunden. In der 2. Stufe wird CF High und Inh Low gemacht. Ferner verbindet man Q3 der 1. Stufe mit Clock der 2. Stufe. Die herabgeteilte Frequenz wird dann an TC der 1. Stufe als schmaler Impuls erscheinen.

Anwendung:
Hexadezimale programmierbare Teilung durch N, Frequenz-Synthese mit PLL-Schaltungen

Daten:		5V	10V	
Maximale Taktfrequenz		1	2.5	MHz
	(Valvo	2	5	MHz)
Stromaufnahme bei 1 MHz		1.5	3	mA

Hersteller:
FA, HIT, MOT, NS, SSS, TOS, VA

4526 Programmierbarer Binärzähler, Teilung durch N

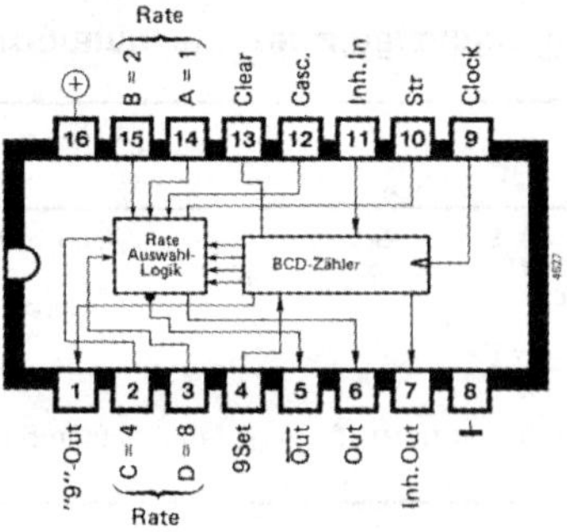

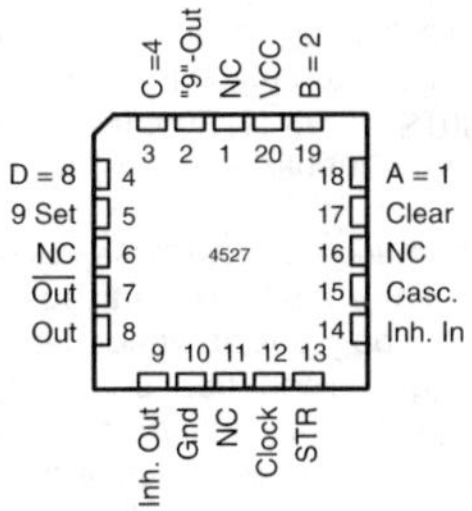

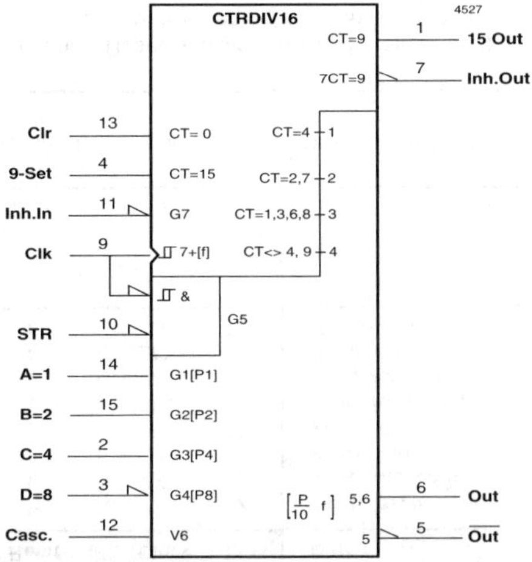

4527 Dezimaler Rate-Multiplier

Fortsetzung :

Eingänge									Ausgänge			
D	C	B	A	Inh.In	Str	Casc	Clear	9-Set	Out	$\overline{\text{Out}}$	9-Out	Inh.Out
X	X	X	X	H	L	L	L	L	-	-	-	H
X	X	X	X	L	H	L	L	L	L	H	1	1
X	X	X	X	L	L	H	L	L	H	?	1	1
H	X	X	X	L	L	L	H	L	9	9	H	L
L	X	X	X	L	L	L	H	L	L	H	H	L
X	X	X	X	L	L	L	X	H	L	H	L	H
L	L	L	L	L	L	L	L	L	L	H	1	1
L	L	L	H	L	L	L	L	L	1	1	1	1
.	.	.	.	.	.	.	.	.	.	.	1	1
H	H	H	H	L	L	L	L	L	10	10	1	1

Beschreibung:
Es handelt sich um einen speziellen Logik-Block, der zum Multiplizieren einer Ausgangs-Impulsrate mit einem gewählten Betrag verwendet werden kann.

Betrieb:
Bei normaler Verwendung werden die Pins 4, 10, 11, 12 und 13 an Masse gelegt. Ein Takt wird dem Pin 9 zugeführt. Ein Eingangs-"Rate"Wort, gewichtet A = 1, B = 2, C = 4 und D = 8, wird den Rate-Eingängen zugeführt.
An Pin 6 liegt ein Ausgangssignal vor und dessen Komplement an Pin 5. Die Frequenz dieses Ausgangssignals wird ein Zehntel der Frequenz des Takt-Eingangs betragen, multipliziert mit dem Eingangs-Rate-Wort.
Beispielsweise wird bei einem Takteingang von 10kHz ein Rate-Wort von 0000 einen Ausgang mit Null erzeugen, 0001 wird 1 kHz, 0010 wird 2kHz erzeugen, bis zu 1001, das 9kHz erzeugt usw.
Die Ausgangs-Pulsrate ist ein Durchschnittswert und die Impulse besitzen gewöhnlich einen ungleichen Abstand. Ein derartiger Jitter ist für jeden Rate-Multiplier typisch. Sie können daher nur verwendet werden, wenn ein bestimmter gesamter oder langfristiger Mittelwert erforderlich ist.
Die Eingänge 9-Set und Clear werden zum Synchronisieren des Beginns der Operation auf Null oder maximale Zählung verwendet. Der Inhibit-Eingang stoppt die Ausgangs-Impulse, wenn er auf High liegt.
Rate-Multiplier werden kaskadiert, indem der Ausgang des ersten Bausteins mit dem Cascade-Eingang des zweiten Bausteins verbunden wird. Die Takteingänge werden miteinander verbunden. Der Inhibit-Ausgang des ersten Bausteins geht zum Inhibit-Eingang und Strobe des zweiten Bausteins.
Der 4089 ist ein ähnlicher binärer Baustein.

Anwendung:
Numerische Steuerung, Digitalfilter, Frequenz-Synthese

Daten:		5V	10V	
Maximale Taktfrequenz		2	4.5	MHz
	(Valvo	9	22	MHz)
Stromaufnahme bei 1 MHz		0.5	1	mA

Hersteller:
FA, HIT, MOT, NS, RCA, SGS, SSS, TOS, VA

4527 Dezimaler Rate-Multiplier

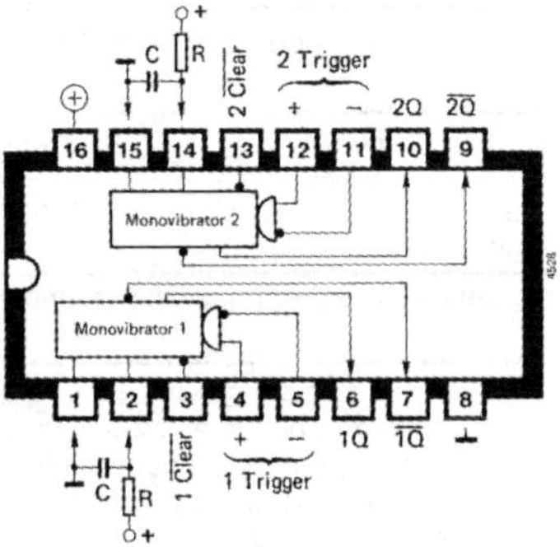

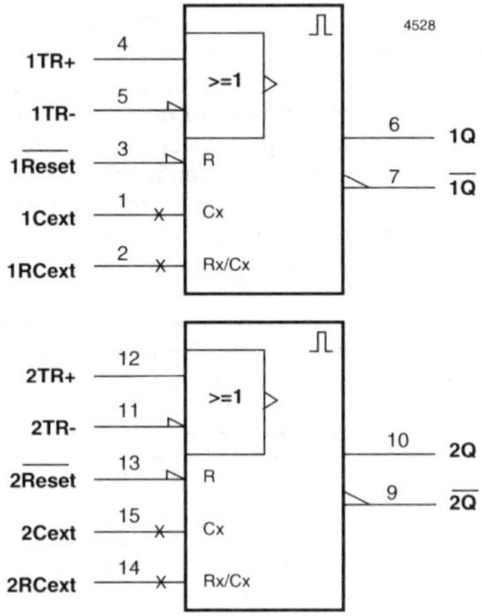

4528	**Zwei retriggerbare Monovibratoren**

Fortsetzung :

Eingänge			Ausgänge	
Trigger +	Trigger –	$\overline{\text{Clear}}$	Q	$\overline{\text{Q}}$
_┌	H	H	_┌┐_	‾┐┌‾
L	‾┐_	H	_┌┐_	‾┐┌‾
X	X	L	L	H

Beschreibung:
Dieser Baustein enthält zwei getrennte retriggerbare monostabile Multivibratoren.

Betrieb:
Beide retriggerbare Monovibratoren können unabhängig voneinander verwendet werden. Im Normalbetrieb werden die $\overline{\text{Clear}}$-Eingänge auf High gehalten und die Pins 1 und 15 auf Masse gelegt. Für eine Triggerung mit der positiven Flanke ist der +Eingang zu verwenden und der –Eingang auf High zu legen. Für eine Triggerung mit der negativen Flanke ist der –Eingang zu verwenden und der +Eingang auf Masse zu legen.
Ein Triggern wird den Q-Ausgang auf High bringen und den $\overline{\text{Q}}$-Ausgang auf Low für eine Dauer, die durch den Widerstand und dem Kondensator gegeben ist. Die EIN-Zeit kann abgekürzt werden, indem der $\overline{\text{Clear}}$-Eingang auf Low gebracht wird. Ein Clear mit Low verhindert auch Ausgangsimpulse während des Einschaltens der Betriebsspannung. Der zeitbestimmende Widerstand kann im Bereich von 10kΩ bis 10MΩ liegen, während der zeitbestimmende Kondensator von 20pF aufwärts reichen kann. Die EIN-Zeit wird durch das Produkt aus dem Widerstand und dem Kondensator bestimmt. Die Schaltung ist retriggerbar. Wenn mehr als eine Trigger-Flanke während der EIN-Zeit eintrifft, bestimmt das RC-Produkt die Länge der Verzögerung nach der letzten Triggerflanke.
Der zeitbestimmende Kondensator wird jedesmal nach dem Triggern entladen. *Dies bewirkt eine vom Kondensator abhängige Verzögerung zwischen dem Zeitpunkt an dem getriggert wird, um die Zeit, nach der man tatsächlich ein Ausgangssignal erhält. Verwenden Sie diesen Chip nicht, wenn Sie sowohl lange zeitliche Verzögerungen als auch einen Ausgangsimpuls unmittelbar nach dem Triggern benötigen.*
Verwenden Sie immer den größtmöglichen zeitbestimmenden Widerstand für eine gegebene EIN-Zeit, um die Startverzögerung minimal zu halten.
Dieser Baustein ist identisch mit dem 4098.

Anwendung:
Impuls-Verzögerung und Zeitgeber, Impuls-Formung

Daten:

	5V	10V	
Minimale Breite des Eingangs-impulses	70	30	ns
Minimale Breite des Ausgangs-Impulses	550	350	ns

Hersteller:
FA, MOT, NS, SSS, TOS, VA

4528 Zwei retriggerbare Monovibratoren

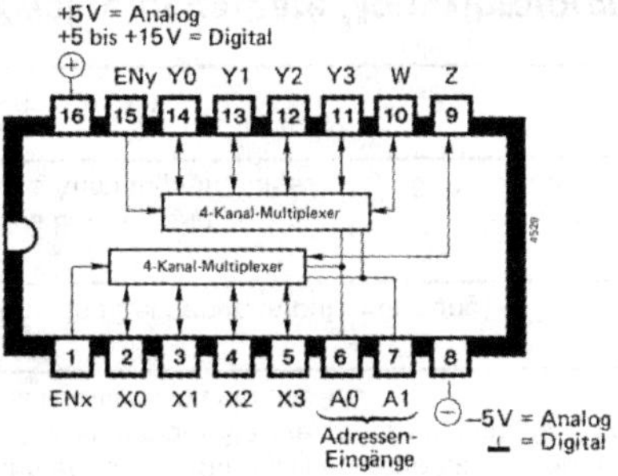

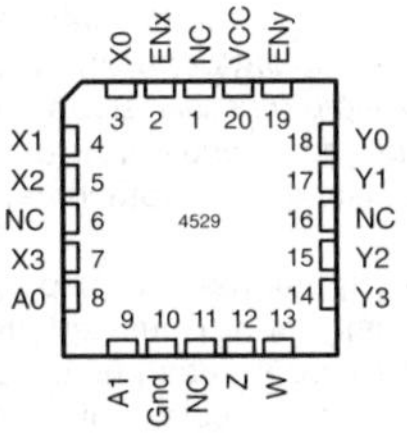

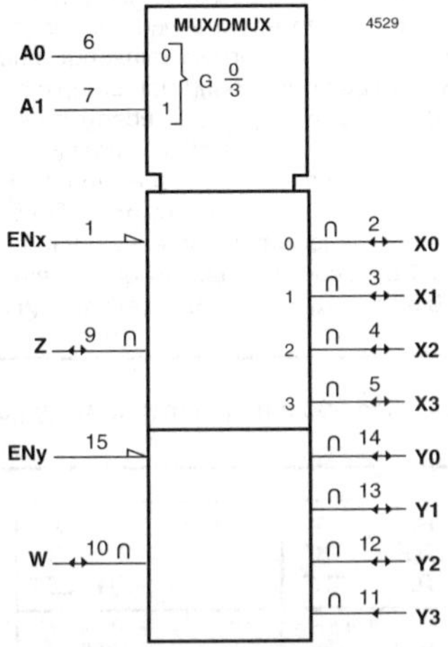

4529 Analog-Multiplexer, 2 x 4 Kanäle

Fortsetzung :

A1	A0	ENx	ENy	Z	W	
L	L	H	H	X0	Y0	2 x 4 Kanäle 2 Ausgänge
L	H	H	H	X1	Y1	
H	L	H	H	X2	Y2	
H	H	H	H	X3	Y3	
L	L	H	L	X0		1 x 8 Kanäle 1 Ausgang (Z und W miteinander verbunden)
L	H	H	L	X1		
H	L	H	L	X2		
H	H	H	L	X3		
L	L	L	H	Y0		
L	H	L	H	Y1		
H	L	L	H	Y2		
H	H	L	H	Y3		
X	X	L	L	hochohmig		

Beschreibung:
Dieser Baustein enthält zwei bidirektionale Analog-Multiplexer mit gemeinsamer Adressierung, von denen jeder 4 Kanäle auf einen gemeinsamen Ein/Ausgang durchschaltet.

Betrieb:
Welcher Kanal durchgeschaltet wird, hängt vom logischen Zustand der beiden Adressen-Eingänge A0 und A1 ab. Die Kanäle können sowohl analoge wie digitale Signale in beide Richtungen übertragen.
Wenn die beiden Ausgänge Z und W miteinander verbunden werden, kann man den Baustein als 8-Kanal-Multiplexer verwenden.
Über die beiden Eingänge ENx und ENy lassen sich die Ausgänge in den hochohmigen Zustand versetzen.

Anwendung:
Analog- und Digital-Multiplexen und Demultiplexen, A/D- und D/A-Wandler

Daten:	5V	10V	
EIN-Widerstand	200	120	Ω
Maximale Schaltfrequenz	5	10	MHz
Bandbreite (-3dB) RL = 1Ω		35	MHz
Ruhestromaufnahme		1	nA

Hersteller:
HIT, MOT, NS

4529 Analog-Multiplexer, 2 x 4 Kanäle

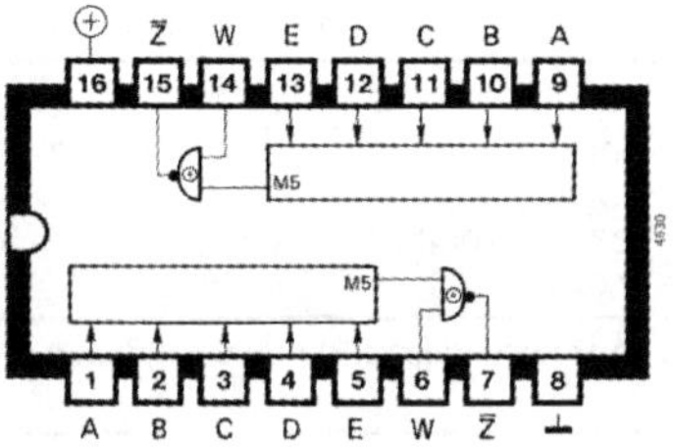

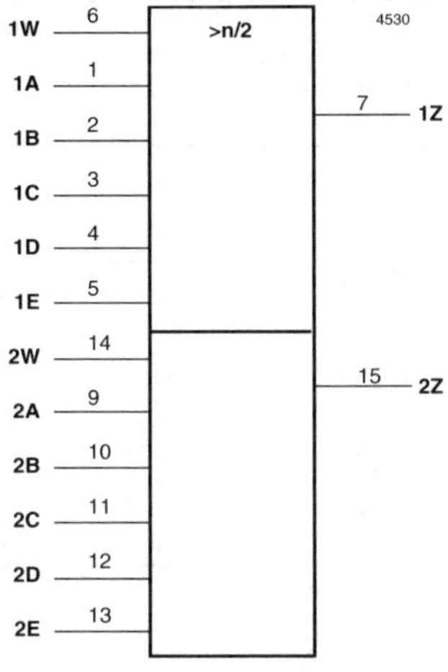

4530 Zwei Majoritätslogik-Gatter mit je 5 Eingängen

Fortsetzung :

Eingänge A, B, C, D, E	W	Z
Für alle Kombinationen von Eingängen, bei denen drei oder mehr Eing. Low sind.	L H	H L
Für alle Kombinationen von Eingängen, bei denen drei oder mehr Eing. High sind.	L H	L H

M5	W	Z
L	L	H
L	H	L
H	L	L
H	H	H

Beschreibung:
Dieser Baustein enthält zwei Majoritätslogik-Gatter mit je 5 Eingängen.

Betrieb:
Mit den sogenannten Majoritätslogik-Gattern können zahlreiche kombinatorische und sequentielle Logikfunktionen ausgeführt werden, wodurch sich meistens eine Einsparung an Bausteinen ergibt. Dieser Baustein kann zahlreiche Logikfunktionen liefern, indem die W- und einige der Logik-Eingänge (A—E) als Steuer-Eingänge verwendet werden. M5 ist logische 1, wenn drei oder mehr Eingänge logisch 1 sind.
Beispielsweise lässt sich ein sogenanntes Koinzidenz-Flipflop aufbauen, das nur dann kippt, wenn beide Eingänge übereinstimmen. Hierzu werden die Eingänge C und D verwendet und E mit Z verbunden. Durch Einfügung von Zeitgliedern lassen sich sogar astabile Multivibratoren aufbauen.
(Weitere Beispiele finden Sie in den einschlägigen Datenbüchern).

Anwendung:
Realisierung zahlreicher logischer Funktionen

Daten:	5V	10V	
Durchlauf-Verzögerung	375	160	ns

Hersteller:
HIT, MOT, TOS

4530	**Zwei Majoritätslogik-Gatter mit je 5 Eingängen**

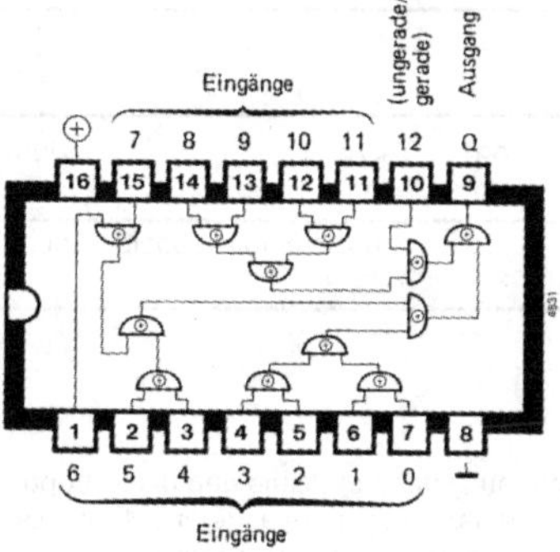

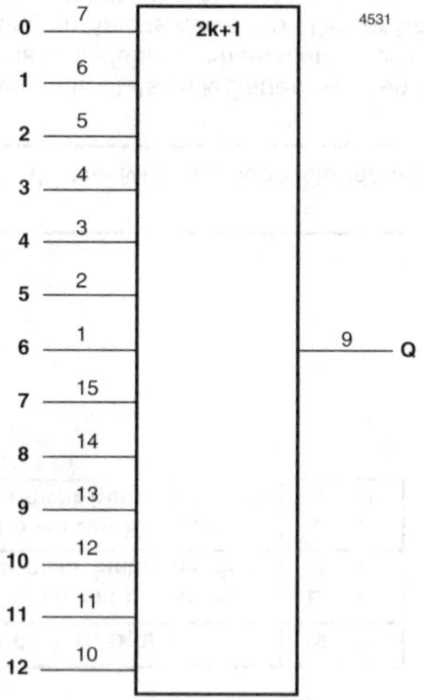

4531 Paritätsprüfer mit 13 Eingängen

Fortsetzung :

Eingänge													Ausgang
0	1	2	3	4	5	6	7	8	9	10	11	12	Q
L	L	L	L	L	L	L	L	L	L	L	L	L	L
Jede ungerade Anzahl von Eingängen mit High													H
Jede gerade Anzahl von Eingängen mit High													L
H	H	H	H	H	H	H	H	H	H	H	H	H	H

Beschreibung:
Dieser Baustein testet bis zu dreizehn Eingänge auf die Parität. Er wird für das Feststellen von Fehlern bei seriellen Datenübertragungen verwendet.

Betrieb:
Wenn die Anzahl der Paritats-Eingange, die High sind, gerade ist, so ist der Ausgang Low. Wenn dagegen die Anzahl der Paritats-Eingange, die High sind, ungerade ist, so wird der Ausgang High.
Dies gilt, wenn Pin 10 (Ungerade/Gerade) Low ist. Macht man Pin 10 dagegen High, so kehrt sich die Ausgangspolarität um.
Für Worte mit 12 Bits oder weniger, kann der Ausgang zur Erzeugung ungerader oder gerader Parität durch entsprechende Verbindung der nicht verwendeten Paritäts-Eingänge verwendet werden.
Bei Worten mit mehr als 13 Bits kaskadiert man weitere 4531 durch Verwendung des Eingangs Pin 10.

Anwendung:
Fehlerprüfung bei serieller Datenübertragung

Daten:	5V	10V	
Reaktionszeit	145	60	ns
Stromaufnahme bei 1 MHz	0.2	0.4	mA

Hersteller:
FA, HIT, MOT, SSS, TOS, VA

4531 Paritätsprüfer mit 13 Eingängen

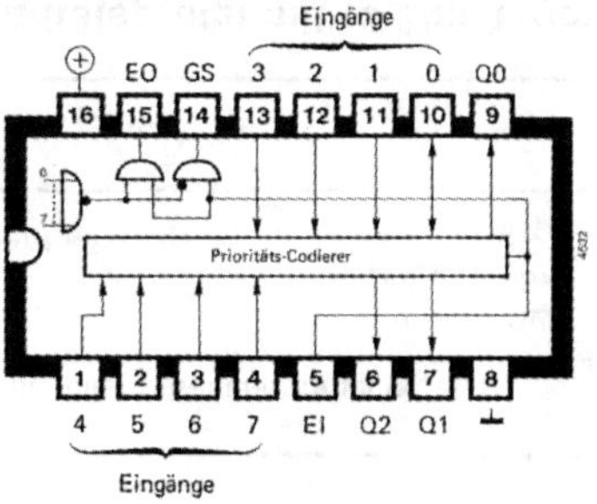

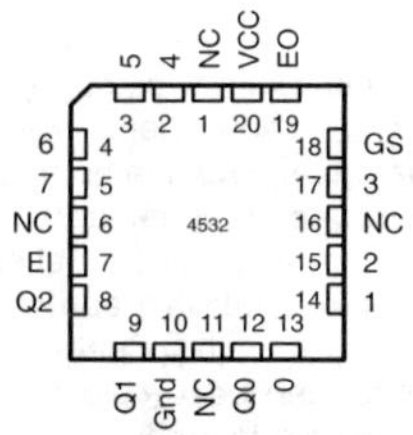

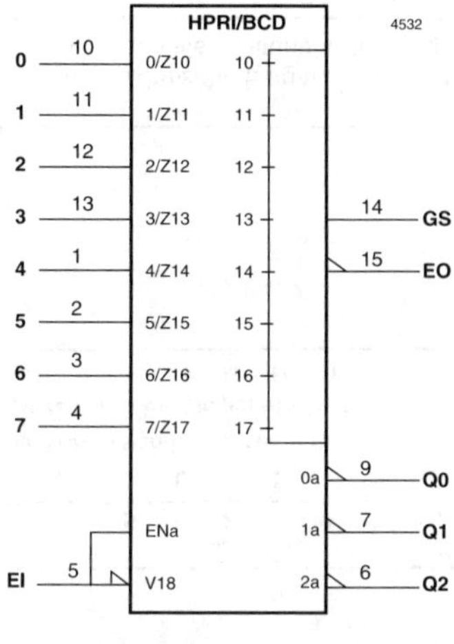

4532 Prioritäts-Codierer (8 Ebenen)

Fortsetzung :

Eingänge									Ausgänge				
EI	7	6	5	4	3	2	1	0	GS	Q2	Q1	Q0	EO
L	X	X	X	X	X	X	X	X	L	L	L	L	L
H	L	L	L	L	L	L	L	L	L	L	L	L	H
H	H	X	X	X	X	X	X	X	H	H	H	H	L
H	L	H	X	X	X	X	X	X	H	H	H	L	L
H	L	L	H	X	X	X	X	X	H	H	L	H	L
H	L	L	L	H	X	X	X	X	H	H	L	L	L
H	L	L	L	L	H	X	X	X	H	L	H	H	L
H	L	L	L	L	L	H	X	X	H	L	H	L	L
H	L	L	L	L	L	L	H	X	H	L	L	H	L
H	L	L	L	L	L	L	L	H	H	L	L	L	L

Beschreibung:
Es handelt sich um einen speziellen Baustein, mit dem man 8 Eingangssignale in der Reihenfolge ihrer Wichtigkeit (Priorität) anordnen kann. Er dient auch als Tastatur-Codierer oder als sonstiger binärer 1-aus-8-Codierer.

Betrieb:
Es gibt acht Eingänge (0—7) und drei binär gewichtete Ausgänge (Q0—Q2). Bei Normalbetrieb wird der Enable-Eingang (EI) auf High gelegt.
Liegen keine Eingangssignale vor, verbleiben alle Ausgänge auf Low. Wenn nur einer der Eingänge High gemacht wird, nehmen die Ausgänge den Binärcode für diesen Eingang an.
Wenn zwei Eingänge gleichzeitig High gemacht werden, wird der eine mit der höchsten Zahl (der höchsten Priorität) als Ausgangssignal codiert, und die anderen Eingänge werden ignoriert. Wenn Eingänge mit höherer Priorität auf Low zurückgehen, so stellt sich der Ausgangscode zurück zum Eingang mit der nächsthöheren Priorität, bis schließlich alle Ausgänge auf Low gehen.
Macht man EI Low, gehen alle Ausgänge auf Low und verbleiben dort. Es gibt zwei weitere Ausgänge. Der "GS"-Ausgang (Group Selector) ist wichtig als Detektor für "gedrückte Taste". Er geht auf High, wenn irgendein Eingangssignal zusammen mit einem High-EI-Eingang vorliegt. Dies ist nützlich in Tastatur-Systemen. Er meldet auch den Unterschied zwischen keinen Eingängen und einem Eingang mit der Priorität Null.
Enable Output (EO) dient für Erweiterungen und nur auf High, wenn EI High ist und keine Eingangssignale anliegen. Der Baustein besitzt keinen internen Speicher. Zu jedem Zeitpunkt erscheint der als höchster bewertete Eingang mit seinem binären Äquivalent an den Ausgängen.

Anwendung:
Prioritäts-Codierer, Binär- oder BCD-(Tastatur)Codierer, Fließkomma-Arithmetik

Daten:	5V	10V	
Durchlauf-Verzögerung	250	120	ns
Stromaufnahme bei 1 MHz	12	mA	

Hersteller:
FA, HIT, MOT, RCA, SGS, SSS, TOS, VA

4532 Prioritäts-Codierer (8 Ebenen)

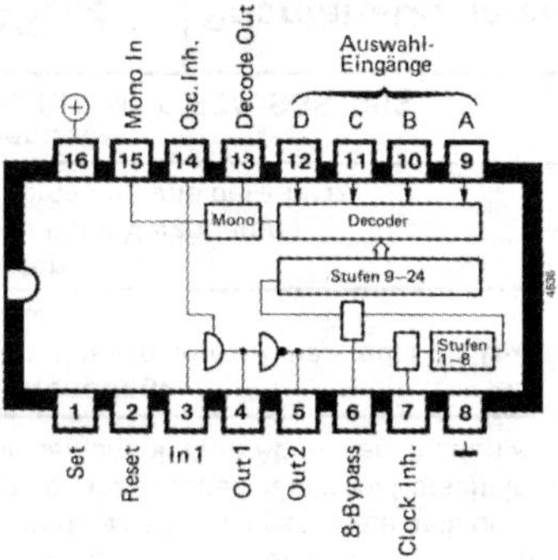

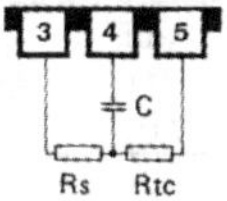

$$f \cong \frac{1}{2.3\, R_{tc}C}$$

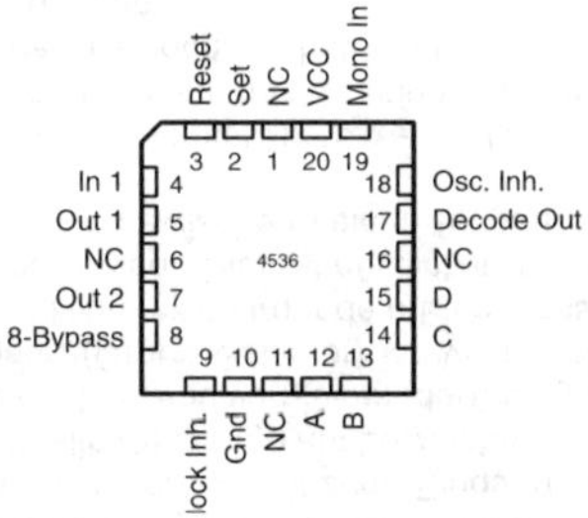

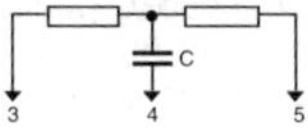

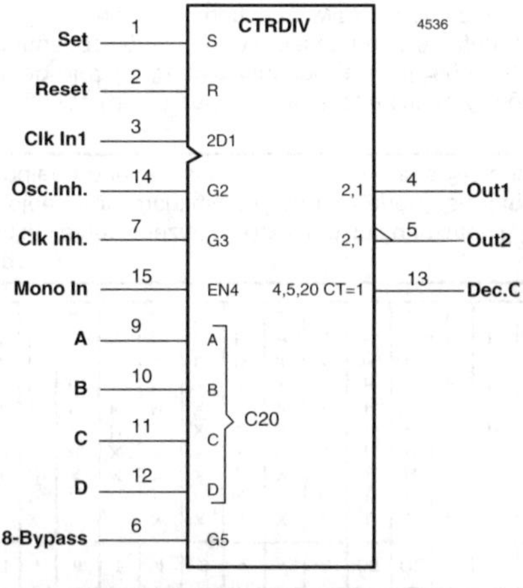

4536 Programmierbarer Zeitgeber

Fortsetzung :

D	C	B	A	Anzahl der Stufen in der Teilerkette 8-Bypass=L	8-Bypass=H
L	L	L	L	9	1
L	L	L	H	10	2
L	L	H	L	11	3
L	L	H	H	12	4
L	H	L	L	13	5
L	H	L	H	14	6
L	H	H	L	15	7
L	H	H	H	16	8
H	L	L	L	17	9
H	L	L	H	18	10
H	L	H	L	19	11
H	L	H	H	20	12
H	H	L	L	21	13
H	H	L	H	22	14
H	H	H	L	23	15
H	H	H	H	24	16

Beschreibung:

Es handelt sich bei diesem Baustein um einen programmierbaren Zeitgober der einen 24-stufigen Binärzähler enthält, von dem 16 Stufen über einen Binärcode wählbar sind.

Betrieb:

Legt man den Anschluss Reset auf High, so werden alle Stufen auf Low gestellt. Setzt man Set auf High, so gehen alle Stufen auf High. Mit dem Anschluss Set kann auch der interne RC-Oszillator gesperrt werden.

Der Eingang In1 kann als externer Takteingang oder als Eingang für den internen Oszillator verwendet werden. Die Anschlüsse Out1 und Out2 können zu einem RC-Oszillator, gemäß dem Schaltbild verbunden werden.

Wird der Eingang "8-Bypass" auf High gelegt, so werden die ersten acht Stufen übergangen und es entsteht ein 16-stufiger Zähler mit 16 einzeln wählbaren Stufen. Mit Clock-Inhibit kann die Zählung gesperrt werden. Die binären Auswahl-Eingänge A, B, C und D wählen aus, welches der Flipflops mit dem Ausgang verbunden wird (siehe Wahrheitstabelle).

Der Ausgang Decode-Out kann entweder direkt mit einem Flipflop oder dem Ausgang des Monovibrators verbunden werden. Wenn der Eingang Mono-In über einen Widerstand mit Masse verbunden wird, so ist dieser Schaltungsteil gesperrt und der Ausgang direkt mit dem gewählten Flipflop verbunden. Der Monovibrator arbeitet, wenn ein Widerstand zwischen Pin 15 und der positiven Betriebsspannung und ein Kondensator zwischen Pin 15 und Masse gelegt wird. Hiermit kann die Breite des Ausgangsimpulses ausgewählt werden.

Anwendung:

Universeller Zeitgeber

Daten:	5V	10V	
Maximale Taktfrequenz	1.2	3	MHz

Hersteller:

HIT, MOT, RCA, SGS

4536 Programmierbarer Zeitgeber

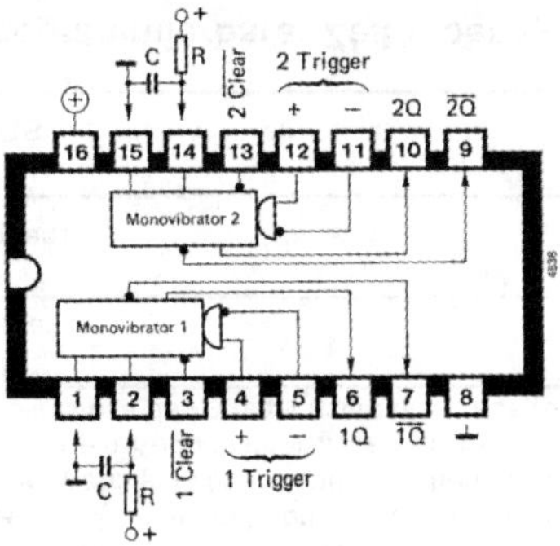

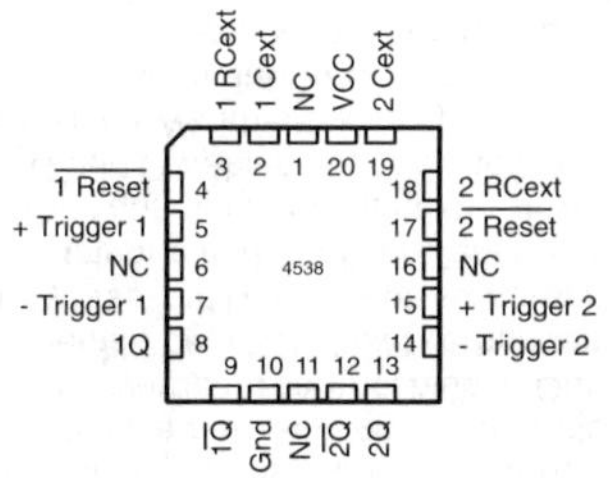

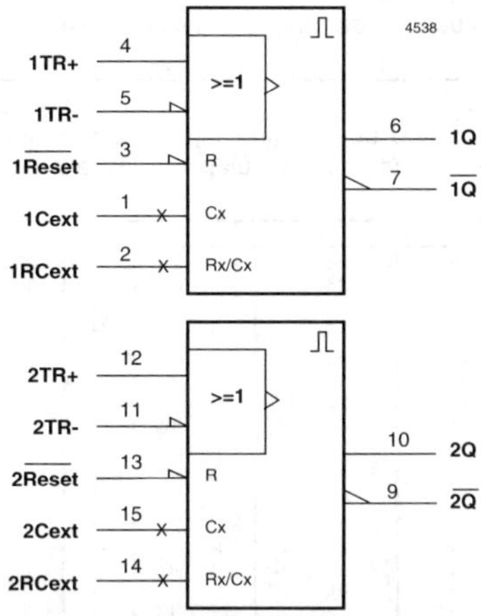

4538	**Zwei retriggerbare Präzisions-Monovibratoren**

Fortsetzung :

Eingänge A1	A0	$\overline{EN}$	Ausgang X(Y)
X	X	H	L
L	L	L	X0 (Y0)
L	H	L	X1 (Y1)
H	L	L	X2 (Y2)
H	H	L	X3 (Y3)

Beschreibung:
Dieser Baustein enthält zwei getrennte retriggerbare monostabile Präzisions-Multivibratoren.

Betrieb:
Dieser Baustein ist vollständig pin-kompatibel mit dem 4528, und es gilt daher die bei diesem Baustein gemachte Beschreibung für den Betrieb.
Der 4538 ergibt jedoch bei Impulsbreiten von über 10µs genauere und konstantere Werte.
Für Impulsbreiten unter 10µs ist jedoch der 4528 vorzuziehen.
Auch hier kann man auf Wunsch das Retriggern unterdrücken, indem man Q mit –Trigger (oder Q mit +Trigger) verbindet.

Anwendung:
Impuls-Verzögerung und Zeitgeber, Impulsformung

Daten:	5V	10V	
Minimale Breite des Eingangsimpulses	35	30	ns
Minimale Breite des Ausgangsimpulses	20	10	µs
Stabilität der Impulsbreite	± 0.5% von -40 bis +85°C		

Hersteller:
HIT, MOT, RCA, NS, SGS, TOS, VA

4538 Zwei retriggerbare Präzisions-Monovibratoren

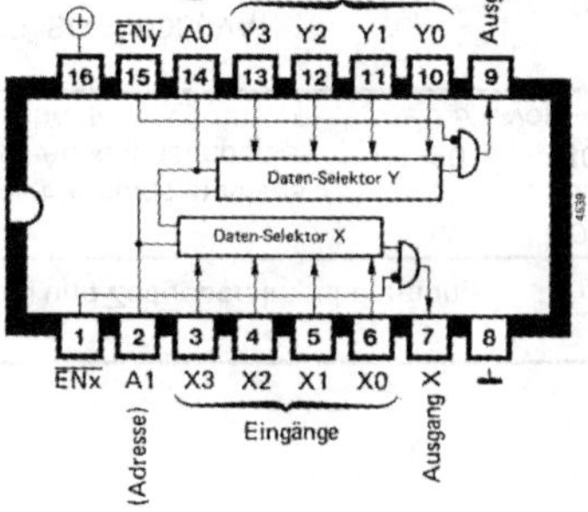

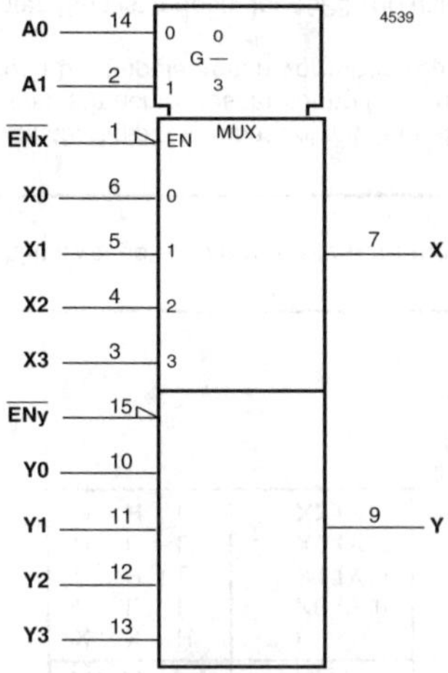

4539 Multiplexer, 2 x 4 Eingänge

Fortsetzung :

Eingänge A1	A0	$\overline{EN}$	Ausgang X(Y)
X	X	H	L
L	L	L	X0 (Y0)
L	H	L	X1 (Y1)
H	L	L	X2 (Y2)
H	H	L	X3 (Y3)

Beschreibung:
Dieser Baustein enthält zwei Datenselektoren mit 4 Eingängen. Jede Hälfte des Bausteins kann getrennt gesperrt werden, jedoch teilen sich beide Hälften eine gemeinsame Auswahl-Logik.

Betrieb:
Im Normalbetrieb werden die $\overline{EN}$-Eingänge an Masse gelegt und ein binär gewichteter Code den Adresseneingängen A0 und A1 zugeführt.
Bringt man einen Eingang $\overline{EN}$ auf High, so wird der zugehörige Ausgang Low.
Beachten Sie, dass es sich hier um einen Datenselektor handelt. Er ist nicht bidirektional.
Beachten Sie weiter, dass eine gemeinsame Auswahl-Logik vorliegt, wodurch die Unabhängigkeit der beiden Schaltungs-Hälften etwas eingeschränkt wird, speziell in Anwendungen mit Datenselektor-Logik.

Anwendung:
Multiplexen, Adressen-Decodierung

Daten:	5V	10V	
Durchlauf-Verzögerung	215	95	ns
Stromaufnahme bei 1 MHz	0.5	1	mA

Hersteller:
FA, HIT, MOT, TOS, VA

4539 Multiplexer, 2 x 4 Eingänge

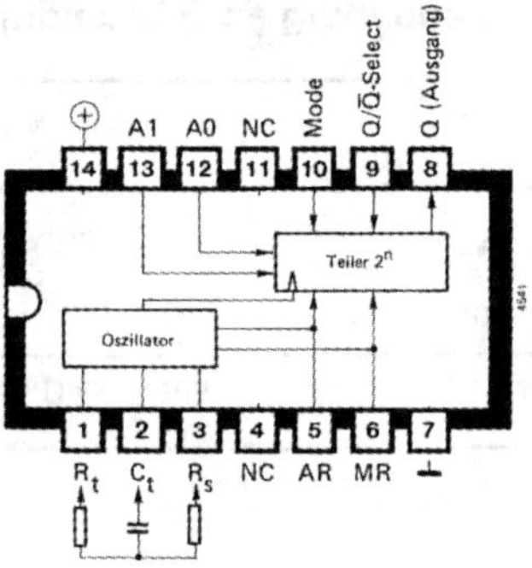

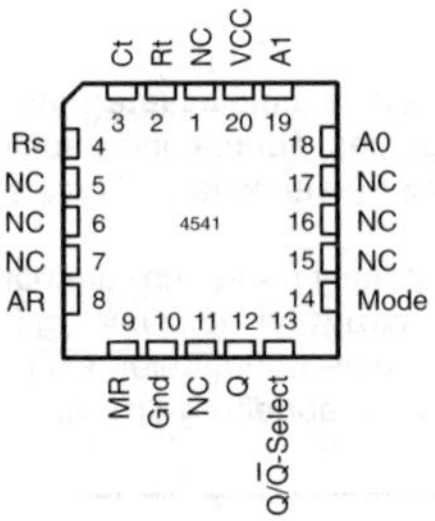

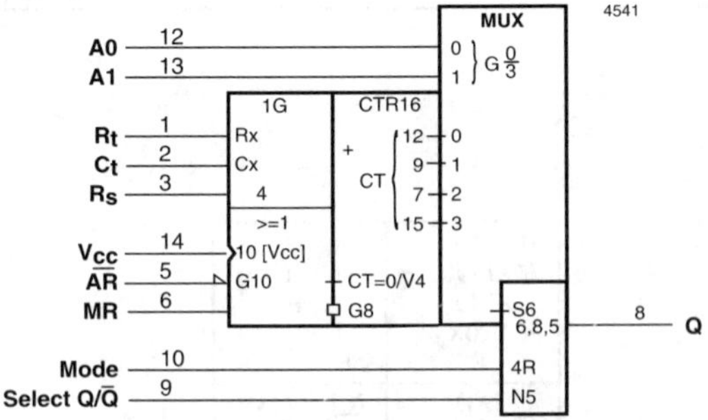

4541 Programmierbarer Zeitgeber

Fortsetzung :

A0	A1	Anzahl der Stufen (n)	Zählung (2^n)
L	L	13	8192
L	H	10	1024
H	L	8	256
H	H	16	65536

Beschreibung:

Dieser Baustein enthält einen programmierbaren Zeitgeber, der aus einem 16-stufigen Binärzähler und einem RC-Oszillator besteht.

Betrieb:

Wenn Pin 5 (AR = Auto Reset) auf Low liegt, wird die Zählerschaltung beim Anlegen der Betriebsspannung initialisiert. Danach kann der Zähler jederzeit mit einem High an Pin 6 (MR =Master Reset) zurückgesetzt werden.

Der gezeigte RC-Oszillator schwingt zwischen 1 und 100kHz mit einer Frequenz von $f = 1/2.3\ R_t \bullet C_t$, wobei $R_S \approx 2R_t$ ($R_S \geq 10k\Omega$).

Mit den beiden Eingängen A0 und A1 lässt sich die Anzahl der Zählerstufen und damit das Teilerverhältnis gemäß der Tabelle auswählen.

Mit Low an Pin 9 (Q/Q - Select) wird der Ausgang Q bei einem Reset Low und umgekehrt.

Mit Pin 10 (Mode) auf High wird die ausgewählte Zählung direkt zum Ausgang transferiert. Mit Pin 10 auf Low beginnt nach einem Reset die Zählung und der Ausgang ändert seinen Zustand nach 2^{n-1} Zählungen, nach weiteren 2^{n-1} Zählungen jedoch nicht mehr (single cycle Operation). Eine neue Zählung beginnt erst wieder nach einem Impuls an MR.

Ein Monovibrator würde dann folgendermaßen aussehen: Pin 1-3 als RC-Oszillator geschaltet, 5 an Masse, A0 und A1 nach Bedarf, 10 an Masse, Q/Q auf High. Ein positiver Trigger-Impuls an MR bringt Q auf High. Dieser Anschluss geht nach der vorgegebenen Zeit (abhängig von R_t, C_t und A0, A1) wieder auf Low.

Statt der RC-Schaltung kann auch ein externes Oszillatorsignal an Pin 3 gelegt werden.

Anwendung:

Zeitgeberschaltungen

Daten:

	5V	10V	
Maximale Taktfrequenz	1.5	4	MHz

Hersteller:

HIT, MOT, NS, VA

4541 Programmierbarer Zeitgeber

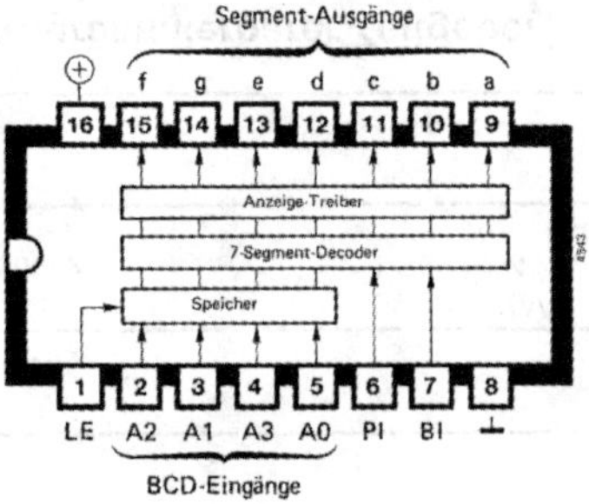

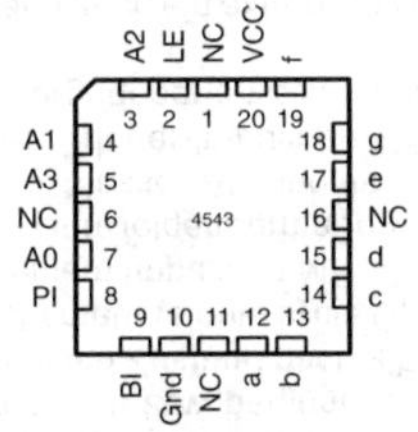

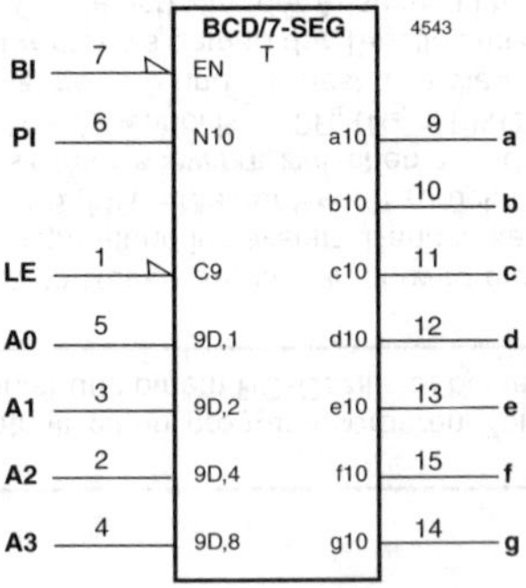

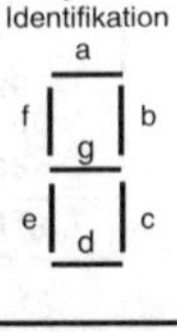

4543 BCD-zu-7-Segment-Decoder/Speicher/ Treiber für LC- oder LED-Anzeigen

Fortsetzung :

Eingänge							Ausgänge							Anzeige
LE	BI	PI	A3	A2	A1	A0	a	b	c	d	e	f	g	
X	H	L	X	X	X	X	L	L	L	L	L	L	L	dunkel
H	L	L	L	L	L	L	H	H	H	H	H	H	L	0
H	L	L	L	L	L	H	L	H	H	L	L	L	L	1
H	L	L	L	L	H	L	H	H	L	H	H	L	H	2
H	L	L	L	L	H	H	H	H	H	H	L	L	H	3
H	L	L	L	H	L	L	L	H	H	L	L	H	H	4
H	L	L	L	H	L	H	H	L	H	H	L	H	H	5
H	L	L	L	H	H	L	H	L	H	H	H	H	H	6
H	L	L	L	H	H	H	H	H	H	L	L	L	L	7
H	L	L	H	L	L	L	H	H	H	H	H	H	H	8
H	L	L	H	L	L	H	H	H	H	H	L	H	H	9
H	L	L	H	X	H	X	L	L	L	L	L	L	L	dunkel
H	L	L	H	H	X	X	L	L	L	L	L	L	L	dunkel
L	L	L	X	X	X	X			—	—	—			— — —
↑	↑	H		↑			Invers zu obigen Ausgangspegeln							Anzeige wie oben

↑ = gleich wie obige Kombinationen
— — = hängt von dem BCD-Code ab, der vorher bei LE = H zugeführt wurde.

Beschreibung:
Dieser Baustein enthält einen BCD-zu-7-Segment-Decoder und Treiber mit Eingangsregister (Speicher) für LC- oder LED-Anzeigen.

Betrieb:
Wenn der Eingang LE (Latch Enable = Speicher-Freigabe) High ist, wird der Zustand der Segment-Ausgänge (a—g) durch die Daten an dem BCD-Eingängen A0—A3, sowie durch das Potential am Eingang PI (Phasen-Eingang) bestimmt.
Zur Ansteuerung von Flüssigkristall-Anzeigen (LCD) muss Pin 6 (PI) eine Rechteckspannung zugeführt werden. Für LED-Anzeigen mit gemeinsamer Kathode muss Pin 6 Low, und für LED-Anzeigen mit gemeinsamer Anode High sein. Geht LE auf Low, so werden die zuletzt an A0—A3 liegenden Daten gespeichert.
Ein High am Austast-Eingang BI (Blanking Input) bringt alle Segment-Ausgänge auf Low, hat aber keinen Einfluss auf den Inhalt des Eingangsregisters. Bei Zuführung eines illegalen Codes (binär A—F) wird die Anzeige dunkel gesteuert.
(Pin-kompatibel mit CD4056, wenn Pin 7 an Masse liegt).

Anwendung:
Anzeigensteuerung für Zähler, Uhren etc.

Daten:

Maximaler Ausgangsstrom je Segment	10	mA

Hersteller:
HIT, MOT, NS, SSS, TOS, VA

4543	**BCD-zu-7-Segment-Decoder/Speicher/ Treiber für LC- oder LED-Anzeigen**

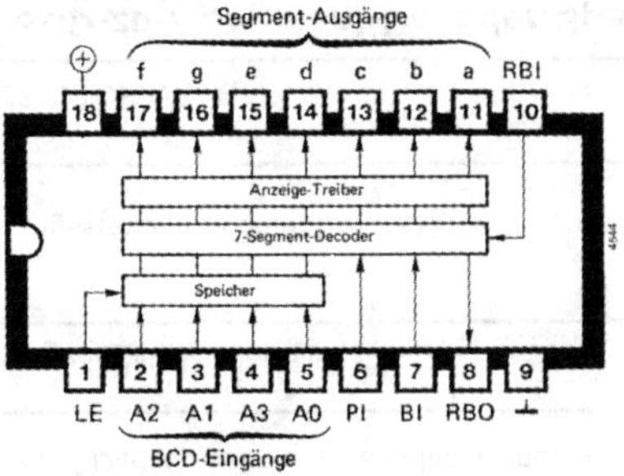

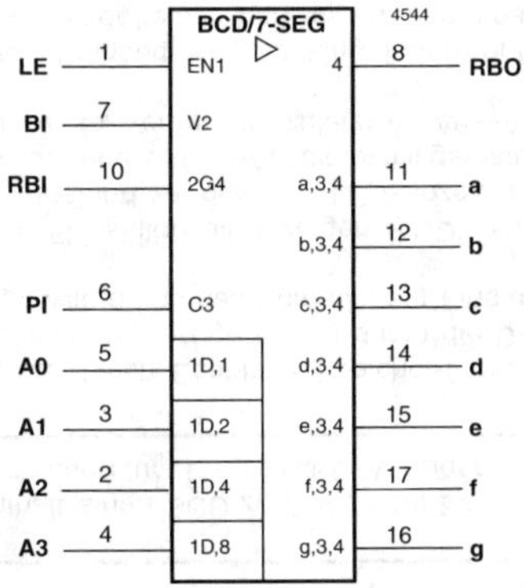

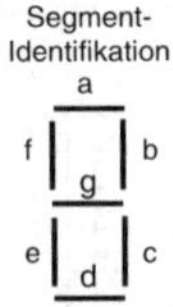

Resultierende Anzeige

4544 BCD-zu-7-Segment-Decoder/Speicher und Treiber für LC- und LED-Anzeigen

Fortsetzung :

Eingänge							Ausgänge
A3	A2	A1	A0	LE	PI	BI	Q*)
X	X	X	X	X	L	H	dunkel
X	X	X	X	˥	L	L	speichern
L	L	L	L	H	L	L	0
L	L	L	H	H	L	L	1
.	.	.	.	.	.	.	.
H	L	L	L	H	L	L	8
H	L	L	H	H	L	L	9
H	L	H	L	H	L	L	dunkel
.	.	.	.	.	.	.	.
H	H	H	H	H	L	L	dunkel

*) decodierte Ziffer

Beschreibung:
Dieser Baustein enthält einen BCD-zu-7-Segment Decoder und Treiber mit Eingangsregister (Speicher) für LC- oder LED-Anzeigen, sowie Austast- (Ripple) Ein- und Ausgang.

Betrieb:
Wenn der Eingang LE (Latch Enable = Speicher-Freigabe) High ist, wird der Zustand der Segment-Ausgänge (a—g) durch die Daten an den BCD-Eingängen A0—A3, sowie durch das Potential am Eingang PI (Phasen-Eingang) bestimmt. Zur Ansteuerung von Flüssigkristall-Anzeigen (LCD) muss Pin 6 (PI) eine Rechteckspannung zugeführt werden. Für LED-Anzeigen mit gemeinsamer Kathode muss Pin 6 Low sein, und für LED-Anzeigen mit gemeinsamer Anode High sein. Geht LE auf Low, so werden die zuletzt an A0—A3 liegenden Daten gespeichert.
Ein High am Austast-Eingang (BI = Blanking Input) bringt alle Segment-Ausgänge auf Low, hat aber keinen Einfluss auf den Inhalt des Eingangsspeichers.
Bei Zuführung eines illegalen Codes (binär A—F) wird die Anzeige dunkel gesteuert. Zum Ausblenden führender Nullen dienen die Austast-Anschlüsse RBI (Ripple Blanking Input), wobei jeweils RBO (Ripple Blanking Output) einer Stufe mit RBI der nächsten rechts stehenden Stufe (RBI der 1. Stufe links auf High) verbunden wird. Zum Ausblenden nacheilender Nullen wird RBO einer Stufe mit RBI der nächsten links stehenden Stelle (RBI der 1. Stufe auf High) verbunden.

Anwendung:
Anzeigensteuerung für Zähler, Uhren etc.

Daten:

Maximaler Ausgangsstrom je Segment	10	mA

Hersteller:
MOT

4544 BCD-zu-7-Segment-Decoder/Speicher und Treiber für LC- und LED-Anzeigen

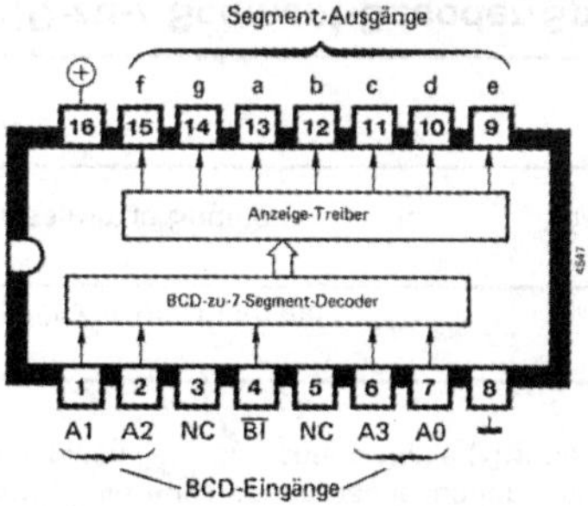

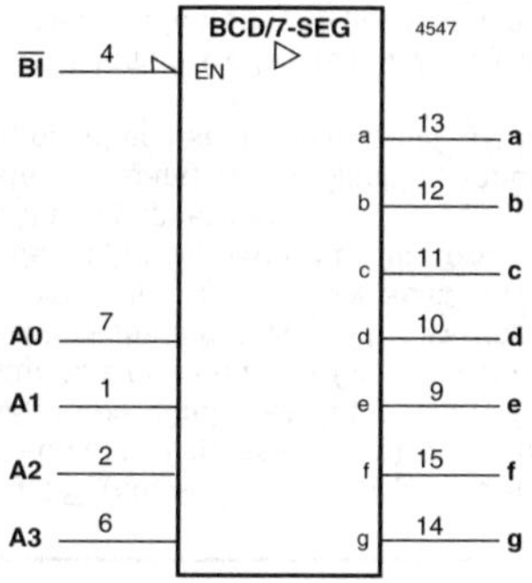

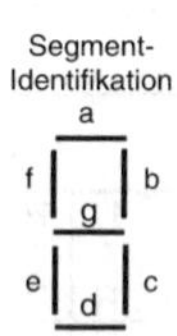

Resultierende Anzeige:

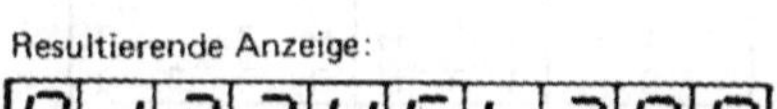

4547	**BCD-zu-7-Segment-Decoder und Treiber für hohe Ströme**

Fortsetzung :

Eingänge					Ausgänge
A3	A2	A1	A0	BI	Q*)
X	X	X	X	H	dunkel
L	L	L	L	L	0
L	L	L	H	L	1
.	.	.	.	.	.
H	L	L	L	L	8
H	L	L	H	L	9
H	L	H	L	L	dunkel
.	.	.	.	.	.
H	H	H	H	L	dunkel

*) decodierte Ziffer

Beschreibung:
Dieser Baustein enthält einen BCD-zu-7-Segment-Decoder und Treiber für hohe Ströme (bis zu 65mA).

Betrieb.
Der Anschluss BI (Blanking Input) wird im Normalbetrieb auf High gelegt. Die an den Anschlüssen A0—A3 liegenden Daten im BCD-Code können dann 7-Segment-LED-Anzeigen mit gemeinsamer Kathode direkt steuern. Es müssen jedoch unbedingt entsprechende Strombegrenzungs-Widerstände eingefügt werden.
Nicht erlaubte Eingangscodes (A—F hexadezimal) steuern die Anzeige dunkel. Eine Dunkelsteuerung kann auch erfolgen, indem man Pin BI auf Low legt. Über diesen Anschluss ist auch eine Impulsmodulation zur Steuerung der Helligkeit (oder ein Multiplexen) möglich.

Anwendung:
Steuerung von LED-7-Segment-Anzeigen mit hohem Strombedarf

Daten:	5V	10V	
Durchlauf-Verzögerung	600	300	ns
Maximaler Strom je Segment-Ausgang	65		mA

Hersteller:
MOT

4547 — BCD-zu-7-Segment-Decoder und Treiber für hohe Ströme

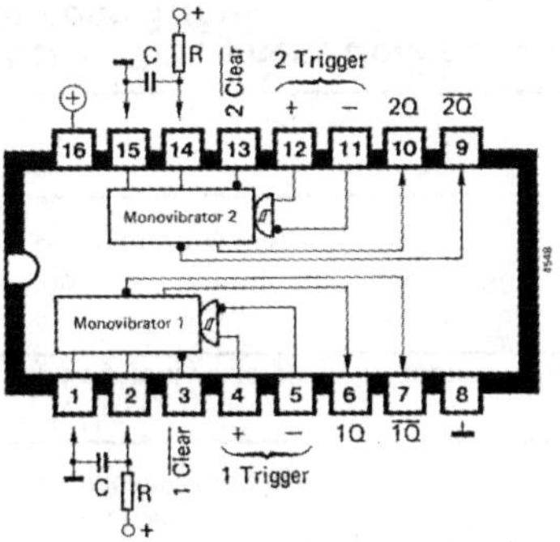

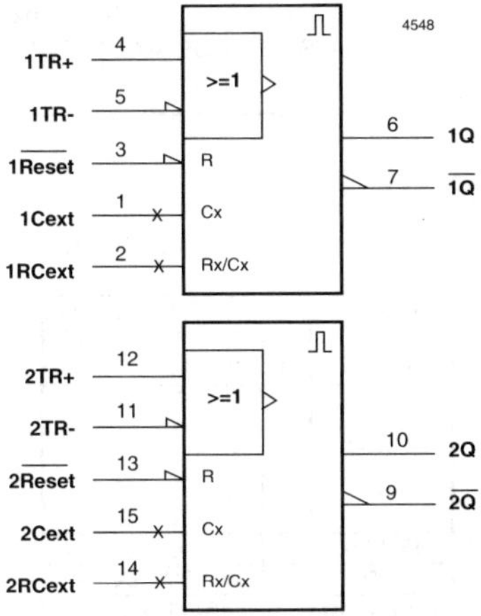

4548 Zwei retriggerbare Monovibratoren

Fortsetzung :

Eingänge			Ausgänge	
Trigger		$\overline{\text{Clear}}$	Q	$\overline{Q}$
+	–			
↑	H	H	⊓	⊔
L	↓	H	⊓	⊔
X	X	L	L	H

Beschreibung:
Dieser Baustein enthält zwei getrennte retriggerbare monostabile Multivibratoren.

Betrieb:
Beide retriggerbare Monovibratoren können unabhängig voneinander verwendet werden.
Im Normalbetrieb werden die $\overline{\text{Clear}}$-Eingänge auf High gehalten und die Pins 1 und 15 auf Masse gelegt. Für eine Triggerung mit der positiven Flanke ist der +Eingang zu verwenden und der –Eingang auf High zu legen. Für eine Triggerung mit der negativen Flanke ist der –Eingang zu verwenden und der +Eingang auf Masse zu legen.
Ein Triggern wird den Q-Ausgang auf High bringen und den $\overline{Q}$-Ausgang auf Low für eine Dauer, die durch den Widerstand und dem Kondensator gegeben ist. Die EIN-Zeit kann abgekürzt werden, indem der $\overline{\text{Clear}}$-Eingang auf Low gebracht wird. Ein $\overline{\text{Clear}}$ mit Low verhindert auch Ausgangsimpulse während des Einschaltens der Betriebsspannung.
Der zeitbestimmende Widerstand kann im Bereich von 10kΩ bis 10MΩ liegen, während der zeitbestimmende Kondensator von 20pF aufwärts reichen kann. Die EIN-Zeit wird durch das Produkt aus dem Widerstand und dem Kondensator bestimmt.
Die Schaltung ist retriggerbar. Wenn mehr als eine Trigger-Flanke während der EIN-Zeit eintrifft, bestimmt das RC-Produkt die Länge der Verzögerung nach der letzten Triggerflanke.
Der zeitbestimmende Kondensator wird jedesmal nach dem Triggern entladen. Dies bewirkt eine vom Kondensator abhängige Verzögerung zwischen dem Zeitpunkt an dem getriggert wird, um die Zeit, nach der man tatsächlich ein Ausgangssignal erhält. *Verwenden Sie diesen Chip nicht, wenn Sie sowohl lange zeitliche Verzögerungen als auch einen Ausgangsimpuls unmittelbar nach dem Triggern benötigen.*
Verwenden Sie immer den größtmöglichen zeitbestimmenden Widerstand für eine gegebene EIN-Zeit, um die Startverzögerung minimal zu halten.
Gegenüber dem 4528 besitzen die Trigger-Eingänge eine Schmitt-Trigger-Funktion. Bei Impulsbreiten unter 1 µs sollte jedoch der 4528 oder 4538 verwendet werden.

Anwendung:
Impuls-Verzögerung und Zeitgeber, Impuls-Formung

Daten:
Minimale Breite des Ausgangs-Impulses 1 µs

Hersteller:
MOT

4548 Zwei retriggerbare Monovibratoren

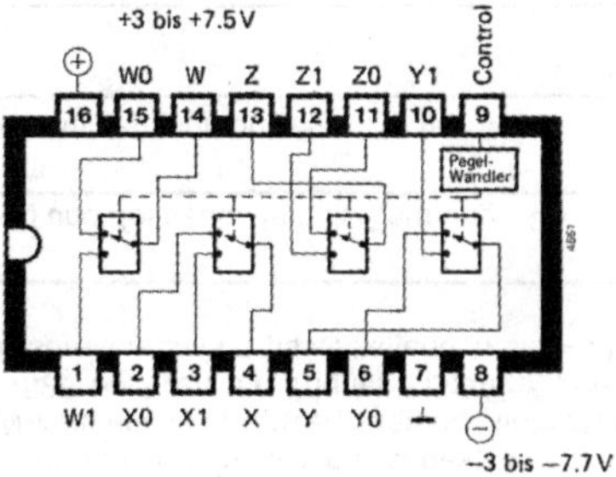

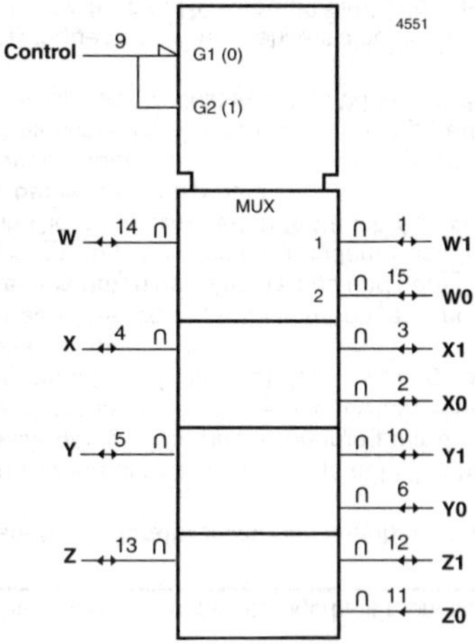

4551	Analog-Multiplexer/Demultiplexer, 4 x 2 Kanäle

Fortsetzung :

Steuer-Eingang (Control)	Durchgeschalteter Kanal
L	W0, X0, Y0, Z0
H	W1, X1, Y1, Z1

Beschreibung:
Dieser Baustein enthält vier Analog-Multiplexer/Demultiplexer mit je 2 Eingängen und gemeinsamer Adressierung.

Betrieb:
Zur Übertragung von Analogsignalen werden die Betriebsspannungen gemäß dem Bild zugeführt. Legt man ein Low (d.h. hier $+U_{DD}$ mit 0V = Masse an Pin 7) an den Steueranschluss Pin 9, so sind W0, X0, Y0 und Z0 mit W, X, Y und Z verbunden.
Mit einem High an Pin 9 sind W1, X1, Y1 und Z1 mit W, X, Y, und Z verbunden.
Die Schalter zeichnen sich durch einen sehr hohen AUS-Widerstand und einen niedrigen EIN-Widerstand aus.

Anwendung:
Multiplexen/Demultiplexen von Analog-Signalen, elektronische Umschalter etc.

Daten:	5V	10V	
Bandbreite (–3dB)	55		MHz
Maximale Schaltfrequenz		10	MHz
Maximale Analog-Amplitude		3—18	V
Übersprechen	<–80		dB
EIN-Widerstand	250	120	Ω

Hersteller:
MOT

4551 **Analog-Multiplexer/Demultiplexer, 4 x 2 Kanäle**

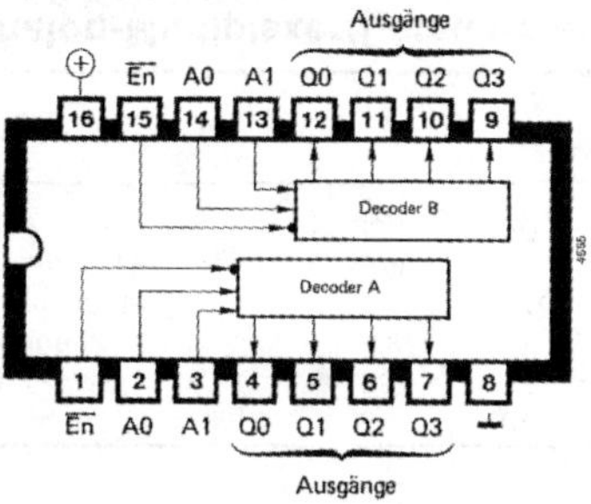

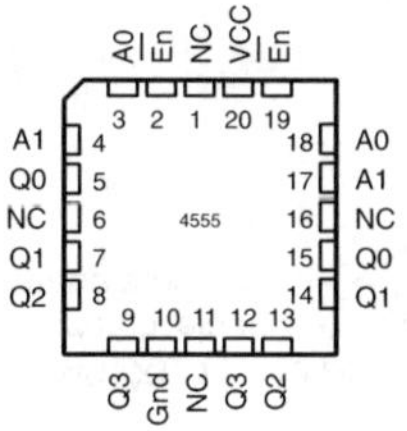

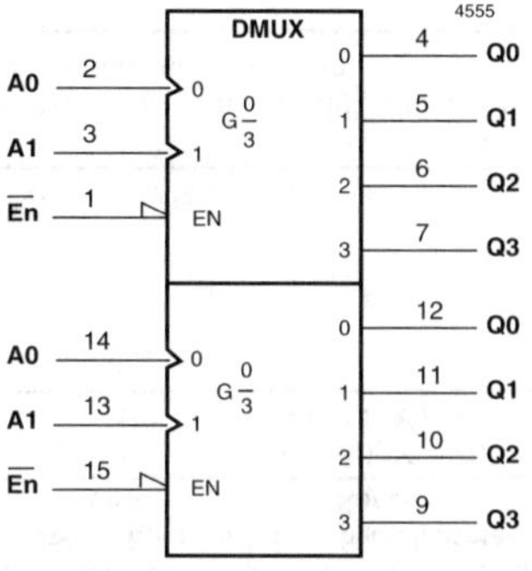

4555 Zwei 1-aus-4-Decoder/Demultiplexer (High-Ausgang)

Fortsetzung :

Eingänge			Ausgänge			
$\overline{En}$	A1	A0	Q0	Q1	Q2	Q3
L	L	L	H	L	L	L
L	L	H	L	H	L	L
L	H	L	L	L	H	L
L	H	H	L	L	L	H
H	X	X	L	L	L	L

Beschreibung:
Beide 1-aus-4-Decoder können getrennt verwendet werden, entweder als Decoder oder Daten-Verteiler. Sie können auch mit einem externen Inverter zu einem 1-aus-8-Decoder oder Verteiler kombiniert werden.

Betrieb:
Im Normalbetrieb liegt der jeweilige Freigabe-Eingang $\overline{En}$ auf Low. Dann geht der gewünschte Ausgang über die Adresse A0, A1 auf High, während die übrigen Ausgänge des entsprechenden Decoders auf Low bleiben.
Wenn der Freigabe-Eingang $\overline{En}$ auf High gelegt wird, gehen alle zugehörigen Ausgänge auf Low, unabhängig von der anliegenden Adresse.
Beachten Sie, dass beide Hälften der Schaltung vollkommen unabhängig voneinander verwendet werden können.
Mittels des $\overline{En}$-Eingangs kann man auch einen 1-aus-8-Verteiler oder Decoder bilden, indem eine Seite von einem neuen Eingang A2 gesteuert wird und die andere von seinem Komplement.

Anwendung:
Decodierung, Code-Umwandlung, Demultiplexen, Speicherchip-Auswahl-Logik, Funktions-Auswahl

Daten:	5V	10V	
Auswahlzeit	130	50	ns
Stromaufnahme für 1 MHz Auswahlrate	0.5	1	mA

Hersteller:
FA, HIT, MOT, RCA, SGS, SSS, TOS, VA

4555 Zwei 1-aus-4-Decoder/Demultiplexer (High-Ausgang)

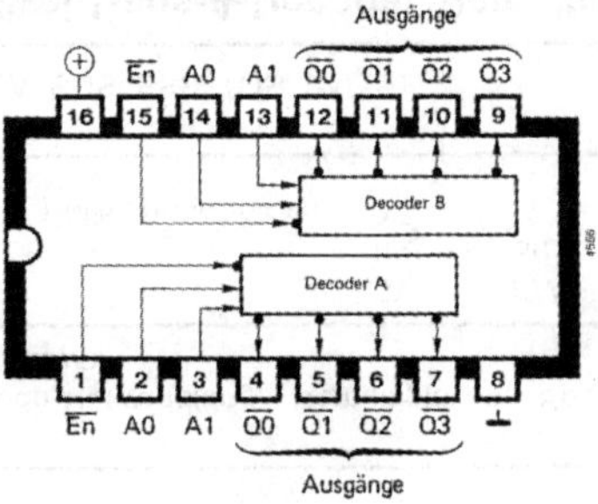

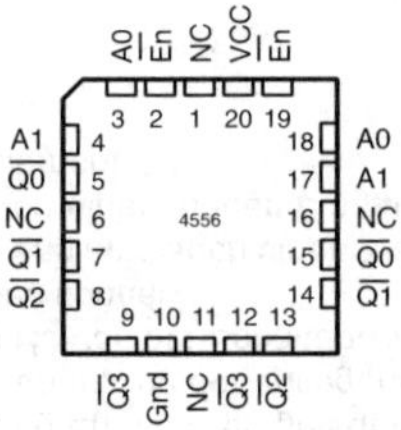

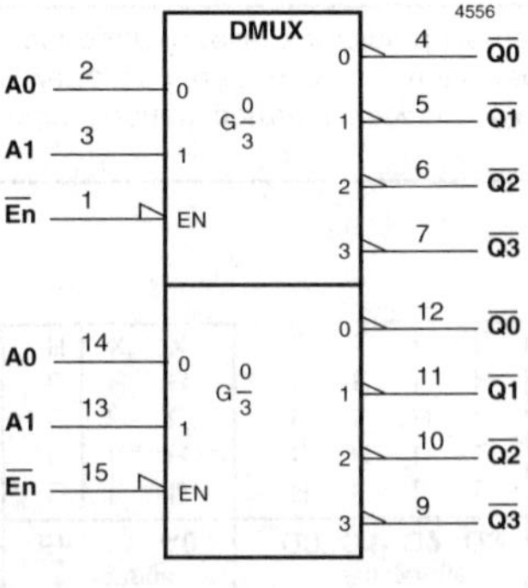

4556 Zwei 1-aus-4-Decoder/Demultiplexer (Low-Ausgang)

Fortsetzung :

Eingänge $\overline{En}$	A1	A0	Ausgänge $\overline{Q0}$	$\overline{Q1}$	$\overline{Q2}$	$\overline{Q3}$
L	L	L	L	H	H	H
L	L	H	H	L	H	H
L	H	L	H	H	L	H
L	H	H	H	H	H	L
H	X	X	H	H	H	H

Beschreibung:
Beide 1-aus-4-Decoder können getrennt verwendet werden, entweder als Decoder oder Daten-Verteiler. Sie können auch mit einem externen Inverter zu einem 1-aus-8-Decoder oder Verteiler kombiniert werden.

Betrieb:
Im Normalbetrieb liegt der jeweilige Freigabe-Eingang $\overline{En}$ auf Low. Dann geht der gewünschte Ausgang über die Adresse A0, A1 auf Low, während die übrigen Ausgänge des entsprechenden Decoders auf High bleiben.
Wenn der Freigabe-Eingang $\overline{En}$ auf High gelegt wird, gehen alle zugehörigen Ausgänge auf High, unabhängig von der anliegenden Adresse.
Beachten Sie, dass beide Hälften der Schaltung vollkommen unabhängig voneinander verwendet werden können.
Mittels des $\overline{En}$-Eingangs kann man auch einen 1-aus-8-Verteiler oder Decoder bilden, indem eine Seite von einem neuen Eingang A2 gesteuert wird und die andere von seinem Komplement.

Anwendung:
Decodierung, Code-Umwandlung, Demultiplexen (wobei der Disable-Eingang als Daten-Eingang verwendet wird), Speicherchip-Auswahl-Logik, Funktions-Auswahl

Daten:	5V	10V	
Auswahlzeit	130	50	ns
Stromaufnahme bei 1 MHz Auswahlrate	0.5	1	mA

Hersteller:
FA, HIT, MOT, RCA, SGS, SSS, TOS, VA

4556 — Zwei 1-aus-4-Decoder/Demultiplexer (Low-Ausgang)

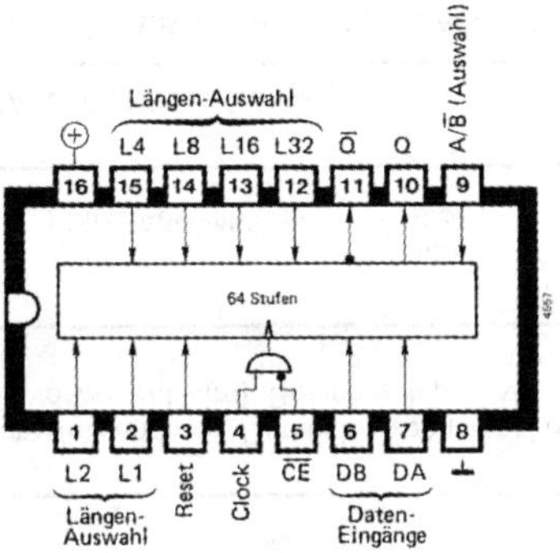

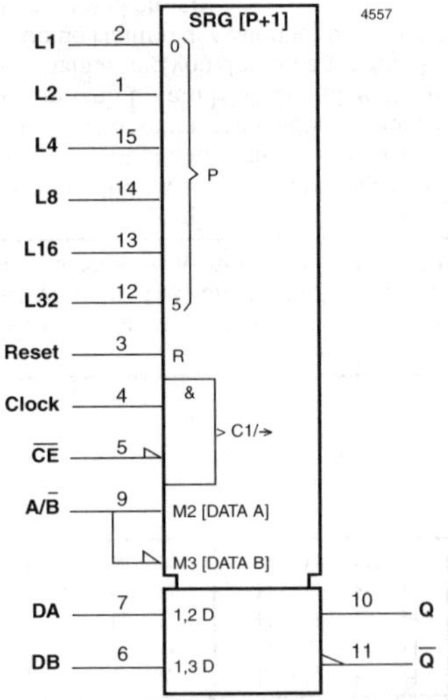

4557	Variables Schieberegister, 1 bis 64 Bit

Fortsetzung :

	Eingänge					Ausgang
Reset	A/$\overline{B}$	DA	DB	Clock	$\overline{CE}$	Q*
L	L	D1	D2	↑	L	D2
L	H	D1	D2	↑	L	D1
L	L	D1	D2	H	↓	D2
L	H	D1	D2	H	↓	D1
H	X	X	X	X	X	L

*Der Augenblick, in dem Dn an Q erscheint, hängt von ausgewählten Bit-Länge des Schieberegisters ab.

Beschreibung:
Dieser Baustein enthält ein statisches, serielles Schieberegister, das von 1 bis 64 Stufen programmierbar ist.

Betrieb:
Die Daten können entweder dem Eingang DA oder DB zugeführt werden, wobei der jeweilige Eingang mit dem Potential an Pin 9 (A/B Select) ausgewählt wird (A = High, B = Low). Dies ist für den Fall einer Rezirkulation sehr nützlich.
Die Anzahl der Stufen wird mit den Pins L1, L2, L4, L8, L16 und L32 ausgewählt. Die Anzahl der Bits ist gleich der arithmetischen Summe der Binär-Indizes der mit High belegten Steuereingänge plus 1. (Z.B. 1 Bit : L32 = L, L16 = L, L8 = L, L2 = L, L1 = L.
Oder: 6 Bits L32 = L, L16 = L, L8 = L, L4 = H, L2 = L, L1 = H. Oder: (abgekürzt) 34 Bits = HLLLLH, 64 Bits = HHHHH etc.). Das Weiterschieben der Daten erfolgt an der positiven Flanke des Taktes an Pin 4, mit $\overline{CE}$ auf Low. Man kann auch mit einer negativen Flanke an $\overline{CE}$ takten, wobei Pin 4 auf High zu legen ist.
Die verschobenen Signale erscheinen an Q oder invertiert an Q. Der Anschluss Reset liegt normalerweise auf Low. Bringt man diesen Pin auf High, kann das Register asynchron zurücksetzen. (Q = L, $\overline{Q}$ = H).

Anwendung:
Schieberegister, variable digitale Verzögerungsleitung

Daten:		5V	10V	
Maximale Taktfrequenz		2.5	8	MHz
	(Valvo	5	14	MHz)

Hersteller:
FA, HIT, MOT, VA

4557 Variables Schieberegister, 1 bis 64 Bit

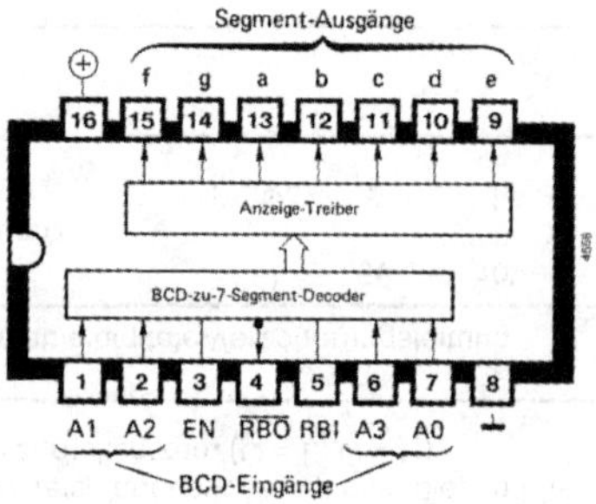

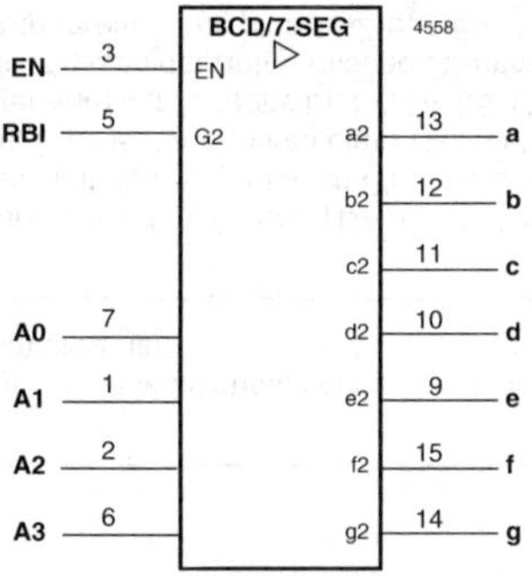

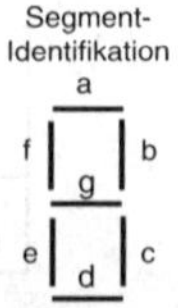

4558 BCD-zu-7-Segment-Decoder/Treiber

Fortsetzung :

En	RBI	BCD-Eingang	$\overline{RBO}$	Funktion
L	L	X	L	Segment-Test
L	H	X	H	Anzeige dunkel
H	H	L (0)	H	Anzeige: 0
H	L	L	L	Anzeige dunkel
H	X	1–9	H	Anzeige: 1–9

Beschreibung:
Dieser Baustein decodiert BCD-Eingangsdaten und wandelt sie in Steuersignale für 7-Segment-Anzeigen um.

Betrieb:
Die den Anschlüssen A0—A3 zugeführten BCD-Daten können nach ihrer Decodierung im IC maximal je 10 mA an eine 7-Segment-Anzeige (a—g) liefern. Der Baustein enthält keinen Zwischenspeicher. Nicht gültige BCD-Eingangscodes steuern die Anzeige dunkel.
Im Normalbetrieb liegen die Anschlüsse $\overline{EN}$ (Pin 3) und $\overline{RBO}$ (Ripple Blanking Output) auf High (RBI = Ripple Blanking Input = beliebig).
Für einen Segment-Test legt man $\overline{EN}$, RBI und $\overline{RBO}$ auf Low. Dann müssen alle 7 Segmente eingeschaltet sein.
Mit EN auf Low, RBI und $\overline{RBO}$ auf High wird die Anzeige dunkel gesteuert, ebenso bei $\overline{EN}$ = High, RBI = RBO = Low und A0—A3 = Low (0).
Beim Kaskadieren mehrerer Dekaden legt man RBI der 1. Stufe (am weitesten links stehende Stelle) auf Low und verbindet $\overline{RBO}$ dieser Stufe mit RBI der folgenden Stufe. RBI der Stufen unmittelbar links und rechts neben dem Dezimalpunkt legt man auf High. Bei der 2. und 3. Stufe rechts vom Dezimalpunkt wird $\overline{RBO}$ der 3. Stufe mit RBI der zweiten verbunden und RBI der 3. Stufe an Masse gelegt.
Die 6 wird ohne oberen Querbalken (a) und die 9 ohne unteren (d) dargestellt.

Anwendung:
Steuerung von 7-Segment-Anzeigen

Daten:
Maximaler Strom je Segment 10 mA

Hersteller:
HIT,MOT

4558	**BCD-zu-7-Segment-Decoder/Treiber**

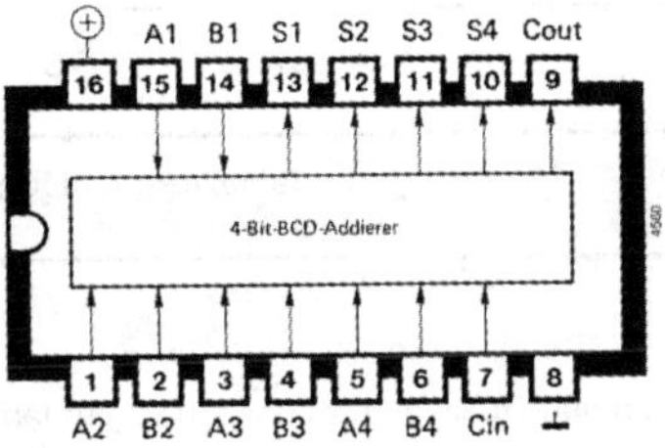

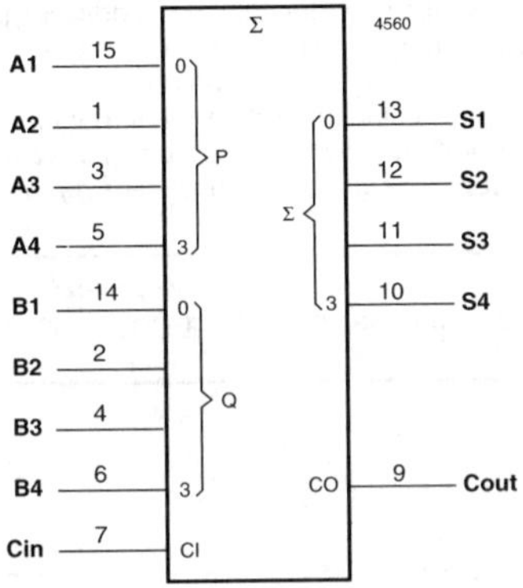

4560 | 4-Bit-BCD-Addierer

Fortsetzung :

Eingänge									Ausgänge				
A4	A3	A2	A1	B4	B3	B2	B1	Cin	S4	S3	S2	S1	Cout
L	L	L	L	L	L	L	L	L	L	L	L	L	L
L	L	L	L	L	L	L	L	H	L	L	L	H	L
L	H	L	H	L	L	H	L	L	L	H	H	H	L
L	H	L	L	L	L	H	H	H	H	L	L	L	L
L	H	H	L	L	H	L	H	L	L	L	L	H	H
L	L	H	H	H	L	L	L	H	L	L	H	L	H
H	L	L	H	L	H	L	L	L	L	L	H	H	H
L	H	L	H	H	L	L	L	H	L	H	L	L	H
H	L	L	H	H	L	L	H	H	H	L	L	H	H

Beschreibung:
Dieser Baustein addiert zwei 4-Bit-Zahlen im BCD-Code mit Übertrag.

Betrieb:
Die beiden zu addierenden 4-Bit-BCD-Zahlen und ein eventueller Übertrag aus vorhergehenden Additionen werden parallel den Eingängen A1-A4, B1-B4 und dem Übertrags-Eingang Cin zugeführt.
An den Pins S1—S4 kann dann die Summe dieser beiden Zahlen und der Übertrag am Übertrags-Ausgang (Cout) abgenommen werden.
Zusammen mit dem 4561 (9er-Komplementierer) lässt sich ein BCD-Subtrahierer aufbauen.
Alle Ein- und Ausgänge sind aktiv High. Der Anschluss Cin in der niedrigstwertigen Stelle ist beim Kaskadieren mehrerer Stufen auf Low zu legen.

Anwendung:
Ein- oder mehrstufige BCD-Additionen

Daten:

	5V	10V	
Durchlauf-Verzögerung (A oder B zu S)	750	33	ns

Hersteller:
HIT, MOT, TOS

4560 4-Bit-BCD-Addierer

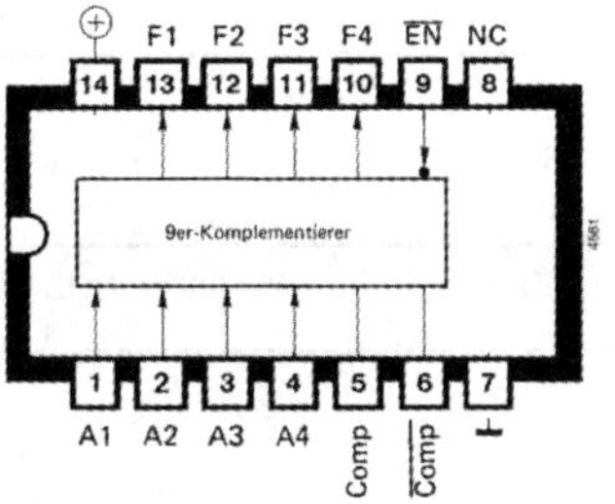

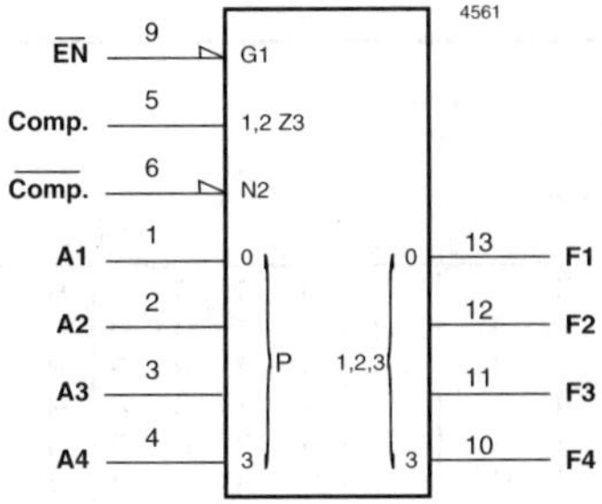

4561 9er-Komplementierer

Fortsetzung :

$\overline{En}$	Comp	$\overline{Comp}$	F1	F2	F3	F4	Betriebsart
L	L	L					
L	L	H	A1	A2	A3	A4	Direkt
L	H	H					
L	H	L	A1	A2	A2A3+A2A3	A2A3A4	Komplement
H	X	X	L	L	L	L	Null

Beschreibung:
Dieser Baustein erzeugt das 9er-Komplement einer 4-Bit-BCD-Zahl.

Betrieb:
Ein High am Freigabe-Eingang ($\overline{EN}$) bringt alle Datenausgänge (F1—F4) auf Low, unabhängig von den übrigen Eingangsbedingungen.
Dadurch wird eine logische “Null“ am Ausgang erzeugt.
Im Normalbetrieb liegt $\overline{EN}$ auf Low. Befindet sich der Eingang Comp (Complement disable) auf Low und $\overline{Comp}$ auf High, so erscheinen die Informationen der Dateneingänge direkt an den Ausgängen. Mit Comp auf High und $\overline{Comp}$ auf Low sind die Informationen an den Ausgängen (F1—F4) das Neuner-Komplement der Informationen an den Dateneingängen (A1—A4).
In Verbindung mit dem 4560 kann ein Addierer/Subtrahierer auf einfache Weise aufgebaut werden.

Anwendung:
Aufbau von Addierer/Subtrahierer in Verbindung mit dem 4560

Daten:

	5V	10V	
Durchlauf-Verzögerung	350	150	ns

Hersteller:
HIT, MOT, TOS

4561 9er-Komplementierer

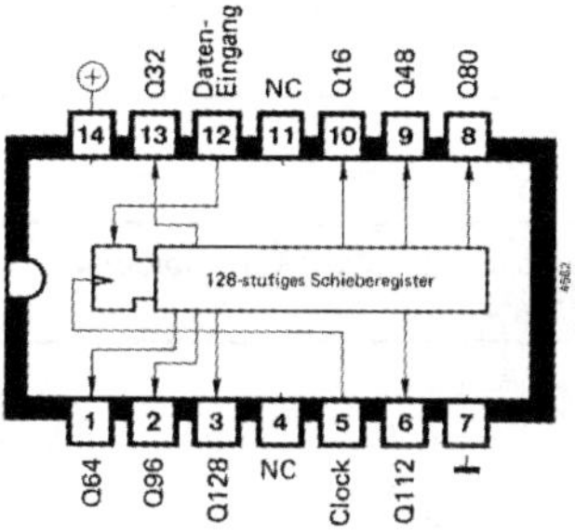

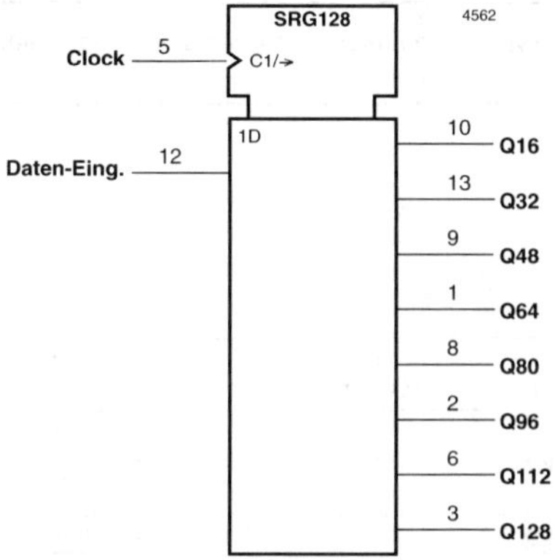

4562 128-stufiges, statisches Schieberegister

Fortsetzung :

Eingang Clock	Funktion
H	-
⌐	Verschiebung

Beschreibung:
Dieser Baustein enthält ein statisches, 128-stufiges Schieberegister, bei dem die Ausgangs-Daten in Stufen zu 16 Bit verfügbar sind.

Betrieb:
Die dem Daten-Eingang (Pin 12)zugeführten Daten werden jeweils bei der positiven Flanke des Taktes am Anschluss Clock weitergeschoben.
Die Daten sind an den entsprechend gekennzeichneten Anschlüssen im Abstand von je 16 Bit bis zum Bit 128 verfügbar.
Längere Register erhält man durch einfaches Kaskadieren mehrerer Bausteine.

Anwendung:
Aufbau von Schieberegistern beliebiger Länge, Impuls-Verzögerung etc.

Daten:

	5V	10V	
Maximale Taktfrequenz	1.9	5.6	MHz

Hersteller:
HIT, MOT

4562 128-stufiges, statisches Schieberegister

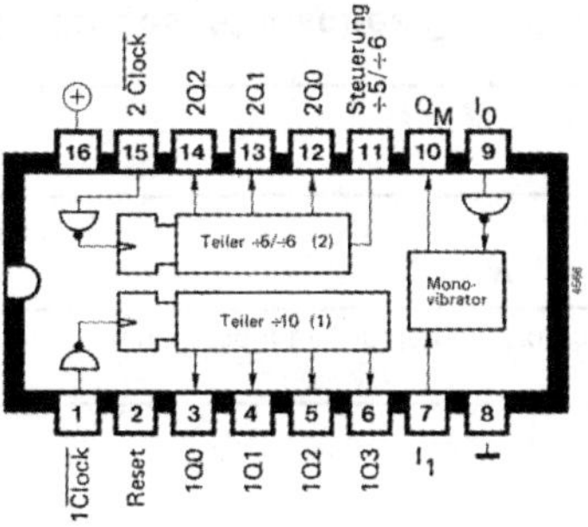

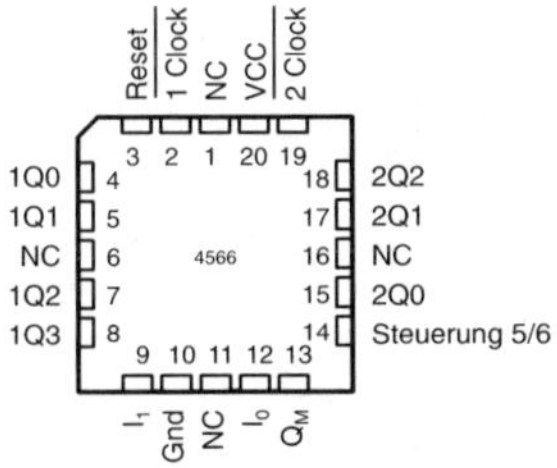

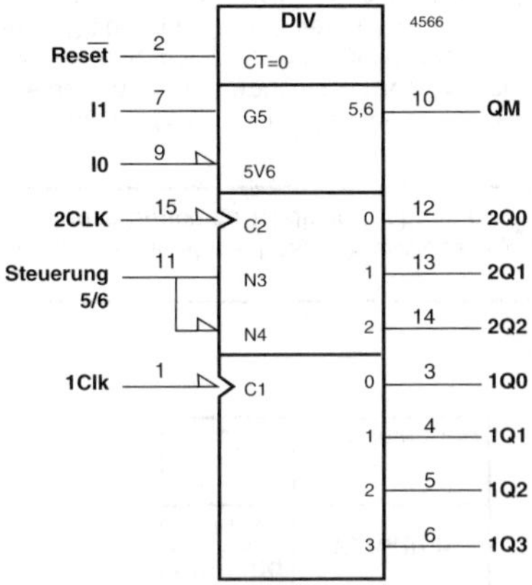

4566 Zeitbasis-Generator

Fortsetzung :

Keine Wahrheitstabelle verfügbar

Beschreibung:
Dieser Baustein dient als universeller Zeitbasis-Generator und enthält einen Teiler durch 10, einen Teiler durch 5 und einen monostabilen Multivibrator.

Betrieb:
Beide Zähler werden durch den HL-Übergang (negativo Flanke) des Taktes an den entsprechenden Takteingängen (1Clock und 2Clock) weitergestellt. Interne Impulsformer gestatten auch eine Ansteuerung mit flacheren Impulsflanken.
Die parallelen Datenausgänge beider Zähler liegen im BCD-Format vor. Der Zähler 2 ist über den Anschluss 11 auf einen Teilerfaktor von 5 (Pin 11 = High) oder 6 (Pin 11 = Low) einstellbar.
Ein High am Anschluss Reset setzt beide Zähler (1Q0—1Q3, 2Q0—2Q3) auf Low, unabhängig von allen anderen Eingängen.
Der interne Monovibrator besitzt eine feste Impulsdauer und kann zur Erzeugung eines automatischen Reset-Signales o. ä. verwendet werden. Er kann mit einem LH-Übergang (positive Flanke) an I0 (II = Low) getriggert werden, oder mit einem HL-Übergang an I1(I0 = High).

Anwendung:
Stabile Zeitbasis-Generatoren aus 50- oder 60-Hz-Netzen

Daten:

	5V	10V	
Maximale Taktfrequenz	1	2.5	MHz
Impulsbreite des Monovibrators	2800	900	ns

Hersteller:
HIT, MOT

4566	**Zeitbasis-Generator**

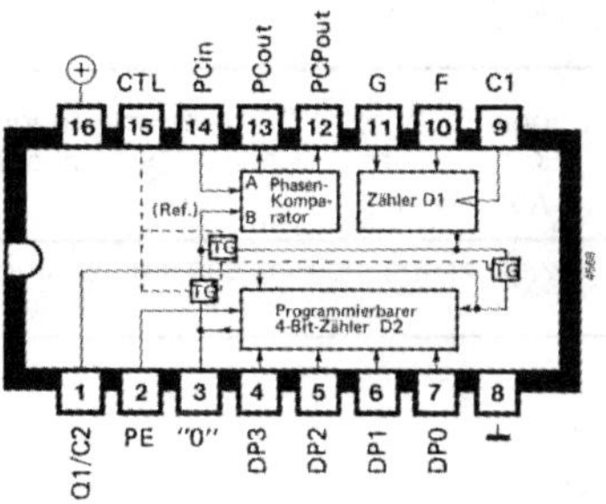

Kein IEEE-Symbol verfügbar

4568 | **Phasenkomparator und programmierbare Zähler**

Fortsetzung :

F	G	Teilerverhältnis von D1
L	L	4
L	H	16
H	L	64
H	H	100

Beschreibung:
Dieser Baustein enthält einen Phasen-Komparator, einen einstellbaren Teiler (÷4, ÷16, ÷54, ÷100) und einen programmierbaren 4-Bit-Teiler.

Betrieb:
Beim Phasen-Komparator ist nur der Eingang A extern zugänglich. Der zweite (B) ist mit einer der beiden Zähler D1 oder D2 verbunden. Das Tastverhältnis des Eingangssignals ist ohne Bedeutung, da er nur auf die ansteigende Flanke reagiert.
Bei identischer Frequenz ist beim Voreilen von Signal A Pin 13 entsprechend der Phasen-Differenz High und umgekehrt. Dazwischen ist der Ausgang in einem Tristate-Zustand und die Spannung an einem angeschlossenen RC-Filter steuert den externen VCO. Bei unterschiedlichen Frequenzen ist PCout High, wenn die Frequenz A > B, und umgekehrt.
In eingerastetem Zustand ist PCPout High. Zähler D1 kann mit F und G auf verschiedene Teilerverhältnisse eingestellt werden.
Mit CTL = High wird D1 und D2 kaskadiert, bei getrenntem Betrieb ist CTL = Low.
Zähler D2 wird über die Eingänge DP0—DP3 programmiert und mit dem Eingang PE (Preset Enable) freigegeben. Bei einstufiger Anwendung muss "0" mit PE verbunden werden. Beim Kaskadieren muss der Baustein als höchstwertige Stelle verwendet werden.
Kaskadieren ist mit Binärzählern und BCD-Zählern (4569, 4522, 4526) möglich.

Anwendung:
Universelle Frequenz-Synthesizer für beliebige Kanalabstände

Daten:	5V	10V	
Maximale Taktfrequenz D1	6	16	MHz
Maximale Taktfrequenz D2	1.8	8.5	MHz

Hersteller:
HIT, MOT

4568 Phasenkomparator und programmierbare Zähler

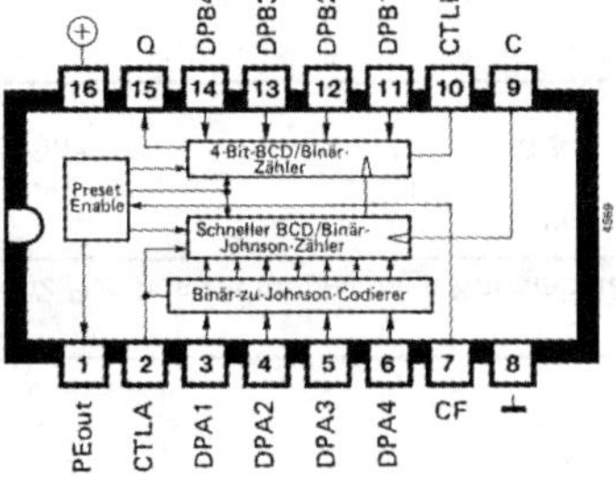

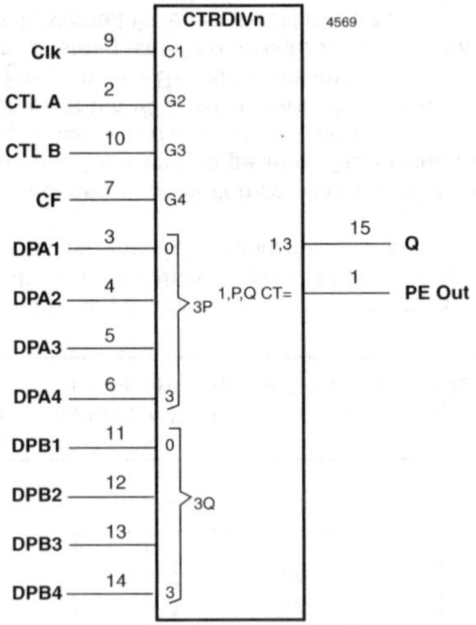

4569 | **Schnelle programmierbare Teiler durch N**

Fortsetzung :

Keine Wahrheitstabelle verfügbar

Beschreibung:
Dieser Baustein enthält zwei schnelle programmierbare 4-Bit-BCD- oder binäre Abwärts-Zähler.

Betrieb:
Ein interner Codierer gestattet, den Johnson-Zähler im Binär- oder BCD-Code über die Eingänge DPA1—DPA4 zu programmieren. Der BCD/Binärzähler wird über die Eingänge DPB1—DPB4 programmiert.
Wird CTLA oder CTLB auf High gelegt, so ist das Teilerverhältnis 16 (binär).
Zum Kaskadieren mit dem 4568, 4522 und 4526 müssen CF (Cascade Feedback), Q (Ausgang) und PE (Preset Enable) mit "0", C und PE des folgenden Zählers verbunden werden. Wird der 4569 allein verwendet, so muss CF an Masse gelegt werden.
An PEout erscheint alle N Taktperioden (N ist der Wert an den DP-Eingängen) ein Impuls.
Beide Zähler im 4569 sollten normalerweise auf die programmierten Werte während der Taktperiode voreingestellt werden, wenn sie den Wert Null erreichen. Für besonders schnelle Anwendungen sollte die Voreinstellung gestartet werden, sobald die Zahl 1 festgestellt wird. Ein Teilerverhältnis von 1 ist daher nicht programmierbar, jedoch z.B. eines von 11 (d.h. DPA ..... DPA4 = 1,0,0,0 und DPB1 ..... DPB4 = 1,0,0,0,0). Durch diese Konfiguration kann eine maximale Taktfrequenz von 9.5 MHz bei 10V erreicht werden.

Anwendung:
Schnelle programmierbare Teiler in Frequenz-Synthesizern, PLL-Schaltungen etc. (mit dem 4568)

Daten:	5V	10V	
Maximale Taktfrequenz	3.5	5.7	MHz

Hersteller:
HIT, MOT

4569	**Schnelle programmierbare Teiler durch N**

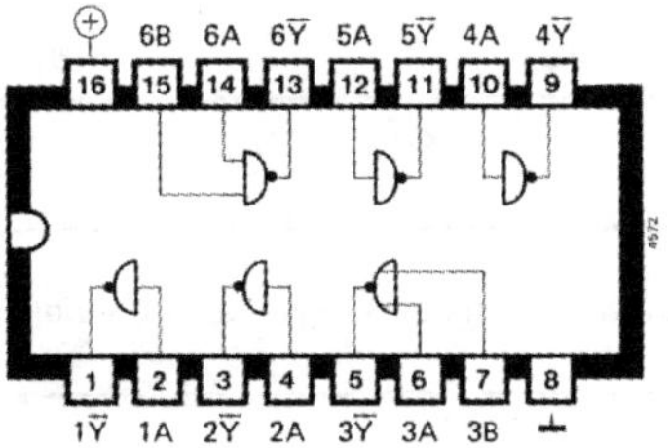

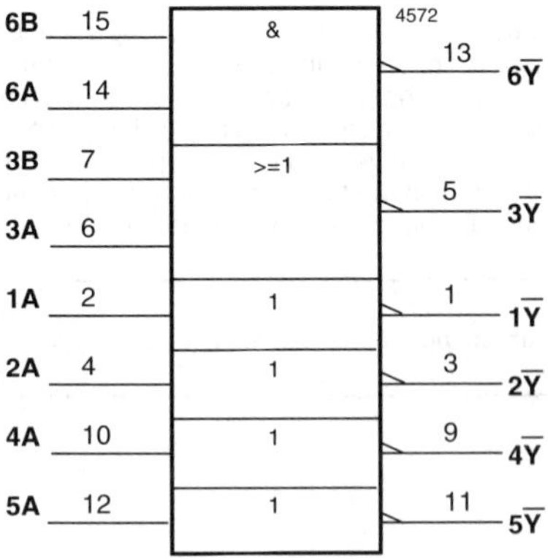

4572 | **Sechs Gatter (4 Inverter, 1 NOR und 1 NAND mit je 2 Eingängen)**

Fortsetzung :

NOR-Gatter (Pin 5–7):

Eingänge A	Eingänge B	Ausgang Y
H	X	L
X	H	L
L	L	H

NAND-Gatter (Pin 13–15):

Eingänge A	Eingänge B	Ausgang Y
L	X	H
X	L	H
H	H	L

Beschreibung:
Dieser Baustein enthält 4 Inverter, sowie je ein NOR- und ein NAND-Gatter mit je zwei Eingängen.

Betrieb:
Bei jedem der Inverter liefert ein Low am Eingang ein High am Ausgang und umgekehrt.
Bei dem NOR-Gatter wird der Ausgang auf Low sein, wenn einer oder beide Eingänge High sind. Sind beide Eingänge Low, so ist der Ausgang High.
Bei dem NAND-Gatter wird mit einem oder beiden Eingängen auf Low der Ausgang High sein. Sind beide Eingänge High, wird der Ausgang Low sein.
Beachten Sie die günstige Pin-Belegung zur Erzeugung von ODER- und UND-Funktionen, sowie die Pin-Belegung zur Umwandlung des NOR- und NAND-Gatters in Inverter.

Anwendung:
Realsisierung von NICHT-, NOR-, NAND-, ODER- und UND-Funktionen

Daten:	5V	10V	
Durchlauf-Verzögerung	60	25	ns
Stromaufnahme bei 1 MHz	0.4	0.8	mA

Hersteller:
HIT, MOT, TOS

4572 Sechs Gatter (4 Inverter, 1 NOR und 1 NAND mit je 2 Eingängen)

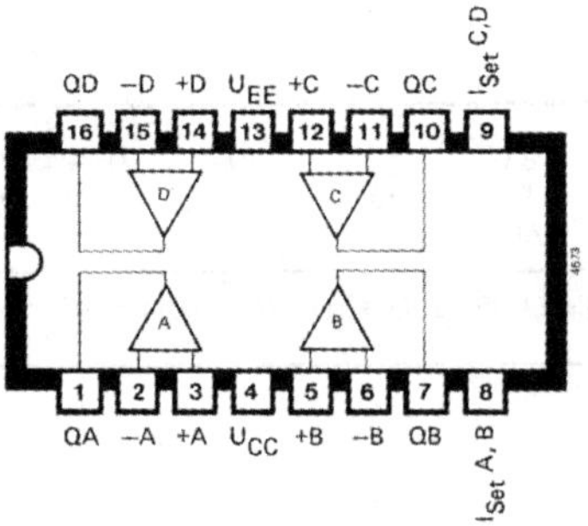

Einzelne Betriebsspannung: U_{CC} = 3.0 bis 15 V, U_{EE} = ⊥
Gesplittete Betriebsspannung: $U_{CC} = U_{EE}$ = ±1.5 bis ±7.5 V

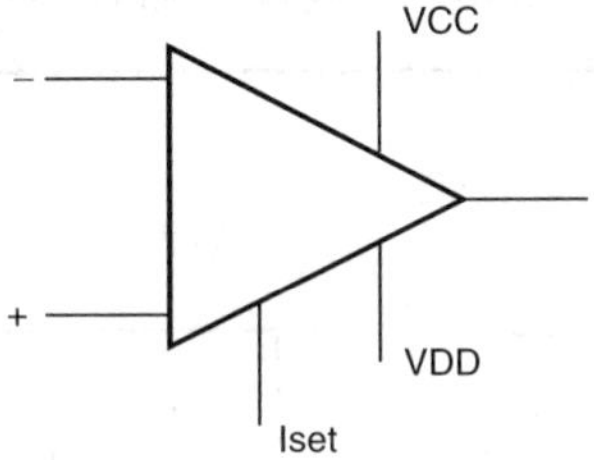

4573 | **Vier programmierbare Operationsverstärker**

Fortsetzung :

Keine Wahrheitstabelle verfügbar

Beschreibung:
Dieser Baustein enthält vier programmierbare Operations-Verstärker.

Betrieb:
Der Betriebsstrom der vier Operations-Verstärker wird extern mit einem oder zwei Widerständen eingestellt, wobei der für den entsprechenden Anwendungsfall günstigste Kompromiss zwischen Verlustleistung und maximaler Flankensteilheit der Ausgangsspannung (slew rate) gewählt werden kann.
Der Programmierstrom I_{set} wird durch Rset zwischen U_{EE} und Pin 8 oder 9 bestimmt.

$$I_{set}(\mu A) = \frac{U_{CC} - U_{EE} - 1}{R_{set}\ (M\Omega)}$$

Werden Pin 8 und 9 miteinander verbunden, ist Rset für den gleichen Strom Iset auf die Hälfte zu verringern.
Wird ein Verstärkerpaar nicht verwendet, so ist der entsprechende Anschluss Iset an U_{CC} zu legen.
Die maximale erzielbare Ausgangsspannung U_{OH} ist für einen Lastwiderstand R_L an U_{EE} gegeben durch:

$U_{OH} = (4 \times (10^{-3})Iset)\ R_L - 0.05V$ (R_L in kΩ, I_{set} in µA)

Die Anstiegsgeschwindigkeit (slew rate) beträgt:

SR ≈ 0.05 I_{set} (V/MS) (I_{se}t in µA)
Die Verstärker sind intern kompensiert und besitzen eine äußerst hohe Eingangs-Impedanz.

Anwendung:
Verstärker, aktive Filter, Oszillatoren, Pegelwandler etc.

Daten:	10V	
Eingangs-Offset-Spannung	±10	mV
($_{Iset}$ = 50µA) (4573)		
(4573-1)	±5	mV
Offene Spannungsverstärkung		
(I_{set} = 50µA)	90	dB
Anstiegsgeschwindigkeit der		
Ausgangsspannung (I_{set} = 40 µA)	2.5	V/µS

Hersteller:
MOT

4573	**Vier programmierbare Operationsverstärker**

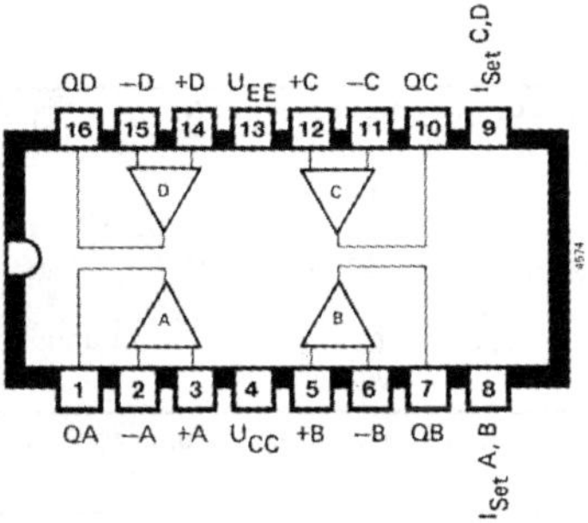

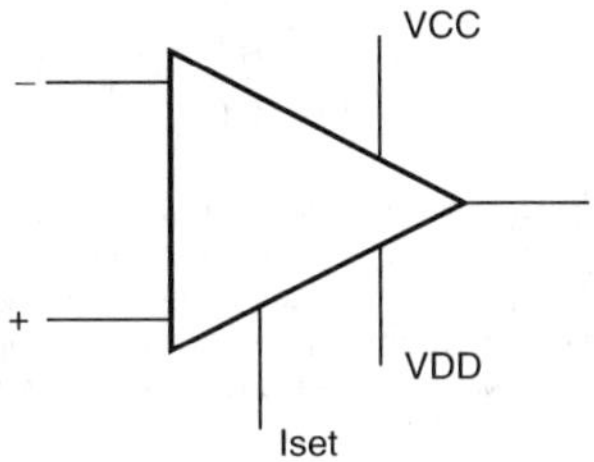

4574	Vier programmierbare Komparatoren

Fortsetzung :

Keine Wahrheitstabelle verfügbar

Beschreibung:
Dieser Baustein enthält vier programmierbare Komparatoren.

Betrieb:
Der Betriebsstrom der vier Komparatoren wird extern mit einem (oder zwei) Widerständen eingestellt, wobei der für den entsprechenden Anwendungsfall günstigste Kompromiss zwischen Verlustleistung und maximaler Flankensteilheit der Ausgangsspannung (slew rate) gewählt werden kann.
Der Programmierstrom Iset wird durch R_{set} zwischen U_{EE} und Pin 8 oder 9 bestimmt:

$$Iset(\mu A) = \frac{U_{CC} - U_{EE} - 1}{R_{set}\,(M\Omega)}$$

Werden Pin 8 und 9 miteinander verbunden, ist R_{set} für den gleichen Strom Iset auf die Hälfte zu verringern.
Die Anstiegsgeschwindigkeit (slew rate) beträgt:

$SR \approx 0.05\ I_{set}\ (V/\mu S)$,(I_{set} in µA)

Ein höherer I_{set} bewirkt eine kleinere Durchlauf-Verzögerung.

Anwendung:
Komparatoren, Schwellwertschalter etc.

Daten:	5V	10	V
Maximale Ausgangsspannung (I_{set} = 50µA, R_L = 100 kΩ an U_{EE})	4	9	V
Anstiegsgeschwindigkeit der Ausgangsspannung (I_{set} = 40µA)		2.5	V/µs

Hersteller:
MOT

4574 Vier programmierbare Komparatoren

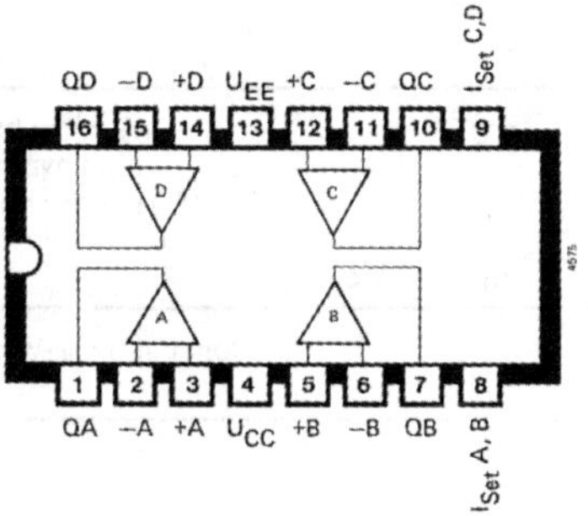

Einzelne Betriebsspannung: U_{CC} = 3.0 bis 15 V, U_{EE} = ⊥
Gesplittete Betriebsspannung: U_{CC} = U_{EE} = ±1.5 bis ±7.5 V

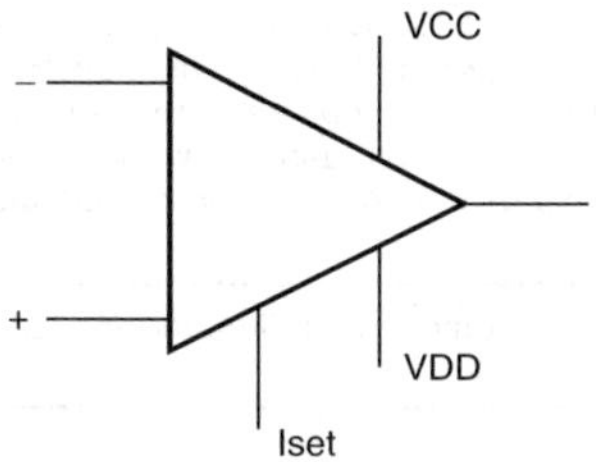

4575 Je 2 programmierbare Operationsverstärker/ Komparatoren

Fortsetzung :

Keine Wahrheitstabelle verfügbar

Beschreibung:
Dieser Baustein enthält je 2 programmierbare Operationsverstärker und Komparatoren.

Betrieb:
Die beiden programmierbaren Operationsverstärker dieses Bausteins entsprechen genau jenen des Bausteins 4573. Daher gilt hierfür sinngemäß die Beschreibung des Bausteins 4573 (siehe dort). Die beiden programmierbaren Komparatoren dieses Bausteins entsprechen genau jenen des Bausteins 4574 (siehe dort).

Hersteller:
MOT

4575 Je 2 programmierbare Operationsverstärker/Komparatoren

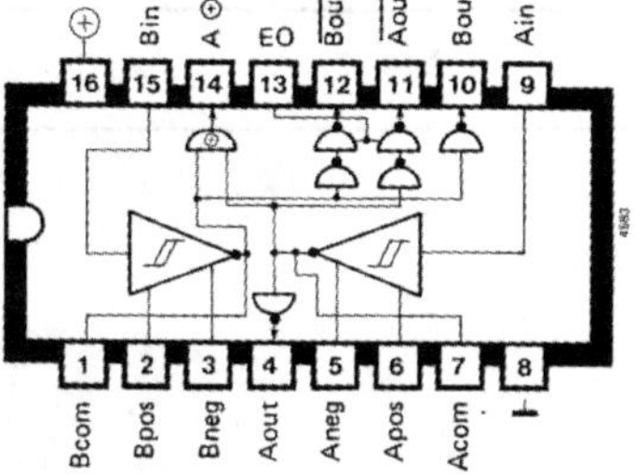

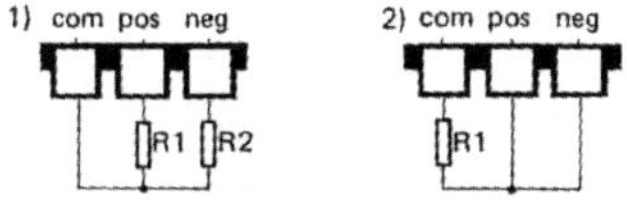

Unabhängige Schwellwert-Einstellung

Einstellung der Hysterese

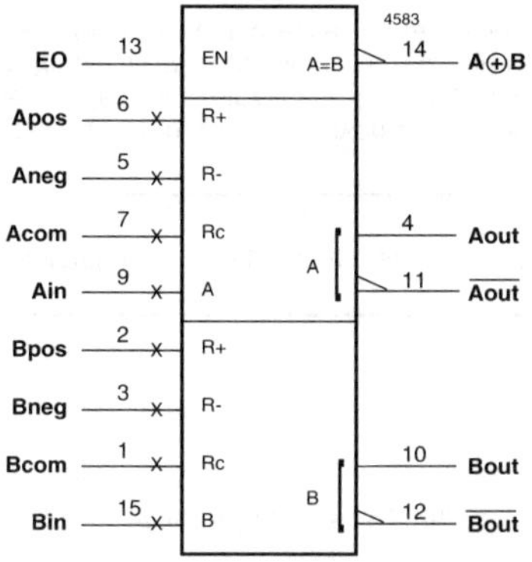

4583 Zwei einstellbare Schmitt-Trigger

Fortsetzung :

Eingänge A	B	EO	Ausgänge Aout	$\overline{\mathrm{A}}$out	Bout	$\overline{\mathrm{B}}$out	⊕
L	L	L	L	Z	L	Z	L
L	L	H	L	H	L	H	L
L	H	L	L	Z	H	Z	H
L	H	H	L	H	H	L	H
H	L	L	H	Z	L	Z	H
H	L	H	H	L	L	H	H
H	H	L	H	Z	H	Z	L
H	H	H	H	L	H	L	L

Beschreibung:
Dieser Baustein enthält 2 Schmitt-Trigger mit einstellbaren Schwellwerten (oder Hysterese), Tristate-Ausgängen sowie ein Exklusiv-NOR-Gatter.

Betrieb:
Bei den beiden Schmitt-Triggern lässt sich der obere (positive Anstiegsflanke der Eingangsspannung) und der untere Umschaltpunkt (abfallende Flanke der Eingangsspannung) mit R1 und R2 unabhängig voneinander einstellen. Für R1 = R2 = 1 kΩ und U_B=10V legen diese z.B. bei 60% bzw. 40% der Betriebsspannung (Anordnung 1). Die Hysterese beträgt z.B. (Anordnung 2) bei R1 = 1 kΩ und U_B = 5V gleich 1.5V
Beide Schmitt-Trigger liefern sowohl normale (Aout, Bout) als auch invertierte Ausgänge (Aout, Bout). Letztere lassen sich mit EO = Low in einen hochohmigen Zustand versetzen.
An Pin 14 (A ⊕ B) lässt sich die Exklusiv-NOR-Verknüpfung der beiden Eingänge A und B abnehmen (d.h. wenn ein Eingang High ist), jedoch nicht beide, wird der Ausgang Low sein. Sind beide Eingänge High oder beide Eingänge Low, so wird der Ausgang High sein.

Anwendung:
Schwellwertschalter, Versteuerung langsamer Anstiegsflanken von Eingangssignalen

Daten:	5V	10V	
Durchlauf-Verzögerung	75	160	ns

Hersteller:
HIT, MOT, TOS

4583 Zwei einstellbare Schmitt-Trigger

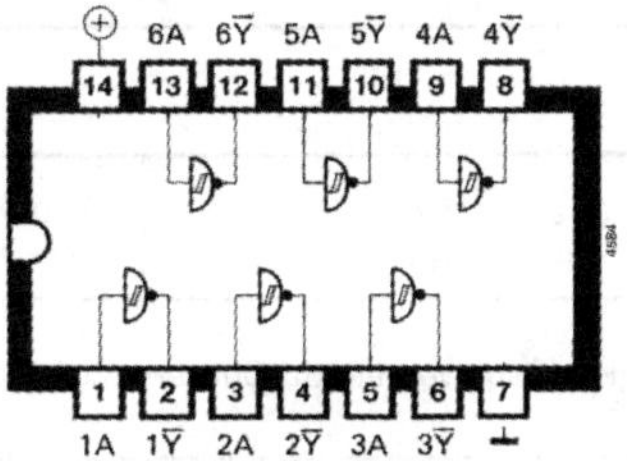

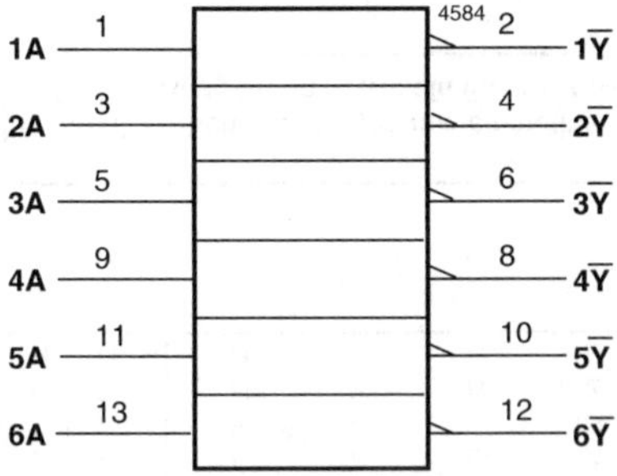

4584 | **Sechs Schmitt-Trigger (invertierend)**

Fortsetzung :

Eingang	Ausgang
A	$\overline{Y}$
H	L
L	H

Beschreibung:
Dieser Baustein enthält sechs getrennte invertierende Schmitt-Trigger-Schaltungen.

Betrieb:
Alle sechs Inverter können unabhängig voneinander verwendet werden.
Wenn auch dieser Baustein als gewöhnlicher Inverter eingesetzt werden kann, so macht doch die interne Hysteresis die Eingänge ideal für verrauschte oder sich langsam ändernde Eingangssignale. Er ist auch gut geeignet für Entprellen, Konditionieren von Kontakten, sowie in astabilen und monostabilen Schaltungen.
Wenn ein Eingang Low ist, wird der Ausgang High sein und umgekehrt.
Bei einer in positive Richtung gehenden Eingangsspannung wird sich der Ausgang bei 2.7V mit einer 5V-Betriebsspannung und bei 5.3V mit einer 10V-Betriebsspannung ändern.
Bei einer in negative Richtung gehenden Eingangsspannung wird sich der Ausgang dagegen erst bei 2.1V mit einer 5V-Betriebsspannung und bei 4.6V mit einer 10V-Betriebsspannung ändern.
Daher beträgt die Hysteresis, das "Totband", oder die Rauschunempfindlichkeit 0.6V bei einer 5V-Betriebsspannung und 0.7V bei einer 10V-Betriebsspannung.
Der 40014 und 40106 sind mit diesem Baustein pin- und funktions-kompatibel. Sie besitzen jedoch eine größere Hysterese.

Anwendung:
Inverter, Spannungs- und Impulsformer, Systeme mit stark verrauschten Signalen, monostabile Multivibratoren, astabile Multivibratoren, Schwellwert-Detektoren

Daten:	5V	10V	
Durchlauf-Verzögerung	200	90	ns
Hysteresis-Spannung	0.6	0.7	V
Stromaufnahme bei 1 MHz	0.3	0.6	mA

Hersteller:
HIT, MOT, NS, SSS, TOS

4584 — Sechs Schmitt-Trigger (invertierend)

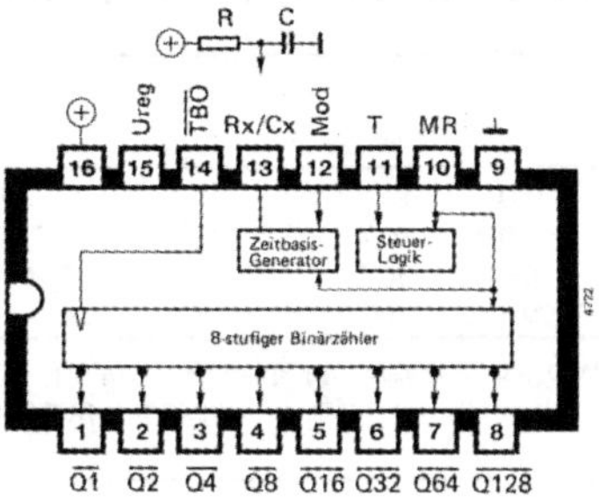

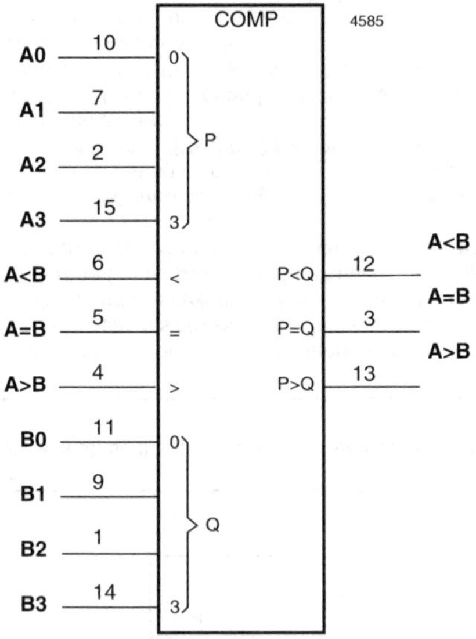

4585 4-Bit-Größen-Vergleicher

Fortsetzung :

Vergleichs-Eingänge				Kaskadier-Eingänge			Ausgänge		
A_3, B_3	A_2, B_2	A_1, B_1	A_0, B_0	A > B	A < B	A = B	A > B	A < B	A = B
$A_3 > B_3$	X	X	X	H	X	X	H	L	L
$A_3 < B_3$	X	X	X	X	X	X	L	H	L
$A_3 = B_3$	$A_2 > B_2$	X	X	H	X	X	H	L	L
$A_3 = B_3$	$A_2 < B_2$	X	X	X	X	X	L	H	L
$A_3 = B_3$	$A_2 = B_2$	$A_1 > B_1$	X	H	X	X	H	L	L
$A_3 = B_3$	$A_2 = B_2$	$A_1 < B_1$	X	X	X	X	L	H	L
$A_3 = B_3$	$A_2 = B_2$	$A_1 = B_1$	$A_0 > B_0$	H	X	X	H	L	L
$A_3 = B_3$	$A_2 = B_2$	$A_1 = B_1$	$A_0 < B_0$	X	X	X	L	H	L
$A_3 = B_3$	$A_2 = B_2$	$A_1 = B_1$	$A_0 = B_0$	X	L	H	L	L	H
$A_3 = B_3$	$A_2 = B_2$	$A_1 = B_1$	$A_0 = B_0$	H	L	L	H	L	L
$A_3 = B_3$	$A_2 = B_2$	$A_1 = B_1$	$A_0 = B_0$	X	H	L	L	H	L
$A_3 = B_3$	$A_2 = B_2$	$A_1 = B_1$	$A_0 = B_0$	X	H	H	L	H	H
$A_3 = B_3$	$A_2 = B_2$	$A_1 = B_1$	$A_0 = B_0$	L	L	L	L	L	L

Beschreibung:
Dieser Baustein vergleicht zwei 4-Bit-Binärworte und liefert Ausgangssignale, die anzeigen ob sie gleich sind oder welches größer ist.

Betrieb:
Bei normalem Betrieb wird Pin 5 an Masse gelegt und Pin 4 und 6 High gemacht. Das Wort A wird den Eingängen A0—A3 und das Wort B den Eingängen B0—B3 zugeführt, unter Verwendung positiver Logik. Wenn A = B, so geht Pin 3 auf High, und Pin 12 und 13 verbleiben auf Low.
Um mehr Bits kaskadieren zu können, werden die drei Ausgänge der ersten Bausteins mit den entsprechenden Eingängen des nächsten Bausteines verbunden usw. Der erste Baustein stellt dann die niedrigstwertigen Bits des Wortes dar. Hierbei muss beim Baustein in der niedrigstwertigen Stelle Pin 5 auf Low und Pin 4 und 6 auf High gelegt werden.
Der 4063 ist ein ähnlicher Baustein mit unterschiedlichen Anschlüssen.
Der 40085 ist mit diesem Baustein identisch.

Anwendung:
Steuerung von Servo-Motoren, Prozess-Steuerungen

Daten:	5V	10V	
Vergleichszeit	600	250	ns
Stromaufnahme bei 1 MHz	0.5	0.8	mA

Hersteller:
HIT, MOT, RCA, SGS, SSS, TOS, VA

4585 — 4-Bit-Größen-Vergleicher

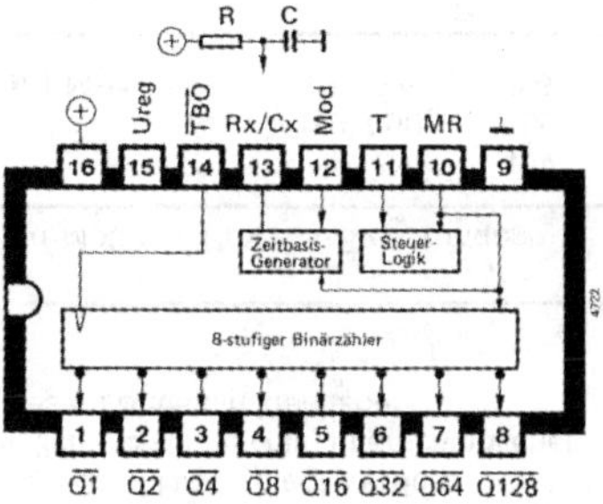

Kein IEEE-Symbol verfügbar

4722 Programmierbarer Zeitgeber/Zähler

Fortsetzung :

Keine Wahrheitstabelle verfügbar

Beschreibung:
Dieser Baustein enthält einen programmierbaren Zeitgeber, bestehend aus einem Oszillator und einem Zähler.

Betrieb:
Beim Anlegen der Betriebsspannung (ohne Signale an T = Trigger und MR = Master Reset) startet die Schaltung mit allen Ausgängen in einem hochohmigen (AUS)-Zustand.
Ein positiver Triggerimpuls an T initiiert den Zeitzyklus, gibt den Zähler fra-Kund setzt alle Zähler-Ausgänge auf Low. Der Zeitbasis-Generator erzeugt Steuerimpulse mit einer Periode von T = 1 x R.C (R an UB, C an Masse), die vom 8-stufigen Binärzähler gezählt werden. Dadurch sind Verzögerungszeiten von 1 x R.C bis 255 x R.C möglich. Mit einem positiven Impuls an MR lässt sich die Sequenz beenden.
Nach dem Triggern ist die Schaltung immun gegen weitere Triggerimpulse bis zum Ende des Taktzyklus. Die Länge eines Zyklus wird durch die Verbindung eines Pins (1—8) mit MR bestimmt. Ohne eine derartige Verbindung läuft die Schaltung nach einem Triggerimpuls frei.
Der Eingang Mod kann zur Synchronisation verwendet werden. TBO (Time Base Out) wird über einen Widerstand an Ureg gelegt. Dieser Pin kann auch als Eingang für ein externes Zeitsignal dienen, wobei die Triggerung an der negativen Flanke erfolgt.

Anwendung:
Verzögerungs-Schaltungen, Zeitgeber, Treppenspannungs-Generatoren, Sample-and-Hold-Schaltungen, A/D-Wandler

Daten:

Maximale Stromaufnahme eines Ausgangs	1.6	mA

Hersteller:
FA

4722	**Programmierbarer Zeitgeber/Zähler**

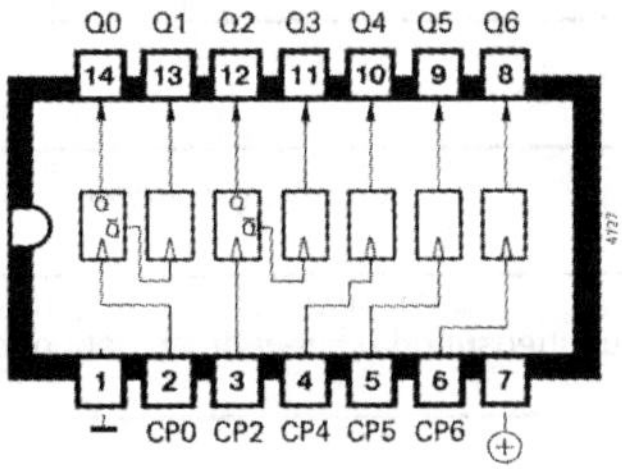

Kein IEEE-Symbol verfügbar

4727 | **7-stufiger Zähler**

Fortsetzung :

Keine Wahrheitstabelle verfügbar

Beschreibung:
Dieser Baustein enthält ein Paar 2-Bit-Zähler und drei 1-Bit-Zähler.

Betrieb:
Die beiden 2-Bit-Zähler besitzen je einen Takteingang (CP0 und CP2), sowie parallele Ausgänge (Q0 und Q1, Q2 und Q3). Die drei 1-Bit-Zähler haben die Takteingänge CP4, CP5 und CP6, sowie die Ausgänge Q4, Q5 und Q6.
Jeder Zähler wird bei einem LH-Übergang (positive Flanke) am entsprechenden Takteingang weitergeschaltet.
Alle sieben Stufen besitzen gepufferte Ausgänge.
Beachten Sie die ungewöhnliche Anordnung der Betriebsspannungs-Anschlüsse.
Mit zwölf 4727 lässt sich das gesamte Notenspektrum erfassen.

Anwendung:
Frequenz-Synthese in Musikanwendungen

Daten:	5V	10V	
Maximale Zählfrequenz	4	8	MHz
Durchlauf-Verzögerung	360	130	ns

Hersteller:
FA

4727	**7-stufiger Zähler**

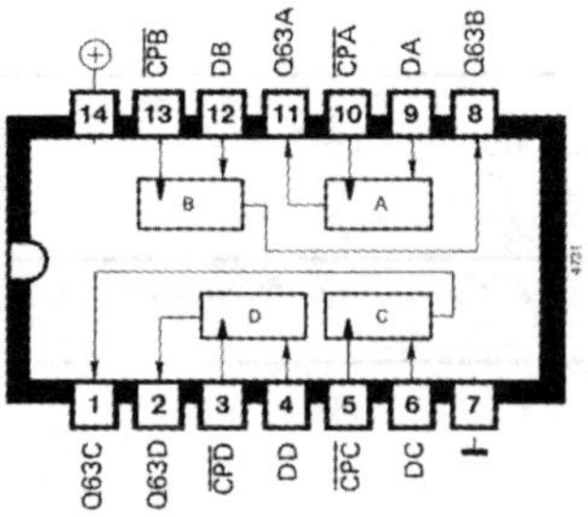

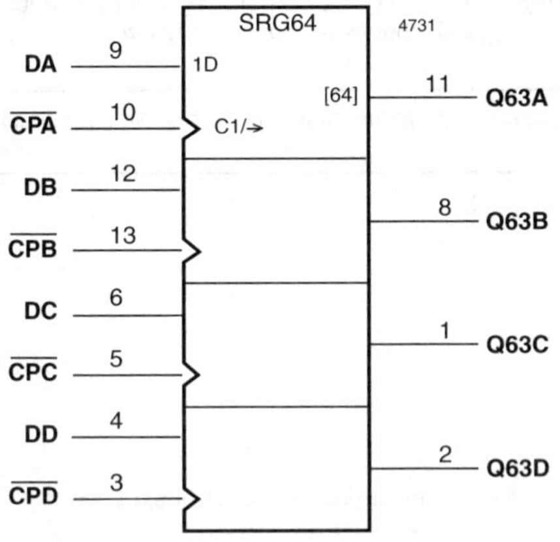

4731 Vier statische 64-Bit-Schieberegister

Fortsetzung :

Eingänge		Ausgänge
D	CP	Q
L	64x ⌐	L
H	64x ⌐	H

Beschreibung:
Dieser Baustein enthält vier 64-stufige Schieberegister mit getrennten Dateneingängen, Takteingängen und Ausgängen.

Betrieb:
Bei einem HL-Übergang an einem Takteingang (CP) werden die an den seriellen Dateneingängen (D) liegenden Informationen in die erste Registerposition, sowie alle im Register befindlichen Daten um eine Stelle nach rechts geschoben.
Gepufferte, niederohmige Ausgänge ermöglichen eine direkte Ansteuerung von TTL-Schaltungen.

Anwendung:
Schieberegister, digitale Verzögerungs-Schaltungen

Daten:

	5V	10V	
Maximale Taktfrequenz	4	8	MHz
(Valvo	6	16	MHz)
Durchlauf-Verzögerung CP → Q63	190	95	ns

Hersteller:
FA, VA

4731 Vier statische 64-Bit-Schieberegister

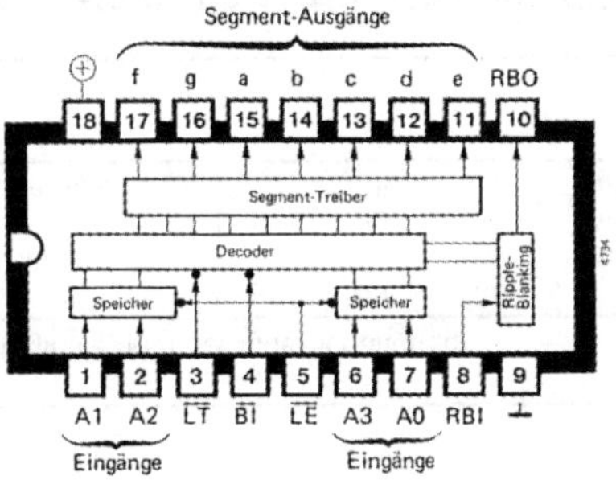

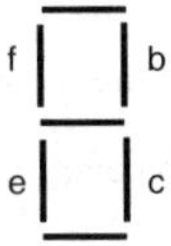

Resultierende Anzeige:

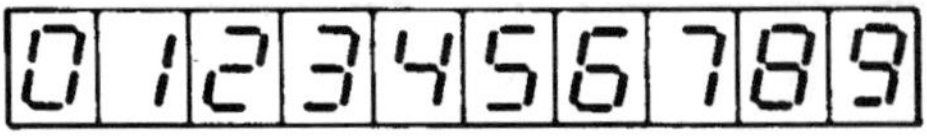

4734	BCD-zu-7-Segment-Decoder/Speicher und Treiber

Fortsetzung :

Eingänge							Ausgang
A3	A2	A1	A0	$\overline{LT}$	LE	$\overline{BI}$	Q*)
X	X	X	X	L	X	L	8
X	X	X	X	H	X	L	dunkel
X	X	X	X	H	H	H	Speichern
L	L	L	L	H	L	H	0
L	L	L	H	H	L	H	1
.	.	.	.	.	.	.	.
H	L	L	H	H	L	H	9
H	L	H	L	H	L	H	dunkel
.	.	.	.	.	.	.	.
H	H	H	H	H	L	H	dunkel

*) decodierte Ziffer, Segment-Ausg nge H

Beschreibung:
Dieser Baustein speichert eine 4-Bit-Binärzahl, wandelt sie in einen 7-Segment-Code um und liefert Strom für die LED-Anzeige (mit gemeinsamer Kathode).

Betrieb:
Wenn der Eingang Latch Enable ($\overline{LE}$) Low ist, wird der Zustand des Speichers durch die Daten an den Adressen-Eingängen (A0—A3) bestimmt. Geht $\overline{LE}$ auf High, werden diese Daten gespeichert.
Mit $\overline{LE}$ = Low, $\overline{BI}$ = High, $\overline{LT}$ = High und RBI = Low werden nunmehr die entsprechenden Segment-Ausgänge auf High geschaltet.
Legt man den Anschluss Lamp Test ($\overline{LT}$) auf Low, so sind alle Segment-Ausgänge High.
Mit $\overline{LT}$ auf High bringt ein Low am Austast-Eingang ($\overline{BI}$) alle Segment-Ausgänge auf Low, unabhängig von den anderen Eingangsbedingungen.
Der Blanking-Eingang ($\overline{BI}$) hat keinen Einfluss auf den Ripple-Blanking-Output (RBO). RBO wird High, wenn RBI High ist und der Speicher binär Null enthält. Mit LT High ist die Anzeige dunkel, wenn RBO High ist.
Bei ungültigen BCD-Codes wird die Anzeige dunkel gesteuert. Die einzelnen Segment-Ausgänge können bis zu 25mA Strom liefern. Daher sind gegebenenfalls Strombegrenzungs-Widerstände vorzusehen.

Anwendung:
Ansteuerung von 7-Segment-LED-Anzeigen

Daten:

Maximaler Strom je Segment-Ausgang	25	mA

Hersteller:
FA

4734 BCD-zu-7-Segment-Decoder/Speicher und Treiber

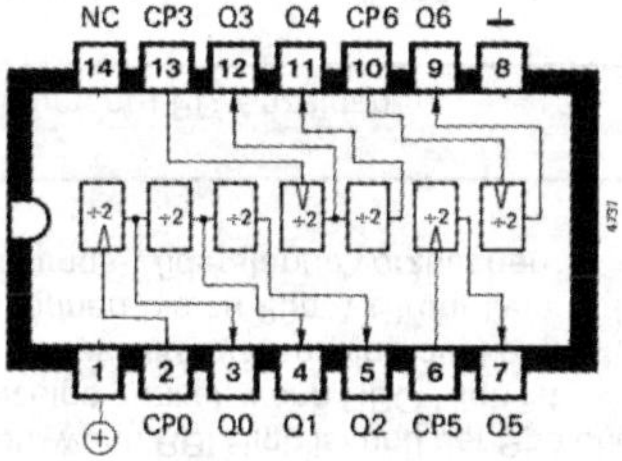

Kein IEEE-Symbol verfügbar

4737 (Fairchild) 7-stufiger Zähler

Fortsetzung :

Keine Wahrheitstabelle verfügbar

Beschreibung:
Dieser Baustein (Fairchild) enthält einen 3-Bit-Zähler, einen 2-Bit-Zähler sowie zwei 1-Bit-Zähler.

Betrieb:
Der 3-Bit-Zähler besitzt einen Takteingang (CP0), sowie 3 parallele Ausgänge (Q0—Q2). Der 2-Bit-Zähler hat einen Takteingang (CP3) und 2 parallele Ausgänge (Q3—Q4). Die zwei 1-Bit-Zähler besitzen die Takteingänge CP5 und CP6, sowie die Ausgänge Q5 und Q6.
Jeder Zähler wird bei einem LH-Übergang (positive Flanke) am entsprechenden Takteingang weitergeschaltet.
Alle 7 Stufen besitzen gepufferte Ausgänge. Beachten Sie die ungewöhnliche Anordnung der Betriebsspannungs-Anschlüsse.
Mit zwölf 4737 lässt sich das gesamte Notenspektrum erfassen.

Anwendung:
Frequenz-Synthese in Musikanwendungen

Daten:

	5V	10 V	
Maximale Zählfrequenz	4	8	MHz
Durchlauf-Verzögerung	360	130	ns

Hersteller:
FA

4737 (Fairchild) 7-stufiger Zähler

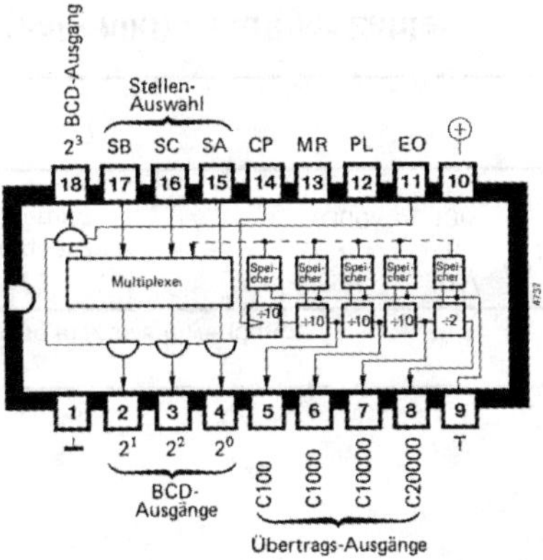

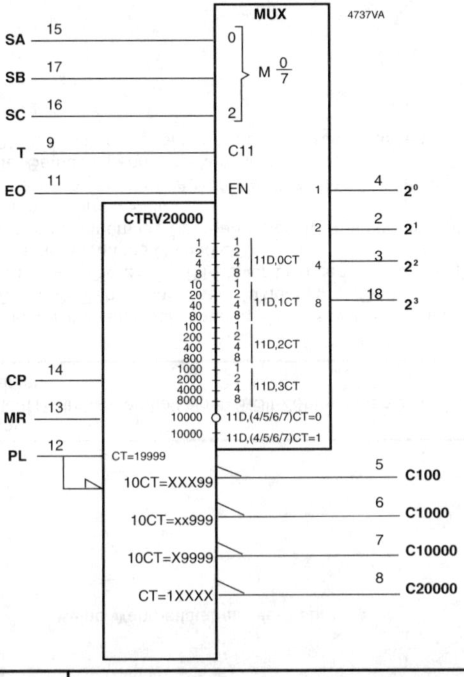

HEF4737 **(Valvo) 4-stelliger Dekaden-Zähler**

Fortsetzung :

Eingänge								Funktion
MR	PL	T	EO	CP	SC	SB	SA	
H	X	X	X	X	X	X	X	Reset
L	H	X	X	X	X	X	X	Voreinstellung auf 19999
L	L	H	X	X	X	X	X	Transfer Teiler zu Speicher
L	L	X	L	X	X	X	X	Alle Ausgänge hochohmig
L	L	X	X	⌐	X	X	X	Zählung

Beschreibung:
Der Baustein 4737 (Valvo) enthält einen vierstufigen dekadischen Zähler mit gemultiplextem BCD-Ausgang.

Betrieb:
Das zu zählende Signal wird Pin 14 (CP) zugeführt. Der Inhalt des Zählers wird bei einem LH-Übergang (positive Flanke) des Taktes weitergestellt.
Der Anschluss MR (Master Reset) ist normalerweise Low. Ein High an diesem Pin setzt den gesamten Zähler asynchron auf Null. Ähnliches gilt für den Anschluss PL (Preset). Ein High an diesem Pin setzt den Zähler auf 19999.
Ein High am Anschluss T (Transfer) bringt den Zählerstand in die Speicher.
Mit einem High am Anschluss EO (Enable Output) können die Informationen aus den Speichern über den Multiplexer ausgegeben werden. Ein Low macht die BCD-Ausgänge hochohmig.
Die Auswahl der Stellen erfolgt extern über die Eingänge SA—SC.
Z.B. wählt LLL (SA, SB, SC) die erste niedrigwertige Stelle, HHL die vierte, und XXH die fünfte (höchstwertige) Stelle an. Die Überträge sind getrennt verfügbar, mit Ausnahme des der ersten Dekade. Wenn z.B. der Inhalt der beiden ersten Dekaden je 9 ist, so ist C100 Low, und geht beim nächsten Takt auf High etc.
Der Ausgang der Zähler liegt im BCD-Format vor (positive Logik) und entspricht dem Inhalt des jeweils angewählten Speichers.

Anwendung:
Zähler, Frequenzmesser, Digitalvoltmeter etc.

Daten:

	5V	10V	
Maximale Taktfrequenz	3	10	MHz

Hersteller:
VA

HEF4737 (Valvo) 4-stelliger Dekaden-Zähler

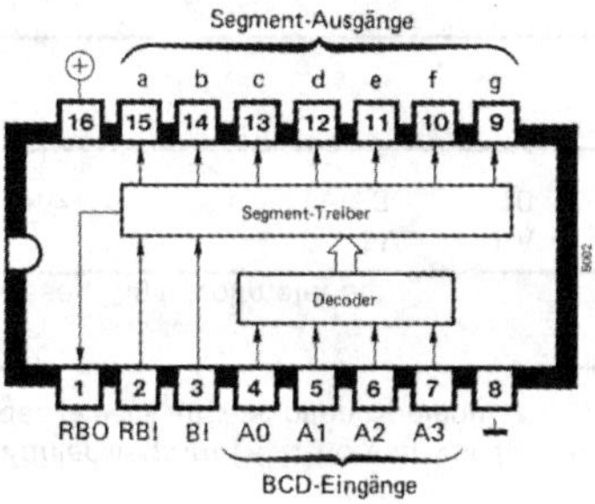

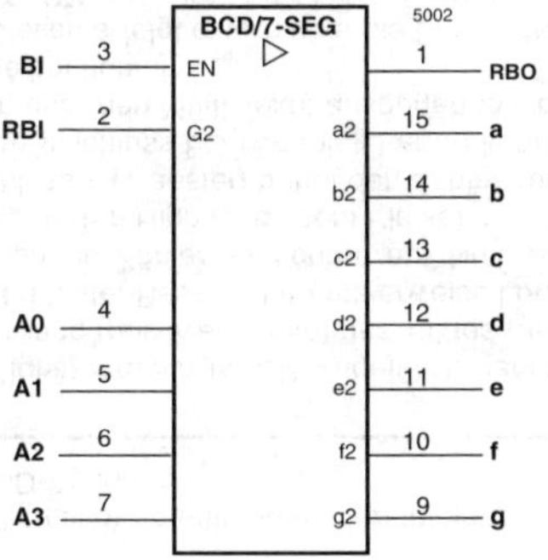

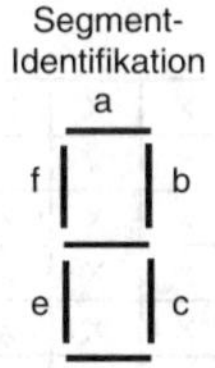

5002 BCD-zu-7-Segment-Decoder/Treiber

Fortsetzung :

Eingänge						Ausgänge	
BI	RBO	A0	A1	A2	A3	RBO	Anzeige
H	X	X	X	X	X	X	dunkel
L	H	L	L	L	L	H	dunkel
L	L	L	L	L	L	L	0
L	X	H	L	L	L	L	1
L	X	L	H	L	L	L	2
L	X	H	H	L	L	L	3
L	X	L	L	H	L	L	4
L	X	H	L	H	L	L	5
L	X	L	H	H	L	L	6
L	X	H	H	H	L	L	7
L	X	L	L	L	H	L	8
L	X	H	L	L	H	L	9
L	X	L	H	L	H	L	0
L	X	H	H	L	H	L	1
L	X	L	L	H	H	L	2
L	X	H	L	H	H	L	3
L	X	L	H	H	H	L	4
L	X	H	H	H	H	L	5

Beschreibung:
Dieser Baustein decodiert einen BCD-Code und liefert die Ströme zur Ansteuerung einer 7-Segment-LED-Anzeige mit gemeinsamer Kathode. Er enthält keinen Speicher.

Betrieb:
Im Normalbetrieb ist der Eingang BI (Blanking Input) Low. Wird er auf High gelegt, so werden alle Segment-Ausgänge Low, unabhängig vom Zustand der übrigen Eingänge. Über diesen Eingang ist daher eine Helligkeitsregelung mittels einer Impulsbreiten-Modulation möglich.
Ein BCD-Code an den Eingängen A0—A3 wird decodiert und kann zur Ansteuerung von 7-Segment-Anzeigen verwendet werden. Der Strom durch die einzelnen Segmente sollte mit Widerständen auf ca. 20mA begrenzt werden.
RBO (Ripple Blanking Output) und RBI (Ripple Blanking Input) können zum Ausblenden führender Nullen bei mehrstelligen Anzeigen dienen. Hierbei wird RBI der 1. Stelle (rechts) auf Low gelegt und RBO mit RBI der nächsten links stehenden Stufe verbunden, usw.
Interessant ist bei diesem Baustein die Decodierung von an sich unzulässigen BCD-Codes (hexadezimal A—F). Während bei den meisten anderen BCD-Decodern die Anzeige dunkel getastet wird, ergibt der Eingangscode HLHL eine Anzeige von 0, ferner HLHH = 1, HHLL = 2, HHLH = 3, HHHL = 4 und HHHH = 5.
Bei diesem Baustein wird die 6 ohne oberen Balken (Segment a), die 7 ohne Segment f und die 9 ohne Segment d dargestellt.
Der 5022 ist ein ähnlicher Baustein mit einer anderen Darstellung der 6, 7 und 9.

Anwendung:
Decodierung und Ansteuerung von 7-Segment-LED-Anzeigen

Daten:
Maximaler Strom je Segment 25 mA

Hersteller:
TOS

5002 BCD-zu-7-Segment-Decoder/Treiber

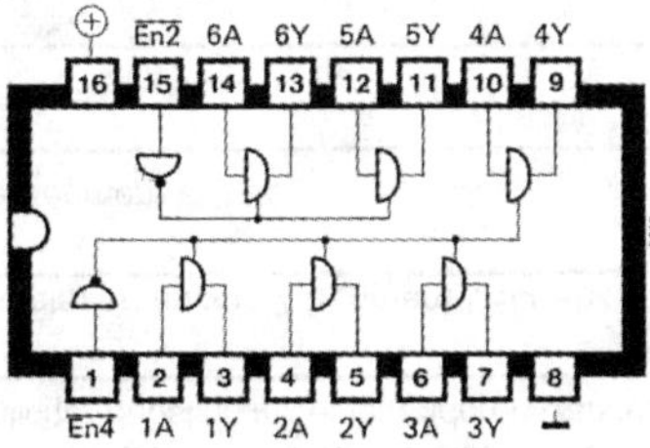

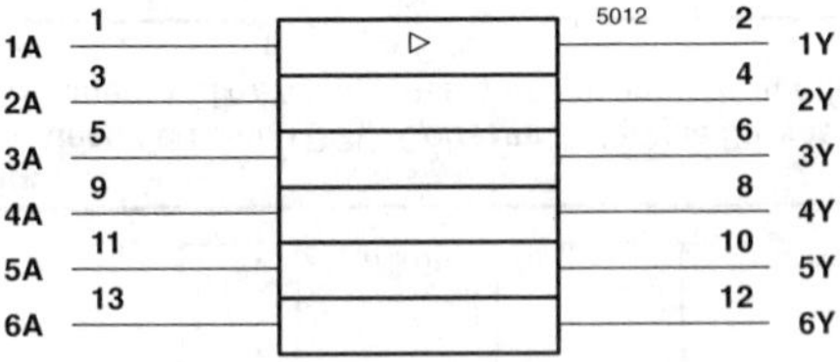

5012	**Sechs nicht-invertierende Puffer (TS)**

Fortsetzung :

Eingänge A	Eingänge $\overline{En}$	Ausgang Y
L	L	L
H	L	H
X	H	Z

Beschreibung:
Dieser Baustein enthält sechs nicht-invertierende Puffer mit Tristate-Ausgängen, die in eine Gruppe von zwei und eine Gruppe von vier für gemeinsame Ausgangs-Freigabe angeordnet sind.

Betrieb:
Unter der Voraussetzung, dass die beiden Anschlüsse $\overline{En4}$ und $\overline{En2}$ Low sind, ergibt ein Low an jedem Puffer-Eingang ein Low am entsprechenden Ausgang, ein High am Eingang ein High am Ausgang.
Wird $\overline{En4}$ oder $\overline{En5}$ auf High gelegt, so gehen die Ausgänge der zugehörigen Puffer in den hochohmigen Zustand über, unabhängig vom Zustand der Puffer-Eingänge.
Die Ausgänge können zwei normale TTL-Lasten oder sechs LS TTL-Lasten treiben.

Anwendung:
Tristate-Puffer für Anwendungen in Bus-Systemen

Daten:	5V	10V	
Durchlauf-Verzögerung	280	130	ns
Maximaler Ausgangsstrom (High)	–1.25	–1.25	mA
Maximaler Ausgangsstrom (Low)	3.2	5.0	mA

Hersteller:
TOS

5012 Sechs nicht-invertierende Puffer (TS)

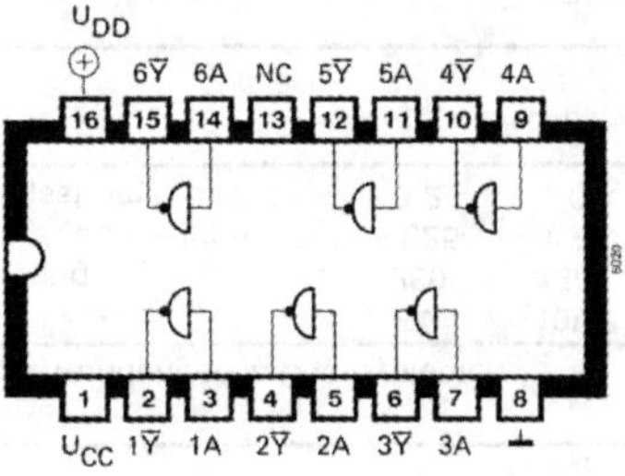

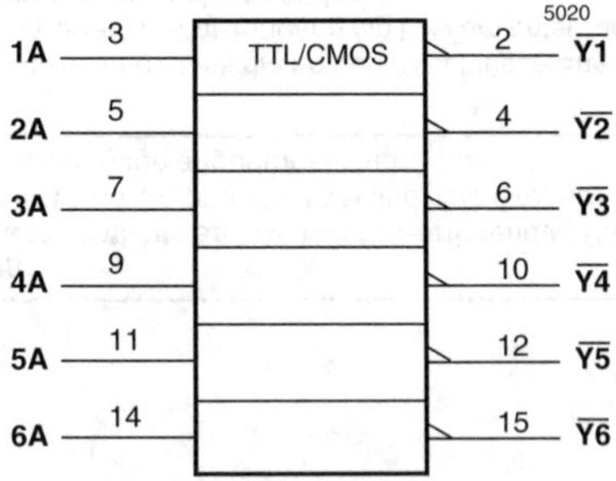

5020 Sechs invertierende Pegelwandler

Fortsetzung :

Eingang	Ausgang
A	$\overline{Y}$
H	L
L	H

Beschreibung:
Dieser Baustein enthält sechs invertierende Puffer, die für eine Pegelwandlung von niedrigen zu höheren Pegeln eingerichtet sind.

Betrieb:
Normalerweise wird U_{CC} mit der niedrigen Betriebsspannung (z.B. 5V für TTL) verbunden und U_{DD} mit der höheren Betriebsspannung.
Damit ist eine Pegelwandlung von Systemen mit niedrigen Logikpegeln zu Systemen mit höheren Logikpegeln möglich.
Für eine Verwendung als normale invertierende Puffer kann natürlich U_{CC} und U_{DD} miteinander verbunden werden.
Da die Puffer invertierend sind, erscheint ein Low am Eingang als High am Ausgang und umgekehrt.

Anwendung:
Pegelwandler, insbesondere von niedrigen zu höheren Logikpegeln

Daten:	5V	10V	
Ausgangs-Anstiegszeit	130	65	ns
Ausgangs-Abfallzeit	100	50	ns
Durchlauf-Verzögerung	800	33	ns
Maximaler Ausgangsstrom (High)	–0.16	–0.4	mA
Maximaler Ausgangsstrom (Low)	0.44	1.1	mA

Hersteller:
TOS

5020 Sechs invertierende Pegelwandler

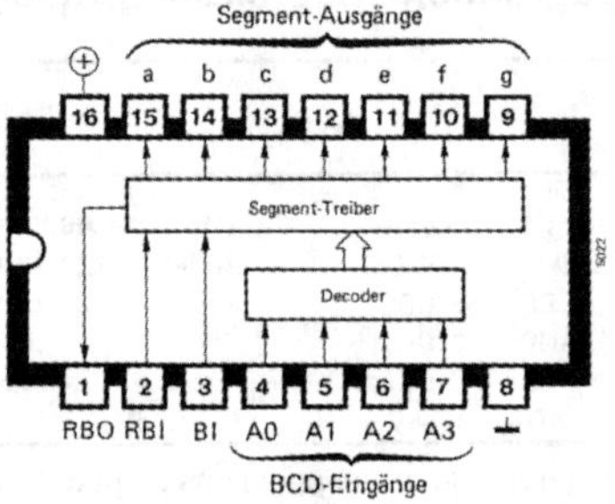

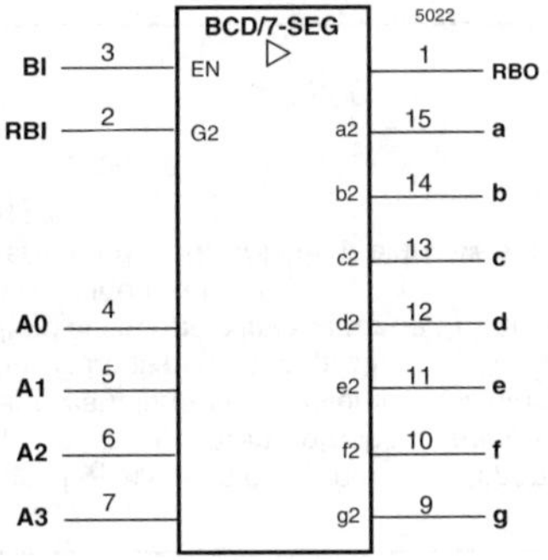

Eingänge						Ausgänge	
BI	RBO	A0	A1	A2	A3	RBO	Anzeige
H	X	X	X	X	X	X	dunkel
L	H	L	L	L	L	H	dunkel
L	L	L	L	L	L	L	0
L	X	H	L	L	L	L	1
L	X	L	H	L	L	L	2
L	X	H	H	L	L	L	3
L	X	L	L	H	L	L	4
L	X	H	L	H	L	L	5
L	X	L	H	H	L	L	6
L	X	H	H	H	L	L	7
L	X	L	L	L	H	L	8
L	X	H	L	L	H	L	9
L	X	L	H	L	H	L	0
L	X	H	H	L	H	L	1
L	X	L	L	H	H	L	2
L	X	H	L	H	H	L	3
L	X	L	H	H	H	L	4
L	X	H	H	H	H	L	5

Segment-Identifikation

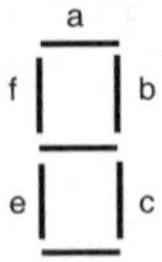

5022 BCD-zu-7-Segment-Decoder/Treiber

Fortsetzung :

Resultierende Anzeige:

Beschreibung:

Dieser Baustein decodiert einen BCD-Code und liefert die Ströme zur Ansteuerung einer 7-Segment-LED-Anzeige mit gemeinsamer Kathode. Er enthält keinen Speicher.

Betrieb:

Im Normalbetrieb ist der Eingang BI (Blanking Input) Low. Wird cr auf High gelegt, so werden alle Segment-Ausgänge Low, unabhängig vom Zustand der übrigen Eingänge.

Über diesen Eingang ist daher eine Helligkeitsregelung mittels einer Impulsbreiten-Modulation möglich.

Ein BCD-Code an den Eingängen A0—A3 wird decodiert und kann zur Ansteuerung von 7-Segment-Anzeigen verwendet werden. Der Strom durch die einzelnen Segmente sollte mit Widerständen auf ca. 20mA begrenzt werden.

RBO (Ripple Blanking Output) und RBI (Ripple Blanking Input) können zum Ausblenden führender Nullen bei mehrstelligen Anzeigen dienen. Hierbei wird RBI der 1. Stelle (rechts) auf Low gelegt und RBO mit RBI der nächsten links stehenden Stufe verbunden, usw.

Interessant ist bei diesem Baustein die Decodierung von an sich unzulässigen BCD-Codes (hexadezimal A-F). Während bei den meisten anderen BCD-Decodern die Anzeige dunkel getastet wird, ergibt der Eingangscode HLHL eine Anzeige von 0, ferner HLHH = 1, HHLL = 2, HHLH = 3, HHHL = 4 und HHHH = 5.

Bei diesem Baustein wird die 6 mit oberem Balken (Segment a), die 7 mit Segment f und die 9 mit Segment d dargestellt.

Der 5002 ist ein ähnlicher Baustein mit einer anderen Darstellung der 6, 7 und 9.

Anwendung:

Decodierung und Ansteuerung von 7-Segment-LED-Anzeigen

Daten:

Maximaler Strom je Segment	25	mA

Hersteller:

TOS

5022 BCD-zu-7-Segment-Decoder/Treiber

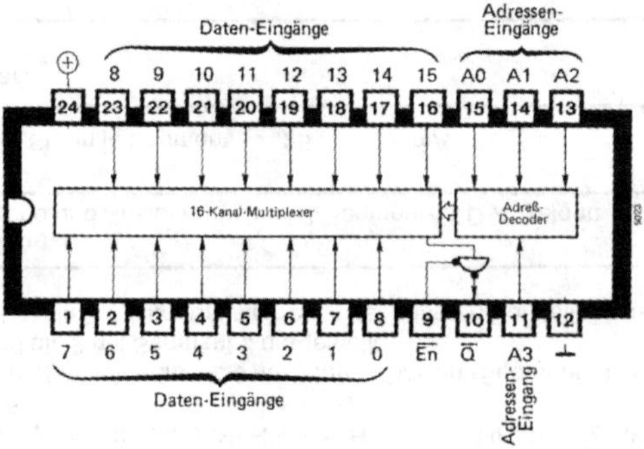

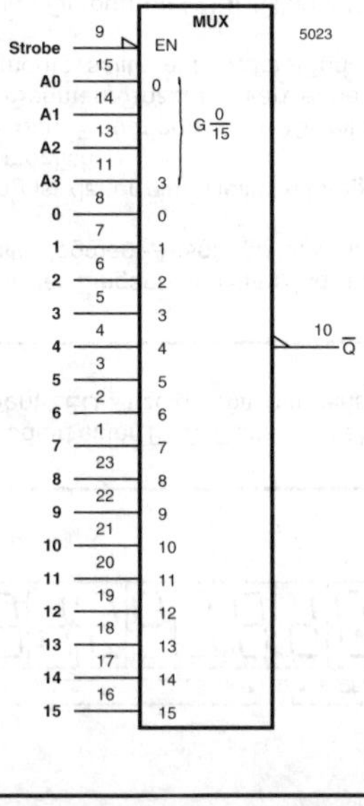

5023 Datenselektor/Multiplexer, 1-aus-16, (invertierend)

Fortsetzung :

Eingänge A3	A2	A1	A0	$\overline{En}$	Ausgewählter Eingang
L	L	L	L	L	$\overline{0}$
L	L	L	H	L	$\overline{1}$
L	L	H	L	L	$\overline{2}$
L	L	H	H	L	$\overline{3}$
L	H	L	L	L	$\overline{4}$
L	H	L	H	L	$\overline{5}$
L	H	H	L	L	$\overline{6}$
L	H	H	H	L	$\overline{7}$
H	L	L	L	L	$\overline{8}$
H	L	L	H	L	$\overline{9}$
H	L	H	L	L	$\overline{10}$
H	L	H	H	L	$\overline{11}$
H	H	L	L	L	$\overline{12}$
H	H	L	H	L	$\overline{13}$
H	H	H	L	L	$\overline{14}$
H	H	H	H	L	$\overline{15}$
X	X	X	X	H	$\overline{Q}$ = H

Beschreibung:
Dieser Baustein enthält einen Datenselektor, der eines aus 16 Eingangssignalen mittels einer 4-Bit-Binäradresse auswählt.

Betrieb:
Der gewünschte Eingang (0—15) wird mittels der Binäradresse an den Adresseneingängen (A0—A3) ausgewählt. Das Signal am angewählten Eingang erscheint in invertierter Form an Ausgang $\overline{Q}$.
Im Normalbetrieb wird der Freigabe-Eingang $\overline{En}$ (Enable) auf Low gelegt. Macht man $\overline{En}$ High, so wird der Ausgang $\overline{Q}$ High, unabhängig vomZustand der anderen Eingänge. Es können keine Analog-Signale, sondern nur digitale Signale übertragen werden.

Anwendung:
Multiplexen, Adressen-Decodierung, Hexadezimal/BCD-Decodierung etc.

Daten:

	5V	10V	
Auswahlzeit	650	260	ns

Hersteller:
TOS

5023 Datenselektor/Multiplexer, 1-aus-16, (invertierend)

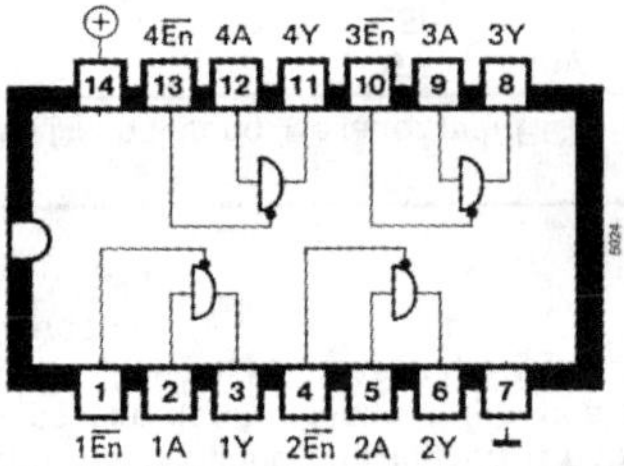

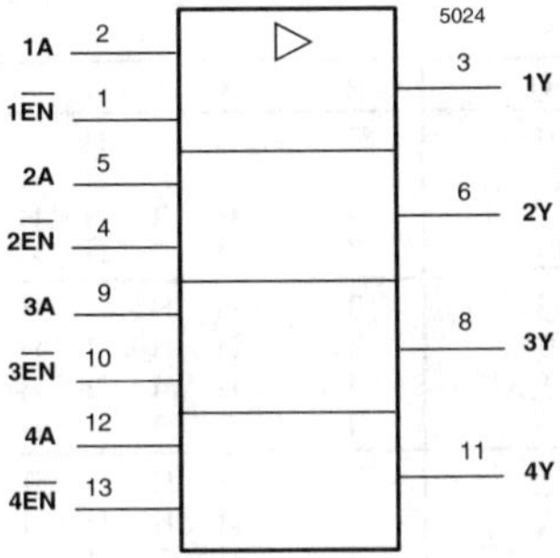

5024 | **Vier nicht-invertierende Puffer (TS)**

Fortsetzung :

Eingänge A	Eingänge $\overline{En}$	Ausgang Y
L	L	L
H	L	H
X	H	Z

Beschreibung:
Dieser Baustein enthält vier nicht invertierende Puffer mit voneinander unabhängigen Tristate-Steuerungen.

Betrieb:
Alle vier Puffer können unabhängig voneinander verwendet werden. Im Normalbetrieb sind die vier Eingänge $\overline{En}$ (Enable) Low. Dann ergibt ein Low an einem Eingang eines Puffers ein Low am Ausgang, ein High am Eingang ein High am Ausgang.
Wird einer der $\overline{En}$-Eingänge auf High gelegt, so geht der Ausgang des zugehörigen Puffers in den hochohmigen Zustand über, unabhängig vom Pegel am Eingang dieses Puffers.
Ein Puffer kann eine normale TTL-Last oder zwei LS TTL-Lasten treiben.
Der 5025 ist ein ähnlicher Baustein mit En = aktiv High.

Anwendung:
Tristate-Puffer für Interface an Systembus-Leitungen, Multiplexen etc.

Daten:	5V	10V	
Durchlauf-Verzögerung	300	150	ns
Ausgangs-Anstiegszeit	130	65	ns
Ausgangs-Abf allzeit	100	50	ns
Maximaler Ausgangsstrom (High)	–1.25	–1.25	mA
Maximaler Ausgangsstrom (Low)	3.2	5.0	mA

Hersteller:
TOS

5024 Vier nicht-invertierende Puffer (TS)

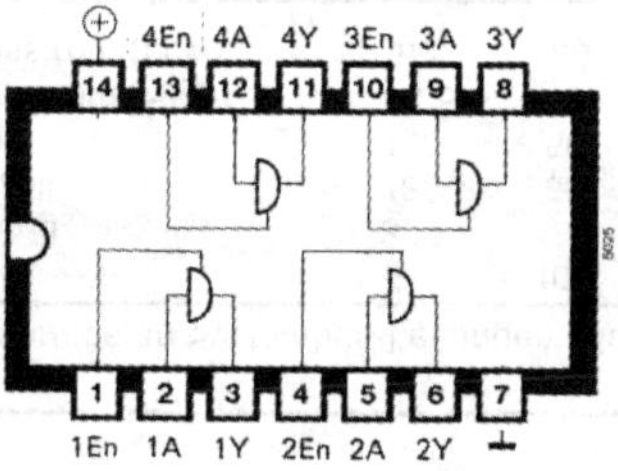

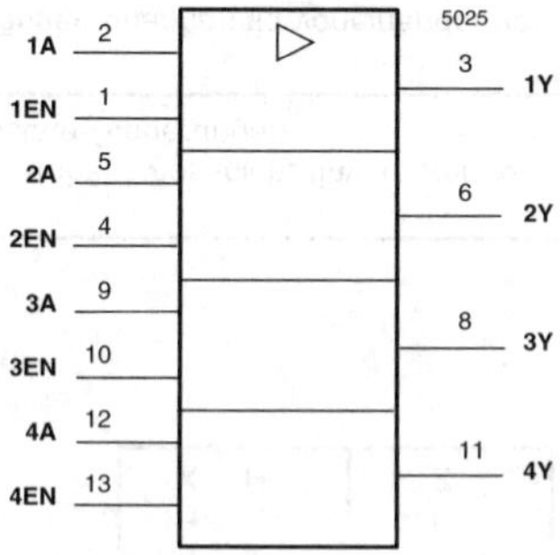

5025 Vier nicht-invertierende Puffer (TS)

Fortsetzung :

Eingänge A	Eingänge En	Ausgang Y
L	H	L
H	H	H
X	L	Z

Beschreibung:
Dieser Baustein enthält vier nicht-invertierende Puffer mit voneinander unabhängigen Tristate-Steuerungen.

Betrieb:
Alle vier Puffer können unabhängig voneinander verwendet werden. Im Normalbetrieb sind die vier Eingänge En (Enable) High. Dann ergibt ein Low an einem Eingang eines Puffers ein Low am Ausgang, ein High am Eingang ein High am Ausgang.
Wird einer der En-Eingänge auf Low gelegt, so geht der Ausgang des zugehörigen Puffers in den hochohmigen Zustand über, unabhängig vom Pegel am Eingang dieses Puffers.
Ein Puffer kann eine normale TTL-Last oder zwei LS TTL-Lasten treiben.
Der 5024 ist ein ähnlicher Baustein mit $\overline{En}$ = aktiv Low.

Anwendung:
Tristate-Puffer für Interface an Systembus-Leitungen, Multiplexen etc.

Daten:	5V	10V	
Durchlauf-Verzögerung	300	150	ns
Ausgangs-Anstiegszeit	130	65	ns
Ausgangs-Abfallzeit	100	50	ns
Maximaler Ausgangsstrom (High)	–1.25	–1.25	mA
Maximaler Ausgangsstrom (Low)	3.2	5.0	mA

Hersteller:
TOS

5025 Vier nicht-invertierende Puffer (TS)

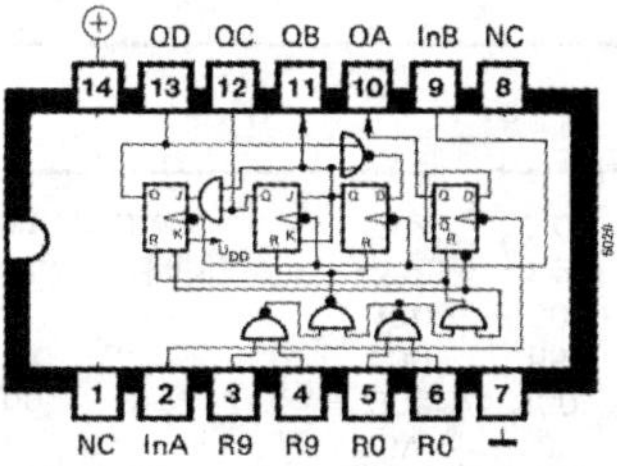

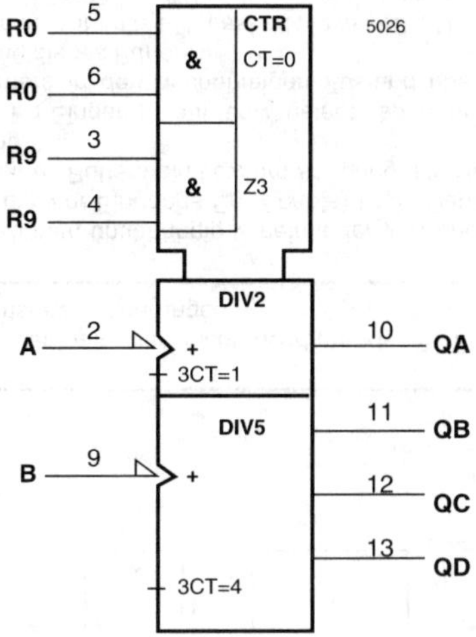

5026 | **Dekadischer Aufwärtszähler**

Fortsetzung :

Eingänge					Ausgänge			
InA, InB	R0(1)	R0(2)	R9(1)	R9(2)	Q3	Q2	Q1	Q0
X	H	H	L	X	L	L	L	L
X	H	H	X	L	L	L	L	L
X	X	X	H	H	H	L	L	H
‾_	X	L	X	L	Zählung			
‾_	L	X	L	X	Zählung			
‾_	L	X	X	L	Zählung			
‾_	X	L	L	X	Zählung			

Quinär-Zählung

Zählung Nr.	Ausgänge		
	Q3	Q2	Q1
0	L	L	L
1	L	L	H
2	L	H	L
3	L	H	H
4	H	L	L

Beschreibung:
Es handelt sich bei diesem Baustein um einen dekadischen Aufwärtszähler, der zwei Reset-Funktionen besitzt und als Quinär- oder Dezimal-Zähler verwendet werden kann.

Betrieb:
Wenn beide Eingänge R0 (Reset 0) auf High gelegt werden, so wird der Inhalt des Zählers unabhängig vom Takt auf 0 gesetzt. Werden die beiden Eingänge R9 (Reset 9) auf High gelegt, so wird der Zähler auf 9 gesetzt.
Mit je einem Eingang R0 und R9 auf Low (der jeweils andere Eingang R0 und R9 beliebig) wird der Zähler bei der negativen Flanke des Taktes (HL-Übergang) weitergestellt.
Soll der Zähler als Quinär-Zähler verwendet werden, so wird der Takt dem Eingang InB zugeführt. Die Zählung von 0—4 erscheint kann in binärer Form an den Ausgängen Q3, Q2 und Q1.
Soll der Zähler als Dezimal-Zähler dienen, so wird InB mit Q0 verbunden und der Takt dem Eingang InA zugeführt. Die Zählung 0—9 erscheint dann binär codiert an den Ausgängen Q0—Q3.

Anwendung:
Realisierung von Quinär- und Dezimalzählern oder Teilern

Daten:	5V	10V	
Maximale Zählfrequenz	1.2	2.5	MHz

Hersteller:
TOS

5026 Dekadischer Aufwärtszähler

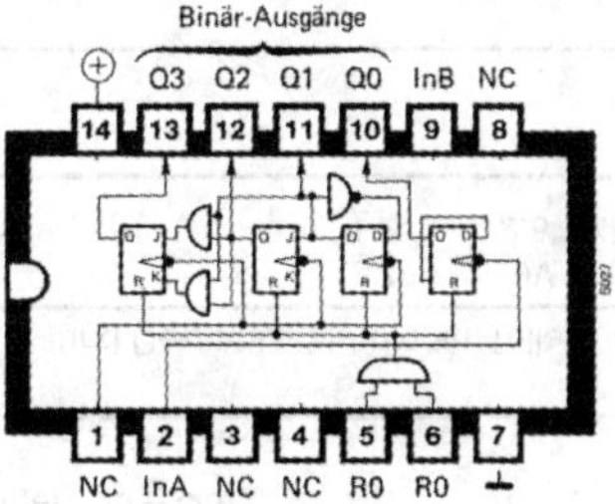

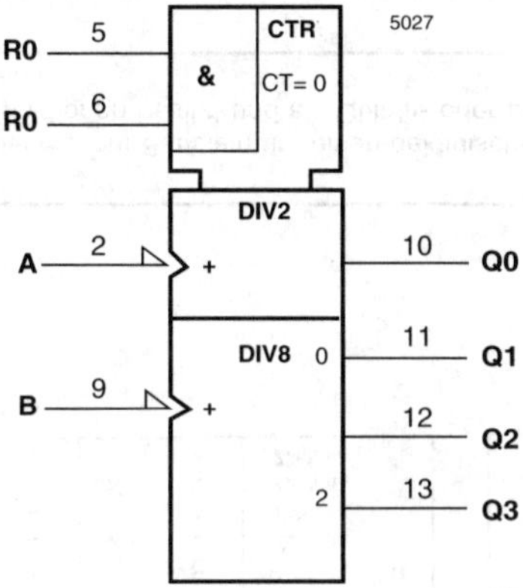

5027 Binärer Aufwärtszähler

Fortsetzung :

Eingänge			Ausgänge			
InA InB	R0(1)	R0(2)	Q3	Q2	Q1	Q0
X	H	H	L	L	L	L
⌝_	L	X	Zählung			
⌝_	X	L	Zählung			

Beschreibung:
Es handelt sich bei diesem Baustein um einen binären 4-Bit-Aufwärtszähler. Durch eine getrennte Zuführung des Taktes für die erste und für die zweite bis vierte Stufe lässt sich der Baustein als binärer, oktaler oder hexadezimaler Zähler/Teiler einsetzen.

Betrieb:
Wenn beide Reset-Eingänge R0 auf High gelegt werden, so wird der Zähler unabhängig vom Takt auf 0 gesetzt.
Ist einer oder sind beide Reset-Eingänge R0 Low, so kann der Zähler mit der negativen Taktflanke (HL-Übergang) weitergestellt werden. Wenn der Baustein als Oktalzähler verwendet werden soll, ist der Takt dem Eingang InB zuzuführen. 0—7 erscheint dann decodiert im Binärcode an den Ausgängen Q3, Q2 und Q1.
Soll der Baustein hexadezimal zählen, ist InB mit Q0 zu verbinden und der Takt dem Eingang InA zuzuführen. Die Zählung 0—15 erscheint dann binär codiert an den Ausgängen Q0—Q3.

Anwendung:
Realisierung von Binär-, Oktal- und Hexadezimal-Zählern oder Teilern

Daten:

	5V	10V	
Maximale Zählfrequenz	2.5	3.2	MHz

Hersteller:
TOS

5027 Binärer Aufwärtszähler

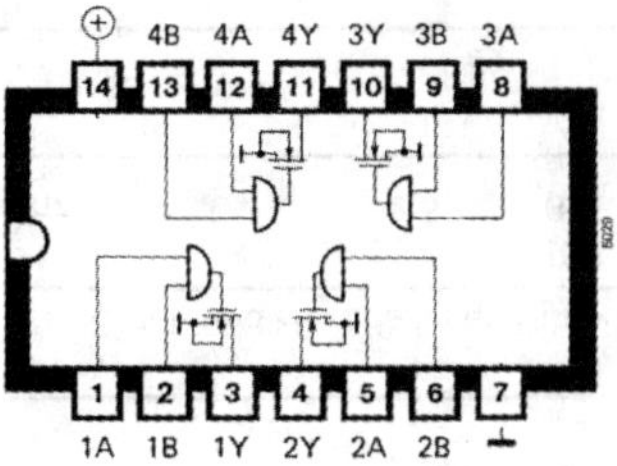

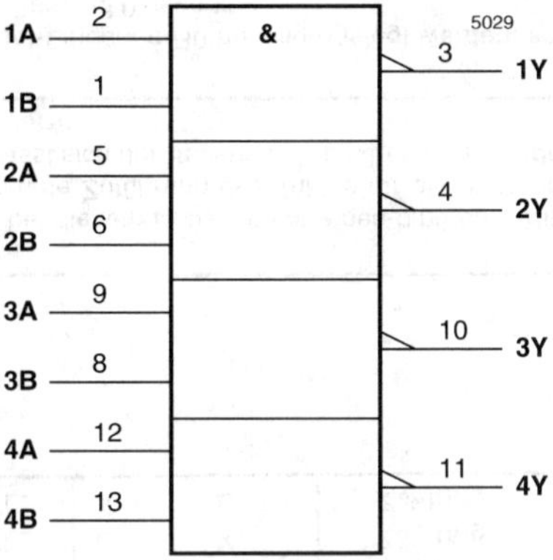

5029 | **Vier NAND-Gatter mit je 2 Eingängen und Ausgang mit offenem Drain**

Fortsetzung :

Eingänge A	Eingänge B	Ausgang Y
L	L	Z
H	L	Z
L	H	Z
H	H	L

Beschreibung:
Dieser Baustein enthält vier NAND-Gatter mit je 2 Eingängen und einem Ausgang mit offenem Drain (N-Kanal).

Betrieb:
Wenn einer der beiden Eingänge eines Gatters Low ist, oder beide Eingänge Low sind, geht der Ausgang in einen hochohmigen Zustand.
Sind beide Eingänge High, so geht der Ausgang auf Low.
Da die Drain-Spannung des Ausgangs-Transistors bis 26V garantiert ist, lässt sich dieser Baustein für zahlreiche Anwendungen wie Pegelwandler und Treiber verwenden, wobei auch eine Wired-OR-Anordnung leicht zu verwirklichen ist.

Anwendung:
Pegelwandler und Treiber etc.

Daten:

Maximale Ausgangsspannung	24	V
Versorgungsspannung	+3 bis +18	V

Hersteller:
TOS

5029 | **Vier NAND-Gatter mit je 2 Eingängen und Ausgang mit offenem Drain**

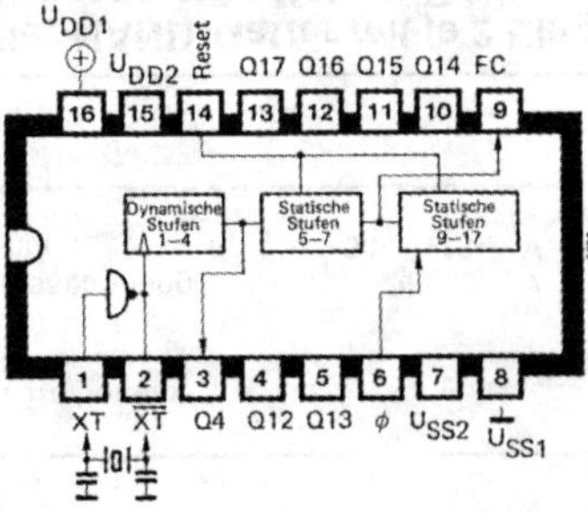

Kein IEEE-Symbol verfügbar

5036 17-stufiger Frequenzteiler

Fortsetzung :

Eingänge				Funktion
Reset	XT	ϕ	FC	
H	↑	offen H	H X	f(Q4) = f(XT)/2exp4 Q5 ~ Q17 = L
L	↑	offen	Q9	f(Qn) = f(XT)/2exp(n) n; 5 ~ 17
L	↑	H	↓	f(Qn) = f(XT)/2exp(n), n; 5 ~ 17 f(Qm) = f(FC)/2exp(m-8), m; 12 ~ 17

Beschreibung:
Dieser Baustein enthält einen 17-stufigen Binärzähler, sowie einen Inverter für den Aufbau eines Quarz-Oszillators.

Betrieb:
Da bei diesem Baustein die ersten vier Stufen dynamische Zähler sind, liegt die untere Frequenz, ab der eine Zählung möglich ist, bei 20kHz.
Wenn der ϕ-Eingang auf Low liegt (oder offen ist), so erscheint das Ausgangssignal der 9. Stufe am Anschluss FC. Wird der ϕ-Eingang auf High gelegt, können 9 Stufen (von der 9. bis zur 17. Stufe) unabhängig verwendet werden, wobei der Anschluss FC als Takteingang dient.
Die Ausgangssignale können beliebig von den Stufen 4, 12, 13, 14, 15, 16 und 17 abgenommen werden.
Der Inverter kann gemäß dem Schaltbild als interner Quarz-Oszillator dienen. Eine externe Triggerung erfolgt am Anschluss XT mit der positiven Flanke (LH-Übergang) des Taktsignals.
Für die Zuführung der Betriebsspannung werden im allgemeinen die Anschlüsse U_{DD1} und U_{DD2} miteinander verbunden und an die positive Betriebsspannung gelegt. Will man den Quarz-Oszillator besonders stabil haben, legt man U_{DD2} an eine getrennte hochstabile Betriebsspannung. U_{SS1} und U_{SS2} können in den meisten Fällen gemeinsam an Masse gelegt werden.
Der Anschluss Reset liegt normalerweise an Masse. Wird er High gemacht, gehen Q5—Q17 auf Low.
Der 5048 ist ein ähnlicher Baustein mit einer anderen Anordnung der Ausgangsstufen.

Anwendung:
Frequenzteiler, Frequenz-Synthesizer, Zeitgeber

Daten:	5	V
Maximale Quarzfrequenz	14	MHz
Minimale Quarzfrequenz	10	kHz
Maximale Taktfrequenz (FC)	1	MHz

Hersteller:
TOS

5036 — 17-stufiger Frequenzteiler

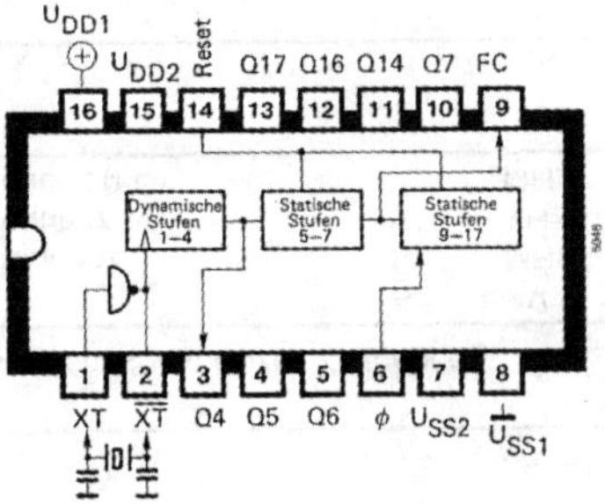

Kein IEEE-Symbol verfügbar

5048 | **17-stufiger Frequenzteiler**

Fortsetzung :

Eingänge				Funktion
Reset	XT	ϕ	FC	
H	⌐	offen H	H X	f(Q4) = f(XT)/2exp4 Q5 ~ Q17 = L
L	⌐	offen	Q9	f(Qn) = f(XT)/2exp(n) n; 5 ~ 17
L	⌐	H	⌐	f(Qn) = f(XT)/2exp(n), n; 5 ~ 17 f(Qm) = f(FC)/2exp(m-8), m; 12 ~ 17

Beschreibung:
Dieser Baustein enthält einen 17-stufigen Binärzähler, sowie einen Inverter für den Aufbau eines Quarz-Oszillators.

Betrieb:
Da bei diesem Baustein die ersten vier Stufen dynamische Zähler sind, liegt die untere Frequenz, ab der eine Zählung möglich ist, bei 20kHz.
Wenn der ϕ-Eingang auf Low liegt (oder offen ist), so erscheint das Ausgangssignal der 9.Stufe am Anschluss FC. Wird der ϕ-Eingang auf High gelegt, können 9 Stufen (von der 9. bis zur 17. Stufe) unabhängig verwendet werden, wobei der Anschluss FC als Takteingang dient.
Die Ausgangssignale können beliebig von den Stufen 4, 5, 6, 7, 14, 16 und 17 abgenommen werden.
Der Inverter kann gemäß dem Schaltbild als interner Quarz-Oszillator dienen.
Eine externe Triggerung erfolgt am Anschluss XT mit der positiven Flanke (LH-Übergang) des Taktsignals.
Für die Zuführung der Betriebsspannung werden im allgemeinen die Anschlüsse U_{DD1} und U_{DD2} miteinander verbunden und an die positive Betriebsspannung gelegt. Will man den Quarz-Oszillator besonders stabil haben, legt man U_{DD2} an eine getrennte hochstabile Betriebsspannung. U_{SS1} und U_{SS2} können in den meisten Fällen gemeinsam an Masse gelegt werden.
Der Anschluss Reset liegt normalerweise an Masse. Wird er High gemacht, gehen Q5—Q17 auf Low.
Der 5036 ist ein ähnlicher Baustein mit einer anderen Anordnung der Ausgangsstufen.

Anwendung:
Frequenzteiler/Frequenz-Synthesizer, Zeitgeber

Daten:	5	V
Maximale Quarzfrequenz	14	MHz
Minimale Quarzfrequenz	10	kHz
Maximale Taktfrequenz (FC)	1	MHz

Hersteller:
TOS

5048 — 17-stufiger Frequenzteiler

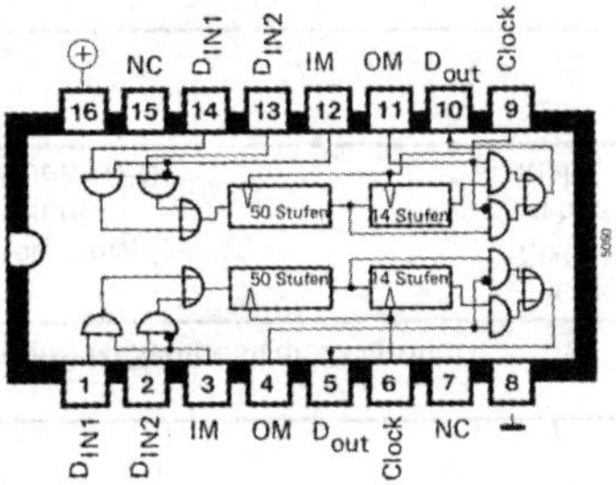

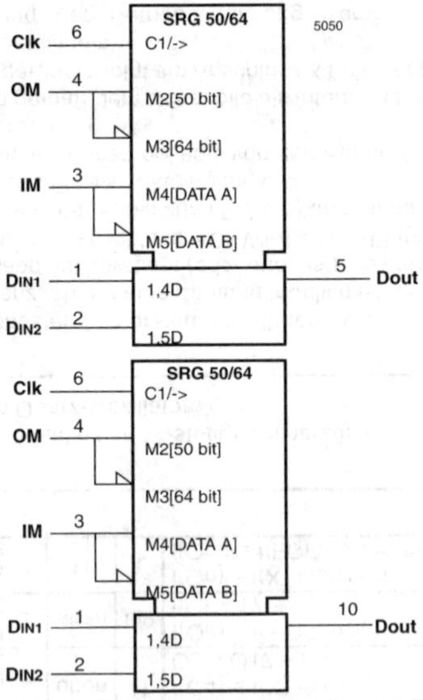

5050 Zwei 50/64-stufige statische Schieberegister

Fortsetzung :

D_{IN1}	D_{IN2}	IM	t_{n+50} OM	t_{n+50} D_{out}	t_{n+64} OM	t_{n+64} D_{out}
H	X	H	L	H	H	H
L	X	H	L	L	H	L
X	H	L	L	H	H	H
X	L	L	L	L	H	L

Beschreibung:
Dieser Baustein enthält zwei statische Schieberegister, die entweder 50- oder 64-stufig verwendet werden können.

Betrieb:
Werden die Daten (z.B. ein High) an einen Eingang D_{IN1} (Data In) gelegt und IM (Input Mode) auf High gelegt, so erscheinen sie beim 50. Taktimpuls, der dem Anschluss Clock zugeführt wird, an D_{out} (Data Out), falls OM (Output Mode) auf Low liegt. Befindet sich jedoch OM auf High, so erscheinen die Daten an Dout erst beim 64. Taktimpuls.
Dasselbe gilt auch, wenn man die Daten dem Eingang D_{IN2} zuführt. Dann muss jedoch IM auf Low liegen.
Durch die Auswahl der Dateneingänge mit IM können sehr einfach interessante Zwischenspeicher realisiert werden, indem einer der Eingänge mit dem Ausgang des Schieberegisters verbunden wird.
Bei Verwendung beider Register lassen sich Schieberegister mit Längen von 100, 114 oder 128 Stufen aufbauen. Bei Verwendung einer Betriebsspannung von 5V kann man eine TTL-Last direkt treiben.

Anwendung:
Schieberegister, Zwischenspeicher etc.

Daten:

Daten:	5	V
Maximale Taktfrequenz	2.5	MHz
Eingangs-Kapazität (Takt)	10	pF

Hersteller:
TOS

5050 — Zwei 50/64-stufige statische Schieberegister

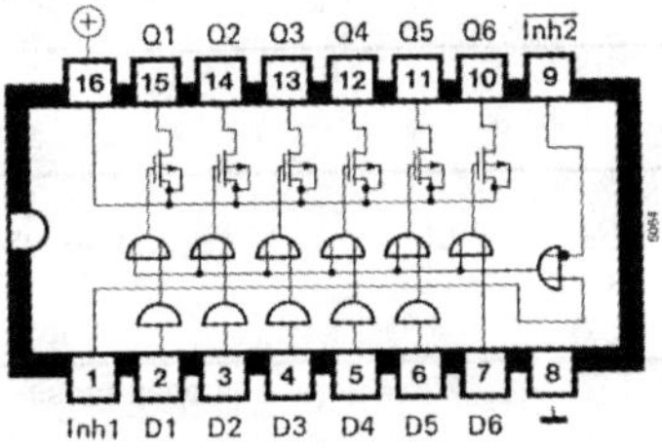

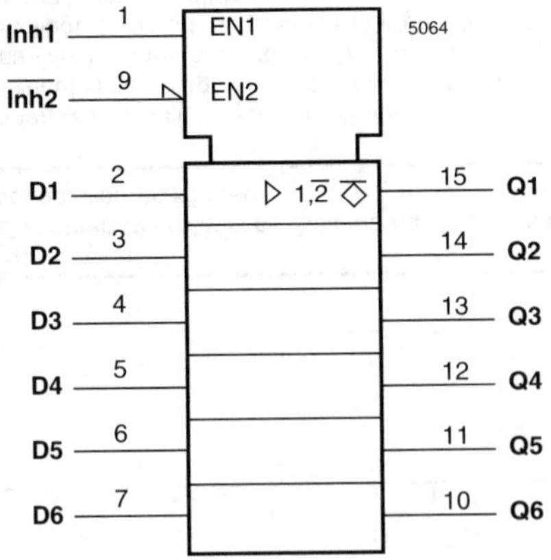

5064	Sechs nicht-invertierende Puffer für hohe Spannungen (gemeinsam abschaltbar)

Fortsetzung :

Eingänge Inh1	$\overline{Inh2}$	D	Ausgang Q
L	H	L	Z
L	H	H	H
X	L	X	Z
H	X	X	Z

Beschreibung:
Dieser Baustein enthält sechs nicht-invertierende Puffer für hohe Spannungen, die zwei gemeinsame Sperr (Inhibit)-Eingänge besitzen.

Betrieb:
Da die Ausgänge einen Aufbau mit offenem Drain besitzen und eine Durchbruch-Spannung von 50V haben, ist die Schaltung zur Ansteuerung von Fluoreszenz-Anzeigen oder MOS-Schaltungen mit hohen Spannungen geeignet.
Jedes High am Eingang liefert ein High am entsprechenden Ausgang, jedoch nicht umgekehrt.
Ein Abschalten aller Puffer ist über die Eingänge Inh1 und $\overline{Inh2}$ möglich. Inh1 auf High oder $\overline{Inh2}$ auf Low ergibt einen hochohmigen Ausgang. Wenn Inh1 auf Low und $\overline{Inh2}$ auf High liegen, wird jedoch, wie erwähnt, nur ein High an einem Eingang auch als High am zugehörigen Ausgang erscheinen. Ein Low an einem Eingang (Inh1 = Low und $\overline{Inh2}$ = High) macht den entsprechenden Ausgang hochohmig.
Der 5065 ist ein ähnlicher Baustein mit invertierten Ausgängen.

Anwendung:
Treiber für Fluoreszenz-Anzeigen, Interface für Schaltungen mit hoher Betriebsspannung

Daten:	5V	10V	
Durchlauf-Verzögerung (LH)	200	100	ns
Durchlauf-Verzögerung (HL)	2	2	MS
Maximaler Ausgangsstrom (Ausgang High)	10	25	mA

Hersteller:
TOS

5064 Sechs nicht-invertierende Puffer für hohe Spannungen (gemeinsam abschaltbar)

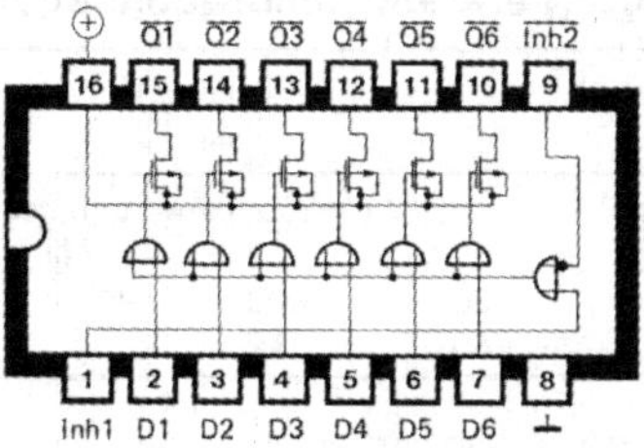

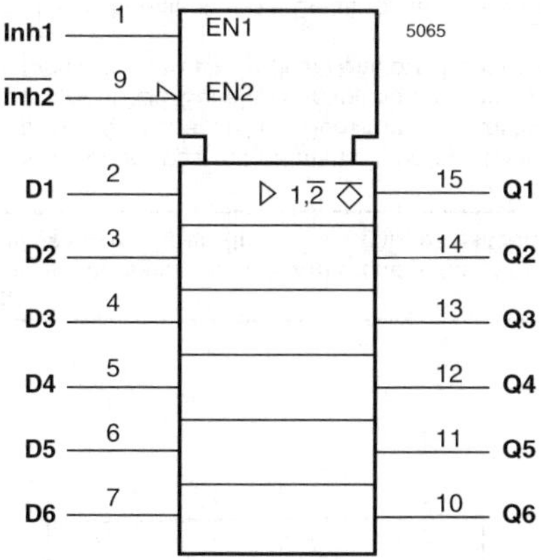

5065 | **Sechs invertierende Puffer für hohe Spannungen (gemeinsam abschaltbar)**

Fortsetzung :

Eingänge Inh1	$\overline{Inh2}$	D	Ausgang $\overline{Q}$
L	H	L	H
L	H	H	Z
X	L	X	Z
H	X	X	Z

Beschreibung:
Dieser Baustein enthält sechs invertierende Puffer für hohe Spannungen, die zwei gemeinsame Sperr (Inhibit)-Eingänge besitzen.

Betrieb:
Da die Ausgänge einen Aufbau mit offenem Drain besitzen und eine Durchbruch-Spannung von 50V haben, ist die Schaltung zur Ansteuerung von Fluoreszenz-Anzeigen oder MOS-Schaltungen mit hohen Spannungen geeignet.
Jedes High am Eingang liefert ein High am entsprechenden Ausgang, jedoch nicht umgekehrt.
Ein Abschalten aller Puffer ist über die Eingänge Inh1 und Inh2 möglich. Inh1 auf High oder Inh2 auf Low ergibt einen hochohmigen Ausgang. Wenn Inh1 auf Low und Inh2 auf High liegen, wird jedoch, wie erwähnt, nur ein High an einem Eingang auch als High am zugehörigen Ausgang erscheinen. Ein Low an einem Eingang (Inh1 = Low und Inh2 = High) macht den entsprechenden Ausgang hochohmig.
Der 5064 ist ein ähnlicher Baustein mit nicht-invertierten Ausgängen.

Anwendung:
Treiber für Fluoreszenz-Anzeigen, Interface für Schaltungen mit hoher Betriebsspannung

Daten:	5V	10V	
Durchlauf-Verzögerung (LH)	200	100	ns
Durchlauf-Verzögerung (HL)	2	2	MS
Maximaler Ausgangsstrom (Ausgang High)	10	25	mA

Hersteller:
TOS

5065	**Sechs invertierende Puffer für hohe Spannungen (gemeinsam abschaltbar)**

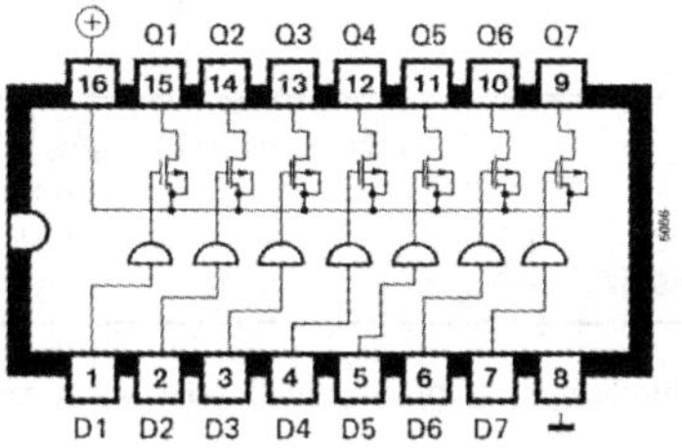

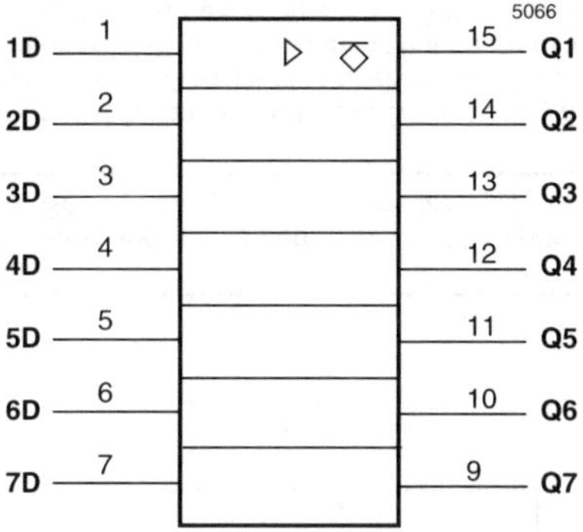

5066	**Sieben nicht-invertierende Puffer für hohe Spannungen**

Fortsetzung :

Keine Wahrheitstabelle verfügbar

Beschreibung:
Dieser Baustein enthält sieben unabhängige nicht-invertierende Puffer für hohe Spannungen.

Betrieb:
Alle sieben Puffer können unabhängig voneinander verwendet werden. Ein Low an einem Eingang ergibt ein Low am zugehörigen Ausgang, ein High an einem Eingang ergibt ein High am entsprechenden Ausgang.
Da die Ausgänge einen Aufbau mit offenem Drain besitzen und eine Durchbruch-Spannung von 50V haben, ist die Schaltung zur Ansteuerung von Fluoreszenz-Anzeigen oder MOS-Schaltungen mit hohen Spannungen geeignet.
Der 5067 ist ein ähnlicher Baustein mit sieben invertierenden Puffern.

Anwendung:
Treiber für Fluoreszenz-Anzeigen, Interface für Schaltungen mit hoher Betriebsspannung

Daten:	5V	10V	
Durchlauf-Verzögerung (LH)	200	100	ns
Durchlauf-Verzögerung (HL)	2	2	MS
Maximaler Ausgangsstrom (Ausgang High)	5	10	mA

Hersteller:
TOS

5066 Sieben nicht-invertierende Puffer für hohe Spannungen

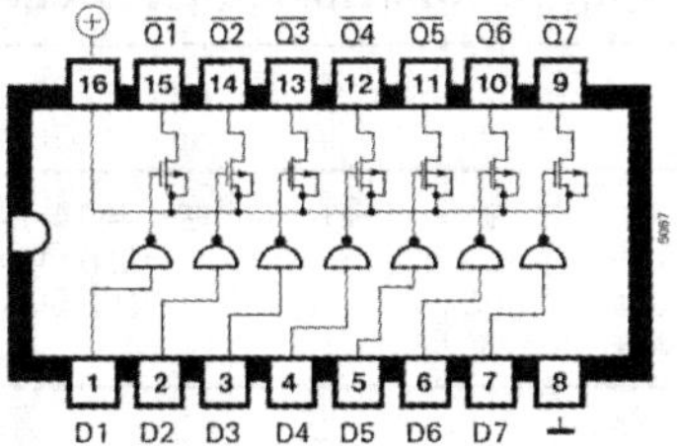

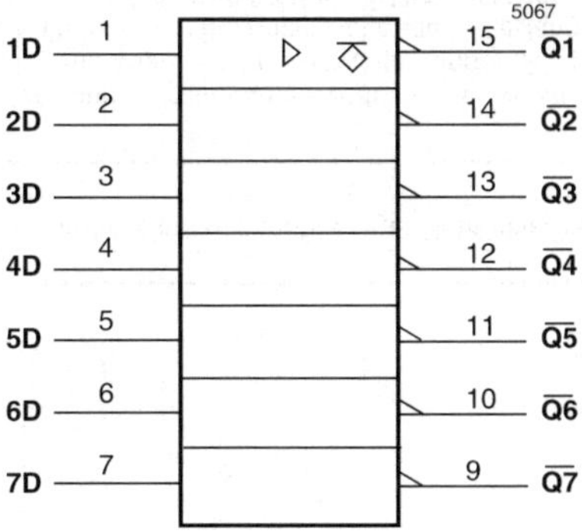

5067	**Sieben invertierende Puffer für hohe Spannungen**

Fortsetzung :

Eingang	Ausgang
A	$\overline{Y}$
H	L
L	H

Beschreibung:
Dieser Baustein enthält sieben unabhängige invertierende Puffer für hohe Spannungen.

Betrieb:
Alle sieben Puffer können unabhängig voneinander verwendet werden. Ein Low an einem Eingang ergibt ein High am zugehörigen Ausgang, ein High an einem Eingang ergibt ein Low am entsprechenden Ausgang.
Da die Ausgänge einen Aufbau mit offenem Drain besitzen und eine Durchbruch-Spannung von 50V haben, ist die Schaltung zur Ansteuerung von Fluoreszenz-Anzeigen oder MOS-Schaltungen mit hohen Spannungen geeignet.
Der 5066 ist ein ähnlicher Baustein mit sieben nicht-invertierenden Puffern.

Anwendung:
Treiber für Fluoreszenz-Anzeigen, Interface für Schaltungen mit hoher Betriebsspannung

Daten:	5V	10V	
Durchlauf-Verzögerung (LH)	200	100	ns
Durchlauf-Verzögerung (HL)	2	2	µs
Maximaler Ausgangsstrom (Ausgang High)	5	10	mA

Hersteller:
TOS

5067 Sieben invertierende Puffer für hohe Spannungen

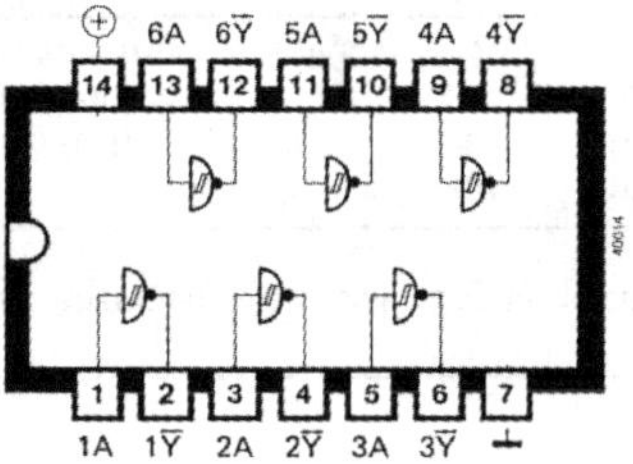

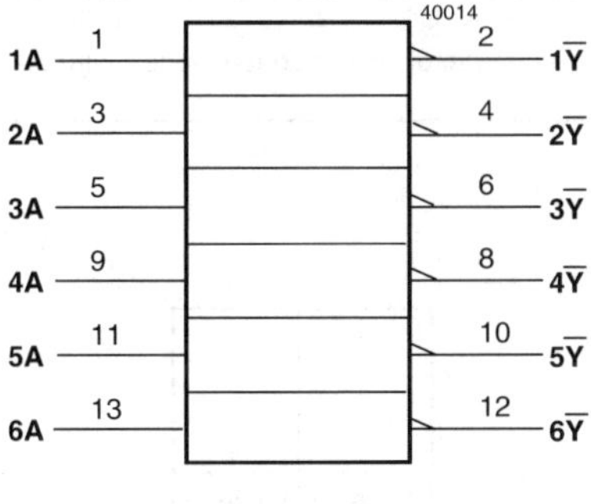

40014 | **Sechs Schmitt-Trigger (invertierend)**

Fortsetzung :

Eingang	Ausgang
A	$\overline{Y}$
H	L
L	H

Beschreibung:
Dieser Baustein enthält 6 getrennte Schmitt-Trigger mit Inverter-Funktionen.

Betrieb:
Dieser Baustein kann als gewöhnlicher Inverter verwendet werden, wobei jedoch eine interne Hysteresis an den Eingängen den Baustein ideal für verrauschte oder sich langsam ändernde Eingangs-Pegel macht. Er lässt sich auch gut in astabilen und monostabilen Anwendungen einsetzen.
Ein Low an einem Eingang erzeugt ein High am entsprechenden Ausgang, ein High am Eingang ein Low am Ausgang.
Bei einer ansteigenden Flanke der Eingangsspannung wird sich der Ausgang bei 2.9V mit einer Stromversorgung von 5V und bei 5.9V mit einer Stromversorgung von 10V ändern.
Bei einer abfallenden Flanke der Eingangsspannung wird sich der Ausgang bei 2.3V mit einer 5V-Betriebsspannung und bei 3.9V mit einer Betriebsspannung von 10V ändern.
Daher beträgt die Hysteresis, das "Totband" oder die Rauschunempfindlichkeit 0.6V bei einer SV-Betriebsspannung und 2V bei einer 10V-Betriebsspannung.
Der 4584 und 40106 sind mit diesem Baustein pin- und funktionskompatibel.

Anwendung:
Inverter bei verrauschten oder sich langsam ändernden Eingangs-Pegeln, Impulsformer, astabile und monostabile Multivibratoren, Schwellwert-Detektor

Daten:	5V	10V	
Durchlauf-Verzögerung	90	45	ns
Stromaufnahme bei 1 MHz	0.6	1	mA
Hysteresis-Spannung	0.6	2	V

Hersteller:
FA

40014 Sechs Schmitt-Trigger (invertierend)

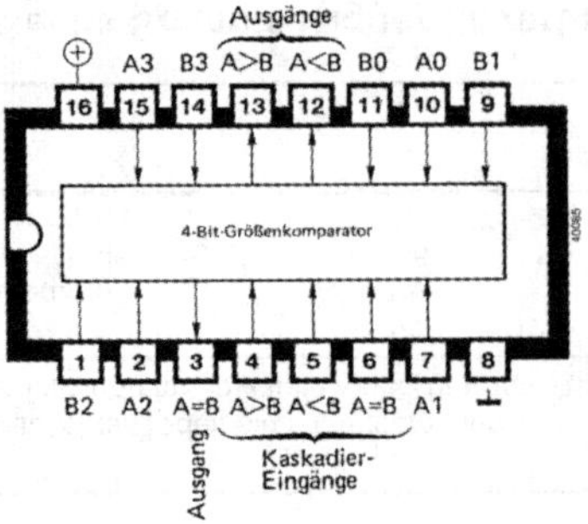

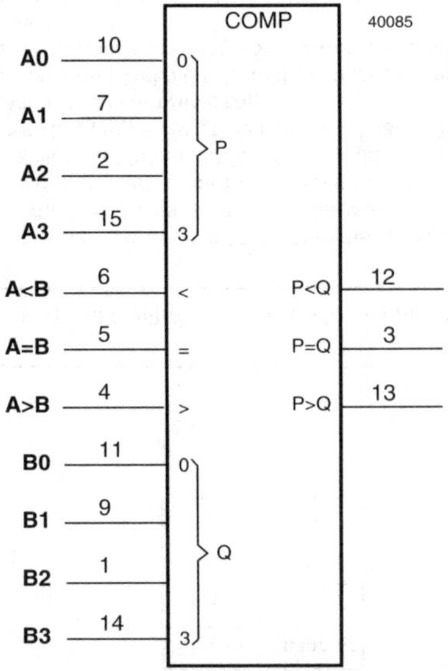

40085 | **4-Bit-Größen-Vergleicher**

Fortsetzung :

Vergleichs-Eingänge				Kaskadier-Eingänge			Ausgänge		
A_3, B_3	A_2, B_2	A_1, B_1	A_0, B_0	A > B	A < B	A = B	A > B	A < B	A = B
$A_3 > B_3$	X	X	X	H	X	X	H	L	L
$A_3 < B_3$	X	X	X	X	X	X	L	H	L
$A_3 = B_3$	$A_2 > B_2$	X	X	H	X	X	H	L	L
$A_3 = B_3$	$A_2 < B_2$	X	X	X	X	X	L	H	L
$A_3 = B_3$	$A_2 = B_2$	$A_1 > B_1$	X	H	X	X	H	L	L
$A_3 = B_3$	$A_2 = B_2$	$A_1 < B_1$	X	X	X	X	L	H	L
$A_3 = B_3$	$A_2 = B_2$	$A_1 = B_1$	$A_0 > B_0$	H	X	X	H	L	L
$A_3 = B_3$	$A_2 = B_2$	$A_1 = B_1$	$A_0 < B_0$	X	X	X	L	H	L
$A_3 = B_3$	$A_2 = B_2$	$A_1 = B_1$	$A_0 = B_0$	X	L	H	L	L	H
$A_3 = B_3$	$A_2 = B_2$	$A_1 = B_1$	$A_0 = B_0$	H	L	L	H	L	L
$A_3 = B_3$	$A_2 = B_2$	$A_1 = B_1$	$A_0 = B_0$	X	H	L	L	H	L
$A_3 = B_3$	$A_2 = B_2$	$A_1 = B_1$	$A_0 = B_0$	X	H	H	L	H	H
$A_3 = B_3$	$A_2 = B_2$	$A_1 = B_1$	$A_0 = B_0$	L	L	L	L	L	L

Beschreibung:
Dieser Baustein vergleicht zwei 4-Bit-Binärworte und liefert Ausgangssignale, die anzeigen ob sie gleich sind oder welches größer ist.

Betrieb:
Bei normalem Betrieb wird Pin 5 an Masse gelegt und Pin 4 und 6 High gemacht. Das Wort A wird den Eingängen A0—A3 und das Wort B den Eingängen B0—B3 zugeführt, unter Verwendung positiver Logik. Wenn A = B, so geht Pin 3 auf High, und Pin 12 und 13 verbleiben auf Low.
Um mehr Bits kaskadieren zu können, werden die drei Ausgänge der ersten Bausteins mit den entsprechenden Eingängen des nächsten Bausteines verbunden usw. Der erste Baustein stellt dann die niedrigstwertigen Bits des Wortes dar. Hierbei muss beim Baustein in der niedrigstwertigen Stelle Pin 5 auf Low und Pin 4 und 6 auf High gelegt werden.
Der 4063 ist ein ähnlicher Baustein mit unterschiedlichen Anschlüssen.
Der 4585 ist mit diesem Baustein identisch.

Anwendung:
Steuerung von Servo-Motoren, Prozess-Steuerungen

Daten:	5V	10V	
Vergleichszeit	600	250	ns
Stromaufnahme bei 1M Hz	0.5	0.8	mA

Hersteller:
FA

40085 4-Bit-Größen-Vergleicher

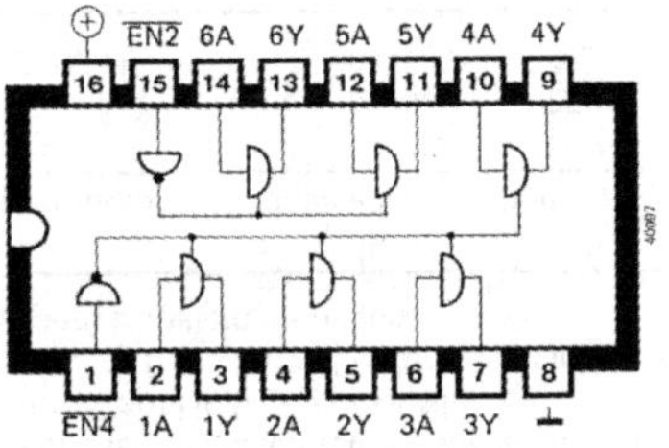

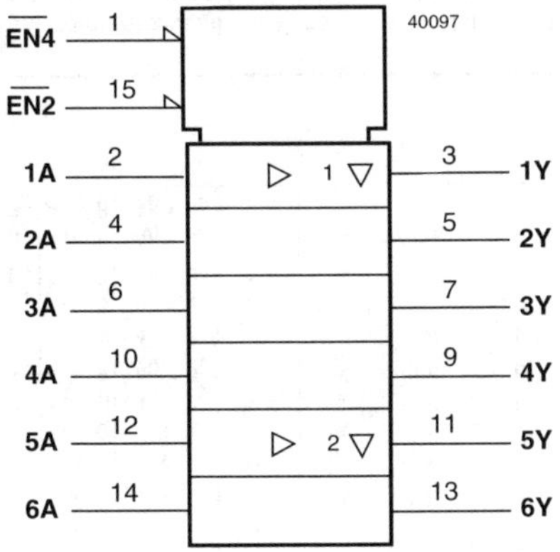

40097	**Sechs nicht-invertierende Treiberstufen (TS)**

Fortsetzung :

Eingänge An	Eingänge $\overline{EN}$	Ausgang Yn
L	L	L
H	L	H
X	H	Z

Beschreibung:
Dieser Baustein enthält sechs getrennte, nicht-invertierende Treiber mit Tri-state-Ausgängen, wobei die Ausgangs-Abtrennung für je 2 und 4 Stufen gemeinsam erfolgt.

Betrieb:
Mit diesen Puffern können hohe Ströme zum Treiben von kapazitiven Lasten geliefert werden.
Ein Low an einem Eingang erzeugt ein Low am entsprechenden Ausgang, ein High am Eingang ein High am Ausgang.
Mit den beiden Enable-Eingängen $\overline{EN2}$ und $\overline{EN4}$ können jeweils zwei oder vier der Treiberstufen in einen hochohmigen Zustand versetzt werden. Dies geschieht durch ein High am entsprechenden $\overline{EN}$-Eingang.
Der 40097 ist pin-kompatibel mit dem 4503.
Ein ähnlicher Baustein mit invertierenden Puffern ist der 40098.

Anwendung:
Treiberstufen

Daten:	5V	10V	
Durchlauf-Verzögerung	40	25	ns
Fan-Out	2 TTL		

Hersteller:
FA, VA

40097 Sechs nicht-invertierende Treiberstufen (TS)

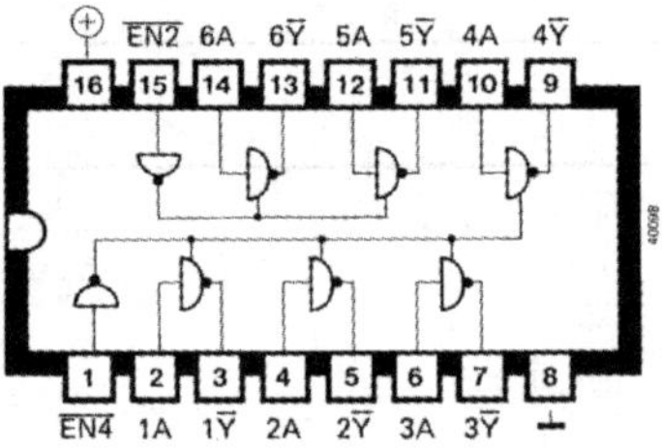

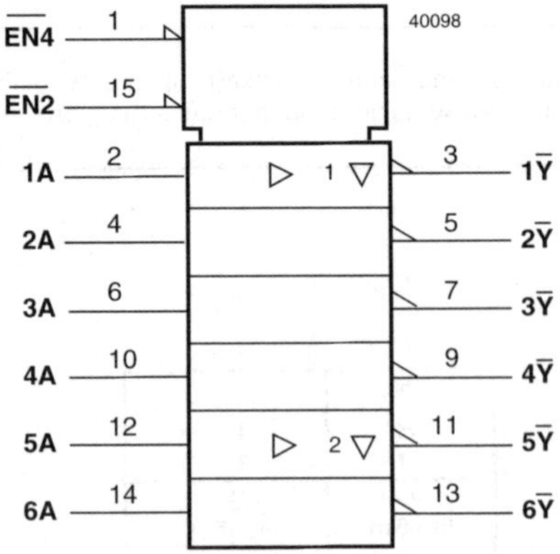

40098 | **Sechs invertierende Treiberstufen (TS)**

Fortsetzung :

Eingänge An $\overline{EN}$		Ausgang $\overline{Y}n$
L	L	H
H	L	L
X	H	Z

Beschreibung:
Dieser Baustein enthält sechs getrennte, invertierende Treiber mit Tristate-Ausgängen, wobei die Ausgangs-Abtrennung für je 2 und 4 Stufen gemeinsam erfolgt.

Betrieb:
Mit diesen Puffern können hohe Ströme zum Treiben von kapazitiven Lasten geliefert werden.
Ein Low an einem Eingang erzeugt ein High am entsprechenden Ausgang, ein High am Eingang ein Low am Ausgang.
Mit den beiden Enable-Eingängen $\overline{EN2}$ und $\overline{EN4}$ können jeweils zwei oder vier der Treiberstufen in einen hochohmigen Zustand versetzt werden. Dies geschieht durch ein High am entsprechenden $\overline{EN}$-Eingang.
Ein ähnlicher Baustein mit nicht-invertierenden Puffern ist der 40097.

Anwendung:
Treiberstufen

Daten:

	5V	10V	
Durchlauf-Verzögerung	40	25	ns
Fan-Out	2 TTL		

Hersteller:
FA, VA

40098 Sechs invertierende Treiberstufen (TS)

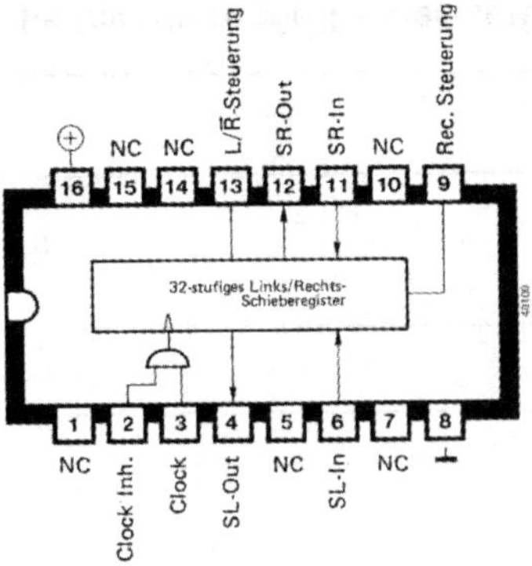

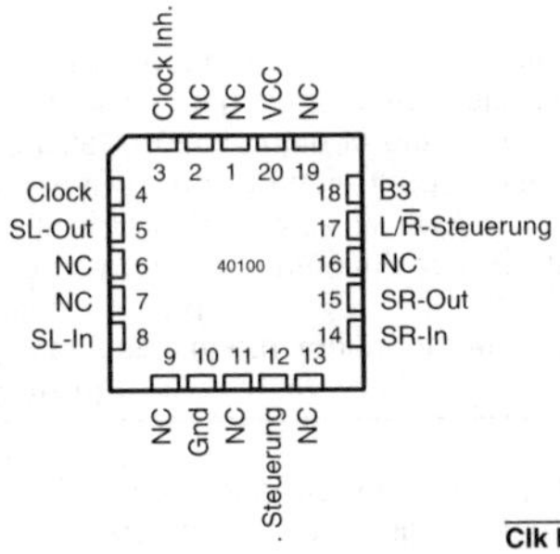

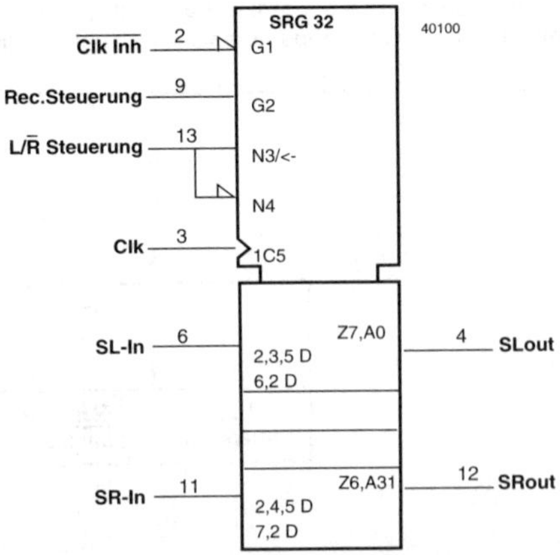

40100 32-stufiges statisches Links/Rechts-Schieberegister

Fortsetzung :

L/$\overline{R}$-Steuerung	Clock Inhibit	Recirculate-Steuerung	Aktion	Ursprung des Eingangsbits
H	L	H	Linksverschiebung	SL-In
H	L	L	Linksverschiebung	Stufe 1
L	L	H	Rechtsverschiebung	SR-In
L	L	L	Rechtsverschiebung	Stufe 32
X	H	X	keine Verschiebung	–

Beschreibung:
Dieser Baustein enthält ein 32-stufiges Schieberegister, das aus 32 D-Flipflops besteht.

Betrieb:
Die Daten werden dem Anschluss SR-In (Shift Right Input) zugeführt und synchron mit der positiven Taktflanke in die erste Registerstufe übertragen. Hierbei muss sich der Anschluss Left/$\overline{\text{Right}}$-Control (L/R-Steuerung) auf Low und der Anschluss Recirculate-Control (Rec-Steuerung) auf High und Clock-Inhibit auf Low befinden.
Links-Verschiebung der Daten erfolgt, wenn Left/$\overline{\text{Right}}$-Control High, Recirculate-Control High ist, und die Daten dem Anschluss SL-In zugeführt werden. Hierbei werden die Daten in das 32. Register bei der positiven Taktflanke geschoben, wobei Clock Inh Low sein muss. Die Pegel der Pins 2, 9 und 13 sollten nicht geändert werden, während Clock High ist.
Bei jeder positiven Taktflanke werden die Daten abhängig vom Zustand des Pins L/R-Steuerung um eine Stufe weitergeschoben. Sie sind dann nach 32 Takten entweder am Ausgang SR-Out oder SL-Out beim nächsten HL-Übergang des Taktes verfügbar. Pin 2 auf High sperrt das Takten. Ist Anschluss 9 auf Low (Rec-Steuerung) werden die Daten von der 32. Stufe in die erste Stufe geschoben, wenn Pin 13 Low ist, und von der ersten Stufe in die 32., wenn Pin 13 High ist.

Anwendung:
Serielle Schieberegister, Zeitverzögerungs-Schaltungen, erweiterbare Datenspeicher Stapel (LIFO-Arbeitsweise)

Daten:	5V	10V	
Maximale Taktfrequenz	1	2.5	MHz

Hersteller:
RCA, SGS

40100 32-stufiges statisches Links/Rechts-Schieberegister

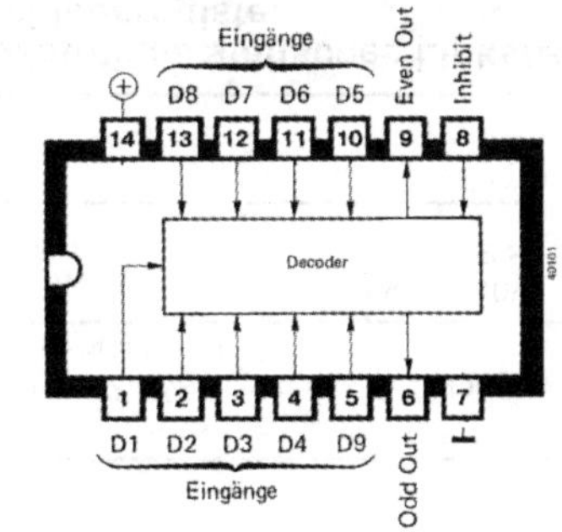

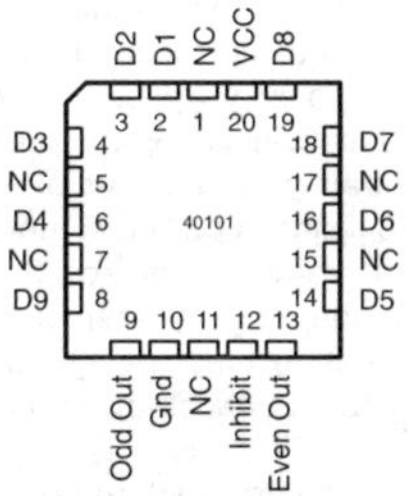

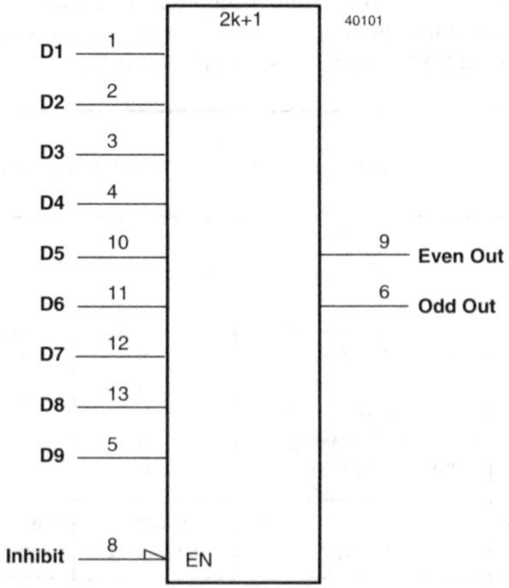

40101 | 9-Bit-Paritäts-Generator/Prüfer

Fortsetzung :

Eingänge D1–D9	Inhibit	Ausgänge Even (gerade)	Odd (ungerade)
Σ 1en= gerade	L	H	L
Σ 1en=ungerade	L	L	H
X	H	L	L

Beschreibung:
Dieser Baustein enthält einen Paritäts-Generator/Prüfer für 9 Bits (8 Datenbits plus ein Paritätsbit).

Betrieb:
Wenn dieser Baustein als Paritäts-Generator verwendet wird, wird ein Paritätsbit zu den Daten geliefert, um eine gerade oder ungerade Parität zu erzeugen.
Als Paritäts-Prüfer werden die empfangenen Datenbits und das Paritätsbit auf ordnungsgemäße Parität geprüft. Die Ausgänge Odd-Out (ungerade Parität) und Even-Out (gerade Parität) liefern dann eine Anzeige, falls ein Fehler in den empfangenen Daten aufgetreten ist.
Die Wortlänge ist durch Kaskadieren erweiterbar. Wenn der Anschluss Inhibit auf High liegt, gehen die Ausgänge für Odd und Even auf Low.

Anwendung:
Erzeugung von Paritätsbits und Prüfung auf Übertragungsfehler

Daten:	5V	10V	
Durchlauf-Verzögerung	350	15	ns

Hersteller:
RCA, SGS

40101 9-Bit-Paritäts-Generator/Prüfer

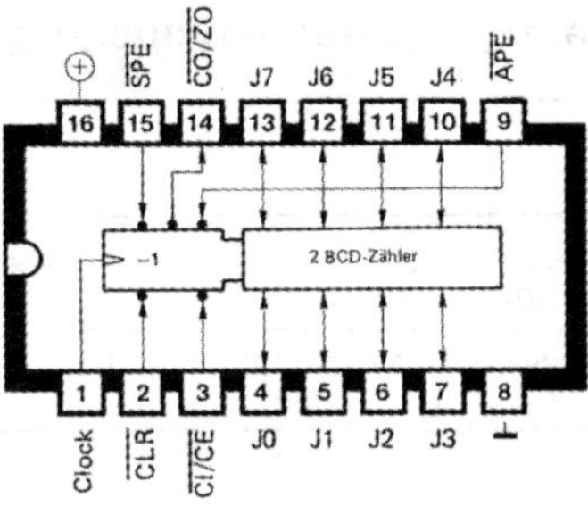

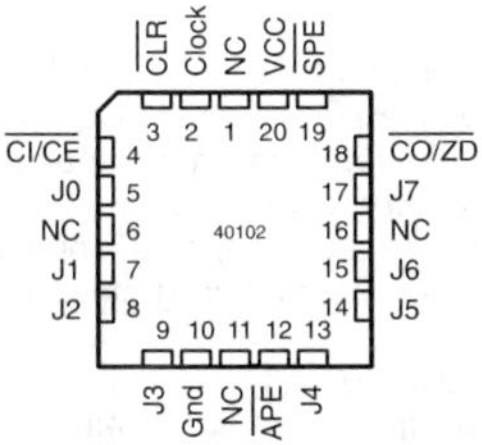

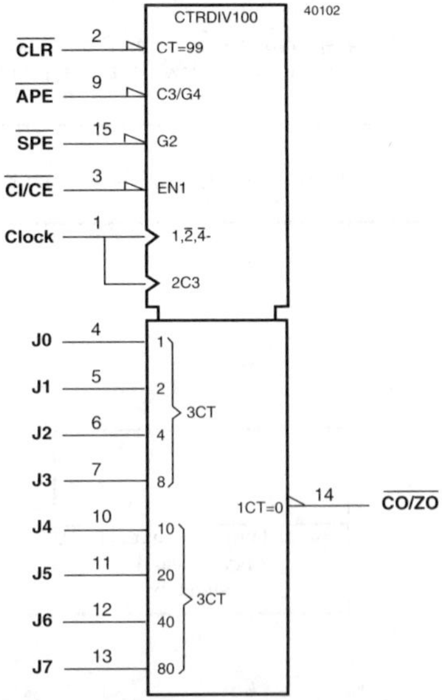

40102

8-stufiger voreinstellbarer synchroner Abwärtszähler (2 BCD-Zähler)

Fortsetzung :

Steuer-Eingänge $\overline{\text{CLR}}$	$\overline{\text{APE}}$	$\overline{\text{SPE}}$	$\overline{\text{CI/CE}}$	Voreinstellung	Aktion
H	H	H	H		Zähler gesperrt
H	H	H	L	Synchron	Abwärtszählung
H	H	L	X		Voreinstellung bei der nächsten pos. Taktfl.
H	L	X	X	Asynchron	Asynchrone Voreinstllg.
L	X	X	X		Löschen auf max. Zählg.

Beschreibung:
Dieser Baustein enthält einen 8-stufigen synchronen, voreinstellbaren Abwärtszähler, der ein Signal abgibt, wenn die Zählung Null erreicht.

Betrieb:
Alle Steuereingänge und der Ausgang Carry-Out/Zero Detect ($\overline{\text{CO/ZD}}$) sind aktiv Low.
Der Zähler wird um 1 bei jeder positiven Taktflanke dekrementiert (um 1 verringert). Der Takt ist gesperrt, wenn der Anschluss Carry-In/Counter-Enable ($\overline{\text{CI/CE}}$) High ist. Wenn der Zähler 0 erreicht, so geht der Ausgang $\overline{\text{CO/ZD}}$ auf Low und verbleibt während einer vollen Taktperiode auf Low.
Die an den Anschlüssen J0—J7 liegenden Daten werden in den Zähler bei der nächsten Taktflanke geladen, wenn der Anschluss Synchronous-Preset-Enable ($\overline{\text{SPE}}$) Low ist, unabhängig vom Zustand des $\overline{\text{CI/CE}}$-Einganges. Ist der Anschluss Asynchronous-Preset-Enable ($\overline{\text{APE}}$) Low, so werden die an den Eingängen J0—J7 liegenden Daten in den Zähler geladen, unabhängig vom Zustand von $\overline{\text{SPE}}$, $\overline{\text{CI/CE}}$ oder Takt.
Die Eingänge J0—J7 stellen zwei BCD-Worte dar. Macht man Clear ($\overline{\text{CLR}}$) Low, so wird der Zähler asynchron auf seine maximale Zählung (99_{10}) geladen, unabhängig vom Zustand der anderen Eingänge. Wenn in dem Augenblick, in dem die Zählung Null erreicht, alle Steuereingänge High sind, wird der Zähler auf seine maximale Zählung springen, wodurch sich eine Zählsequenz von 100 ergibt.

Anwendung:
Zähler mit einem Teilerfaktor von N, programmierbare Zeitgeber, Zeitgeber für Unterbrechungen, Zyklus/Befehls-Zähler

Daten:	5V	10V	
Maximale Taktfrequenz	1.4	3.6	MHz

Hersteller:
RCA, SGS, TOS

40102 8-stufiger voreinstellbarer synchroner Abwärtszähler (2 BCD-Zähler)

40103

8-stufiger voreinstellbarer synchroner Abwärtszähler (8-Bit-Binärzähler)

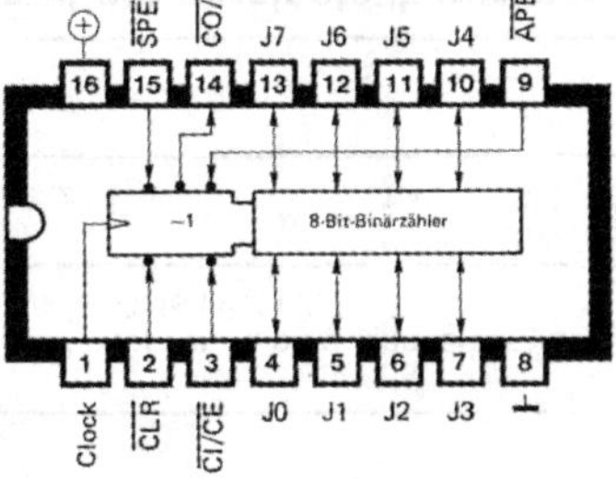

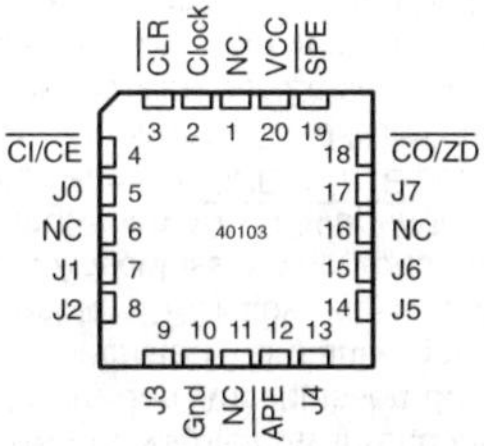

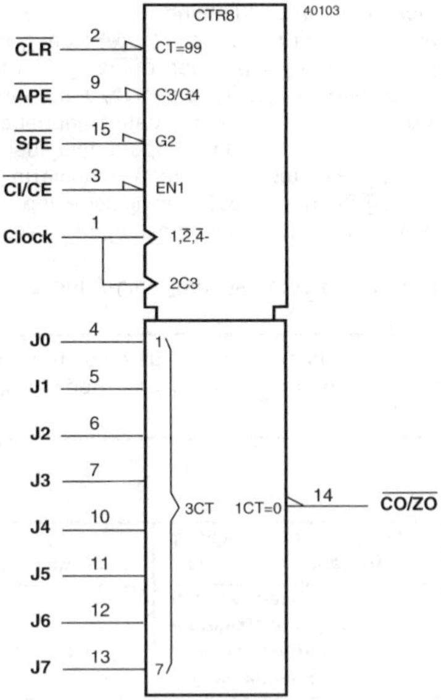

Fortsetzung :

Steuer-Eingänge $\overline{\text{CLR}}$	$\overline{\text{APE}}$	$\overline{\text{SPE}}$	$\overline{\text{CI/CE}}$	Voreinstellung	Aktion
H	H	H	H		Zähler gesperrt
H	H	H	L	Synchron	Abwärtszählung
H	H	L	X		Voreinstellung bei der nächsten pos. Taktfl.
H	L	X	X	Asynchron	Asynchrone Voreinstllg.
L	X	X	X		Löschen auf max. Zählg.

Beschreibung:
Dieser Baustein enthält einen 8-stufigen synchronen, voreinstellbaren Abwärtszähler, der ein Signal abgibt, wenn die Zählung Null erreicht.

Betrieb:
Alle Steuereingänge und der Ausgang Carry-Out/Zero Detect ($\overline{\text{CO/ZD}}$) sind aktiv Low. Der Zähler wird um 1 bei jeder positiven Taktflanke dekrementiert (um 1 verringert). Der Takt ist gesperrt, wenn der Anschluss Carry-In/Counter-Enable ($\overline{\text{CI/CE}}$) High ist. Wenn der Zähler 0 erreicht, so geht der Ausgang CO/ZD auf Low und verbleibt während einer vollen Taktperiode auf Low.
Die an den Anschlüssen J0—J7 liegenden Daten werden in den Zähler bei der nächsten Taktflanke geladen, wenn der Anschluss Synchronous-Preset-Enable ($\overline{\text{SPE}}$) Low ist, unabhängig vom Zustand des $\overline{\text{CI/CE}}$-Einganges. Ist der Anschluss Asynchronous-Preset-Enable ($\overline{\text{APE}}$) Low, so werden die an den Eingängen J0—J7 liegenden Daten in den Zähler geladen, unabhängig vom Zustand von $\overline{\text{SPE}}$, $\overline{\text{CI/CE}}$ oder Takt.
Die Eingänge J0—J7 stellen ein einzelnes 8-Bit-Binärwort dar. Macht man Clear ($\overline{\text{CLR}}$) Low, so wird der Zähler asynchron auf seine maximale Zählung (255_{10}) geladen, unabhängig vom Zustand der anderen Eingänge. Wenn in dem Augenblick, in dem die Zählung Null erreicht, alle Steuereingänge High sind, wird der Zähler auf seine maximale Zählung springen, wodurch sich eine Zählsequenz von 256 ergibt.

Anwendung:
Zähler mit einem Teilerfaktor von N, programmierbare Zeitgeber, Zeitgeber für Unterbrechungen, Zyklus/Befehls-Zähler

Daten:	5V	10V	
Maximale Taktfrequenz	1.4	3.6	MHz

Hersteller:
RCA, SGS, TOS

40103	**8-stufiger voreinstellbarer synchroner Abwärtszähler (8-Bit-Binärzähler)**

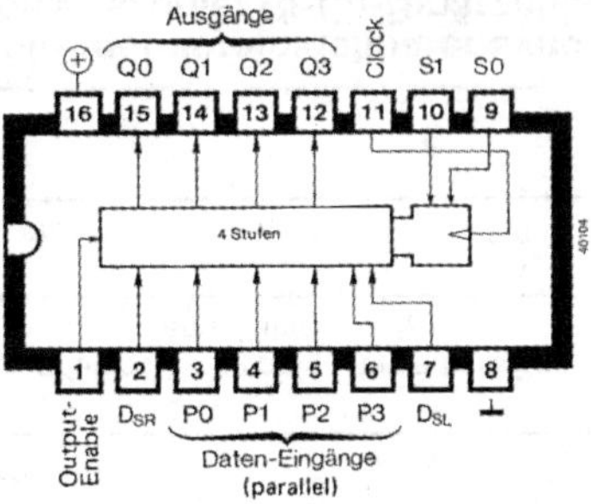

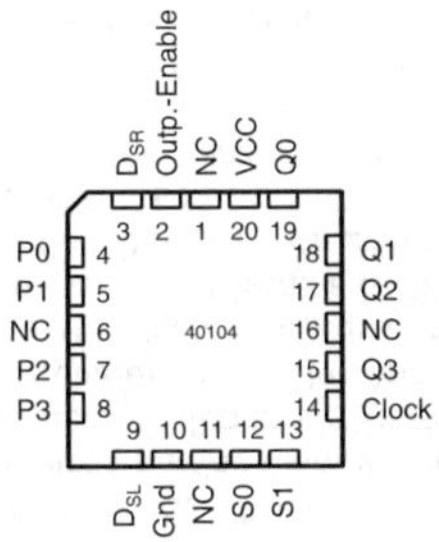

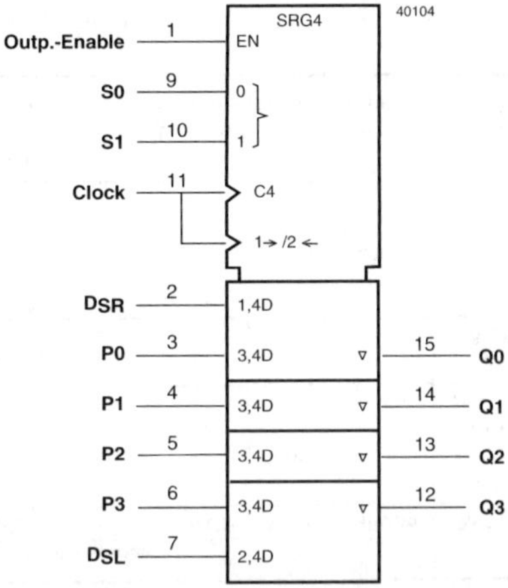

40104 4-Bit-Rechts/Links-Schieberegister mit synchroner Parallel-Eingabe (TS)

Fortsetzung :

Clock	Mode Select S0	S1	Output Enable	Funktion
_/‾	L	L	H	Reset
_/‾	H	L	H	Rechtsverschiebung (Q0—Q3)
_/‾	L	H	H	Linksverschiebung (Q3—Q0)
_/‾	H	H	H	Paralleles Laden
X	X	X	L	Funktionen wie oben, jedoch Ausgänge hochohmig

Beschreibung:
Dieser Baustein enthält ein bidirektionales 4-Bit-Schieberegister für parallele und serielle Ein- und Ausgabe mit Tristate-Ausgängen.

Betrieb:
Die Betriebsart wird durch die beiden Mode-Control-Eingänge (S0, S1) bestimmt. Mit S0 und S1 auf Low wird das Register bei der nächsten positiven Taktflanke (LH-Übergang) an Clock gelöscht.
Mit S0 auf High und S1 auf Low erfolgt bei jeder positiven Taktflanke eine Rechtsverschiebung, wobei die seriellen Daten dem Eingang DSR zugeführt werden.
Mit S0 auf Low und S1 auf High gilt dasselbe für eine Linksverschiebung, wobei die seriellen Daten DSL zugeführt werden.
Liegt S0 und S1 auf High werden bei der nächsten positiven Taktflanke die an P0—P3 liegenden parallelen Daten in das Register übernommen.
Wird der Eingang Output Enable (Ausgangs-Freigabe) auf Low gelegt, so arbeitet das Schieberegister in einer der obigen vier Betriebsarten, die Ausgänge Q0—Q3 gehen jedoch in den hochohmigen Zustand. Dadurch ist ein Arbeiten an Bus-Systemen möglich.

Anwendung:
Schieberegister, Datenspeicher, Seriell/Parallel- und Parallel/Seriell-Umwandlung

Daten:	5V	10V	
Maximale Schiebefrequenz	6	12	MHz

Hersteller:
RCA, SGS, TOS

40104 — 4-Bit-Rechts/Links-Schieberegister mit synchroner Parallel-Eingabe (TS)

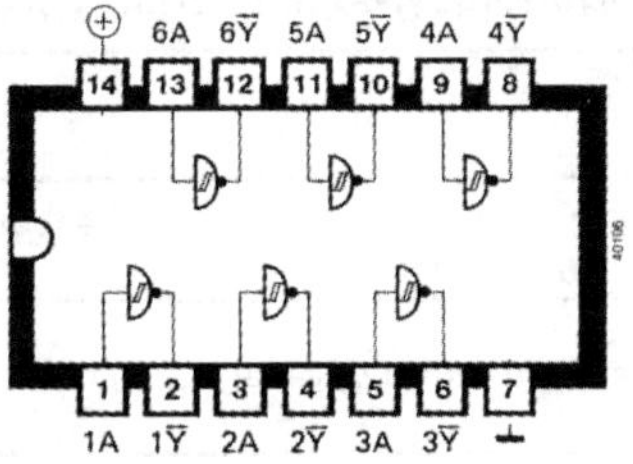

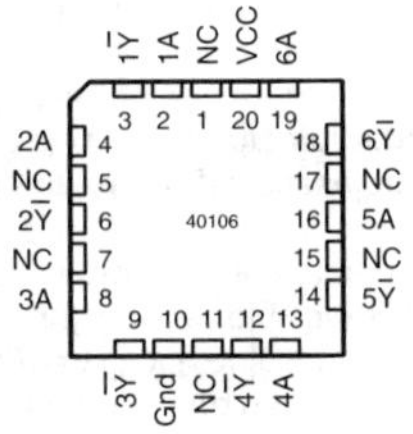

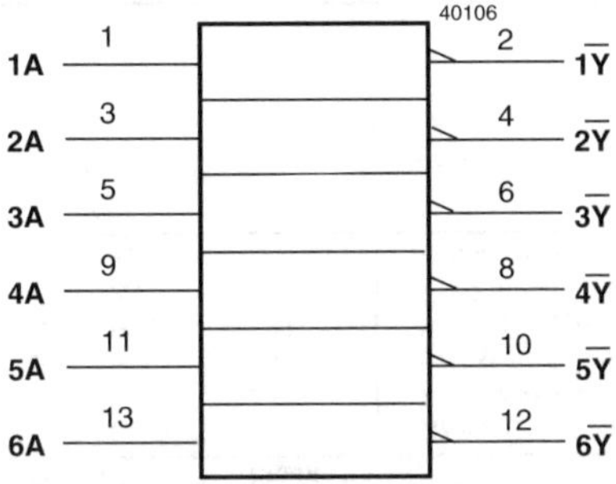

40106 | **Sechs Schmitt-Trigger (invertierend)**

Fortsetzung :

Eingang	Ausgang
A	$\overline{Y}$
H	L
L	H

Beschreibung:
Dieser Baustein enthält 6 getrennte Schmitt-Trigger mit Inverter-Funktionen.

Betrieb:
Dieser Baustein kann als gewöhnlicher Inverter verwendet werden, wobei jedoch eine interne Hysteresis an den Eingängen den Baustein ideal für verrauschte oder sich langsam ändernde Eingangs-Pegel macht. Er lässt sich auch gut in astabilen und monostabilen Anwendungen einsetzen.
Ein Low an einem Eingang erzeugt ein High am entsprechenden Ausgang, ein High am Eingang ein Low am Ausgang.
Bei einer in positive Richtung ansteigenden Eingangsspannung wird sich der Ausgang bei 2.9V mit einer Stromversorgung von 5V und bei 5.9V mit einer Stromversorgung von 10V ändern.
Bei einer in negative Richtung gehenden Eingangsspannung wird sich der Ausgang bei 2.3V mit einer 5V-Betriebsspannung und bei 3.9V mit einer Betriebsspannung von 10V ändern.
Daher beträgt die Hysteresis, das "Totband", oder die Rauschunempfindlichkeit 0.6V bei einer 5V-Betriebsspannung und 2V bei einer 10V-Betriebsspannung.
Der 4584 und 40014 sind pin- und funktionskompatibel mit diesem Baustein.

Anwendung:
Spannungs- und Impulsformer, Systeme mit stark verrauschten Signalen, monostabile Multivibratoren, astabile Multivibratoren

Daten:	5V	10V	
Hysteresis-Spannung	0.9	2.3	V
Stromaufnahme bei 1 MHz	0.3	0.6	mA

Hersteller
NS, RCA, SGS, VA

40106 Sechs Schmitt-Trigger (invertierend)

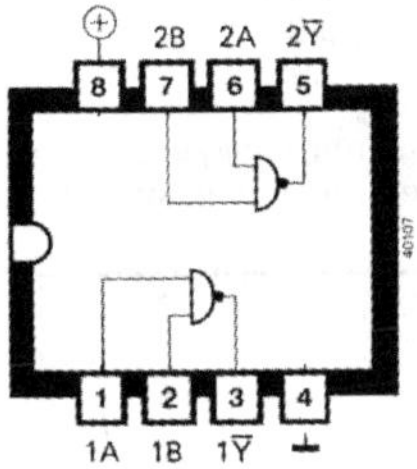

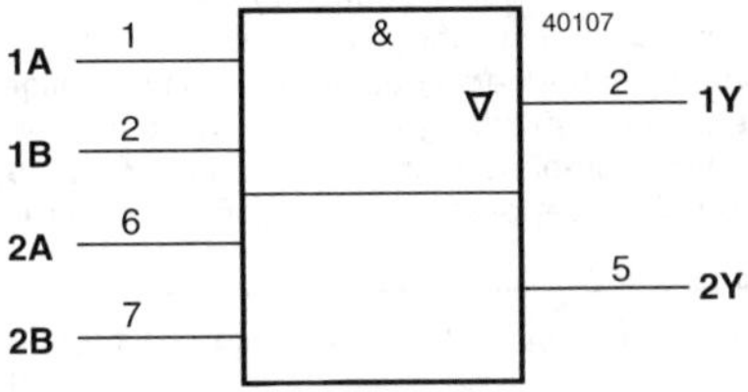

40107 Zwei NAND-Puffer/Treiber mit je 2 Eingängen

Fortsetzung :

Eingänge A	Eingänge B	Ausgang Y
L	L	H* Z**
H	L	H* Z**
L	H	H* Z**
H	H	L

*Erfordert einen externen Pull-Up-Widerstand an die pos. Betriebsspannung
** Ohne Pull-Up-Widerstand (Tristate)

Beschreibung:
Dieser Baustein enthält zwei getrennte NAND-Puffer/Treiber mit je 2 Eingängen. Er kann bei einer Betriebsspannung von 10V bis zu 130mA aufnehmen.

Betrieb:
Bei jedem Gatter/Treiber wird mit einem oder beiden Eingängen auf Low der Ausgang High sein. Sind beide Eingänge High wird der Ausgang Low sein. Der Ausgang enthält einen offenen Drain. Ein High erhält man daher nur mit einem Pull-Up-Widerstand, der an die positive Betriebsspannung zu legen ist. Der Baustein lässt sich in einer Wired-ODER-Konfiguration einsetzen. Das Fan-Out dieses Bausteins ist 30 mal so hoch wie das der Standard-B-Serie.

Anwendung:
Treiber

Daten:	5V	10V	
Durchlauf-Verzögerung	100	45	ns
Maximaler Sink-Strom (Ausgang Low)	68	136	mA
Stromaufnahme abhängig von der Belastung			

Hersteller:
RCA, SGS, TOS

40107 Zwei NAND-Puffer/Treiber mit je 2 Eingängen

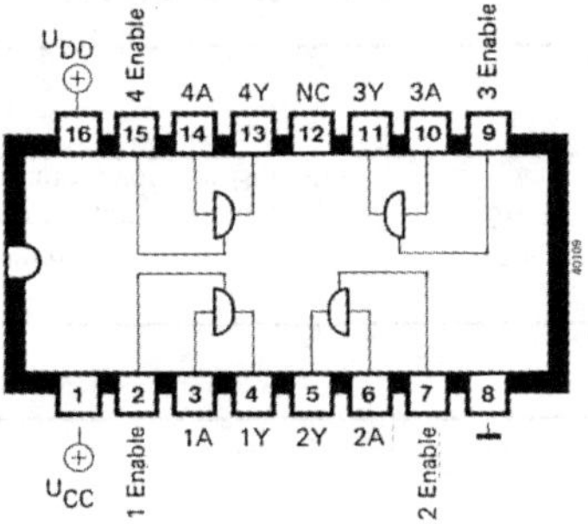

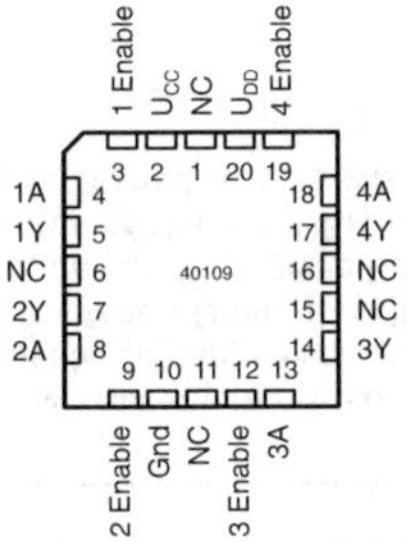

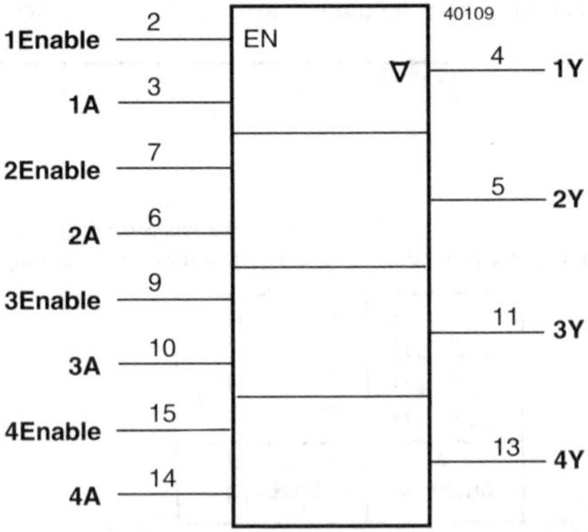

40109	**Vier nicht-invertierende Pegelwandler (TS)**

Fortsetzung :

Eingänge A	Eingänge Enable	Ausgang Y
L	H	L
H	H	H
X	L	Z

Beschreibung:
Dieser Baustein enthält vier getrennte nicht-invertierende Pegelwandler, mit denen eine Pegelverschiebung sowohl von niedrigem zu hohem, als auch von hohem zu niedrigem Pegel möglich ist.

Betrieb:
Wenn ein Pegelwandler beispielsweise zur Anpassung von CMOS (mit 10V) an TTL verwendet werden soll, so ist die Spannung U_{CC} an Pin 1 auf 5V und die Spannung an U_{DD} an Pin 16 auf 10V zu legen. Beide Spannungen können gleichzeitig oder in beliebiger Reihenfolge angelegt werden, ohne dass eine Zerstörung des Bausteins zu befürchten ist.
Jeder der Pegelwandler kann unabhängig von den drei übrigen über den zugehörigen Enable-Eingang in hochohmigen Zustand versetzt werden.

Anwendung:
Pegelwandlung von hohem auf niedrigen oder niedrigem auf hohen Pegel mit Tristate-Ausgängen für Bus-Systeme, Trennung von logischen Untersystemen durch Verwendung getrennter Stromversorgungen

Daten:

Durchlauf-Verzögerung	5V auf 10V	300	ns
Durchlauf-Verzögerung	10V auf 5V	850	ns
	5V	10V	
Maximaler Ausgangsstrom (High)	–1.0	–3.2	mA
Maximaler Ausgangsstrom (Low)	1.0	2.6	mA

Hersteller:
RCA, SGS

40109 Vier nicht-invertierende Pegelwandler (TS)

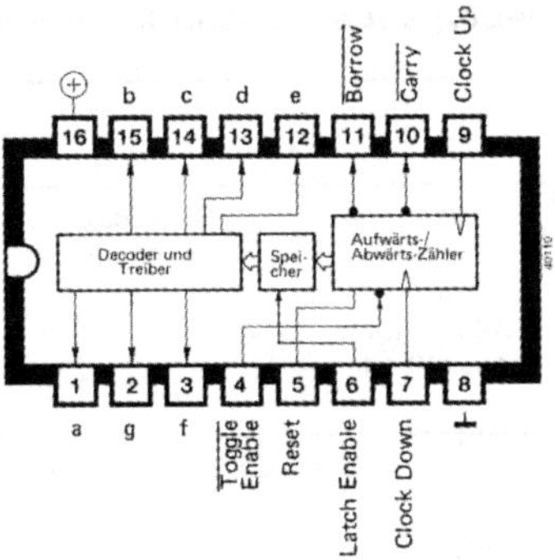

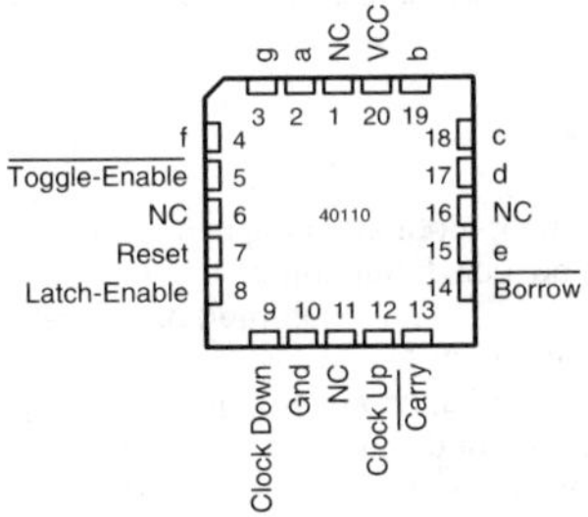

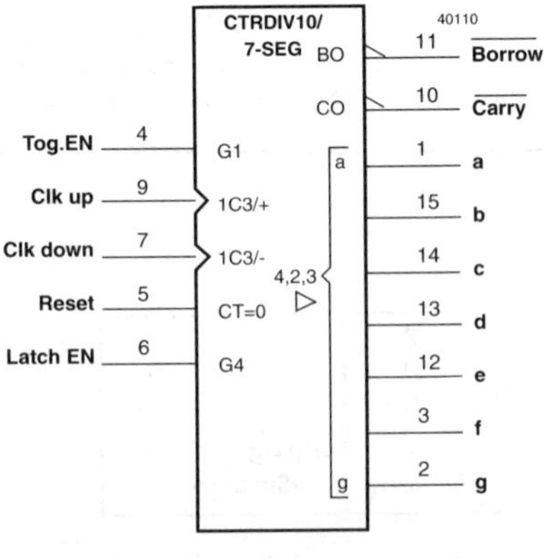

40110 Dezimaler Aufwärts/Abwärts-Zähler mit Speicher, Decoder und Treiber

Fortsetzung :

Clock Up	Clock Down	Latch Enable	$\overline{\text{Toggle Enable}}$	Reset	Zähler	Anzeige
↑	X	L	L	L	Inkrement. um 1	Folgt Zähler
X	↑	L	L	L	Dekrement. um 1	Folgt Zähler
↓	↓	X	X	L	Keine Änderung	Keine Änderung
X	X	H	X	H	Geht auf 0	Bleibt unverändert
X	X	L	X	H	Geht auf 0	Folgt Zähler (Anz.=0)
X	X	X	H	L	Gesperrt	Bleibt unverändert
↑	X	H	L	L	Inkrement. um 1	Bleibt unverändert
X	↑	H	L	L	Dekrement. um 1	Bleibt unverändert

Beschreibung:
Dieser Baustein enthält einen dezimalen Aufwärts/Abwärts-Zähler mit Decoder, Speicher und Treiber für eine 7-Segment-Anzeige mit gemeinsamer Kathode.

Betrieb:
Der Zähler enthält zwei getrennte Takteingänge für Aufwärts- (Pin 9) und Abwärts-Zählung (Pin 7). Der Zähler wird jeweils bei der positiven Taktflanke weitergestellt. Der jeweils andere Takteingang kann auf beliebigem logischen Pegel liegen. Die Zählung erfolgt jedoch nur, wenn Pin 4 (Toggle Enable) auf Low liegt.
Beim Abwärtszählen gibt der Ausgang Borrow einen kurzen negativen Impuls beim Übergang von 0 auf 9 ab. Dasselbe geschieht am Ausgang Carry beim Übergang von 9 auf 0.
Mit diesen Ausgängen können mehrere Zähler kaskadiert werden.
Der Inhalt des Zählers durchläuft den Speicher direkt zum Decoder und Treiber, wenn Latch Enable auf Low liegt. Legt man diesen Pin auf High, so wird der momentane Zählerinhalt gespeichert.
Ein kurzes High am Reset-Anschluss löscht den Zähler auf 0.
Die Treiber können für LEDs einen Strom von maximal 25mA je Segment liefern.

Anwendung:
Dekadische Zähler mit Anzeige

Daten:	5V	10V	
Maximale Zählfrequenz	2.5	6	MHz
Maximaler Strom je Segment	25	25	mA

Hersteller:
RCA, SGS

40110 Dezimaler Aufwärts/Abwärts-Zähler mit Speicher, Decoder und Treiber

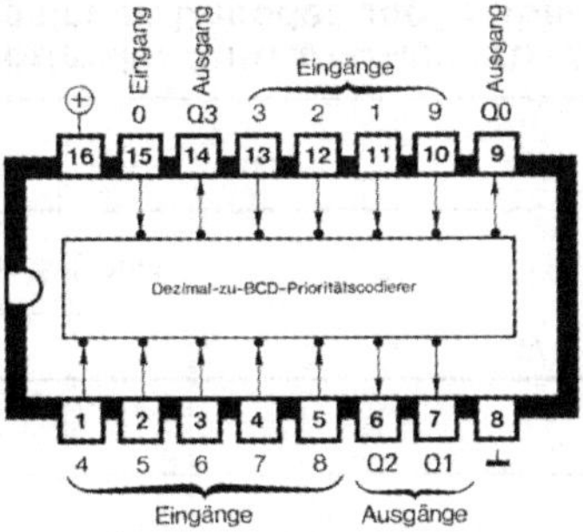

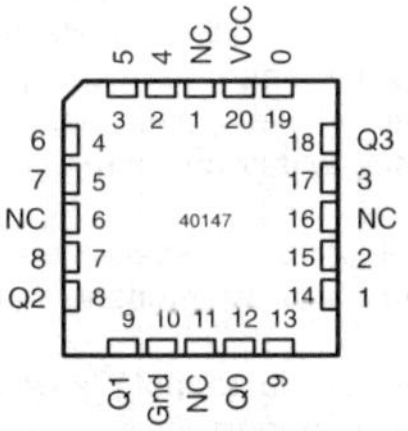

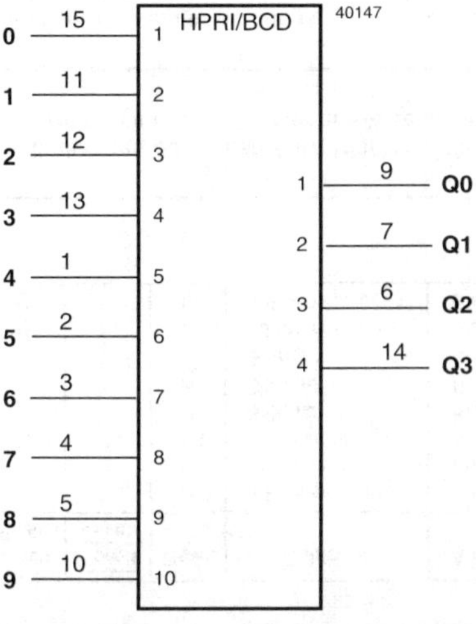

40147 | **BCD-Prioritäts-Codierer, 10-zu-4 Leitungen**

Fortsetzung :

Eingänge										Ausgänge			
0	**1**	**2**	**3**	**4**	**5**	**6**	**7**	**8**	**9**	**Q3**	**Q2**	**Q1**	**Q0**
L	L	L	L	L	L	L	L	L	L	H	H	H	H
H	L	L	L	L	L	L	L	L	L	L	L	L	L
X	H	L	L	L	L	L	L	L	L	L	L	L	H
X	X	H	L	L	L	L	L	L	L	L	L	H	L
X	X	X	H	L	L	L	L	L	L	L	L	H	H
X	X	X	X	H	L	L	L	L	L	L	H	L	L
X	X	X	X	X	H	L	L	L	L	L	H	L	H
X	X	X	X	X	X	H	L	L	L	L	H	H	L
X	X	X	X	X	X	X	H	L	L	L	H	H	H
X	X	X	X	X	X	X	X	H	L	H	L	L	L
X	X	X	X	X	X	X	X	X	H	H	L	L	H

Beschreibung:
Dieser Baustein ermöglicht eine Prioritäts-Codierung von Eingängen, um sicherzustellen, dass nur die Datenleitung mit der höchsten Rangordnung codiert wird.

Betrieb:
Es werden 10 Datenleitungen (0—9) zu 4 BCD-Leitungen (Q0—Q3) codiert. Die Leitung mit der höchsten Priorität ist die Leitung 9. Alle vier Ausgangsleitungen sind logisch "H" (negative Logik), wenn alle Eingangsleitungen logisch L sind. Die Eingänge und Ausgänge sind aktiv Low. Die Codierung erfolgt gemäß der obenstehenden Wahrheitstabelle für negative Logik.

Anwendung:
Tastatur-Codierung, Codierung 10 Leitungen zu BCD, Bereichswahl

Daten:	5V	10V	
Durchlauf-Verzögerung	450	200	ns
Stromaufnahme bei 1 MHz	1	2	mA

Hersteller:
RCA

40147 BCD-Prioritäts-Codierer, 10-zu-4 Leitungen

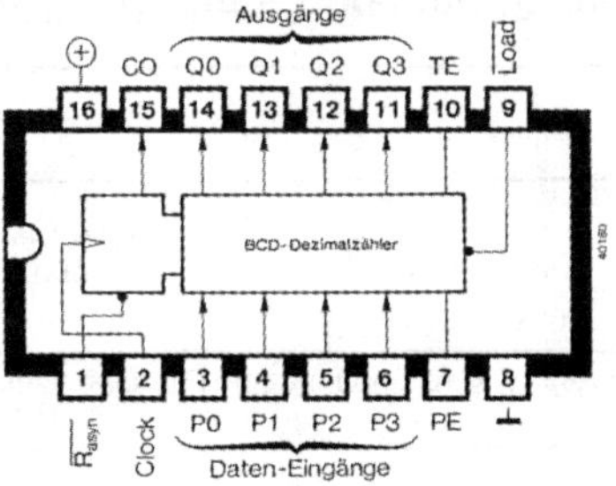

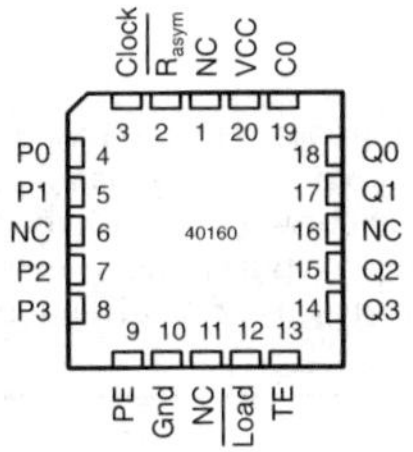

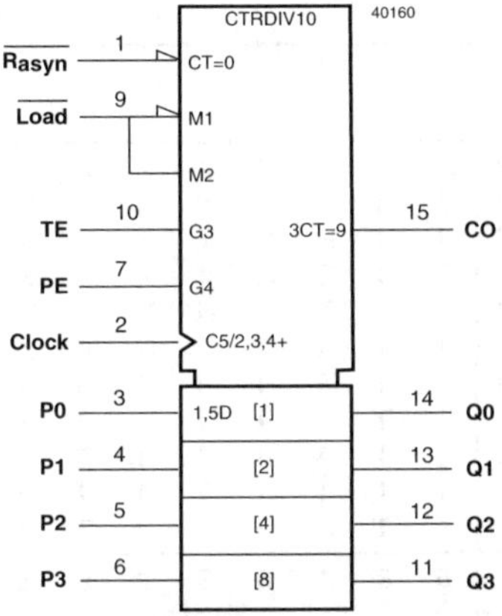

40160	**Synchroner programmierbarer Dezimalzähler (asynchrones Löschen)**

Fortsetzung :

$\overline{Load}$	PE	TE	Betriebsart
L	X	X	Voreinstellen
H	L	X	keine Änderung
H	X	L	keine Änderung
H	H	H	Zählung

Beschreibung:
Es handelt sich bei diesem Baustein um einen programmierbaren synchronen, dekadischen Zähler, der im BCD-Code aufwärts zählt und asynchron zurückgesetzt wird.

Betrieb:
Für normalen Zählbetrieb werden Pin 1 ($\overline{Rasyn}$), die Pins PE (P-Enable) und TE (T-Enable), sowie der $\overline{Load}$-Eingang High gemacht.
Der Zähler schreitet um eine Zählung synchron bei einem LH-Übergang des Taktes fort. Die Schaltung triggert also an den positiven Flanken des Taktimpulses. Die Ausgänge Q0, Q1, Q2 und Q3 folgen dem BCD-Code.
Zur Rückstellung des Zählers wird der Anschluss 1 ($\overline{Rasyn}$) kurzzeitig auf Masse gelegt.
Diese Rückstell-Funktion ist asynchron und setzt alle vier Ausgänge auf Low, unabhängig vom Zustand der anderen Eingänge.
Wenn der Eingang $\overline{Load}$ auf Low ist, wird bei der nächsten positiven Flanke des Taktimpulses der an den Anschlüssen P0—P3 liegende Code in den Zähler geladen.
Für synchrones Zählen mit mehreren Dekaden ohne externes Gatter dienen die beiden Eingänge für die Zähler-Freigabe PE und TE, sowie der Anschluss CO (Carry Out). Die Verbindung geschieht folgendermaßen:
1. Dekade (niedrigstwertige): PE = TE = High, CO wird mit PE und TE der zweiten Dekade, und mit PE der dritten (usw.) Dekade verbunden.
2. Dekade: CO der zweiten Dekade wird mit TE der dritten Dekade verbunden usw.
Alle Stufen werden synchron vom Eingangstakt gesteuert, indem die Takteingänge aller Stufen miteinander verbunden werden. Ebenso werden alle Rückstell-Eingänge parallel geschaltet.
Dieser Baustein ist pin-kompatibel mit dem 4160 und dem TTL 74160.

Anwendung:
Programmierbare Zähler, Zähler- und Zeitgeber-Steuerung, Frequenzteiler

Daten:		5V	10V	
Maximale Zählfrequenz		2	5.5	MHz
	(Valvo	5	14	MHz)
Stromaufnahme bei 1 MHz		0.5	2.5	mA

Hersteller:
NS, RCA, SGS, TOS, VA

40160 — Synchroner programmierbarer Dezimalzähler (asynchrones Löschen)

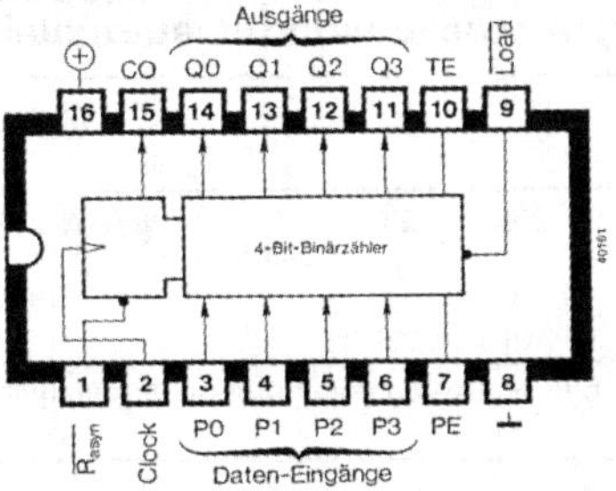

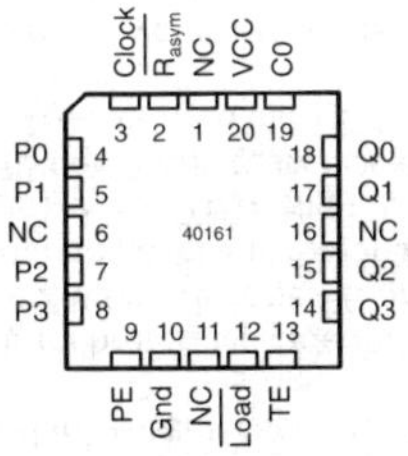

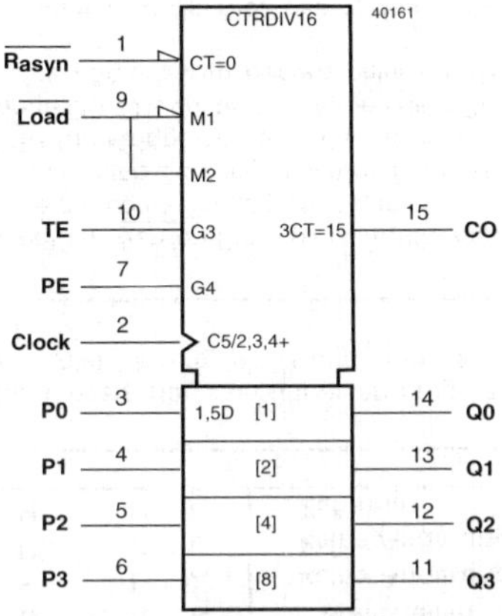

40161 Synchroner programmierbarer 4-Bit-Binärzähler (asynchrones Löschen)

Fortsetzung :

$\overline{Load}$	PE	TE	Betriebsart
L	X	X	Voreinstellen
H	L	X	keine Änderung
H	X	L	keine Änderung
H	H	H	Zählung

Beschreibung:
Es handelt sich bei diesem Baustein um einen programmierbaren synchronen 4-Bit-Binärzähler, der im Binärcode zählt und asynchron zurückgesetzt wird.

Betrieb:
Für normalen Zählbetrieb werden Pin 1 ($\overline{Rasyn}$), die Pins PE (P-Enable) und TE (T-Enable), sowie der $\overline{Load}$-Eingang High gemacht.
Der Zähler schreitet um eine Zählung synchron bei einem LH-Übergang des Taktes fort.
Die Schaltung triggert also an den positiven Flanken des Taktimpulses. Die Ausgänge Q0, Q1, Q2 und Q3 folgen dem Binär-Code.
Zur Rückstellung des Zählers wird der Anschluss 1 ($\overline{Rasyn}$) kurzzeitig auf Masse gelegt. Diese Rückstell-Funktion ist asynchron und setzt alle vier Ausgänge auf Low, unabhängig vom Zustand der anderen Eingänge.
Wenn der Eingang $\overline{Load}$ auf Low ist, wird bei der nächsten positiven Flanke des Taktimpulses der an den Anschlüssen P0—P3 liegende Code in den Zähler geladen.
Für synchrones Zählen mit mehreren Dekaden ohne externes Gatter dienen die beiden Eingänge für die Zähler-Freigabe PE und TE, sowie der Anschluss CO (Carry Out). Die Verbindung geschieht folgendermaßen:
1. Dekade (niedrigstwertige): PE = TE = High, CO wird mit PE und TE der zweiten Dekade, und mit PE der dritten (usw.) Dekade verbunden.
2. Dekade: CO der zweiten Dekade wird mit TE der dritten Dekade verbunden usw.
Alle Stufen werden synchron vom Eingangstakt gesteuert, indem die Takteingänge aller Stufen miteinander verbunden werden. Ebenso werden alle Rückstell-Eingänge parallel geschaltet.
Dieser Baustein ist pin-kompatibel mit dem 4161 und dem TTL 74161.

Anwendung:
Programmierbare Zähler, Zähler- und Zeitgeber-Steuerung, Frequenzteiler

Daten:

		5V	10V	
Maximale Zählfrequenz		2	5.5	MHz
	(Valvo	5	12	MHz)
Stromaufnahme bei 1 MHz		0.5	2.5	mA

Hersteller:
FA, NS, RCA, SGS, TOS, VA

40161 Synchroner programmierbarer 4-Bit-Binärzähler (asynchrones Löschen)

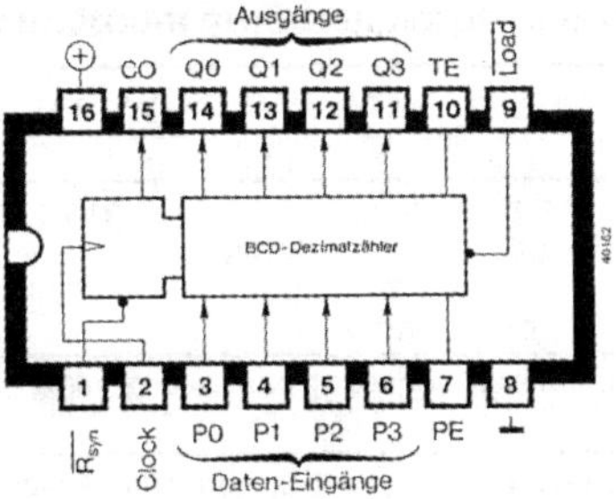

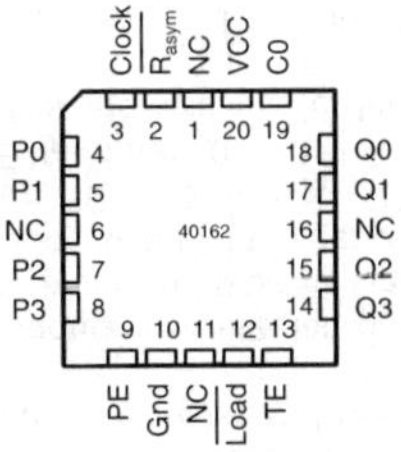

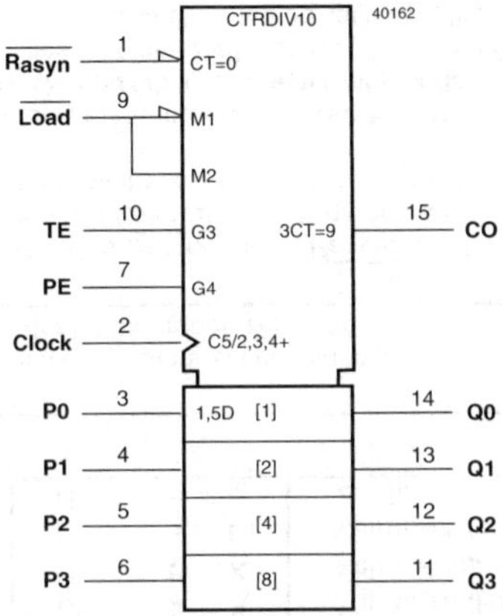

40162 Synchroner programmierbarer Dezimalzähler (synchrones Löschen)

Fortsetzung :

$\overline{\text{Rsyn}}$	$\overline{\text{Load}}$	PE	TE	Betriebsart
H	L	X	X	Voreinstellen
H	H	L	X	keine Änderung
H	H	X	L	keine Änderung
H	H	H	H	Zählung
L	X	X	X	Rückstellen

Beschreibung:
Es handelt sich bei diesem Baustein um einen programmierbaren synchronen, dekadischen Zähler, der im BCD-Code aufwärts zählt und synchron zurückgestellt wird.

Betrieb:
Für normalen Zählbetrieb werden Pin 1 ($\overline{\text{Rsyn}}$), die Pins PE (P-Enable) und TE (T-Enable), sowie der $\overline{\text{Load}}$ Eingang High gemacht.
Der Zähler schreitet um eine Zählung synchron bei einem LH-Übergang des Taktes fort.
Die Schaltung triggert also an den positiven Flanken des Taktimpulses. Die Ausgänge Q0, Q1, Q2 und Q3 folgen dem BCD-Code.
Zur Rückstellung des Zählers wird der Anschluss 1 ($\overline{\text{Rsyn}}$) auf Low gelegt. Diese Rückstellung erfolgt dann bei der nächsten positiven Taktflanke und setzt alle Ausgänge auf Low. Wenn der Eingang $\overline{\text{Load}}$ auf Low ist, wird bei der nächsten positiven Flanke des Taktimpulses der an den Anschlüssen P0—P3 liegende Code in den Zähler geladen.
Für synchrones Zählen mit mehreren Dekaden ohne externes Gatter dienen die beiden Eingänge für die Zähler-Freigabe PE und TE, sowie der Anschluss CO (Carry Out). Die Verbindung geschieht folgendermaßen:
1. Dekade (niedrigstwertige): PE = TE = High, CO wird mit PE und TE der zweiten Dekade, und mit PE der dritten (usw.) Dekade verbunden.
2. Dekade: CO der zweiten Dekade wird mit TE der dritten Dekade verbunden usw.
Alle Stufen werden synchron vom Eingangstakt gesteuert, indem die Takteingänge aller Stufen miteinander verbunden werden. Ebenso werden alle Rückstell-Eingänge parallel geschaltet.
Dieser Baustein ist pin-kompatibel mit dem 4162 und TTL 74162.

Anwendung:
Programmierbare Zähler, Zähler- und Zeitgeber-Steuerung, Frequenzteiler

Daten:

		5V	10V	
Maximale Zählfrequenz		2	5.5	MHz
	(Valvo	5	14	MHz)
Stromaufnahme bei 1 MHz		0.5	2.5	mA

Hersteller:
NS, RCA, SGS, TOS, VA

40162	**Synchroner programmierbarer Dezimalzähler (synchrones Löschen)**

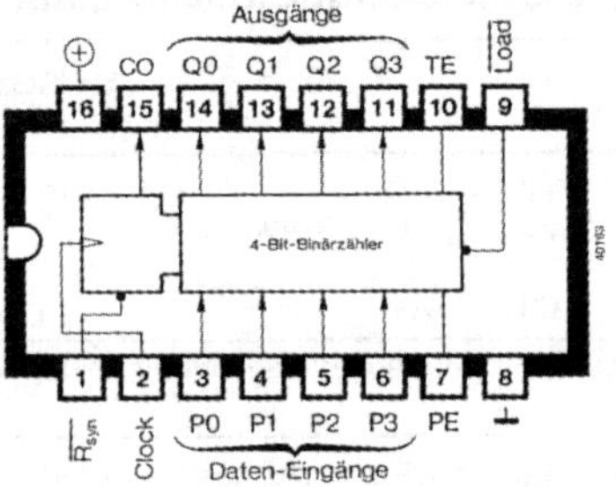

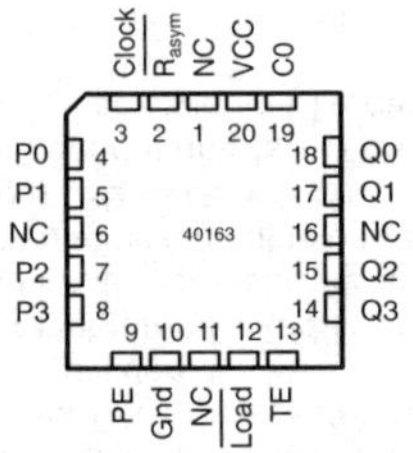

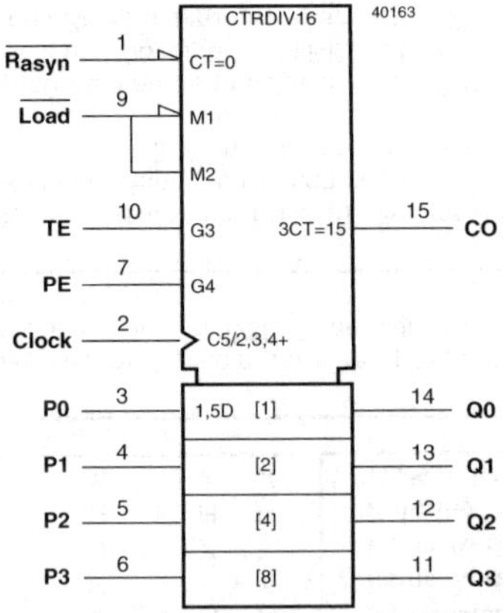

40163 Synchroner programmierbarer 4-Bit-Binärzähler (synchrones Löschen)

Fortsetzung :

$\overline{\text{Rsyn}}$	$\overline{\text{Load}}$	PE	TE	Betriebsart
H	L	X	X	Voreinstellen
H	H	L	X	keine Änderung
H	H	X	L	keine Änderung
H	H	H	H	Zählung
L	X	X	X	Rückstellen

Beschreibung:
Es handelt sich bei diesem Baustein um einen programmierbaren synchronen 4-Bit-Zähler, der im Binärcode aufwärts zählt und synchron zurücksetzt.

Betrieb:
Für normalen Zählbetrieb werden Pin 1 ($\overline{\text{Rsyn}}$), die Pins PE (P-Enable) und TE (T-Enable), sowie der $\overline{\text{Load}}$-Eingang High gemacht.
Der Zähler schreitet um eine Zählung synchron bei einem L H-Übergang des Taktes fort.
Die Schaltung triggert also an den positiven Flanken des Taktimpulses. Die Ausgänge Q0, Q1, Q2 und Q3 folgen dem BCD-Code.
Zur Rückstellung des Zählers wird der Anschluss 1 ($\overline{\text{Rsyn}}$) auf Low gelegt. Diese Rückstellung erfolgt dann bei der nächsten positiven Taktflanke und setzt alle Ausgänge auf Low.
Wenn der Eingang $\overline{\text{Load}}$ auf Low ist, wird bei der nächsten positiven Flanke des Taktimpulses der an den Anschlüssen P0—P3 liegende Code in den Zähler geladen.
Für synchrones Zählen mit mehreren Dekaden ohne externes Gatter dienen die beiden Eingänge für die Zähler-Freigabe PE und TE, sowie der Anschluss CO (Carry Out). Die Verbindung geschieht folgendermaßen:
1. Dekade (niedrigstwertige): PE = TE = High, CO wird mit PE und TE der zweiten Dekade, und mit PE der dritten (usw.) Dekade verbunden.
2. Dekade: CO der zweiten Dekade wird mit TE der dritten Dekade verbunden usw.
Alle Stufen werden synchron vom Eingangstakt gesteuert, indem die Takteingänge aller Stufen miteinander verbunden werden. Ebenso werden alle Rückstell-Eingänge parallel geschaltet.
Dieser Baustein ist pin-kompatibel mit dem 4163 und dem TTL74163.

Anwendung:
Programmierbare Zähler, Zähler- und Zeitgeber-Steuerung, Frequenzteiler

Daten:

		5V	10V	
Maximale Zählfrequenz		2	5.5	MHz
	(Valvo	5	14	MHz)
Stromaufnahme bei 1 MHz		0.5	2.5	mA

Hersteller:
FA, NS, RCA, SGS, TOS, VA

40163 Synchroner programmierbarer 4-Bit-Binärzähler (synchrones Löschen)

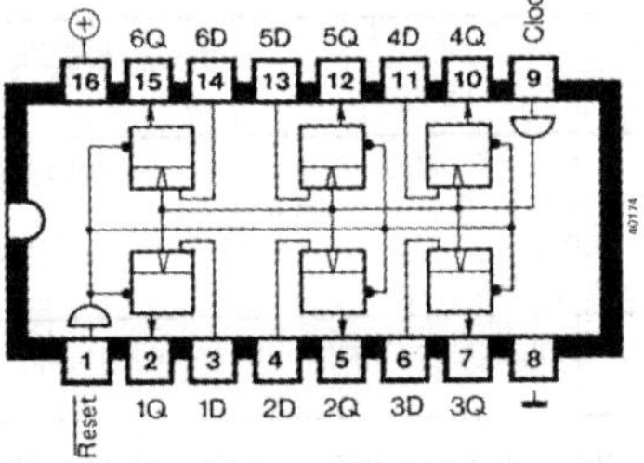

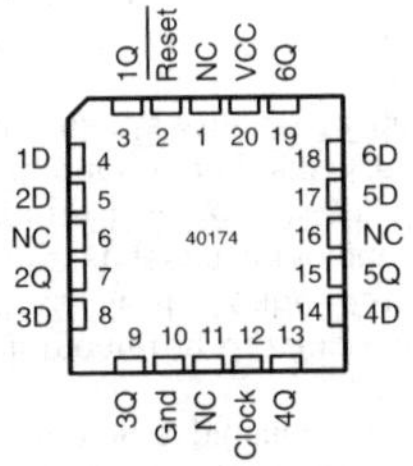

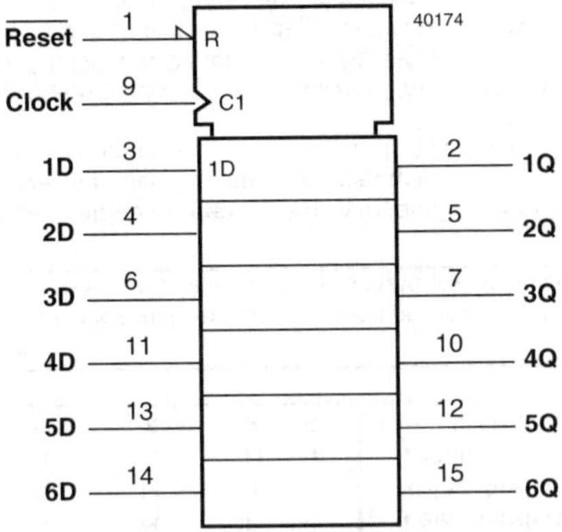

40174 Sechs D-Speicher-Register

Fortsetzung :

Eingänge			Ausgang
Clock	Daten	$\overline{Reset}$	Q
↑	L	H	L
↑	H	H	H
↓	X	H	keine Änderung
X	X	L	L

Beschreibung:
Dieser Baustein dient zur gleichzeitigen Speicherung von sechs Informations-Bits.

Betrieb:
Bei normalem Betrieb wird Pin 1 ($\overline{Reset}$) auf High liegen.
Zu speichernde Daten werden den D-Eingängen zugeführt. Beim LH-Übergang (positive Flanke) des Taktes am Clock-Eingang werden die Informationen intern gespeichert und erscheinen an den entsprechenden Q-Ausgängen.
Wird Pin 1 ($\overline{Reset}$) kurzzeitig auf Masse gelegt, gehen alle Ausgänge in den Low- oder Null-Zustand.
Dieser Baustein ist pin-und funktionskompatibel mit dem 4174.

Anwendung:
Zwischenspeicher-Register

Daten:

		5V	10V	
Maximale Taktfrequenz		3.5	6	MHz
	(Valvo	11	30	MHz)
Stromaufnahme bei 1 MHz		3	6	mA

Hersteller:
FA, NS, RCA, TOS, VA

40174 — Sechs D-Speicher-Register

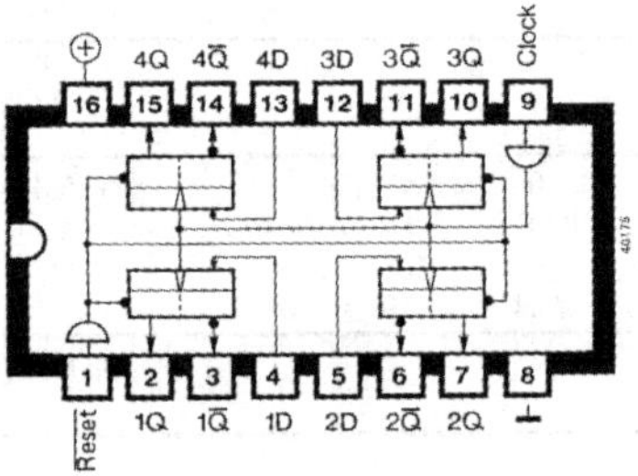

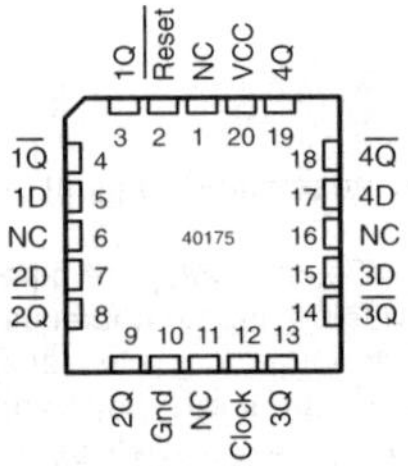

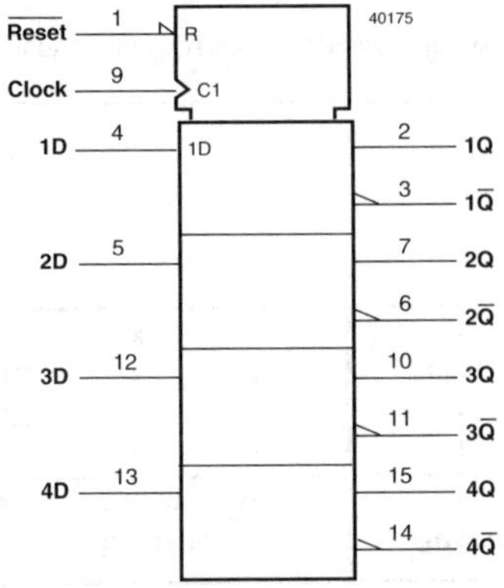

40175 Vier D-Speicher-Register

Fortsetzung :

Eingänge Clock	Daten	$\overline{Reset}$	Ausgänge Q	$\overline{Q}$
↑	L	H	L	H
↑	H	H	H	L
↓	X	H	keine Änderung	
X	X	L	L	H

Beschreibung:
Dieser Baustein dient zur gleichzeitigen Speicherung von vier Informations-Bits und ihrer Komplemente.

Betrieb:
Bei normalem Betrieb wird Pin 1 (Reset) auf High liegen.
Die zu speichernden Daten werden den D-Eingängen zugeführt. Beim LH-Übergang (positive Flanke) des Taktes am Clock-Eingang werden die Informationen an den Eingängen intern gespeichert und erscheinen an den entsprechenden Q-Ausgängen, das Komplement an den Q-Ausgängen.
Wird Pin 1 (Reset) kurzzeitig an Masse gelegt, gehen alle Q-Ausgänge auf Low und die Q-Ausgänge auf High.
Dieser Baustein ist pin- und funktionskompatibel mit dem 4175.

Anwendung:
Zwischenspeicher-Register

Daten:

		5V	10V	
Maximale Taktfrequenz		4.5	11	MHz
	(Valvo	11	30	MHz)
Stromaufnahme bei 1 MHz		2	4	mA

Hersteller:
FA, NS, RCA, TOS, VA

40175 Vier D-Speicher-Register

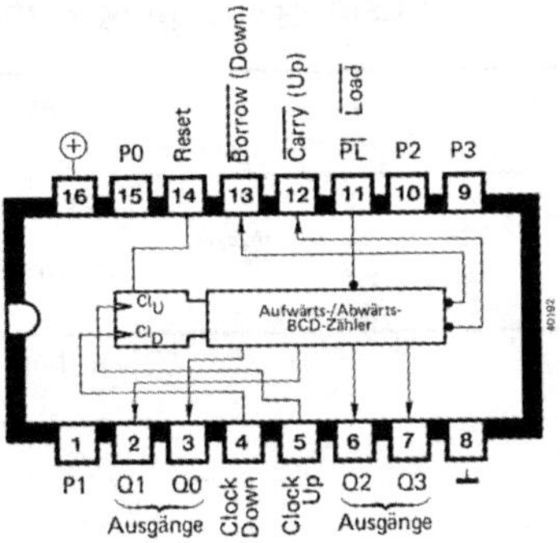

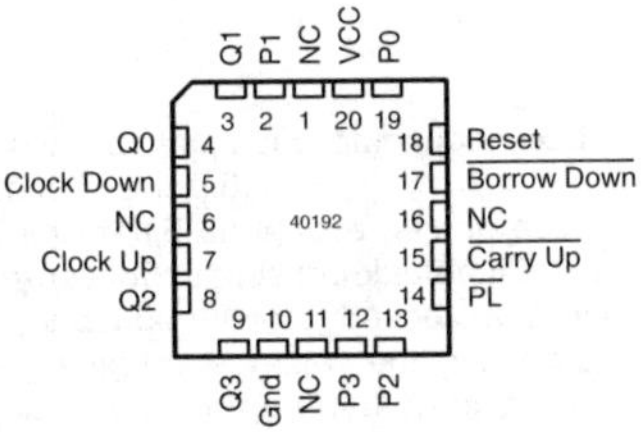

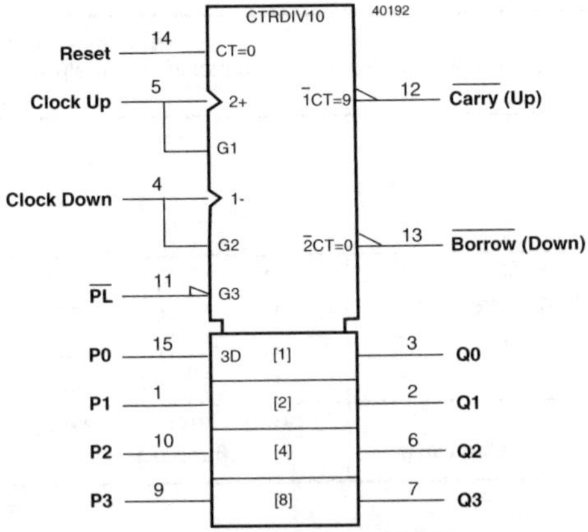

40192	**Dezimaler Aufwärts/Abwärts-Zähler (synchron. programmierbar)**

Fortsetzung :

Clock Up	Clock Down	$\overline{\text{Parallel Load}}$	Reset	Operation
↑	H	H	L	Aufwärts-Zählung
↓	H	H	L	keine Zählung
H	↑	H	L	Abwärts-Zählung
H	↓	H	L	keine Zählung
X	X	L	L	Preset (Voreinstellung)
X	X	X	H	Reset

Beschreibung:
Dieser Baustein enthält einen synchronen Aufwärts/Abwärts-BCD-Dezimal zähler mit getrennten Takteingängen für Aufwärts/Abwärts-Betrieb, sowie einen Eingang für paralleles asynchrones Laden.

Betrieb:
Liegt Reset auf Low und der Eingang PL ($\overline{\text{Parallel Load}}$) auf High, so schreitet der Zähler um eine Zählung bei jedem LH-Übergang an einem der beiden Takteingänge weiter. Für eine ordnungsgemäße Zählung muss jedoch zum Beispiel für eine Aufwärtszählung beim Takten des Eingangs Clock-Up der Anschluss Clock-Down High sein. Dasselbe gilt umgekehrt für eine Abwärtszählung.
Mit Pin 14 auf Low werden die an den Eingängen P0—P3 liegenden Daten in den Zähler geladen, wenn der Anschluss $\overline{\text{PL}}$ von Low auf High geht, unabhängig von den Takteingängen (Pin 4 und 5). Ein kurzer High-Impuls an Reset löscht den Zähler, unabhängig von allen anderen Eingangsbedingungen.
Die Anschlüsse $\overline{\text{Carry}}$ und $\overline{\text{Borrow}}$ sind High, wenn der Zähler abwärts oder aufwärts zählt. Das $\overline{\text{Carry}}$-Signal geht für die Dauer eines halben Taktsignals auf Low, nachdem der Zähler seine maximale Zählung im Aufwärtsbetrieb erreicht hat. Das $\overline{\text{Borrow}}$-Signal geht auf Low für die Dauer einer halben Taktperiode, nachdem der Zähler seine minimale Zählung im Abwärtsbetrieb erreicht hat.
Der 40192 ist pin-kompatibel mit dem 4192.
Der 40193 ist ein ähnlicher Zähler, der statt im BCD-Code im 4-Bit- Binärcode zählt.

Anwendung:
Aufwärts/Abwärts-Differenz-Zählung, synchrone Frequenzteiler, A/D- und D/A-Wandler programmierbare BCD-Zählung

Daten:		5V	10V	
Maximale Zählfrequenz		2	4	MHz
	(Valvo	5	14	MHz)
Stromaufnahme bei 1 MHz		1	2	mA

Hersteller:
NS, RCA, SGS, TOS, VA

40192 — Dezimaler Aufwärts/Abwärts-Zähler (synchron. programmierbar)

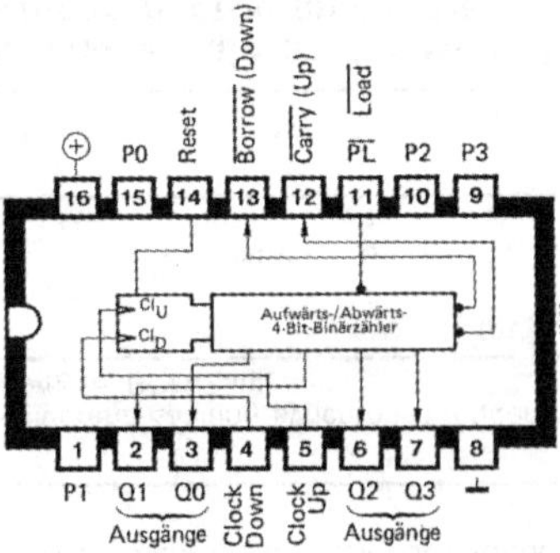

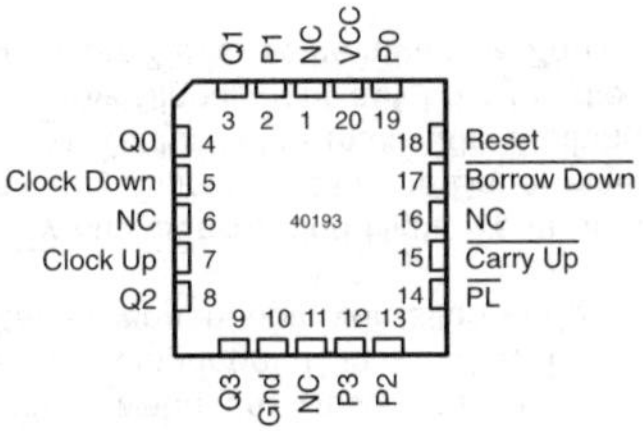

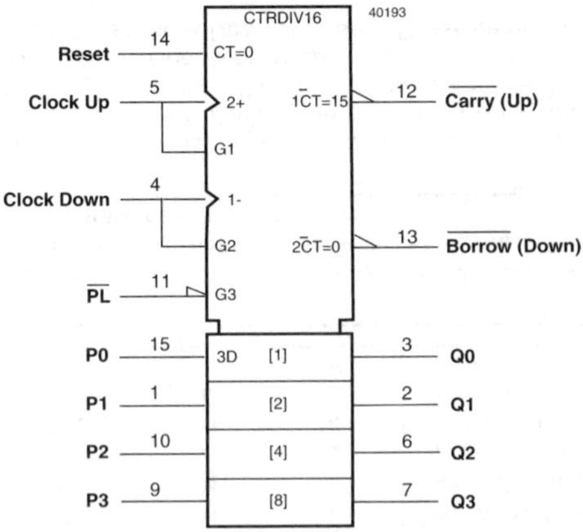

40193 Binärer Aufwärts/Abwärts-Zähler (synchron, programmierbar)

Fortsetzung :

Clock Up	Clock Down	$\overline{\text{Parallel Load}}$	Reset	Operation
_|‾	H	H	L	Aufwärts-Zählung
‾|_	H	H	L	keine Zählung
H	_|‾	H	L	Abwärts-Zählung
H	‾|_	H	L	keine Zählung
X	X	L	L	Preset (Voreinstellung)
X	X	X	H	Reset

Beschreibung:
Dieser Baustein enthält einen synchronen Aufwärts/Abwärts-4-Bit-Binärzähler mit getrennten Takteingängen für Aufwärts/Abwärts-Betrieb, sowie einen Eingang für paralleles asynchrones Laden.

Betrieb:
Liegt Reset auf Low und der Eingang $\overline{\text{PL}}$ ($\overline{\text{Parallel Load}}$) auf High, so schreitet der Zähler um eine Zählung bei jedem LH-Übergang an einem der beiden Takteingänge weiter. Für eine ordnungsgemäße Zählung muss jedoch zum Beispiel für eine Aufwärtszählung beim Takten des Eingangs Clock-Up der Anschluss Clock-Down High sein. Dasselbe gilt umgekehrt für eine Abwärtszählung.
Mit Pin 14 auf Low werden die an den Eingängen P0—P3 liegenden Daten in den Zähler geladen, wenn der Anschluss $\overline{\text{PL}}$ von Low auf High geht, unabhängig von den Takteingängen (Pin 4 und 5). Ein kurzer High-Impuls an Reset löscht den Zähler, unabhängig von allen anderen Eingangsbedingungen.
Die Anschlüsse $\overline{\text{Carry}}$ und $\overline{\text{Borrow}}$ sind High, wenn der Zähler abwärts oder aufwärts zählt. Das $\overline{\text{Carry}}$-Signal geht für die Dauer eines halben Taktsignales auf Low, nachdem der Zähler seine maximale Zählung im Aufwärtsbetrieb erreicht hat. Das $\overline{\text{Borrow}}$-Signal geht auf Low für die Dauer einer halben Taktperiode, nachdem der Zähler seine minimaleZählung im Abwärtsbetrieb erreicht hat.
Der 40193 ist pin-kompatibel mit dem 4193.
Der 40192 ist ein ähnlicher Zähler, der statt im 4-Bit-Binärcode im BCD-Code zählt.

Anwendung:
Aufwärts/Abwärts-Differenz-Zählung, synchrone Frequenzteiler, A/D- und D/A-Wandler, programmierbare Binär-Zählung

Daten:		5V	10V	
Maximale Zählfrequenz		2	4	MHz
	(Valvo	5	14	MHz)
Stromaufnahme bei 1 MHz		1	2	mA

Hersteller:
FA, NS, RCA, SGS, TOS, VA

40193 Binärer Aufwärts/Abwärts-Zähler (synchron, programmierbar)

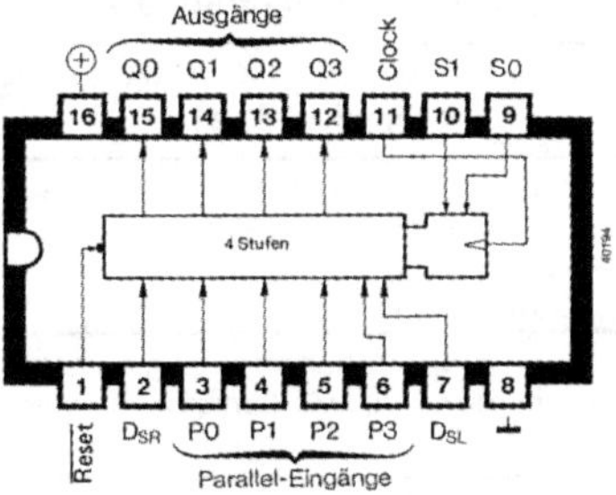

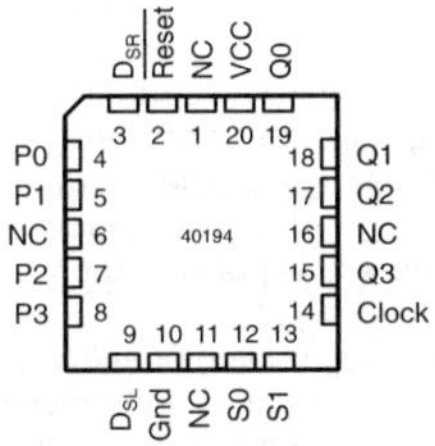

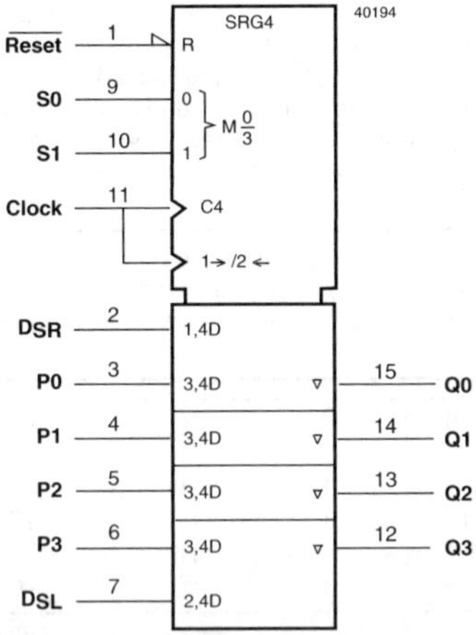

40194 | **4-Bit-Rechts/Links-Schieberegister (parallel/seriell-ein, parallel/seriell-aus)**

Fortsetzung :

Clock	Mode Select S0	S1	$\overline{\text{Reset}}$	Funktion
X	L	L	H	keine Änderung
_|‾	H	L	H	Rechtsverschiebung (Q0→Q3)
_|‾	L	H	H	Linksverschiebung (Q3→Q0)
_|‾	H	H	H	Paralleles Laden
X	X	X	L	Reset

Beschreibung:
Dieser Baustein enthält ein bidirektionales 4-Bit-Schieberegister für parallele und serielle Ein- und Ausgabe, sowie einen Löscheingang.

Betrieb:
Wenn der Löscheingang ($\overline{\text{Reset}}$) auf Low gelegt wird, gehen alle Ausgänge (Q0-Q3) auf Low, unabhängig von allen übrigen Eingangsbedingungen (asynchron). Liegt $\overline{\text{Reset}}$ auf High, so wird die Betriebsart durch die beiden Mode-Control-Eingänge (S0, S1) bestimmt. Eine Links-Verschiebung erfolgt, wenn S0 Low und S1 High ist. Die seriellen Daten werden hierbei dem Eingang DSL zugeführt.
Mit S0 auf High und S1 auf Low erfolgt eine Rechts-Verschiebung, wobei die seriellen Daten an DSR gelegt werden.
Mit beiden Eingängen S0 und S1 auf High ist ein paralleles Laden der Daten an P0-P3 möglich. Während des parallelen Ladens ist die serielle Dateneingabe gesperrt. Serielle und parallele Daten werden in das Schieberegister synchron beim LH-Übergang (positive Flanke) des Taktes am Anschluss Clock übernommen. Die Daten an den Dateneingängen müssen jedoch rechtzeitig vor der Flanke des Taktimpulses anliegen. S0 und S1 auf Low sperrt den Takt. Diese beiden Eingänge sollten nur geändert werden, wenn der Takteingang auf High liegt.
Der 4194 ist mit diesem Baustein pin- und funktionskompatibel.

Anwendung:
Schieberegister, Datenspeicher, Seriell-parallel- und Parallel-seriell-Umwandlung

Daten:	5V	10V	
Maximale Schiebefrequenz	9	14	MHz
(Valvo	12	30	MHz)

Hersteller:
FA, RCA, SGS, TOS, VA

40194 — 4-Bit-Rechts/Links-Schieberegister (parallel/seriell-ein, parallel/seriell-aus)

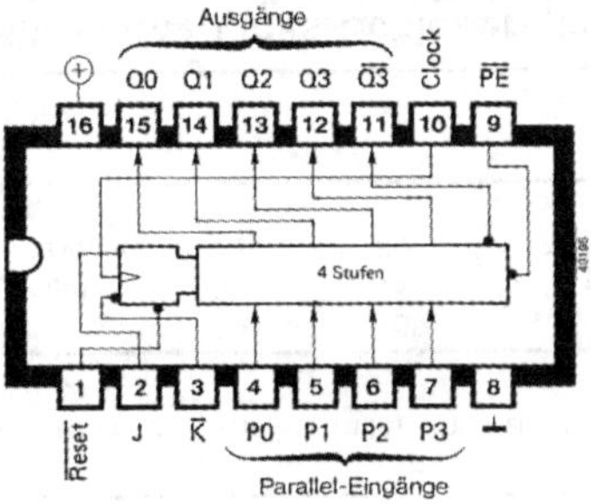

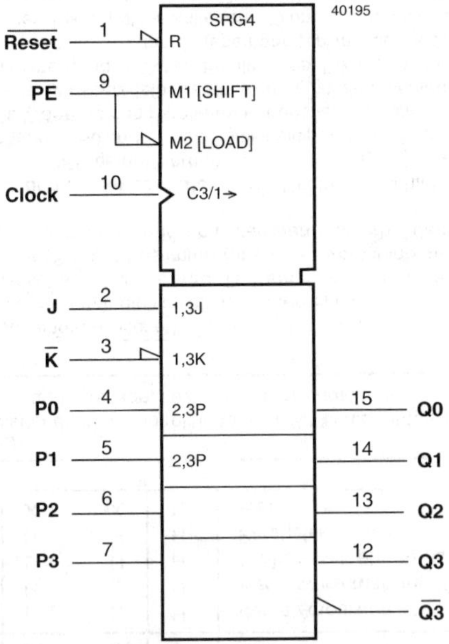

40195 4-Bit-Schieberegister (parallel/seriell-ein, parallel/seriell-aus)

Fortsetzung :

Betriebsart	Eingänge ($\overline{Reset}$ = H)							Ausgänge bei t_{n+1}				
	$\overline{PE}$	J	$\overline{K}$	P0	P1	P2	P3	Q0	Q1	Q2	Q3	$\overline{Q3}$
Verschieben	H	L	L	X	X	X	X	L	Q0	Q1	Q2	$\overline{Q2}$
	H	L	H	X	X	X	X	Q0	Q0	Q1	Q2	$\overline{Q2}$
	H	H	L	X	X	X	X	$\overline{Q0}$	Q0	Q1	Q2	$\overline{Q2}$
	H	H	H	X	X	X	X	H	Q0	Q1	Q2	$\overline{Q2}$
Parallel-Eingabe der Daten	L	X	X	L	L	L	L	L	L	L	L	H
	L	X	X	H	H	H	H	H	H	H	H	L

Beschreibung:
Bei diesem Baustein handelt es sich um ein flankengetriggertes 4-Bit-Schieberegister mit einem Takteingang (Clock), vier synchronen Paralleldaten-Eingängen (P0-P3), zwei synchronen Serielldaten—Eingängen (J, K), einem Lade-Eingang für parallele Daten (PE = Parallel Enable), gepufferten Ausgängen von allen vier Bit-Positionen (Q0—Q3), einem gepufferten invertierten Ausgang der letzten Bit-Position (Q3) und einem asynchronen Reset-Anschluss.

Betrieb:
Die Arbeitsweise ist synchron (außer für Reset) und die Triggerung erfolgt beim LH-Übergang (positive Flanke) des Taktes. Wenn der Eingang PE Low ist, lädt ein LH-Übergang die an den Eingängen P0—P3 liegenden Daten in das Register. Ist PE High so schiebt ein LH-Übergang des Taktes die Daten von den seriellen Dateneingängen (J, K) in die erste Register-Position, und schiebt alle Daten im Register um eine Stelle nach rechts. Durch Zusammenschalten der Eingänge J und K erhält der serielle Eingang eine "D"-Zwischenspeicher-Funktion. Ein Low an Reset setzt alle vier Bit-Positionen zurück (Q0—Q3 = Low, Q3 = High), unabhängig von allen übrigen Eingangsbedingungen.

Anwendung:
Schieberegister, Zeitverzögerungs-Schaltungen, Datenspeicher-Stapel

Daten:

	5V	10V	
Maximale Schiebefrequenz	9	14	MHz

Hersteller:
FA, NS, VA

40195 — 4-Bit-Schieberegister (parallel/seriell-ein, parallel/seriell-aus)

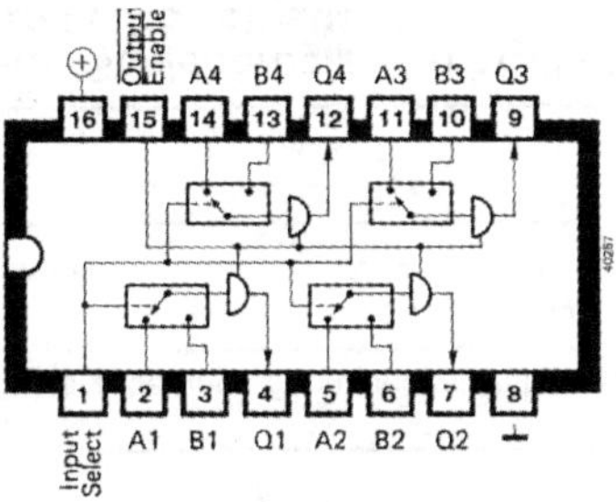

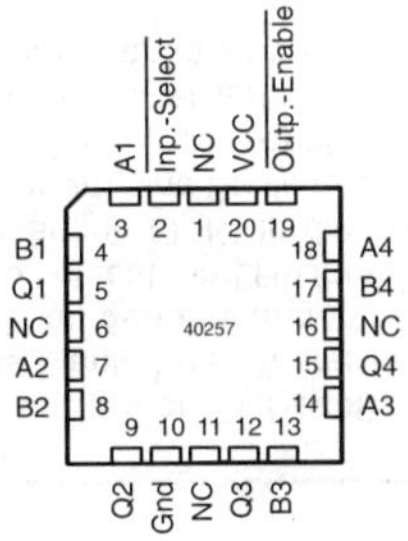

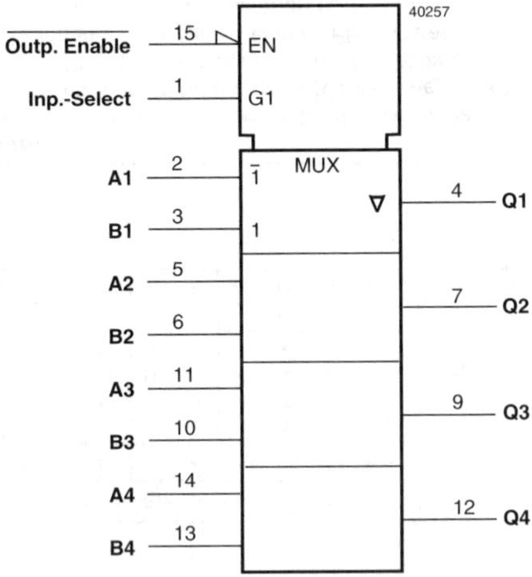

40257 | **Vier 2-zu-1-Datenselektoren/Multiplexer**

Fortsetzung :

Eingänge				Ausgang
$\overline{\text{Output Enable}}$	Select	A	B	Q
H	X	X	X	Z
L	L	L	X	L
L	L	H	X	H
L	H	X	L	L
L	H	X	H	H

Beschreibung:
Dieser Baustein enthält vier getrennte Datenselektoren/Multiplexer (2-zu-1 -Leitungen) mit gemeinsamer Steuerung und gemeinsamer Tristate-Ausgangssteuerung.

Betrieb:
Wenn der Eingang Output Enable (Pin 15) auf High liegt, sind sämtliche Ausgänge abgeschaltet, das heißt sie befinden sich in hochohmigem Zustand.
Wird der Eingang Input Select (Pin 1) auf Low gelegt, so werden sämtliche A-Eingänge mit den zugehörigen Q-Ausgängen verbunden. Liegt Input Select auf High, so sind die B-Eingänge zu den jeweiligen Q-Ausgängen durchgeschaltet.
Beachten Sie, dass nur Digital-Daten und keine Analog-Signale geschaltet werden können.

Anwendung:
Digitales Multiplexen, Rechts-Links/Links-Rechts-Schieberegister, Wahr/Komplement-Auswahl

Daten:	5V	10V	
Durchlauf-Verzögerung	150	70	ns
Stromaufnahme bei 1 MHz	0.2	0.4	mA

Hersteller:
RCA, SGS

40257 Vier 2-zu-1-Datenselektoren/Multiplexer

ISBN: 3-8266-0722-8
www.mitp.de

Andreas Roth

MCS-51
Das Microcontroller-Kochbuch

In diesesm Buch erläutert Andreas Roth den Aufbau, die Funktionsweise und den praktische Einsatz der MCS51-Mikrocontroller. Der Schwerpunkt liegt in der praxisorientierten Darstellung des Stoffes, der von zahlreichen Hard- und Softwarebeispielen begleitet wird.

Auf der CD

- MCS51 Assembler für alle MCS51-Controller mit hochsprachenähnlichen Strukturen
- Disassembler
- Assistenten helfen mit Mausklick bei der Softwareerstellung
- Der Softwaresimulator erlaubt das schrittweise Ausführen des Programms oder von Teilen davon.

Über den Autor

Andreas Roth entwickelt schon seit vielen Jahren Hard- und Software für die MCS51-Controller. Seine langjährigen Erfahrungen in der Aus- und Weiterbildung sowie in der Prototypenfertigung werden in diesem Buch praxisnah umgesetzt.

Das Mikrocontroller-Kochbuch

Andreas Roth

Das Microcontroller-Applikations-Kochbuch

Als Fortsetzung und Ergänzung des MCS-51-Kochbuchs bietet diesess Buch eine Fülle von Anwendungsbeispielen der Familie MCS-51. Alle Applikationen werden vom Autor ausführlich erläutert, Schritt-für-Schritt-Erklärungen erleichtern die Realisierung eigener Projekte. Damit der Anwender die Beispiele unmittelbar nachvollziehen kann, ist auf der beiliegenden CD ein komfortabler Windows-Assembler sowie ein MCS-51-Simulator beigefügt.

2. akt. Aufl.
ISBN: 3-8266-2822-5
www.mitp.de